# 食源性病原微生物检测技术图谱

蒋　原　主编

科学出版社

北　京

## 内 容 简 介

本书采用大量丰富真实的图片详细介绍了从样品制备、培养基选择、消毒灭菌、各类微生物检测技术、染色技术、显微镜使用到生化试验鉴定等病原微生物检测技术全过程。依据我国国家标准(GB)、检验检疫行业标准(SN)、ISO 国际标准、美国 FDA BAM 等国内外标准，展示了常见食源性病原微生物的形态学特征、在各种分离培养基上的菌落特征以及关键生化反应特征图谱。同时纳入基于核酸、质谱和碳源利用的检测鉴定分型新技术，为读者提供了各种常见食源性细菌、病毒和真菌的检测、鉴定和分型图谱，是一本全面、直观、实用的食源性病原微生物原色图谱教材。

本书可供从事食品卫生的工作人员使用，也可供高等院校食品、生物等专业的教师和学生参考。

**图书在版编目(CIP)数据**

食源性病原微生物检测技术图谱/蒋原主编. —北京：科学出版社，2019.4
ISBN 978-7-03-060854-3

Ⅰ. ①食… Ⅱ. ①蒋… Ⅲ. ①食品微生物-病原微生物-微生物检定-图谱
Ⅳ. ①TS201.3-64

中国版本图书馆 CIP 数据核字(2019)第 049095 号

责任编辑：张 析 韩书云 / 责任校对：杜子昂
责任印制：赵 博 / 封面设计：东方人华

科学出版社 出版
北京东黄城根北街 16 号
邮政编码：100717
http://www.sciencep.com
北京建宏印刷有限公司印刷
科学出版社发行 各地新华书店经销
*
2019 年 4 月第 一 版 开本：889×1194 1/16
2025 年 2 月第五次印刷 印张：18 1/4
字数：562 000

**定价：298.00 元**

(如有印装质量问题，我社负责调换)

## 《食源性病原微生物检测技术图谱》

## 编 委 会

**主　　编** 蒋 原

**参编人员** （按姓名拼音排序）

蔡宝亮　陈国强　陈　祥　陈兴洲　陈　颖　陈雨欣　崔金璐
戴建君　丁家波　顾　敏　顾万军　郭德华　郭　旸　韩　伟
何艳玲　何宇平　黄新新　连　雪　刘永杰　娄亚婷　卢　雁
吕敬章　吕　蓉　马维兴　孟　霞　宁　雪　彭大新　任建鸾
邵景东　申进玲　石火英　石建华　汤　芳　陶　磊　汪　琦
王　磊　王丽平　王　娉　王瑞强　王祥喜　王　赢　王玉珏
王玉燕　夏芃芃　肖　震　谢小珏　许镇坚　薛　峰　薛俊欣
杨捷琳　袁辰刚　曾德新　曾　静　赵　晗　赵丽娜　赵丽青
朱国强　朱雅君　祝长青　邹黎明

# 各章参编人员(按姓名拼音排序)

第一章　显微镜基础知识及其在形态学上的鉴别应用

石火英　朱雅君

第二章　染色技术及其应用

刘永杰

第三章　培养基的选择及其应用

何艳玲　王　磊

第四章　生化试验

陈兴洲　韩　伟　吕敬章　申进玲　许镇坚　赵丽娜

第五章　基于核酸的致病菌快速检测和分型方法

陈　颖　申进玲　王　娉　薛　峰

第六章　基质辅助激光解吸电离飞行时间质谱方法快速检测致病菌

汪　琦　曾　静

第七章　碳源利用方法鉴定细菌和霉菌

王瑞强　邹黎明

第八章　细菌的检测

蔡宝亮　陈国强　陈　祥　陈兴洲　崔金璐　戴建君　丁家波　顾　敏

顾万军　郭德华　郭　旸　韩　伟　何宇平　连　雪　刘永杰　吕敬章

吕　蓉　马维兴　孟　霞　宁　雪　彭大新　任建鸾　邵景东　申进玲

汤　芳　陶　磊　王　赢　夏芃芃　肖　震　谢小珏　许镇坚　袁辰刚

曾德新　赵　晗　赵丽娜　赵丽青　朱国强　祝长青

第九章　病毒的检测

崔金璐　黄新新　王祥喜　王玉燕

第十章　真菌的检测

崔金璐　薛俊欣

第十一章　食源性病原菌的耐药机制及药敏试验方法

王丽平

第十二章　样品及其制备

陈雨欣　石建华　杨捷琳

第十三章　消毒与灭菌

卢　雁　吕敬章

第十四章　微生物与生活

陈兴洲　韩　伟　娄亚婷　申进玲　王玉珏　薛俊欣　赵丽娜

# 前　言

从人类诞生至今，食品安全的一项重要工作就是与病原微生物作斗争，几百年来微生物的变异和检测技术的革新上演着一幕又一幕的故事。当前因食源性微生物引起的食品污染依然是全球食品安全的重要问题。食品中微生物污染包括细菌、病毒和真菌、毒素等，极大地危害消费者的健康。近年来随着分子生物学技术和建立在免疫学基础上的血清学技术的发展，涌现了许多新的快速精准鉴别和分型溯源食源性病原微生物的方法。多年来我国几代食品安全科技工作者，创造性地研究出大量的新的检测技术和溯源新方法，为食品安全侦测做出了重大贡献。

为解决实验技术人员在具体检验操作过程中对微生物在各类培养基上菌落形态、生化显色反应特征等把握不准，直观印象不深等问题，本书提供了大量丰富真实的原色图谱来帮助他们进行微生物鉴别。

本书内容包括从样品制备、培养基选择、消毒灭菌、各类微生物检测技术、染色技术、显微镜使用到生化试验鉴定等病原微生物检测技术全过程。依据我国国家标准(GB)、检验检疫行业标准(SN)、ISO 国际标准、美国 FDA BAM 等国内外标准，展示了常见食源性病原微生物的形态学特征、在各种分离培养基上的菌落特征以及关键生化反应特征图谱。同时纳入基于核酸、质谱和碳源利用的检测鉴定分型新技术，更有微生物与生活篇章体现微生物本身之美。为读者提供了各种常见食源性细菌、病毒和真菌的检测、鉴定和分型图谱。全书共收录微生物彩色图片 625 幅，既能使广大科技工作者了解病原微生物的庐山真面目，又注重实际应用中采用技术方法的介绍，保证食品安全控制人员能够及时准确的发现这类病原真凶。本书适合作为食品、动物及其产品检验机构人员、从事食品、畜牧兽医相关专业的高等院校、科研院所等单位人员的检验工具和参考书。

本书的编写有海关(原出入境检验检疫系统)多年从事食源性病原微生物检验的技术专家，也有高等院校、科研院所多年从事动物、食品病原微生物研究与教学的专家，大家一起参与此图谱的编撰，相互学习交流，使得本图谱的编写在理论的先进性与实用性上完美统一、相得益彰。

北京陆桥技术股份有限公司为本书提供了大量的图片，BIOLOG 公司、BIOMERIEUX 公司、蔡司公司、MOTIC 公司、徕卡公司、浙江泰林生命科学有限公司、CHROMagar 公司、青岛海博生物技术有限公司等也提供了部分图片，在此一并表示感谢。在整理书稿时，得到了陈兴洲先生(摄影)和崔金璐女士(画图)的技术支持，他们的辛勤工作对本图谱的顺利完成有很大的帮助。

由于工作繁忙，编撰工作时间跨度长，收集资料有限，难免存在疏漏、不足之处，恳请各位读者批评指正。

编　者

2019 年 3 月

# 目　录

# 第一章 显微镜基础知识及其在形态学上的鉴别应用

显微镜是一种借助物理方法使物体影像放大的仪器。显微镜的发明和发展史与生物显微技术的发展是密不可分的。1590 年，荷兰 Hans Jansen 和他的儿子 Zacharias Jansen（图 1.0.1）发明了第一台简单的复式显微镜（图 1.0.2）；1665 年，荷兰 Antonie van Leeuwenhoek（图 1.0.3）发明了光学显微镜（图 1.0.4），并将显微镜应用到微生物形态的观察中。随着工业的飞速发展，18～19 世纪显微镜制造和实际应用得到长足的发展。20～21 世纪的显微科学也同其他科学一样发生了质的飞跃。除了光学显微镜，还发明了电子显微镜、激光扫描共聚焦显微镜和荧光显微镜等先进的、可视化的和信息化的观察工具。目前显微镜可分为光学显微镜和电子显微镜两大类。

图 1.0.1 Zacharias Jansen

图 1.0.2 詹森制显微镜

图 1.0.3 Antonie van Leeuwenhoek

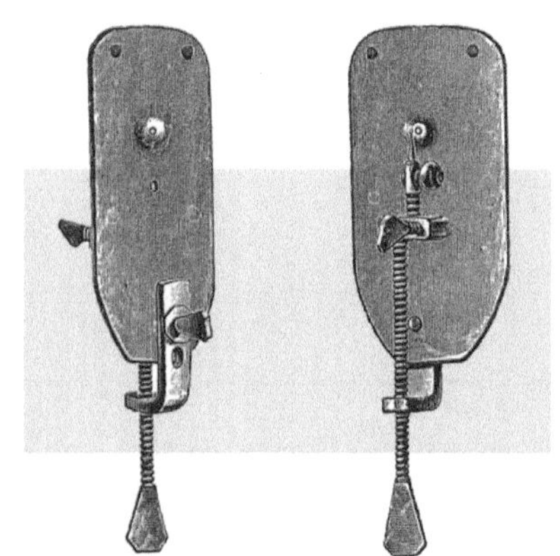

图 1.0.4 列文虎克制显微镜

## 第一节 光学显微镜的基本结构及其应用

光学显微镜是以光波为光源，透镜组合作为放大系统的精密光学设备。其大多根据使用功能、光学原理、外观特征等几个方面来进行分类与命名。以可见光为光源的显微镜有生物显微镜、相差显微镜、体视显微镜和倒置显微镜；以紫外线为光源的称为荧光显微镜；而以激光为光源的称为激光扫描共聚焦显微镜。

不同类型的显微镜具有不同的优缺点及适合度，观察者应根据观察物的属性和观察目的，选择不同类型的光学显微镜。

## 一、生物显微镜的基本结构及应用

### (一) 生物显微镜的基本结构

生物显微镜可以说是结构最简单的光学显微镜，基本构造由机械装置和光学系统两部分组成，具体结构示意图如图 1.1.1 所示。

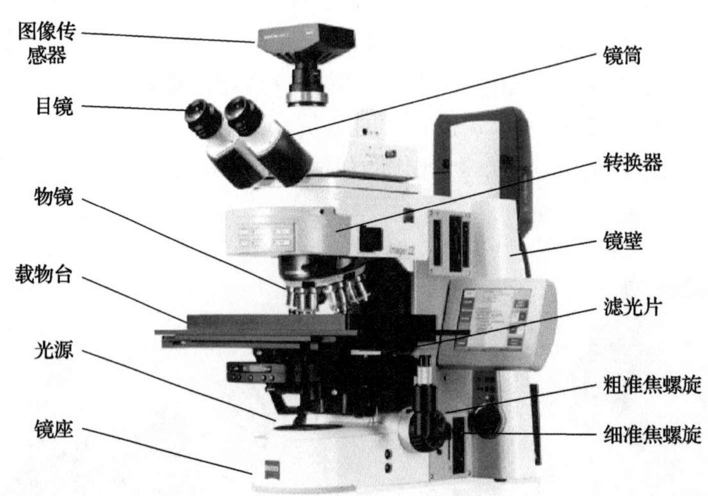


图 1.1.1 生物显微镜结构示意图(蔡司公司供图)

### (二) 用生物显微镜观察病原

生物显微镜是应用最广、使用最简便的显微镜，最大放大倍数可达 100，几乎可以观察除病毒、支原体等之外所有生物的玻片，下文图示包括经革兰氏染色的细菌(图 1.1.2，革兰氏阴性杆菌；图 1.1.3，梭菌；图 1.1.4，葡萄球菌；图 1.1.5，链球菌)、大洋臀纹粉蚧腹末端(昆虫，图 1.1.6)、小麦矮腥黑穗病菌孢子(真菌，图 1.1.7)、滑刃线虫头部(线虫，图 1.1.8)、蜂房蜜蜂球菌(细菌，图 1.1.9)、苹果壳色单隔孢菌孢子(真菌，图 1.1.10)、灯芯草茎(植物，图 1.1.11)。根据检测或者实验目的不同，选择不同的制样方法，采用生物显微镜观察样品。

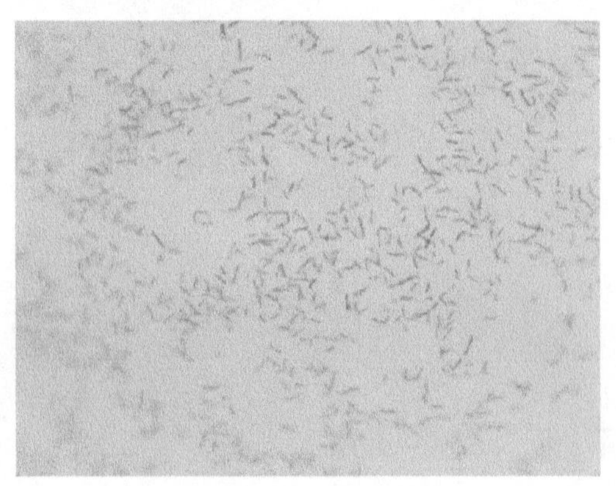

图 1.1.2 革兰氏阴性杆菌

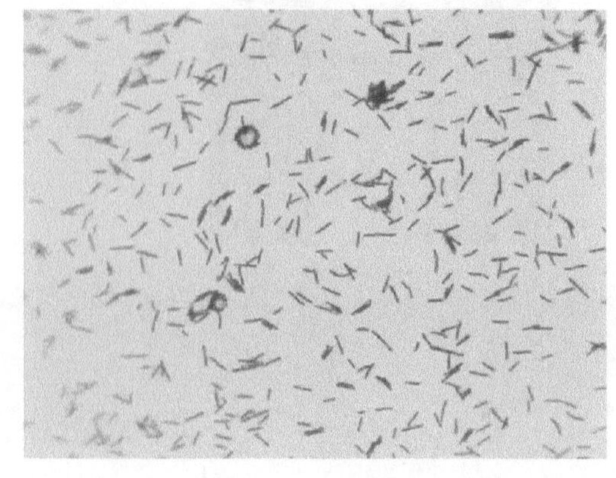

图 1.1.3 梭菌

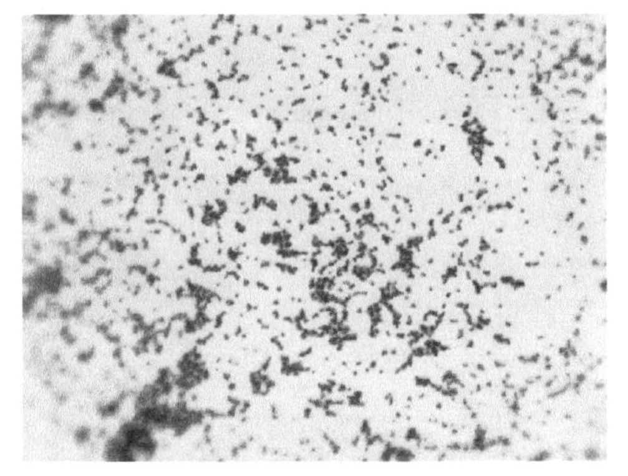

图 1.1.4 葡萄球菌

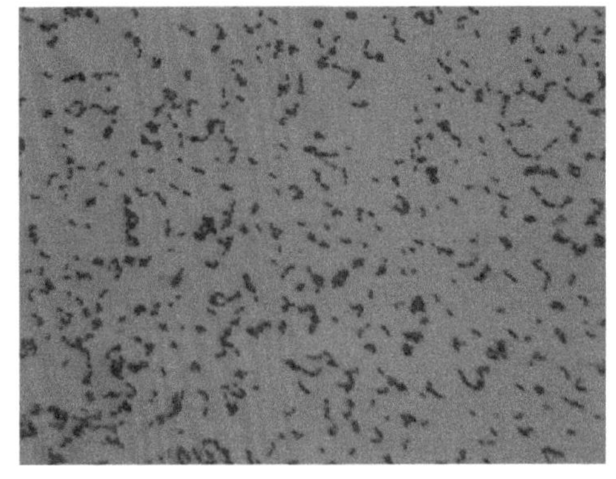

图 1.1.5 链球菌

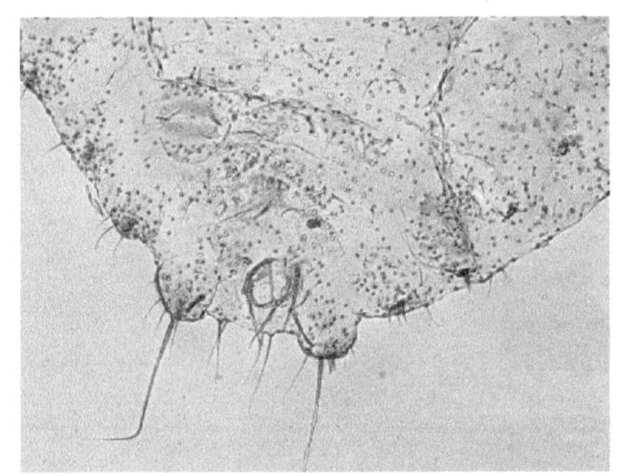

图 1.1.6 大洋臀纹粉蚧腹末端

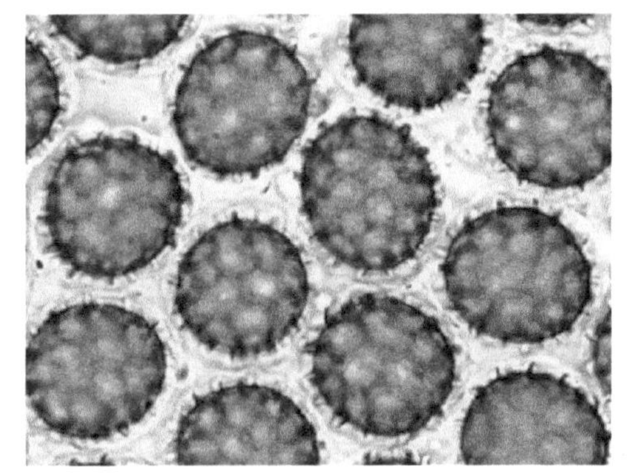

图 1.1.7 小麦矮腥黑穗病菌孢子

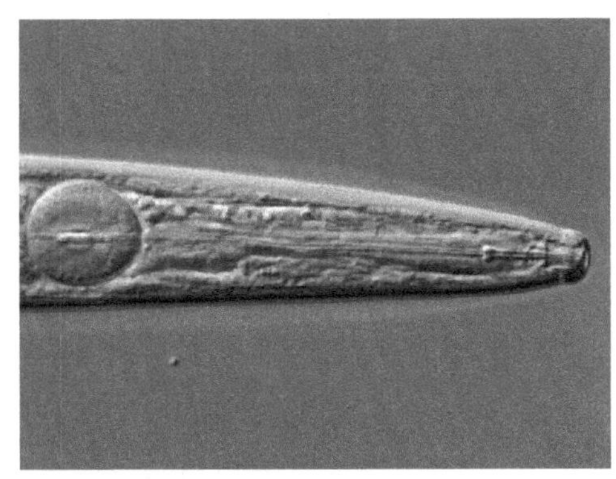

图 1.1.8 滑刃线虫头部

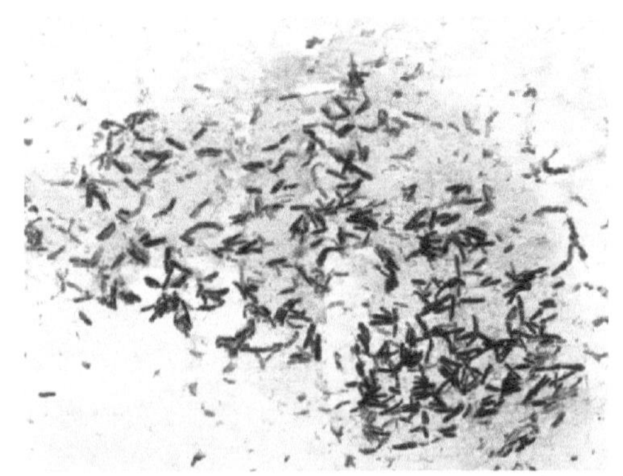

图 1.1.9 经革兰氏染色后的蜂房蜜蜂球菌

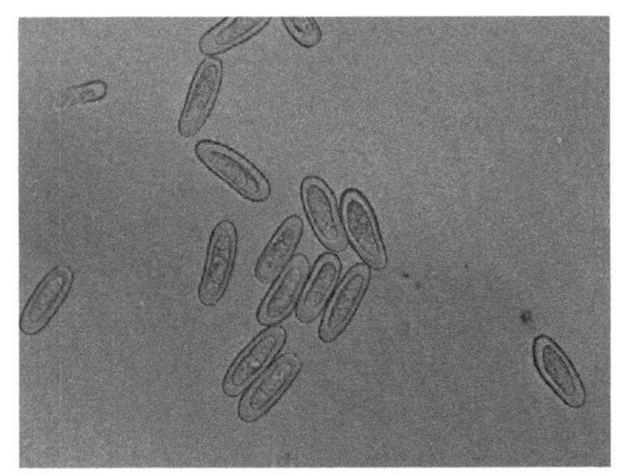

图 1.1.10 苹果壳色单隔孢菌孢子

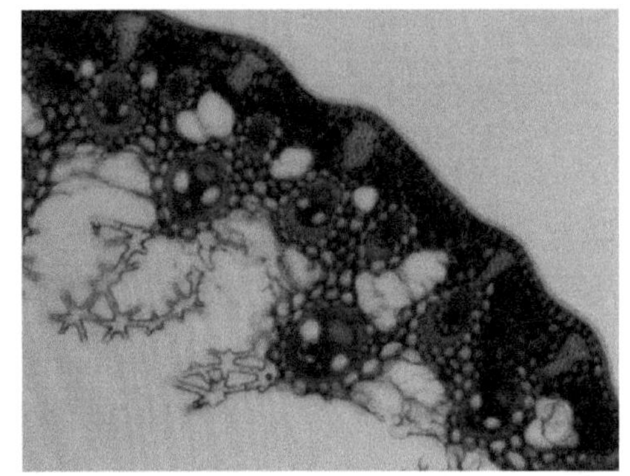

图 1.1.11 灯芯草茎的切片

小贴士：
1. 常规检测时应用 10×、20×或 40×物镜。
2. 检测细菌、酵母菌或小的原生动物时，需使用 100×油镜。
3. 应用油镜观测时，由于油镜观测物距小，应确保观测物位于载玻片的顶端，以免压破盖玻片，损坏油镜。
4. 应用油镜观测时，需增加光强度。

## 二、相差显微镜的基本结构及应用

### (一)相差显微镜的基本结构

相差显微镜利用被检物体的光程(折射率×厚度)差进行镜检，即利用干涉现象，将相位差变为人眼可以分辨的振幅差。其基本结构如图 1.1.12 所示。

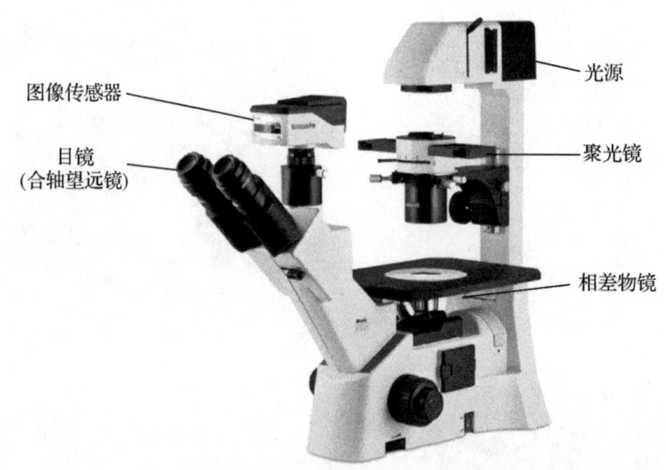


图 1.1.12 相差显微镜结构示意图(MOTIC 公司供图)

镜检时光源只能通过环状光阑的透明环，经聚光镜后聚成光束，这束光线通过被检物体时，因各部分的光程不同，光线发生不同程度的偏斜(衍射)。由于透明环所成的像恰好落在物镜后焦点平面上，和相板上的共轭面重合，因此未发生偏斜的直射光便通过共轭面，而发生偏斜的衍射光则通过补偿面。由于相板上的共轭面和补偿面的性质不同，它们分别将通过这两部分的光线产生一定的相位差和强度的减弱，两组光线再经后透镜的会聚，又复在同一光路上行进，而使直射光和衍射光产生光的干涉，将相位差变为振幅差。这样在相差显微镜镜检时，通过无色透明体的光线使人眼不可分辨的相位差转化为人眼可以分辨的振幅差(明暗差)。

### (二)用相差显微镜观察病原

用相差显微镜观察病原是鉴定活体细胞最实用、最经济的方法，但具有需要光强高、切片不能太厚(5～10μm)、盖玻片和载玻片需符合标准、最好配用单色滤光镜、操作较麻烦等缺点，并且荧光效果不如明场物镜。相差显微镜主要用于无色透明活体标本的细微结构观察、检查及鉴定活体细胞。图 1.1.13 为相差显微镜下的假单胞菌，图 1.1.14 为相差显微镜下的脱硫肠状菌。

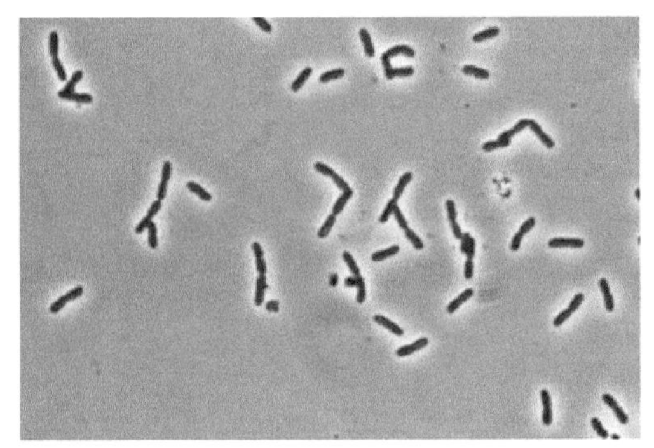

图 1.1.13 假单胞菌(*Pseudomonas* sp.)
(Parthasarathy, 2016)

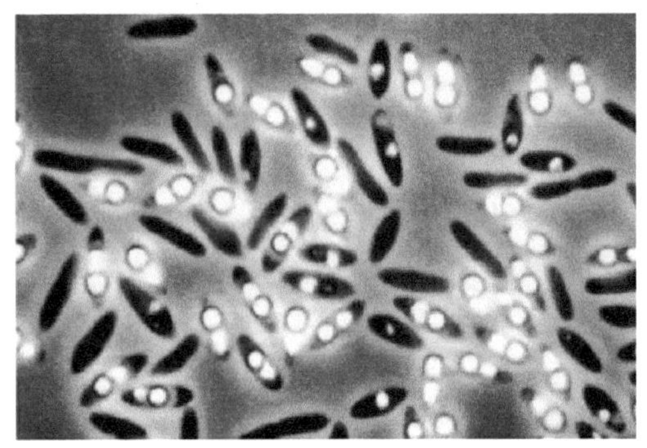

图 1.1.14 脱硫肠状菌(*Desulfotomaculum* sp.)
(Parthasarathy, 2016)

## 三、偏光显微镜的基本结构及应用

### (一)偏光显微镜的基本结构

偏光显微镜是依据波动光学原理观察和精密测定标本细节，或以透明物体改变光束的物理参数来判别物质结构的一种显微镜。其基本结构如图 1.1.15 所示。

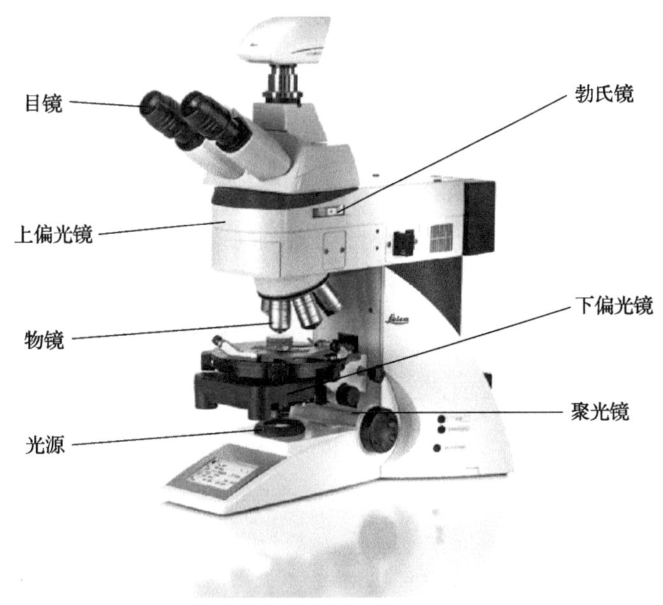


图 1.1.15 偏光显微镜结构示意图(徕卡公司供图)

### (二)用偏光显微镜观察病原

偏光显微镜用偏振光进行镜检，以鉴别某一物质是单折射(各向同性)或双折射性(各向异性)。双折射性是晶体的基本特性。因此，偏光显微镜被广泛地应用在矿物、高分子、纤维、玻璃、半导体、化学等领域。在生物学中，很多结构也具有双折射性，这就需要利用偏光显微镜加以区分。在植物学方面，偏光显微镜可以鉴别如纤维、染色体、纺锤丝、淀粉粒、细胞壁以及细胞质与组织中是否含有晶体等。在植物病理学方面，病菌的入侵常引起组织内化学性质的改变，可以偏光显微术进行鉴别。图 1.1.16 为应用偏光显微镜和普通光学显微镜观察大果紫檀木材旋切面的比较。

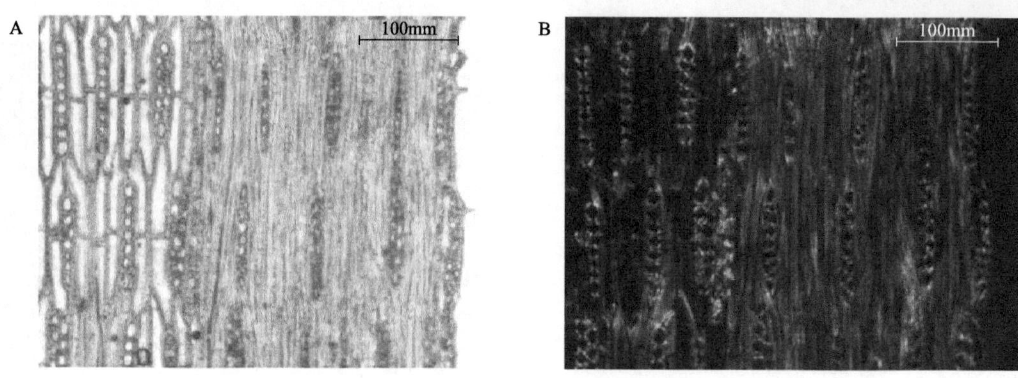


图 1.1.16　大果紫檀木材旋切面

A. 普通光学显微镜下观察；B. 偏光显微镜下观察

## 四、荧光显微镜的基本结构及应用

### (一) 荧光显微镜的基本结构

荧光显微镜光学设计的重点是提供特定波长的激发光，使样本发射出能够观察的荧光。其有别于生物显微镜的部件装置主要是光源、滤光片、聚光镜、物镜、目镜、落射光装置等(图 1.1.17)。

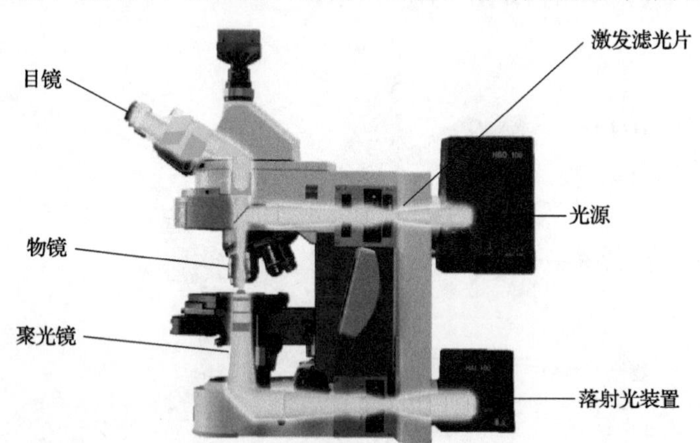


图 1.1.17　荧光显微镜结构示意图(蔡司公司供图)

### (二) 用荧光显微镜观察病原

荧光显微镜可用于研究细胞内物质的吸收和运输、化学物质的分布及定位等。有些物质本身虽不能发荧光，但如果用荧光染料或荧光抗体染色后，经紫外线照射也可发荧光，利用荧光显微镜可以对这类物质进行定性和定量研究。经荧光显微镜可以观察到感染鸡成纤维细胞的流感病毒(图 1.1.18，图 1.1.19)；沙门氏菌 SpvD 抑制 NF-κB 调控启动子的激活(图 1.1.20)；以及牛巨噬细胞中共表达组氨酸激酶 PdhS 的布氏杆菌(图 1.1.21)。

## 五、激光扫描共聚焦显微镜的基本结构及应用

### (一) 激光扫描共聚焦显微镜的基本结构

激光扫描共聚焦显微镜(laser scanning confocal microscope, LSCM)是一种目前最先进的，利用计算机、激光和图像处理技术获得生物样品三维数据的分子细胞生物学观测仪器。激光扫描共聚焦显微镜主要由显微镜光学系统、扫描装置、激光光源和检测系统 4 部分组成。整套仪器由计算机控制，各部件之间的操作切换都在计算机操作平台上完成(图 1.1.22)。当激光扫描共聚焦显微镜的激光器发出的激光束经过光的

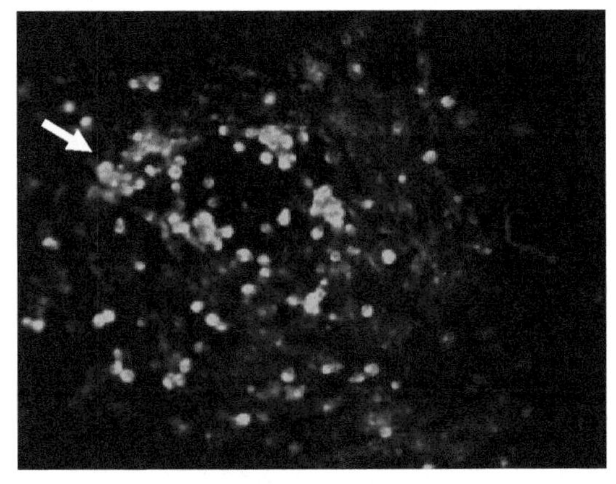

图 1.1.18 流感病毒感染细胞(陈素娟供图)

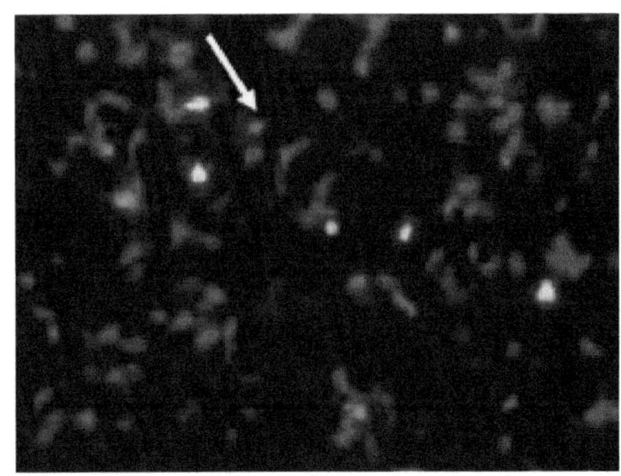

图 1.1.19 拯救流感病毒(Zhang et al.，2009)

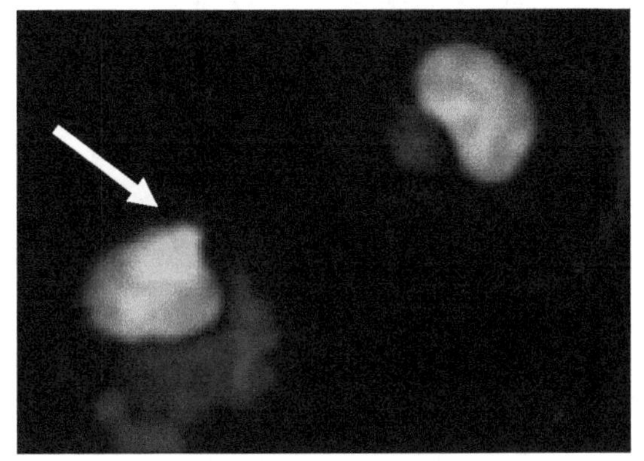

图 1.1.20 沙门氏菌 SpvD 抑制 NF-κB 调控启动子的激活(Rolhion et al.，2016)

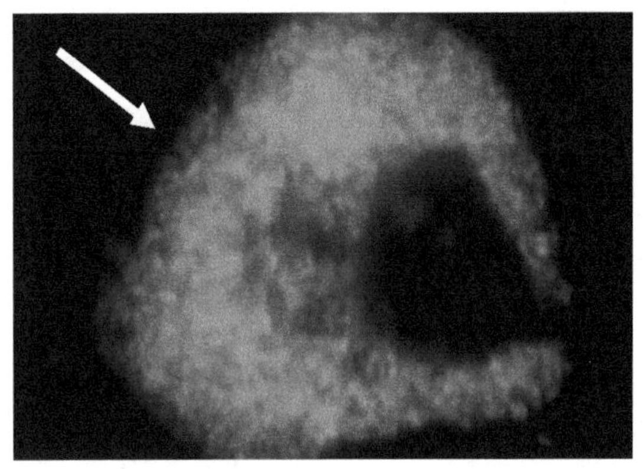

图 1.1.21 牛巨噬细胞中共表达组氨酸激酶 PdhS 的布氏杆菌(Hallez et al.，2007)

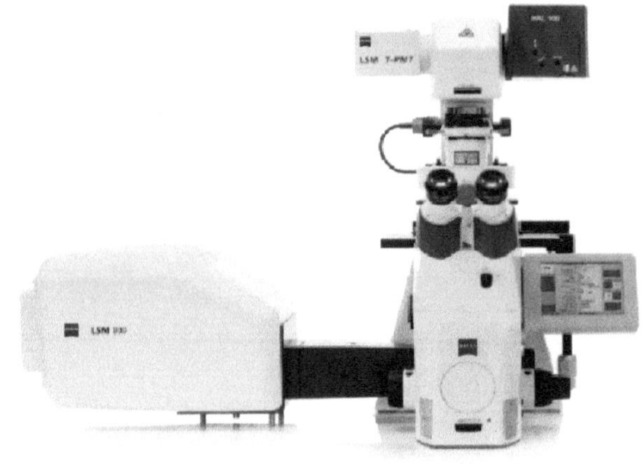

图 1.1.22 激光扫描共聚焦显微镜(黄伟杰供图)

扩束和整形，变成一束直径较大的平行光束时，长通分色反射镜(long pass dichroic filter)使光束偏转 90°，经过物镜会聚在物镜的焦点上。样品中的荧光物质在激光的激发下发出沿各个方向的荧光，一部分荧光经过物镜、长通分色反射镜、聚焦透镜会聚在聚焦透镜的焦点处，经过焦点处的针孔，由检测器接受并转变成电信号。由于物镜和聚焦透镜的焦点在同一光轴上，因而将以这种方式成像的显微镜称为共聚焦显微镜

(confocal microscope)。针孔是共聚焦显微镜与普通光学显微镜最主要的区别，由于它的存在可以阻挡被测样品其他位置发出的荧光，因此它对图像的清晰度和分辨率有重要的影响。

(二)用激光扫描共聚焦显微镜观察病原

激光扫描共聚焦显微镜主要用于观察活细胞结构及特定分子、离子的生物学变化，定量分析，以及实时定量测定等。图 1.1.23 是用激光扫描共聚焦显微镜观察的贻贝棘尾虫；图 1.1.24 是用激光扫描共聚焦显微镜观察的布氏杆菌引起的细胞凋亡；图 1.1.25 是用激光扫描共聚焦显微镜观察的在细胞溶酶体中降解的伤寒沙门氏菌；图 1.1.26 是用激光扫描共聚焦显微镜观察的白色念珠菌。

图 1.1.23 贻贝棘尾虫(陈晶等，2013)

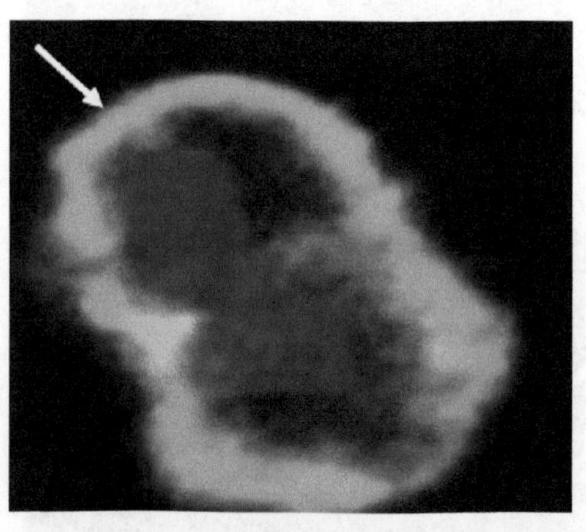

图 1.1.24 布氏杆菌引起的细胞凋亡(Li et al., 2016)

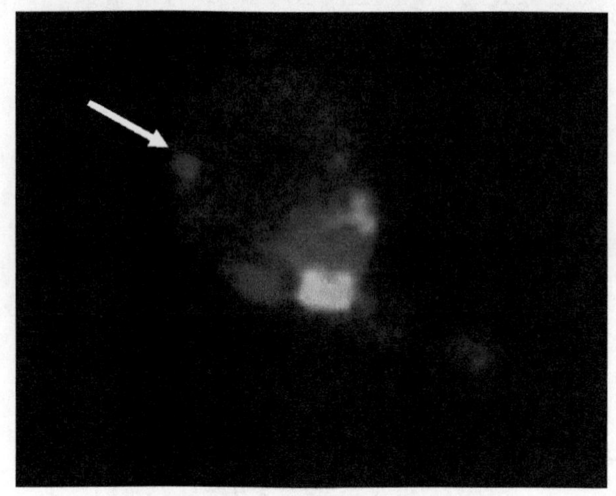

图 1.1.25 在细胞溶酶体中降解的伤寒沙门氏菌(Tobar et al., 2004)

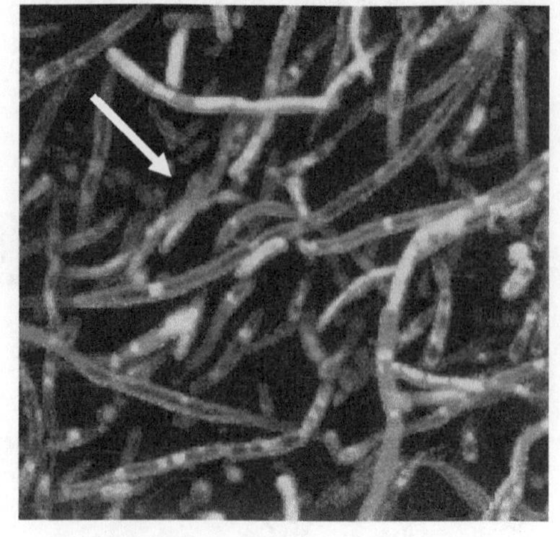

图 1.1.26 白色念珠菌(杨勇骥等，2012)

## 第二节 电子显微镜的基本结构及应用

### 一、透射电子显微镜的基本结构及应用

(一)透射电子显微镜的基本结构

透射电子显微镜的基本结构可分为三大部分，即电子光学部分、真空排气部分和电气部分(图 1.2.1)。

(二)用透射电子显微镜观察病原

由于电子显微镜的光源电子束的穿透能力弱，用于透射电子显微镜下观察的样品厚度必须小于 100nm。

透射电子显微镜特别适用于观察在生物显微镜下看不到的微生物。图 1.2.2 为大肠埃希氏菌(原核生物)透射电子显微镜图；图 1.2.4 为薄荷科植物(真核生物)细胞透射电子显微镜图；图 1.2.6 为噬菌体(病毒)透射电子显微镜图；图 1.2.3、图 1.2.5、图 1.2.7 分别为原核生物细胞、真核生物细胞和病毒的结构模式图。透射电子显微镜在食源性病原微生物检测中应用广泛，图 1.2.8 是鸡的气囊组织中感染的致病性大肠埃希氏菌；图 1.2.9 是巨噬细胞细胞质中感染的鼠伤寒沙门氏菌；图 1.2.10 是羊唇表皮细胞中感染的羊痘病毒。这些都是病原感染的组织经过超薄切片技术获得的切片。而图 1.2.11～图 1.2.13 是经过负染色技术获得的图像，分别是衣原体、流感病毒和大肠埃希氏菌。图 1.2.14 是欧文氏菌(示鞭毛)。

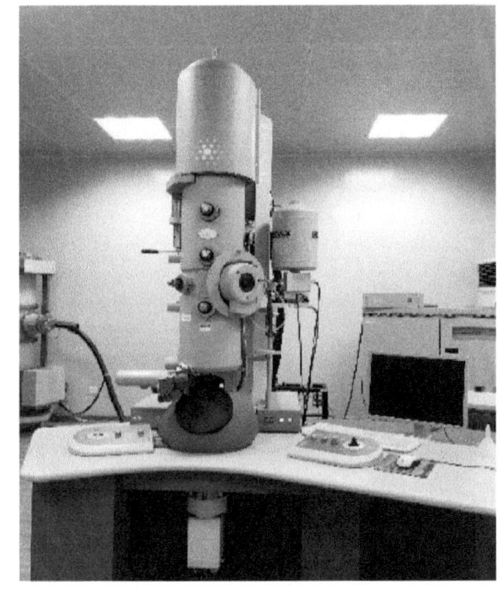

图 1.2.1 透射电子显微镜

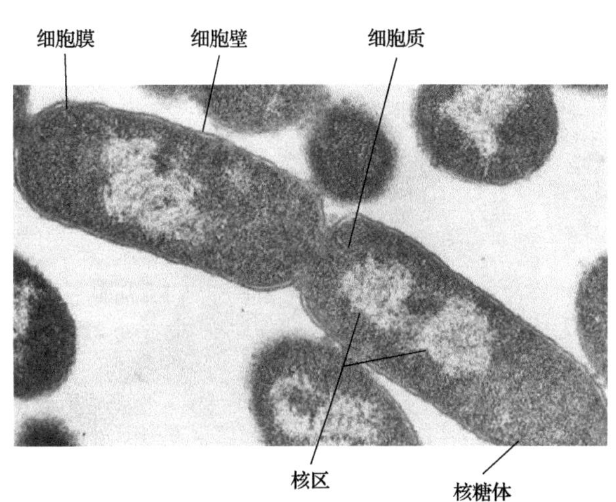


图 1.2.2 大肠埃希氏菌透射电子显微镜图
(示原核生物细胞结构)
(田润刚，2004)

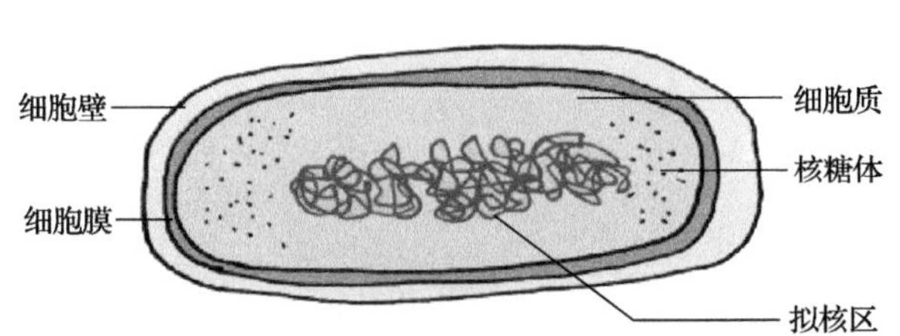


图 1.2.3 原核生物细胞结构模式图

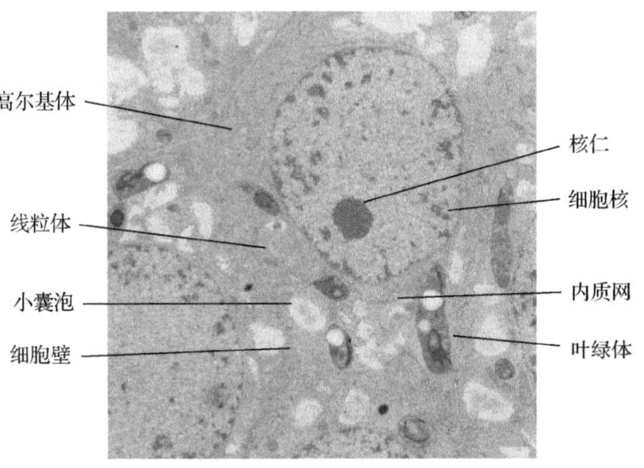


图 1.2.4 薄荷科植物细胞透射电子显微镜图
(示真核生物细胞结构)
(Howard, 2013)

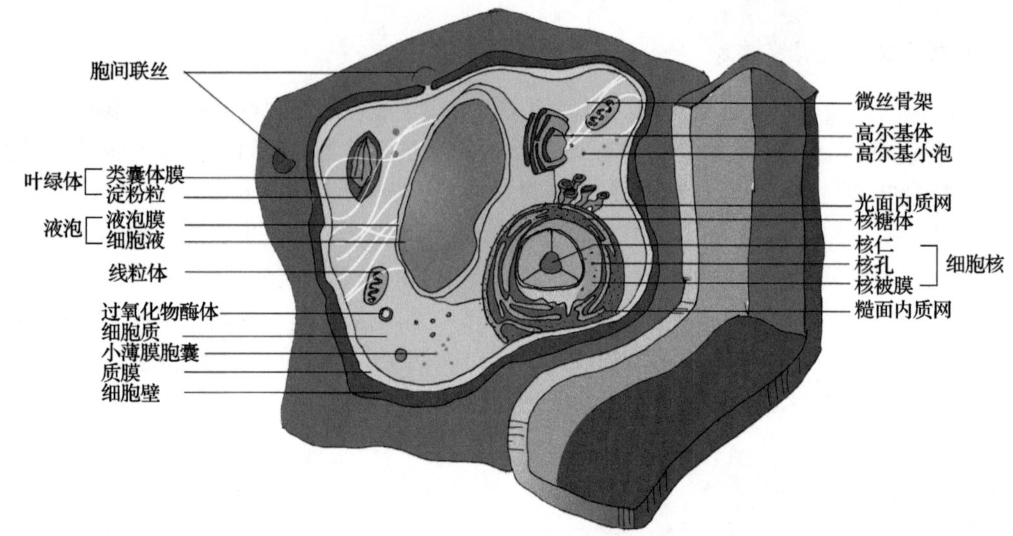


图 1.2.5　真核生物细胞结构模式图

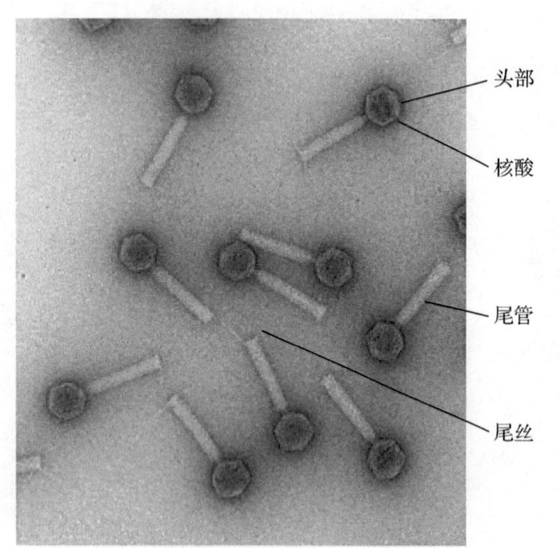


图 1.2.6　噬菌体透射电子显微镜图(示病毒结构)
(Buttner, 2011)

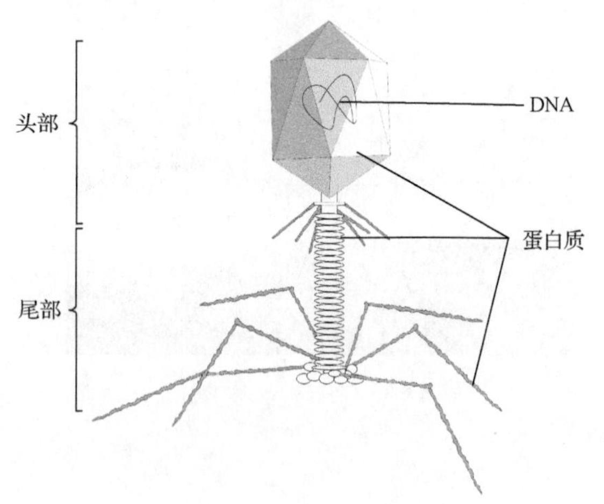


图 1.2.7　T2 噬菌体结构模式图

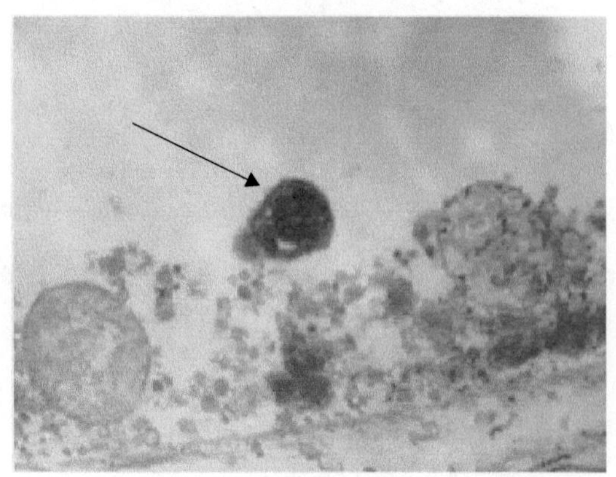

图 1.2.8　鸡的气囊组织中感染的致病性大肠埃希氏菌

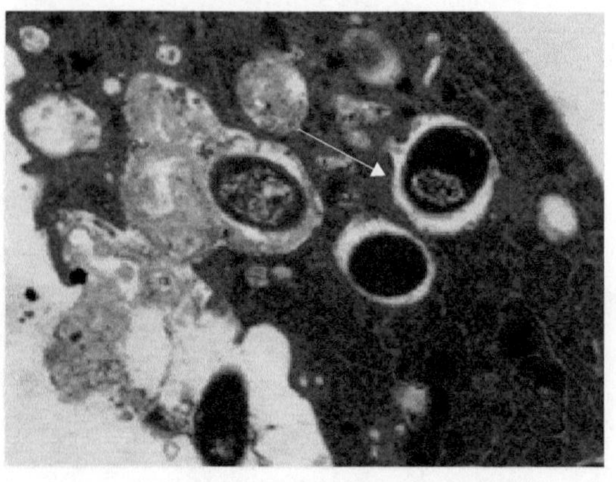

图 1.2.9　巨噬细胞细胞质中感染的鼠伤寒沙门氏菌

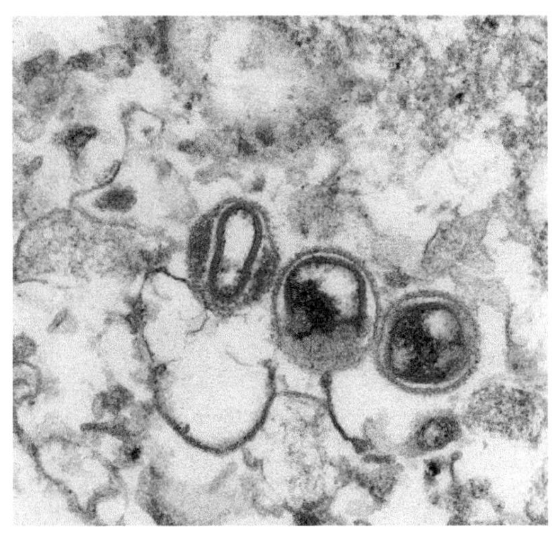

图 1.2.10　羊唇表皮细胞中感染的羊痘病毒

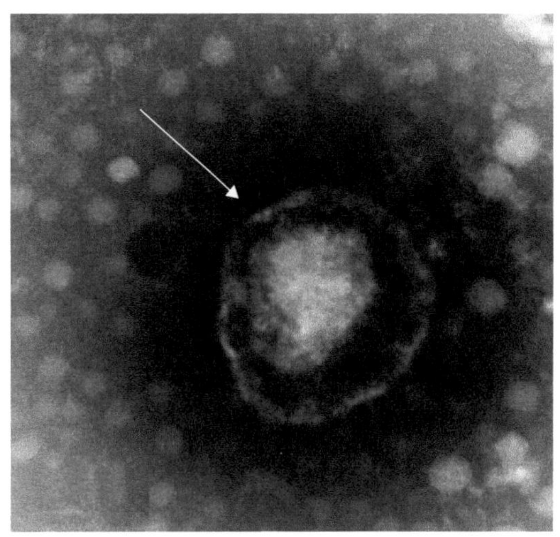

图 1.2.11　衣原体(周昕供图)

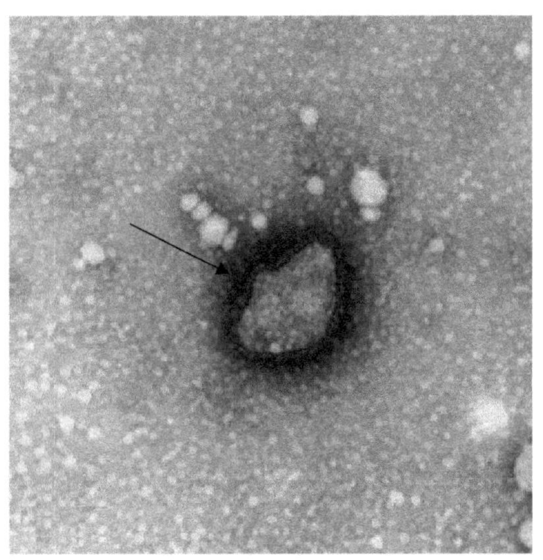

图 1.2.12　H1N1 流感病毒

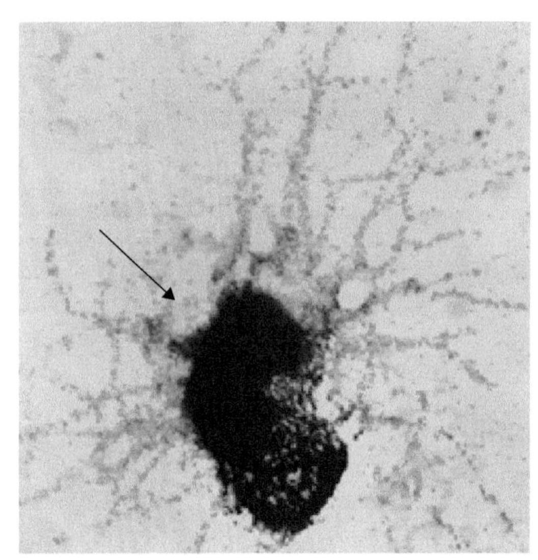

图 1.2.13　免疫胶体金的大肠埃希氏菌菌毛

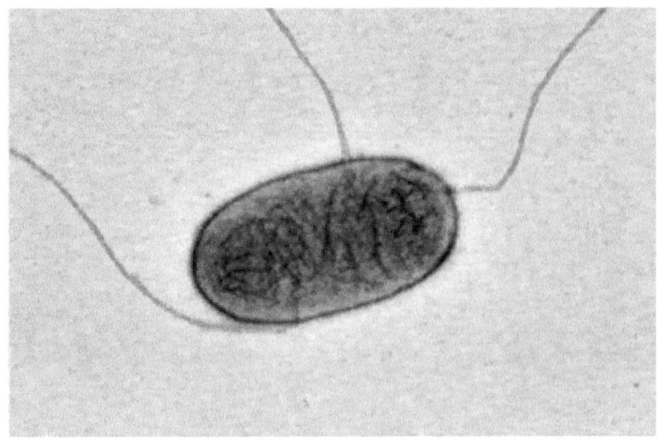

图 1.2.14　欧文氏菌(示鞭毛)(Amin et al.，2010)

## 二、扫描电子显微镜的基本结构及应用

### （一）扫描电子显微镜的基本结构

扫描电子显微镜（扫描电镜）主要由电子光学系统（镜筒）、信号检测及显示系统、真空系统和电气系统组成，见图 1.2.15。多数的扫描电子显微镜是将上述各系统分成两个部分装配，一个是主机部分，装有镜筒、样品室、真空装置等；另一个是控制部分，装有荧光屏、各种控制开关及调节旋钮。

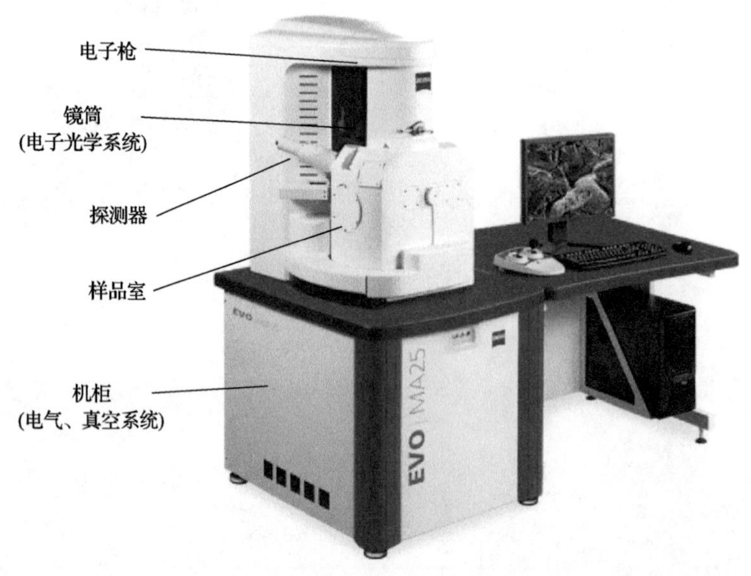


图 1.2.15　扫描电子显微镜（蔡司公司供图）

### （二）用扫描电子显微镜观察病原

扫描电子显微镜利用高速运行的电子束作为光源，可以高倍地观察微生物及组织的表面结构，可以形成很好的三维图像。图 1.2.16 是经过扫描电子显微镜观察的气管上皮纤毛；图 1.2.17 是沙门氏菌黏附于单个上皮细胞；图 1.2.18 是纯化培养的真菌；图 1.2.19 是大肠埃希氏菌；图 1.2.20 是小蠹头部；图 1.2.21 是茶花蜂花粉；图 1.2.22 是结核分枝杆菌；图 1.2.23 是烟曲霉。

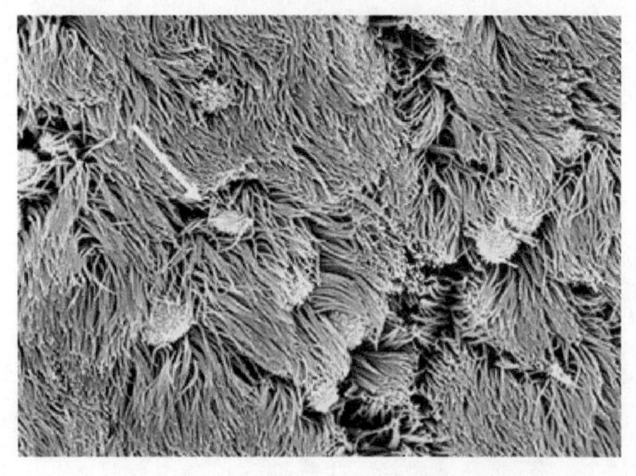

图 1.2.16　气管上皮纤毛（陈义芳供图）

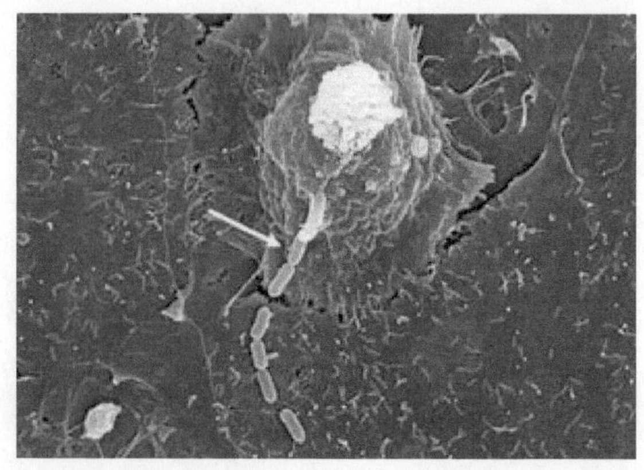

图 1.2.17　沙门氏菌黏附于单个上皮细胞（陈义芳供图）

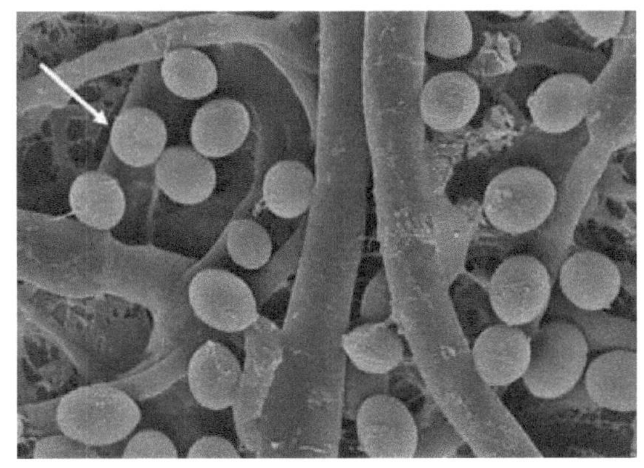

图 1.2.18 真菌(陈义芳供图)

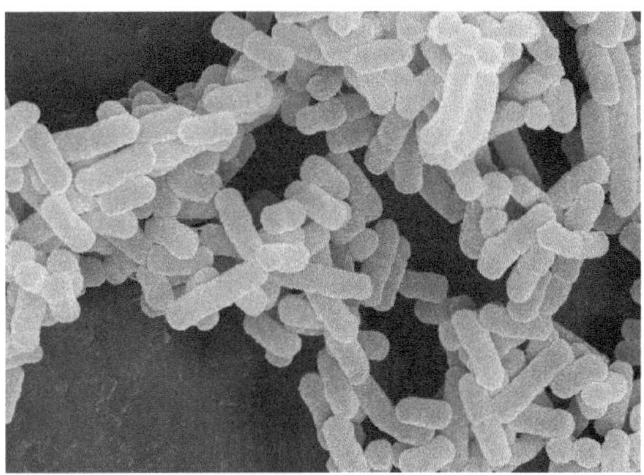

图 1.2.19 大肠埃希氏菌

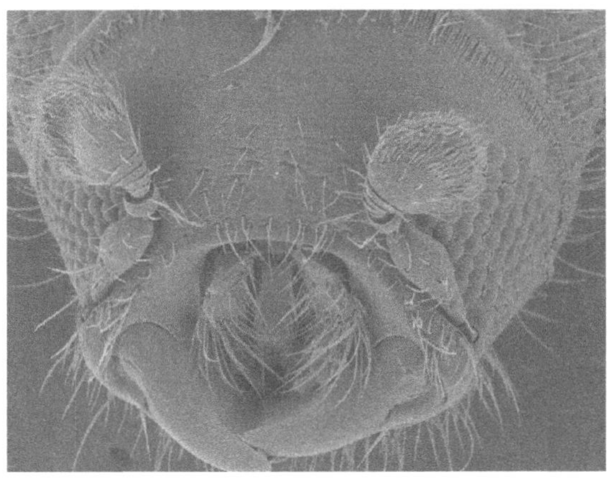

图 1.2.20 小蠹头部腹面观

图 1.2.21 茶花蜂花粉

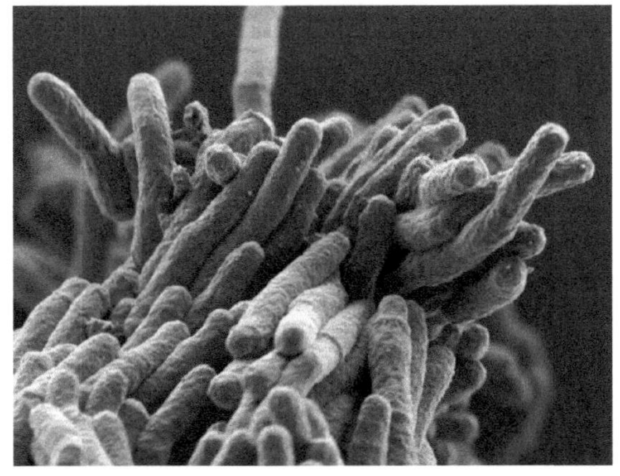

图 1.2.22 结核分枝杆菌(Stewart, 2015)

图 1.2.23 烟曲霉(Nicholson, 2013)

## 参考文献


陈晶, 肖莉杰, 余丽芸. 2013. 激光扫描共聚焦显微镜样品制备的改进方法用于 8 种纤毛虫表膜的观察. 电子显微学报, 32(2): 163-167

田润刚. 2004. 细胞生物学教程. www.cella.cn/book/03/02.htm[2018-08-08]

杨勇骥, 汤莹, 叶煦亭, 等. 2012. 医学生物电子显微镜技术. 上海: 第二军医大学出版社: 48

Amin N M, Bunawan H, Redzuan R A, et al. 2010. *Erwinia mallotivora* sp., a new pathogen of papaya (*Carica papaya*) in Peninsular Malaysia. https://openi.nlm.nih.gov/detailedresult.php?img=PMC3039941_ijms-12-00039f1&req=4[2018-08-15]

Buttner C. 2011. *E. coli* phage mu. https://medicine.utoronto.ca/research/transmission-electron-microscopy-tem[2018-08-08]

Hallez R, Mignolet J, van Mullem V, et al. 2007. The asymmetric distribution of the essential histidine kinase PdhS indicates a differentiation event in *Brucella abortus*. EMBOJ, 26 (5) : 1444-1455

Howard L. 2013. Transmission electron microscope image of a thin section cut from *Coleus blumei* shoot apex sample. http://remf.dartmouth.edu/Botanical_TEM2_Shoot_Apex/images/15%204a_Coleus%20shoot%20apex3a-4.jpg[2018-08-15]

Li T S, Xu Y F, Liu L Z,et al.*Brucella melitensis* 16M regulates the effect of AIR domain on inflammatory factors, autophagy, and apoptosis in mouse macrophage through the ROS signaling pathway.PLoS One, 11 (12) : e0167486

Nicholson I. 2013. Brace yourself, internet: Cats and dogs at risk from new fungus. http://theconversation.com/brace-yourself-internet-cats-and-dogs-at-risk-from-new-fungus-15498 [2018-08-09]

Parthasarathy R. 2016. Microscope. http://slideplayer.com/slide/10947871/39/images/14/Phase+contrast+microscope.jpg[2018-08-08]

Rolhion N, Furniss R C, Grabe G, et al. Inhibition of nuclear transport of NF-κB p65 by the *Salmonella* type Ⅲ secretion system effector SpvD. PLoS Pathog, 12 (5) : e1005653

Stewart C. 2015. The next anti-tuberculosis drug may already be in your local pharmacy. https://medicalxpress.com/news/2015-07-anti-tuberculosis-drug-local-pharmacy.html [2018-08-09]

Tobar J A, González P A, Kalergis A M. 2004. *Salmonella* escape from antigen presentation can be overcome by targeting bacteria to Fc gamma receptors on dendritic cells. J Immunol, 173 (6) : 4058-4065

Zhang X, Kong W, Ashraf S, et al. 2009. A one-plasmid system to generate influenza virus in cultured chicken cells for potential use in influenza vaccine. J Virol, 83 (18) : 9296-9303

# 第二章　染色技术及其应用

细菌个体微小，肉眼不可见，需要借助光学显微镜或电子显微镜放大 1000 倍以上才能观察到其形态和结构。但细菌为无色半透明的生物，未经染色的细菌，由于其与周围环境折光率的差别甚小，故在显微镜下极难观察。染色后细菌与环境形成鲜明对比，可以清楚地观察到细菌的形态、排列方式及某些结构特征。

根据细菌的等电点较低，在近中性溶液中菌体蛋白质电离后带负电荷的特点，在细菌学上常用带正电荷的碱性染料进行染色，如亚甲蓝、结晶紫、碱性复红、孔雀绿等。常用的细菌染色法有单染法和复染法。单染法是仅用一种染料进行染色，如亚甲蓝染色法；复染法是用两种以上的染料染色，可将细菌染成不同颜色，除可观察细菌的形态外，还能鉴别细菌，常用的有革兰氏染色法、瑞氏染色法、抗酸染色法等。

## 一、亚甲蓝染色法

亚甲蓝染色法是一种最简单的染色方法，适用于菌体一般形态的观察。亚甲蓝又称美蓝，是一种芳香杂环化合物，带正电荷。由于细菌在中性环境中一般带负电荷，故可与亚甲蓝染料结合，使菌体细胞呈现蓝色。组织细胞的细胞核含有大量的核糖核酸镁盐，也与亚甲蓝染料结合成蓝色。具体方法(姚火春等，2002)：病料涂片、自然干燥后，滴加碱性亚甲蓝染色液 1～2min，水洗，吸干后镜检。细菌被染成蓝色；组织细胞的细胞核也被染成蓝色。病料中多杀性巴氏杆菌染色常采用亚甲蓝染色法，可见两极浓染(图 2.0.1)，具有一定的鉴别意义。

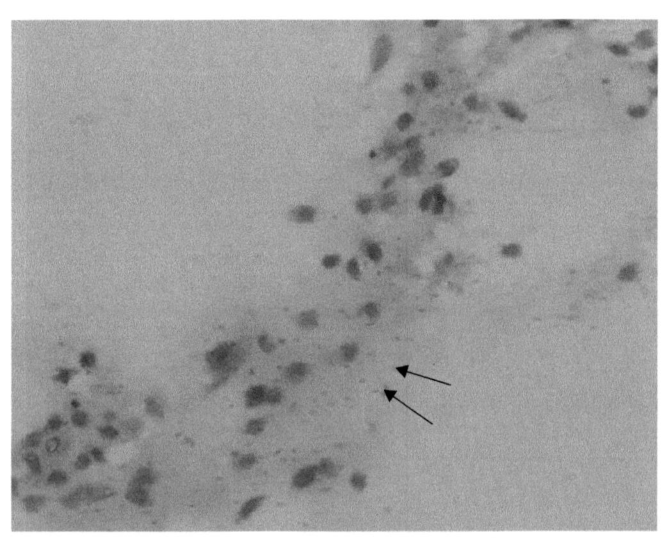

图 2.0.1　多杀性巴氏杆菌(箭头所指)感染组织亚甲蓝染色(1000×)

## 二、革兰氏染色法

革兰氏染色法不仅能观察到细菌的形态，还可将细菌区分为两大类，即革兰氏阳性菌和革兰氏阴性菌。具体方法(姚火春等，2002)：将标本固定后滴加草酸铵结晶紫染色 1～2min；水洗后，滴加 1 滴碘液媒染 1～3min；再次水洗后，滴加 95%乙醇脱色 0.5～1min 至流出液无紫色，立即水洗；最后滴加石炭酸复红或沙黄复染 10～30s，水洗，晾干即可镜检。染色反应呈蓝紫色的称为革兰氏阳性菌，用 $G^{+}$表示，如猪链球菌(图 2.0.2)；呈红色的称为革兰氏阴性菌，用 $G^{-}$表示，如大肠埃希氏菌(图 2.0.3)。

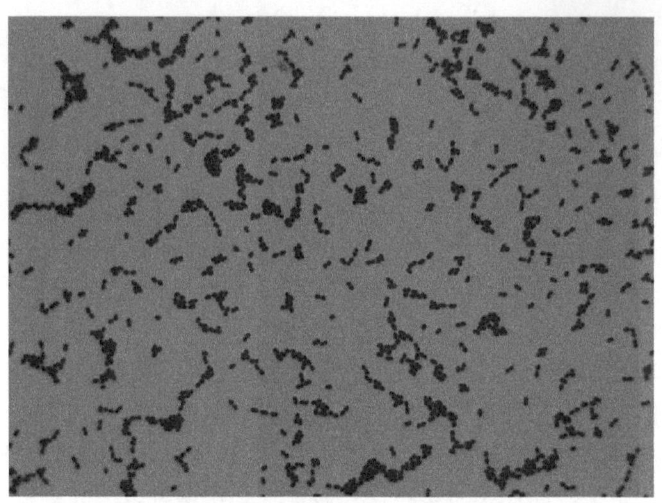

图 2.0.2　猪链球菌培养物革兰氏染色呈阳性(1000×)

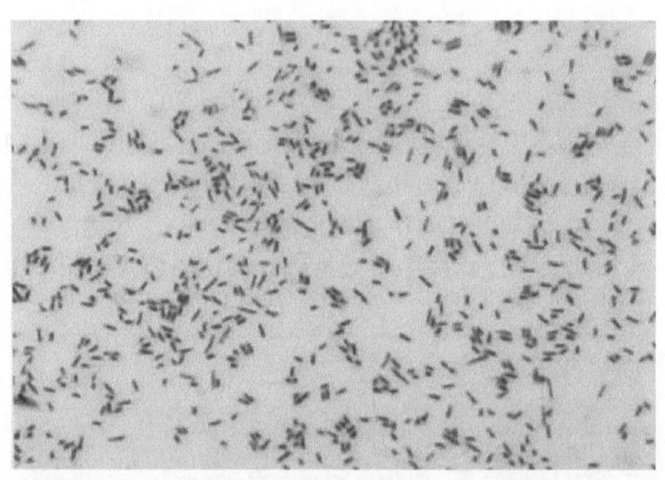

图 2.0.3　大肠埃希氏菌培养物革兰氏染色呈阴性(1000×)

革兰氏染色法创建于 1884 年，其染色结果与细菌细胞壁结构密切相关(陆承平等，2012)。由于革兰氏阳性菌的细胞壁厚，肽聚糖含量高，脂类含量低，在染色过程中，当用乙醇处理时，脱水会引起肽聚糖网状结构中的孔径变小，通透性降低，使结晶紫-碘复合物被保留在细胞内而不易脱色，故再进行沙黄等红色染料复染时，很难被染成红色；而革兰氏阴性菌的细胞壁相对较薄，肽聚糖含量低，脂类含量高，当用乙醇处理时，脂类物质溶解，细胞壁的通透性增加，使结晶紫-碘复合物易被乙醇抽出而脱色，随后被沙黄等红色染料染成红色。

## 三、瑞氏染色法

瑞氏染液是由酸性染料伊红和碱性染料亚甲蓝组成的复合染料，溶于甲醇后解离为带正电荷的亚甲蓝和带负电荷的伊红离子。由于细菌带负电荷，故与带正电荷的亚甲蓝染料结合而成蓝色。组织细胞的细胞核含有大量的核糖核酸镁盐，也与碱性染料结合成蓝色；而背景和细胞质一般为中性，易与酸性染料结合而成红色。具体方法(姚火春等，2002)：病料涂片、自然干燥后，滴加瑞氏染液染 3min，再加等量磷酸盐缓冲液(或等量超纯水)轻轻晃动玻片，3～5min 后水洗，吸干后镜检。细菌被染成蓝色；组织细胞的细胞质被染成红色，细胞核被染成蓝色。李氏杆菌感染牛血液涂片，经瑞氏染色后镜检，如图 2.0.4 所示。

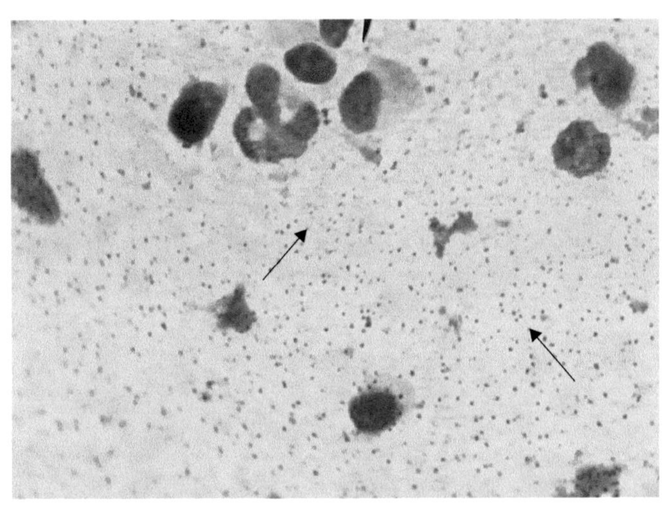

图 2.0.4 李氏杆菌(箭头所指)感染牛血液涂片瑞氏染色(1000×)

## 四、抗酸染色法

分枝杆菌的细胞壁内含有大量的脂质，包围在肽聚糖的外面，故分枝杆菌一般不易着色，要经过加热和延长染色时间来促使其着色。但分枝杆菌中的分枝菌酸与染料结合后，就很难被酸性脱色剂脱色，故名抗酸染色。最早是 1882 年由埃利希(Ehrlich)首创，并经齐尔(Ziehl)改进而创造出的细菌染色法。

齐-内(Ziehl-Neelsen)染色法(姚火春等，2002)：在加热条件下使分枝菌酸与石炭酸复红牢固结合成复合物，用盐酸乙醇处理也不脱色。当再加碱性亚甲蓝复染后，分枝杆菌仍然为红色，而其他细菌及背景中的物质被染为蓝色。其方法是：用玻片夹夹持涂片标本，滴加石炭酸复红 2～3 滴，在火焰上徐徐加热，加热 3～5min，待标本冷却后用水冲洗；再加 3%盐酸乙醇脱色 30s～1min，用水洗净；用碱性亚甲蓝溶液复染 1min，水洗，用吸水纸吸干后镜检。纯培养的牛分枝杆菌经抗酸染色后可见红色、细长微弯杆菌(图 2.0.5)。

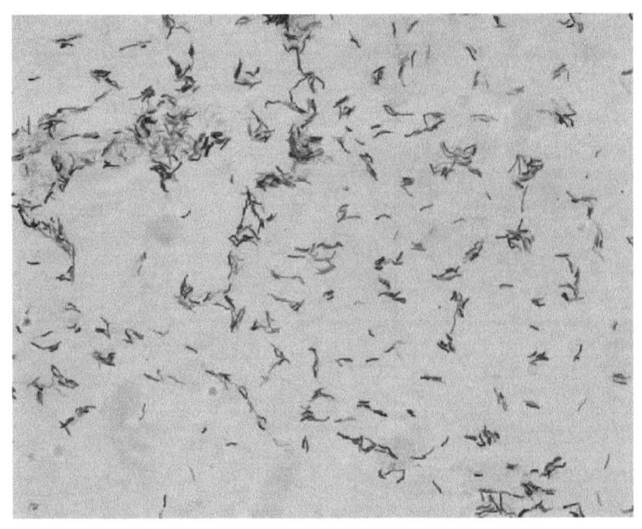

图 2.0.5 牛分枝杆菌培养物抗酸染色(1000×)

## 五、芽胞染色法

根据细菌菌体和芽胞对染料的亲和力不同，用不同染料进行染色，使芽胞和菌体呈不同颜色而区别。芽胞壁厚，着色和脱色均较困难，当用弱碱性的孔雀绿在加热条件下染色时，染料可使菌体和芽胞均着色，而进入芽胞的染料难以透出，若再用沙黄复染时，则菌体呈红色，而芽胞呈孔雀绿色。参考朱陶和付灿(2008)的方法略作改进：等量的5%孔雀绿染液和24h细菌培养物于试管中混匀浸染5min，置于微波炉中火加热60s后取出，取底部的菌液于载玻片上，常规涂片、固定、水洗后用沙黄复染120s，干燥后镜检。枯草芽胞杆菌的芽胞染色镜检如图2.0.6所示。

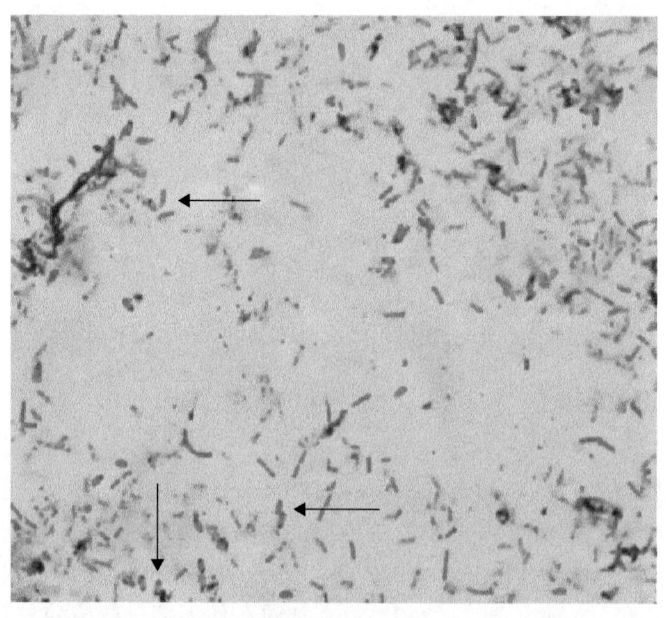

图2.0.6　枯草芽胞杆菌芽胞(箭头所指)染色(1000×)

## 六、荚膜染色法

荚膜是包围在细菌细胞外面的一层黏液性物质，其主要成分是多糖类，不易被染色，通常采用负染色法，即将菌体染色后，再使背景着色，从而将荚膜衬托出来。最简单的荚膜染色可采用亚甲蓝染色法。涂片自然干燥，甲醇固定，以久储的碱性亚甲蓝进行简单染色，染色1～3min，倾去染液，用水轻轻冲洗，沥去多余的水分，用吸水纸吸干或烘干，然后镜检。有荚膜细菌的菌体呈蓝色，荚膜呈淡红色，如炭疽杆菌(图2.0.7)。

图2.0.7　炭疽杆菌荚膜染色(Quinn et al., 1994)

## 七、免疫荧光染色法

细菌的免疫荧光染色法通常采用直接法，即根据抗原抗体反应规律，将已知抗体标记上荧光素，制成荧光抗体，然后以此为探针来检测待检材料中的相应细菌。最常用的标记荧光素是异硫氰酸荧光素(FITC)。

其主要方法(唐丽杰等，2005)是：细菌常规涂片、固定，滴加稀释至染色效价的荧光素标记的特异性抗体，置入湿盒内，37℃染色 30min；洗去残留的荧光抗体，将载玻片浸入 pH 7.2 的磷酸盐缓冲液(PBS)中振荡洗涤 2 次，每次 5min，再用蒸馏水洗 1min，除去盐结晶；用 50%甘油缓冲液封固后置荧光显微镜下观察。嗜水气单胞菌和猪链球菌的免疫荧光染色结果如图 2.0.8 和图 2.0.9 所示。

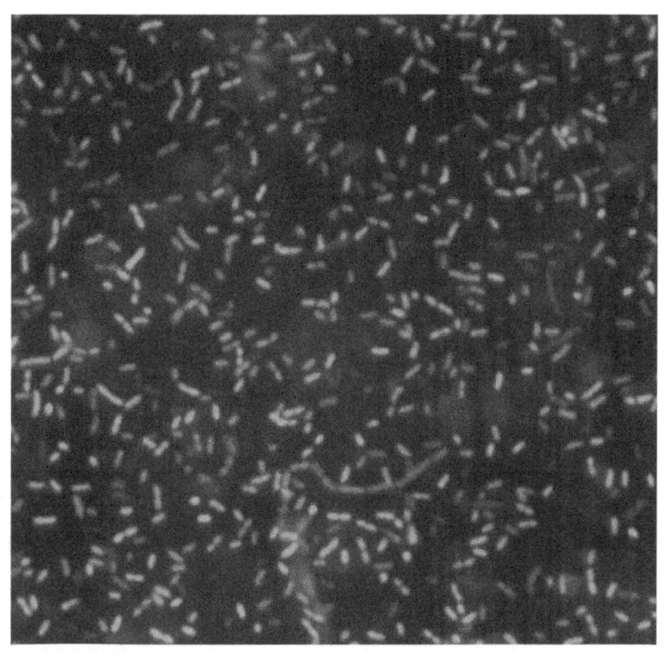

图 2.0.8 嗜水气单胞菌免疫荧光染色(1000×)

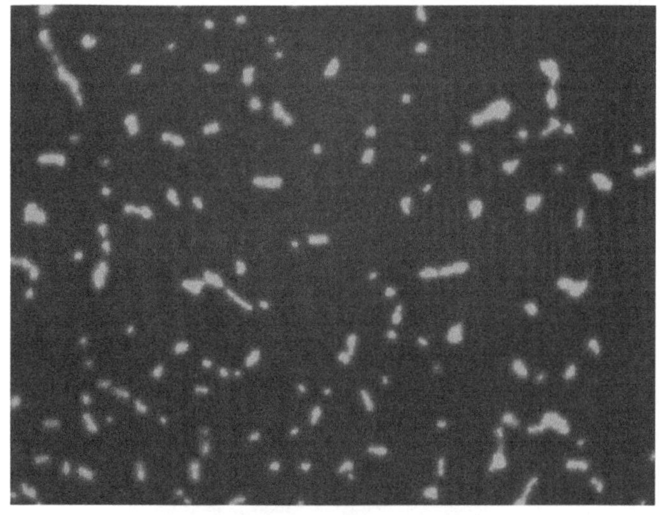

图 2.0.9 猪链球菌免疫荧光染色(1000×)

## 参 考 文 献

陆承平, 刘永杰, 曾巧英, 等. 2012. 兽医微生物学. 5 版. 北京: 中国农业出版社: 19

唐丽杰, 马波, 刘玉芬, 等. 2005. 微生物学实验. 哈尔滨: 哈尔滨工业大学出版社: 191-193

姚火春, 郭霄峰, 范红结, 等. 2002. 兽医微生物学实验指导. 4 版. 北京: 中国农业出版社: 15-18

朱陶, 付灿. 2008. 几种芽孢染色方法的比较与改进. 井冈山学院学报(自然科学), 29(8): 49-50

Quinn P J, Carter M E, Markey B, et al. 1994. Clinical Veterinary Microbiology. London: Wolfe Publishing: 180

# 第三章 培养基的选择及其应用

## 第一节 培养基简介

培养基(culture medium)是指液体、半固体或固体形式的、含天然或合成成分、用于保证微生物繁殖(含或不含某类微生物的抑菌剂)、鉴定或保持其活力的物质(图 3.1.1，图 3.1.2)。其一般都含有能够提供碳源、氮源的基础营养物质，促进微生物生长的无机盐(包括微量元素)和生长因子及凝固剂等(中华人民共和国卫生部，2013)。

图 3.1.1 颗粒剂型培养基

图 3.1.2 长菌后的培养基
鼠伤寒沙门氏菌 ATCC 14028 生长在木糖赖氨酸脱氧胆盐(XLD)琼脂上

19 世纪，法国微生物学家路易・巴斯德(Louis Pasteur，1822—1895)(图 3.1.3)设计了最早的液体培养基。他用有机物水浸液作培养基所做的实验，有力且成功地否定了“自然发生学说”(图 3.1.4)，并建立了病原学，帮助研究工作者正确地认识微生物的活动，推动了微生物学的发展。这种有机物水浸液可以算是世界上第一种天然培养基(Hook，2011；Madigan et al.，2010)。

图 3.1.3 路易・巴斯德

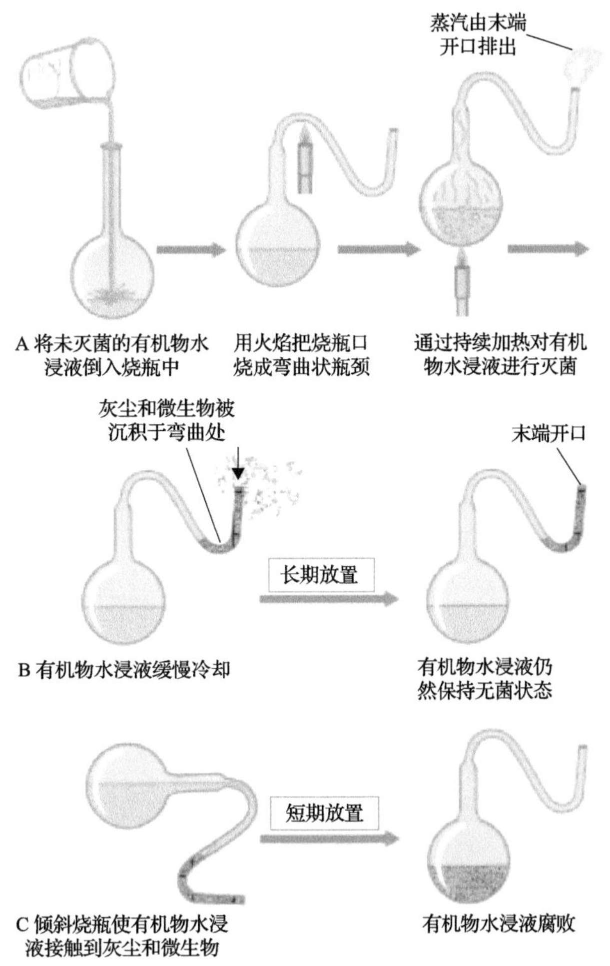


图 3.1.4 路易·巴斯德的有机物水浸液实验有力地否定了“自然发生学说”(Madigan et al., 2010)

之后，德国著名细菌学家罗伯特·科赫(Robert Koch，1843—1910)(图 3.1.5)用明胶成功制备了固体培养基,并创造性地发明了划线分离技术(图 3.1.6)和倾注接种法,这两种方法至今还在普遍使用(Madigan et al.,

图 3.1.5 罗伯特·科赫

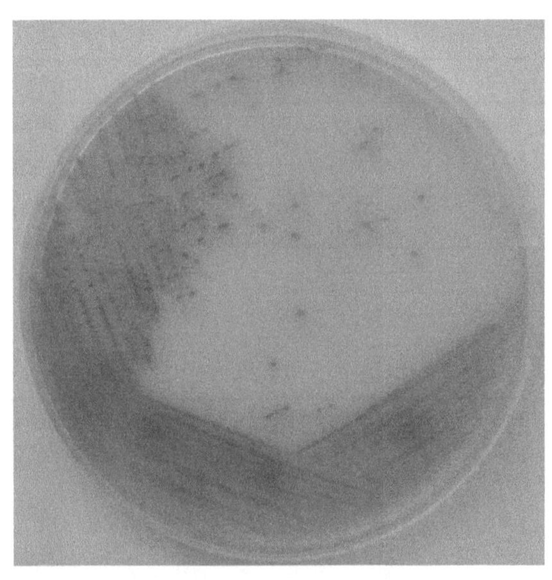

图 3.1.6 划线分离技术
肠炎沙门氏菌 ATCC 13076 划线于沙门氏菌显色平板

2010)。同时，科赫的两位助手也为微生物学的发展做出了重要贡献：一位是海斯夫人(Fanny Hesse，1850—1934)，她发现琼脂(图 3.1.7)比明胶有更好的理化性能，凝固后硬而透明，因此成为配制固体培养基最理想的材料，不仅沿用至今，而且目前都没有更好的代替品(Haines，2001)。另一位是朱利斯·理查德·佩特里(Julius Richard Petri，1852—1921)，他于 1887 年设计了用于微生物培养的玻璃皿，代替了最早的玻璃板，这种玻璃皿就是至今仍在广泛使用的“Petri”培养皿(Voswinckel，2001)。

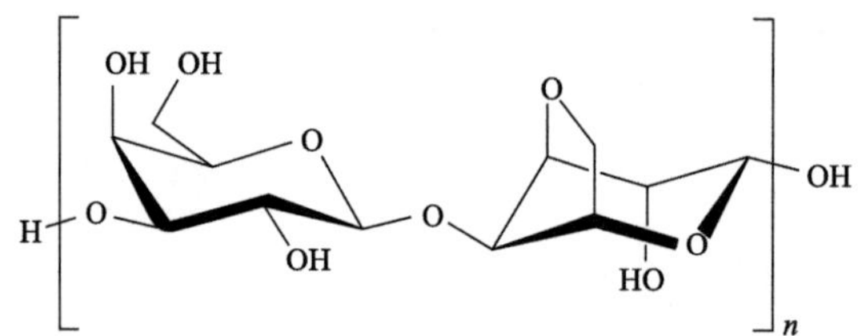


图 3.1.7　琼脂聚合物的结构

## 第二节　培养基的营养与理化条件

微生物培养基的配方犹如人们的菜谱，新的种类总是层出不穷。任何一个微生物学工作者，必须在这浩如烟海的无数配方中寻求其中的要素或内在本质，才能掌握微生物的营养规律和理化条件，选用或设计自己所需要的最适培养基(周德庆，2002)。

### 一、碳源

一切能满足微生物生长繁殖所需碳元素的营养物均可以称为碳源(carbon source)。若把所有微生物当作一个整体，其可利用的碳源范围即为碳源谱(表 3.2.1)。碳源可分为有机碳与无机碳两大类。凡必须利用有机碳源的微生物，就是为数众多的异养微生物；凡利用无机碳源的微生物，则是种类较少的自养微生物。异养微生物在元素水平上的最适碳源是“C·H·O”型。具体地说，“C·H·O”型中的糖类是最广泛利用的碳源，其次是有机酸类、醇类和脂类等。在糖类中，单糖优于双糖和多糖，己糖优于戊糖，葡萄糖、果糖优于甘露醇、半乳糖。

**表 3.2.1　微生物的碳源谱**(周德庆，2002)

| 类型 | 元素水平 | 化合物水平 | 培养基原料水平 |
|---|---|---|---|
| 有机碳 | C·H·O·N·X | 复杂蛋白质、核酸等 | 牛肉膏、蛋白胨、花生饼粉等 |
| | C·H·O·N | 多数氨基酸、简单蛋白质等 | 一般氨基酸、明胶等 |
| | C·H·O | 糖、有机酸、醇、脂类等 | 葡萄糖、蔗糖、各种淀粉、糖蜜等 |
| | C·H | 烃类 | 天然气、石油及其不同馏分、液体石蜡等 |
| 无机碳 | C(?) | — | — |
| | C·O | $CO_2$ | $CO_2$ |
| | C·O·X | $NaHCO_3$、$CaCO_3$等 | $NaHCO_3$、$CaCO_3$、白垩等 |

注：X 指除 C、H、O、N 外的任何其他一种或几种元素；C(?)指假设的碳源，纯碳结构的碳源尚未发现

### 二、氮源

凡能提供微生物生长繁殖所需氮元素的营养源均可以称为氮源(nitrogen source)。若把所有微生物当作一个整体，其可利用的氮源范围即为氮源谱(表 3.2.2)。一般来说，异养微生物对氮源的利用顺序是：“N·C·H·O”或“N·C·H·O·X”类优于“N·H”类，更优于“N·O”类。在微生物培养基成分中，最

常用的有机氮源是牛肉浸出物、酵母浸出物、植物的饼粕粉和蚕蛹粉等，由动植物蛋白质经酶消化后的各种蛋白胨使用尤为广泛。

**表 3.2.2 微生物的氮源谱**(周德庆，2002)

| 类型 | 元素水平 | 化合物水平 | 培养基原料水平 |
| --- | --- | --- | --- |
| 有机氮 | N·C·H·O·X | 复杂蛋白质、核酸等 | 牛肉膏、酵母膏、饼粕粉、蚕蛹粉等 |
| | N·C·H·O | 尿素、一般氨基酸、简单蛋白质等 | 尿素、蛋白胨、明胶等 |
| 无机氮 | N·H | $NH_3$、铵盐等 | $(NH_4)_2SO_4$等 |
| | N·O | 硝酸盐等 | $KNO_3$等 |
| | N | $N_2$ | 空气 |

注：X 指除 C、H、O、N 外的任何其他一种或几种元素

## 三、生长因子

为调节微生物正常代谢所必需，但不能用简单的碳、氮源自行合成的有机物，称为生长因子(growth factor)。它的需要量一般很少。广义的生长因子除了维生素外，还包括碱基、卟啉及其衍生物、甾醇、胺类、$C_4$～$C_6$的分支或直链脂肪酸，有时还包括氨基酸营养缺陷突变株所需要的氨基酸在内；而狭义的生长因子一般仅指维生素。在配制培养基时，一般可用生长因子含量丰富的天然物质作原料以保证微生物对它们的需要，如酵母浸出粉、玉米浆、肝浸液、麦芽汁或其他新鲜动植物的汁液等。

## 四、无机盐

无机盐(mineral salt)或矿质元素主要可为微生物提供除碳、氮源以外的各种重要元素(图 3.2.1)。凡生长所需浓度在 $10^{-4}$～$10^{-3}$mol/L 的元素，可称为大量元素，如 P、S、K、Ca、Mg、Na 和 Fe 等；凡所需浓度在 $10^{-8}$～$10^{-6}$mol/L 的元素，则称为微量元素，如 Cu、Zn、Mn、Mo、Co、Ni、Sn、Se 等。在配制微生物培养基时，对大量元素来说，只要加入相应的化学试剂即可，其中首选的应是 $K_2HPO_4$ 和 $MgSO_4$，因为它们可同时提供 4 种需要量最大的元素。

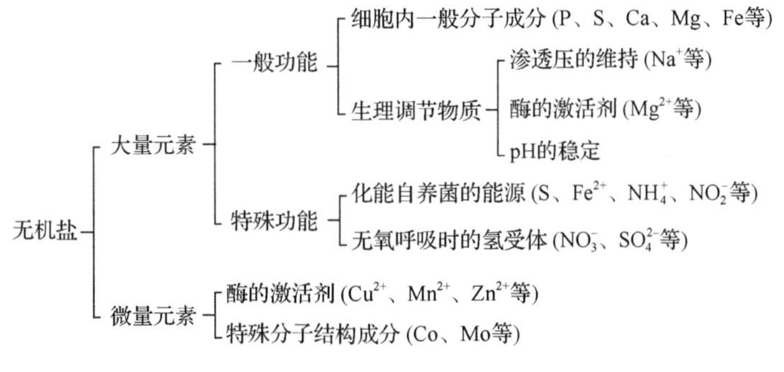


图 3.2.1 无机盐的营养功能(周德庆，2002)

## 五、pH

pH 表示某水溶液中氢离子浓度的负对数值，它源于法文“puissance hudrogene”(氢的强度)。纯水呈中性，其氢离子浓度为 $10^{-7}$mol/L，因此定其 pH 为 7。从整体上来看，各大类微生物都有适宜其生长的 pH 范围，所以确定培养基配方时要把培养基 pH 调至适合微生物生长的范围(表 3.2.3)。另外，由于在微生物(尤其是一些产酸菌)的生长、代谢过程中会产生引起培养基 pH 改变的代谢产物，如不及时调节，就会抑制甚至杀死其自身，因而要考虑培养基成分对 pH 的调节能力。常见的是在培养基中加入磷酸盐进行缓冲，或是以碳酸钙作为“备用碱”进行调节，如四硫磺酸钠煌绿(TTB)增菌培养基。

**表 3.2.3 不同微生物的生长 pH 范围**（周德庆，2002）

| 微生物名称 | pH | | |
|---|---|---|---|
| | 最低 | 最适 | 最高 |
| *Thiobacillus thiooxidans*（氧化硫硫杆菌） | 0.5 | 2.0～3.5 | 6.0 |
| *Lactobacillus acidophilus*（嗜酸乳杆菌） | 4.0～4.6 | 5.8～6.6 | 6.8 |
| *Acetobacter aceti*（醋化醋杆菌） | 4.0～4.5 | 5.4～6.3 | 7.0～8.0 |
| *Bradyrhizobium japonicum*（大豆根瘤菌） | 4.2 | 6.8～7.0 | 11.0 |
| *Bacillus subtilis*（枯草芽胞杆菌） | 4.5 | 6.0～7.5 | 8.5 |
| *Escherichia coli*（大肠埃希氏菌） | 4.3 | 6.0～8.0 | 9.5 |
| *Staphylococcus aureus*（金黄色葡萄球菌） | 4.2 | 7.0～7.5 | 9.3 |
| *Azotobacter chroococcum*（褐球固氮菌） | 4.5 | 7.4～7.6 | 9.0 |
| *Streptococcus pyogenes*（酿脓链球菌） | 4.5 | 7.8 | 9.2 |
| *Nitrosomonas* sp.（一种亚硝化单胞菌） | 7.0 | 7.8～8.6 | 9.4 |
| *Aspergillus niger*（黑曲霉） | 1.5 | 5.0～6.0 | 9.0 |
| 一般放线菌 | 5.0 | 7.0～8.0 | 10.0 |
| 一般酵母菌 | 2.5 | 4.0～5.8 | 8.0 |
| 一般霉菌 | 1.5 | 3.8～6.0 | 7.0～11.0 |

## 六、氧化还原势

氧化还原势，又称氧化还原电位，是度量某氧化还原系统中还原剂释放电子或氧化剂接受电子趋势的一种指标。氧化还原势一般以 $E_h$ 表示，它是指以氢电极为标准时某氧化还原系统的电极电位值，单位是V（伏）或 mV（毫伏）。一般好氧菌生长的 $E_h$ 为+0.3～+0.4V，兼性厌氧菌在+0.1V 以上时进行好氧呼吸产能，在+0.1V 以下时则进行发酵产能；而厌氧菌只能生长在+0.1V 以下的环境中。在检验实验室中培养厌氧菌时，一般常用厌氧罐技术，由厌氧罐、厌氧产气袋（消耗罐内氧气）和氧气指示剂构成，通过培养箱实现控温（图 3.2.2～图 3.2.4）。有些实验室的工作量大，开展的项目多，一般会采用厌氧&微需氧工作站来提高工作效率，如 Bugbox 厌氧&微需氧工作站（图 3.2.5）。也可以利用其他厌氧手段，如石蜡液封（图 3.2.6）或增加液体黏度（图 3.2.7），同时在培养基中加入适量的还原剂，包括巯基乙酸、维生素 C（抗坏血酸）、硫化钠、半胱氨酸、铁屑、谷胱甘肽或庖肉（瘦牛肉粒）等，以降低它的氧化还原势。例如，加有铁屑的培养基，其 $E_h$ 可降至–0.4V 的低水平。

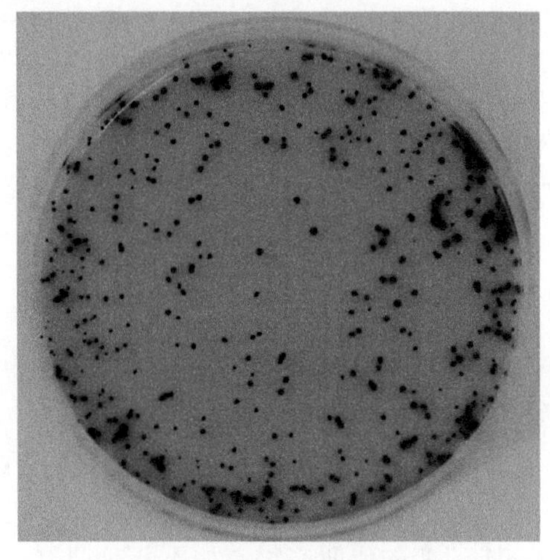

图 3.2.2 胰胨-亚硫酸盐-环丝氨酸琼脂（TSC）利用厌氧罐技术培养的产气荚膜梭菌 ATCC 13124

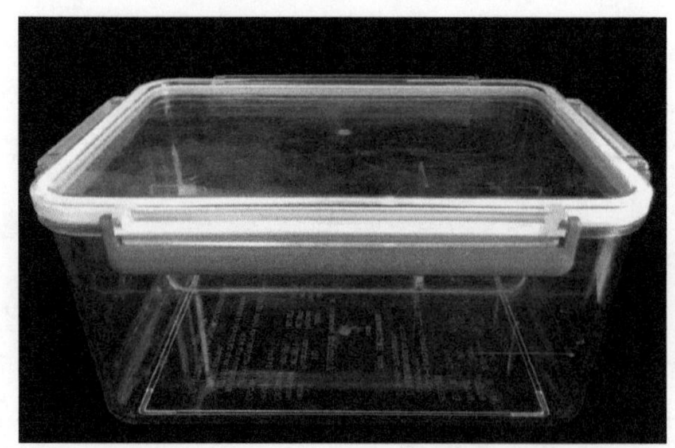

图 3.2.3 厌氧罐（日本三菱瓦斯公司供图）

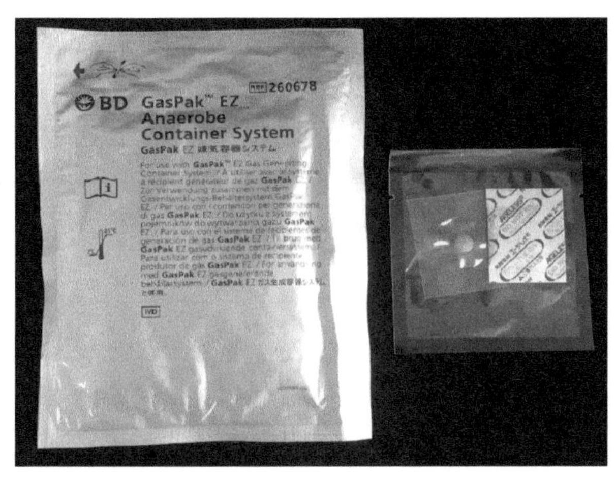


图 3.2.4 厌氧产气袋(左)和氧气指示剂(右)
(BD 公司和日本三菱瓦斯公司供图)

图 3.2.5 Bugbox 厌氧&微需氧工作站(BAKER 公司供图)

图 3.2.6 庖肉培养基(石蜡液封方法)
左：空白；右：产气荚膜梭菌 ATCC 13124

图 3.2.7 液体硫乙醇酸盐培养基(增加液体黏度方法)
左：空白；右：产气荚膜梭菌 ATCC 13124

## 第三节 培养基的分类

培养基的数量和种类繁多，分类方式也有不同，目前常用的有 4 种分类方式，分别是：按培养基组成成分分类；按培养基物理状态分类；按培养基用途分类；按培养基配制方法分类(中华人民共和国卫生部，2013)。

### 一、按培养基组成成分分类

(1)纯化学培养基

由已知分子结构和纯度的化学成分配制而成的培养基，如生理盐水、磷酸盐缓冲液。

（2）未定义和部分定义的化学培养基

全部或部分由天然物质、加工过的物质或其他不纯的化学物质构成的培养基。一般含蛋白胨、牛肉浸粉、酵母浸粉等成分的培养基均属于此类，如营养琼脂、平板计数琼脂（表 3.3.1）等。

表 3.3.1　培养基不同组成成分分类举例

| 纯化学培养基（0.85%生理盐水） | | 未定义和部分定义的化学培养基（平板计数琼脂） | |
|---|---|---|---|
| 成分名称 | 含量/(g/L) | 成分名称 | 含量/(g/L) |
| 氯化钠 | 0.85 | 胰蛋白胨 | 5.0 |
| | | 酵母浸粉 | 2.5 |
| | | 葡萄糖 | 1.0 |
| | | 琼脂 | 15.0 |

## 二、按培养基物理状态分类

（1）液体培养基

不含凝固剂，加热至 100℃溶解，冷却后为液体状态，如缓冲蛋白胨水、脑心浸液肉汤等。

（2）半固体培养基

在液体培养基中加入极少量固化物（如琼脂、明胶等），加热至 100℃溶解，冷却后凝固成半固体状态的培养基。多用于细菌的动力观察、菌种传代保存及储运细菌标本材料，如半固体琼脂、Cary-Blair 运送培养基。

（3）固体培养基

在液体培养基中加入一定量的固化物（如琼脂、明胶等），加热至 100℃溶解，冷却后凝固成固体状态的培养基。多用于微生物的分离、计数等，如营养琼脂、平板计数琼脂等。

不同物理状态培养基的成分见表 3.3.2。

表 3.3.2　培养基不同物理状态分类举例

| 液体培养基（缓冲蛋白胨水） | | 半固体培养基（半固体琼脂） | | 固体培养基（营养琼脂） | |
|---|---|---|---|---|---|
| 成分名称 | 含量/(g/L) | 成分名称 | 含量/(g/L) | 成分名称 | 含量/(g/L) |
| 蛋白胨 | 10.0 | 蛋白胨 | 10.0 | 蛋白胨 | 10.0 |
| 氯化钠 | 5.0 | 牛肉粉 | 3.0 | 牛肉浸膏 | 3.0 |
| 磷酸氢二钠（$Na_2HPO_4 \cdot 12H_2O$） | 9.0 | 氯化钠 | 5.0 | 氯化钠 | 5.0 |
| 磷酸二氢钾 | 1.5 | 琼脂 | 4.0 | 琼脂 | 15.0 |

## 三、按培养基用途分类

（1）运输培养基

在取样后和实验室处理前保护与维持微生物活性且不允许明显增殖的培养基。运输培养基中通常不允许包含使微生物增殖的物质，但是培养基应能保护菌株，如缓冲甘油-氯化钠溶液运输培养基。

（2）保藏培养基

用于在一定期限内保护和维持微生物活力，防止长期保存对其的不利影响，或使微生物在长期保存后容易复苏的培养基，如营养琼脂斜面(图 3.3.1)。

(3)悬浮培养基

将测试样本的微生物分散到液相中，在整个接触过程中不产生增殖或抑制作用，如生理盐水(图 3.3.2)、磷酸盐缓冲液。

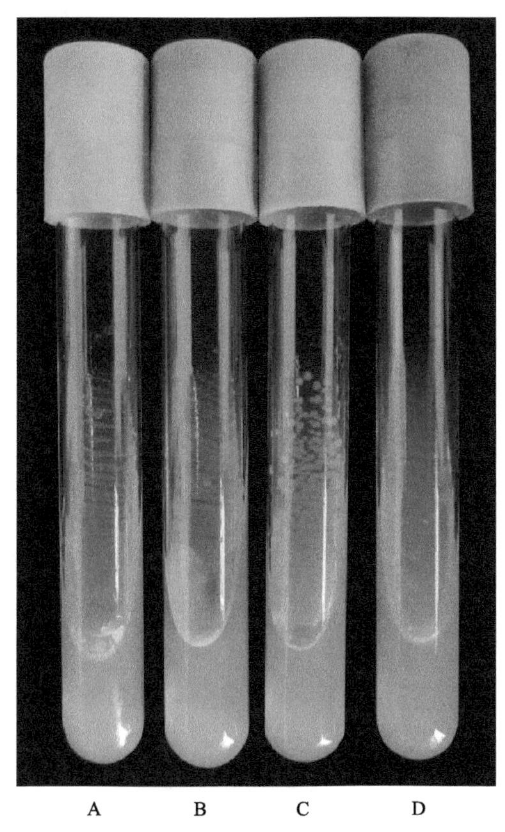

A　B　C　D

图 3.3.1　保藏培养基

营养琼脂斜面：A. 金黄色葡萄球菌 ATCC 6538；B. 铜绿假单胞菌 CMCC 10104；C. 蜡样芽胞杆菌 CMCC 63303；D. 大肠埃希氏菌 ATCC 25922

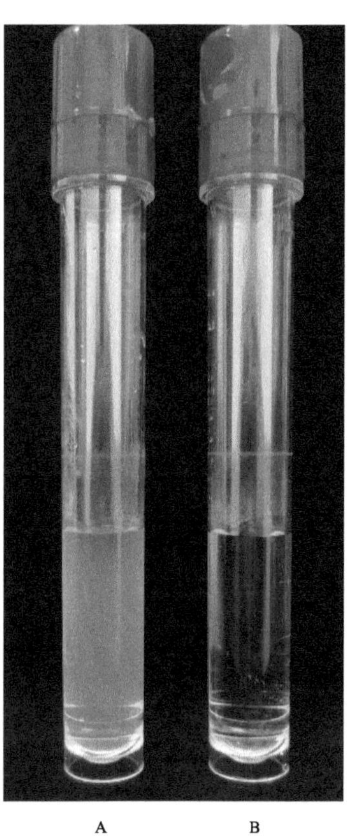

A　B

图 3.3.2　悬浮培养基

生理盐水：A. 大肠埃希氏菌 ATCC 25922 悬液；B. 空白

(4)复苏培养基

能够使受损或应激的微生物修复，使微生物恢复正常生长能力，但不一定促进微生物繁殖的培养基。

(5)增菌培养基

通常为液体培养基，能够给微生物的繁殖提供特定的生长环境。

1)非选择性增菌培养基：能够保证多数微生物生长的培养基，如脑心浸液肉汤(图 3.3.3)、营养肉汤。

2)选择性增菌培养基：能够允许特定的微生物在其中繁殖，而部分或全部抑制其他微生物生长的培养基，如 TTB 增菌培养基(图 3.3.4)、亚硒酸盐胱氨酸增菌(SC)培养基。

(6)分离培养基

支持微生物生长的固体或半固体培养基。

1)非选择性分离培养基：对微生物没有选择性抑制的分离培养基，如营养琼脂(图 3.3.5)、平板计数琼脂。

2)选择性分离培养基：支持特定微生物生长而抑制其他微生物生长的培养基，如亚硫酸铋琼脂、木糖赖氨酸脱氧胆盐(XLD)琼脂、PALCAM 培养基(图 3.3.6)。

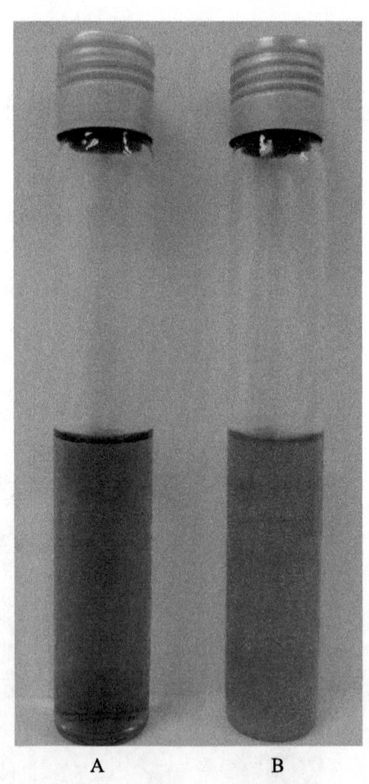


图 3.3.3　非选择性增菌培养基

脑心浸液肉汤：A. 空白；B. 金黄色葡萄球菌 ATCC 6538

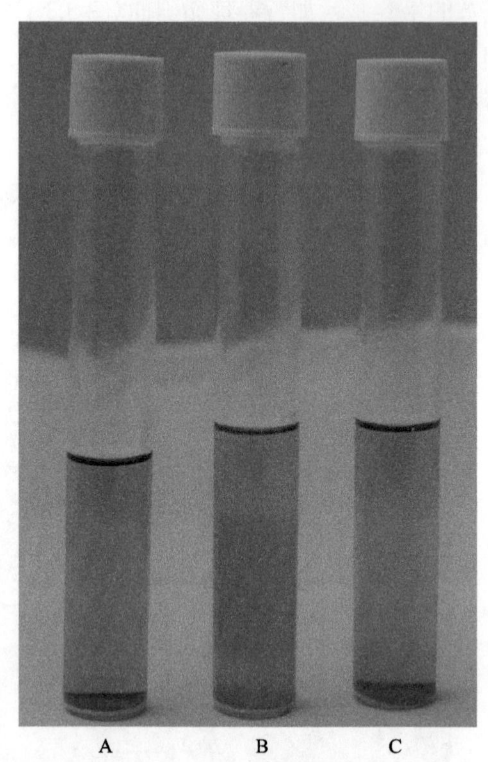


图 3.3.4　选择性增菌培养基

TTB 增菌培养基：A. 空白；B. 鼠伤寒沙门氏菌 ATCC 14028；C. 大肠埃希氏菌 ATCC 25922

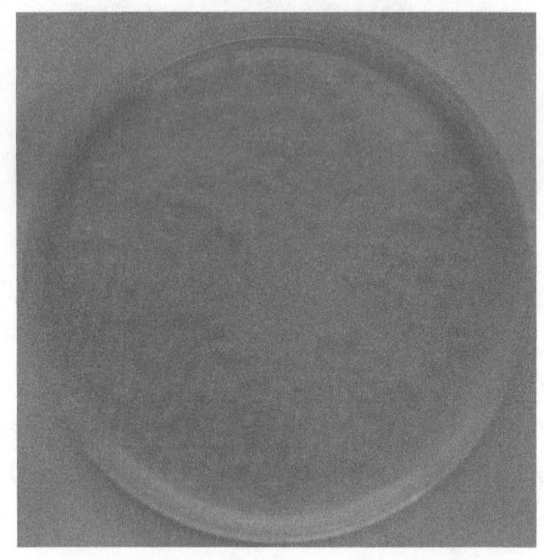

图 3.3.5　非选择性分离培养基

营养琼脂：螺旋涂布接种大肠埃希氏菌 ATCC 25922

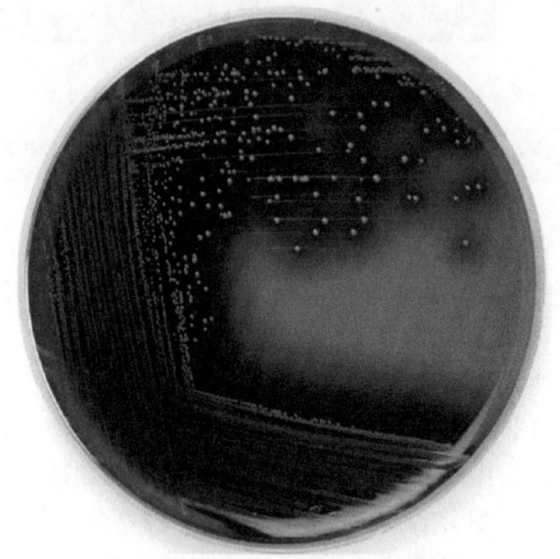

图 3.3.6　选择性分离培养基

PALCAM 培养基：划线接种单增李斯特氏菌 ATCC 19115

(7) 鉴别培养基

能够进行一项或多项微生物生理学和(或)生化特性鉴定试验的培养基，如伊红亚甲蓝琼脂、麦康凯琼脂(图 3.3.7，图 3.3.8)。

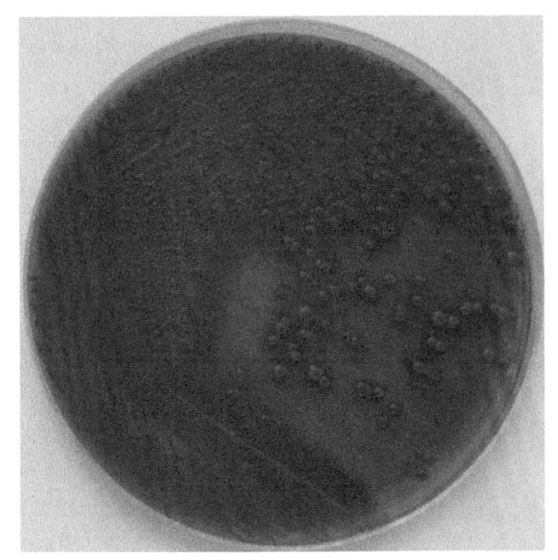

图 3.3.7 鉴别培养基

麦康凯琼脂：大肠埃希氏菌 ATCC 25922 桃红色或紫红色菌落，有胆酸盐沉淀

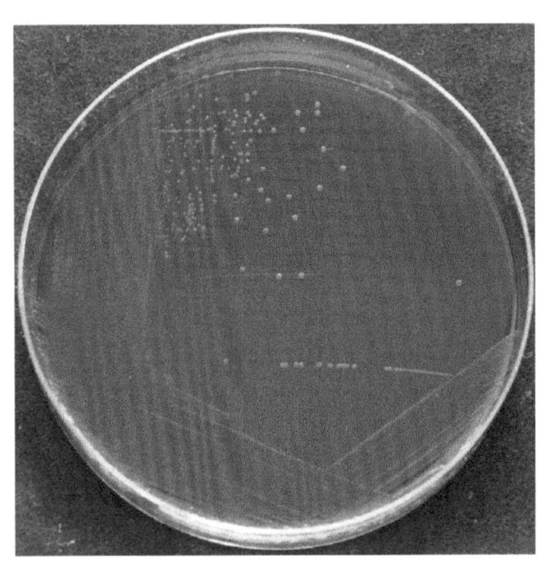

图 3.3.8 鉴别培养基

麦康凯琼脂：福氏志贺氏菌 CMCC 51572 粉红色或无色、半透明菌落

(8) 鉴定培养基

能够产生一个特定的鉴定反应而通常不需要做进一步确证试验的培养基，如蛋白胨水(图 3.3.9)、糖发酵管。

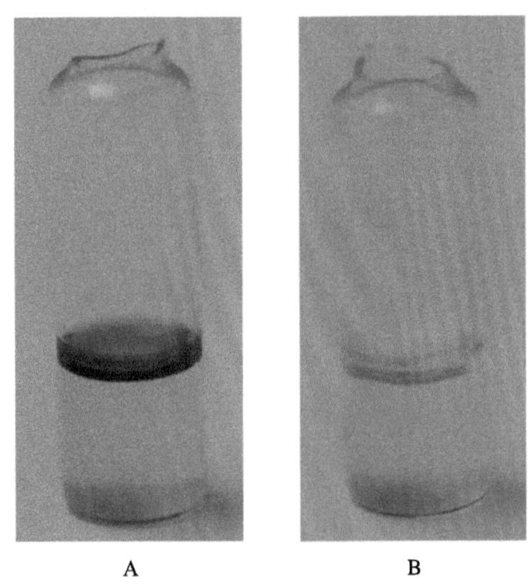


图 3.3.9 鉴定培养基

色氨酸肉汤(蛋白胨水)靛基质试验：A. 大肠埃希氏菌 ATCC 25922 呈红色；B. 产气肠杆菌 ATCC 13048 呈黄色

(9) 计数培养基

能够对微生物进行定量的选择性计数培养基，如甘露醇卵黄多黏菌素(MYP)琼脂、Baird-Parker 琼脂(图 3.3.10)；或非选择性计数培养基，如平板计数琼脂(图 3.3.11)。

(10) 确证培养基

在初步复苏、分离和(或)增菌后对微生物进行部分或完全鉴定或鉴别的培养基，如煌绿乳糖胆盐肉汤(BGLB)(图 3.3.12)。

此分类方法分类较细，有些培养基具有多种用途，所以分类有交叉。例如，Baird-Parker 琼脂属于选择性分离培养基，也属于选择性计数培养基，同时还属于鉴别培养基。

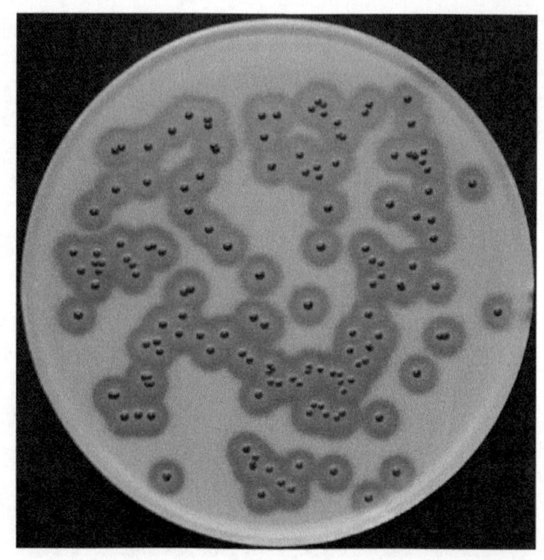

图 3.3.10　选择性计数培养基
Baird-Parker 琼脂：涂布接种金黄色葡萄球菌 ATCC 6538

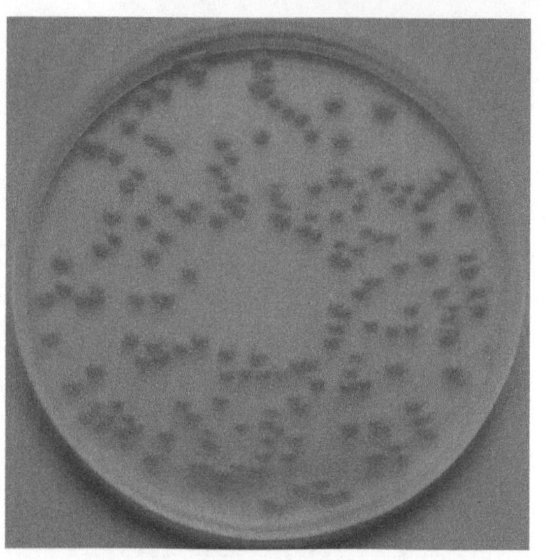

图 3.3.11　非选择性计数培养基
平板计数琼脂：螺旋涂布接种大肠埃希氏菌 ATCC 25922

图 3.3.12　确证培养基
BGLB：A. 空白；B. 大肠埃希氏菌 ATCC 25922 生长良好，有产气

## 四、按培养基配制方法分类

(1) 商品化即用型培养基

以即用形式或熔化后即用形式置于容器(如平皿、试管或其他容器)内的液体、固体或半固体培养基(图 3.3.13，图 3.3.14)。省去了称量、加水、溶解、高压灭菌的过程。操作简便、减少了人为误差、批量生产、质量稳定。

(2) 商品化脱水合成培养基

使用前需加水和进行处理的干燥培养基(图 3.3.15)，如粉末、小颗粒、冻干等形式，是目前使用最广的培养基类型。

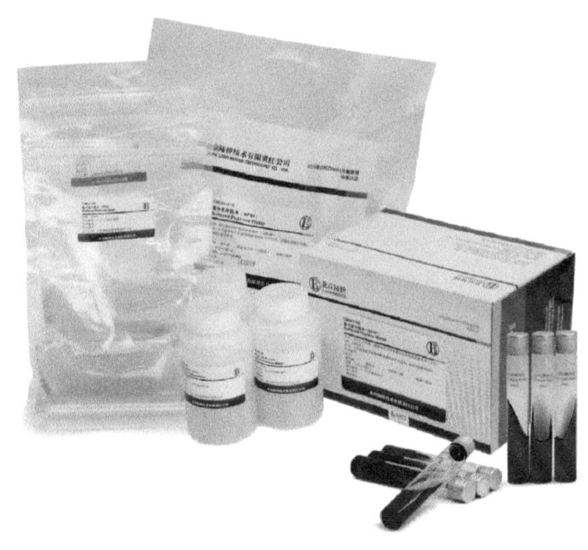

图 3.3.13　商品化即用型培养基
袋装、瓶装、试管装形式

图 3.3.14　商品化即用型培养基
平板装形式

图 3.3.15　商品化脱水合成培养基

(3) 自制培养基

依据完整配方的具体成分配制的培养基。需要按配方成分进行称量、溶解、调 pH、高压灭菌等，步骤烦琐、效率较低，目前已极少使用。

## 第四节　培养基的应用及发展趋势

随着时代的发展，培养基不仅种类和数量更加丰富，形式上也有显著的变化，应用领域从最早的医学检验、食品检验扩展到了环境检测、化妆品检验、疫苗生产、细胞培养等领域。近些年就有一些新形式和新种类的培养基开始涌现，包括显色培养基、颗粒剂型培养基、商品化即用型培养基、干制生化鉴定培养基等。

显色培养基是一类利用微生物自身代谢产生的酶与相应显色底物反应从而使菌落着色的新型培养基。显色底物一般由显色因子和可代谢底物组成，当两者结合时显色底物为无色，在特异性酶的作用下，可代谢底物被代谢，游离出的显色因子可显示一定的颜色，并且沉积在菌落上，使菌落着色，从而达到分离和鉴别菌落的目的。与传统平板相比，其降低了干扰菌的影响，减少了后续生化鉴定的工作量，提高了检验的灵敏度和特异性。目前已经开发并应用的显色培养基包括沙门氏菌显色培养基、单增李斯特氏菌显色培养基(图 3.4.1，图 3.4.2)、阪崎肠杆菌显色培养基(图 3.4.3～图 3.4.5)等。

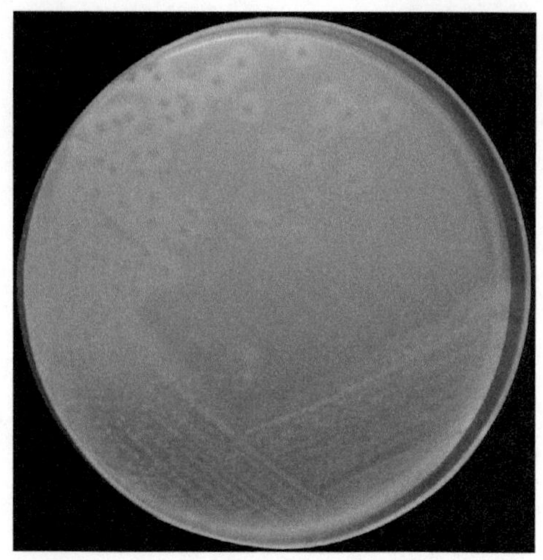

图 3.4.1　单增李斯特氏菌显色培养基
单增李斯特氏菌 ATCC 19115：蓝绿色菌落，有白色晕圈

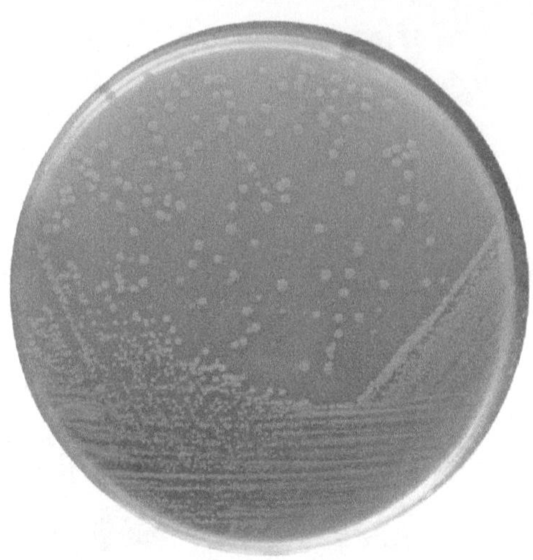

图 3.4.2　单增李斯特氏菌显色培养基
英诺克李斯特氏菌 ATCC 33090：蓝绿色菌落

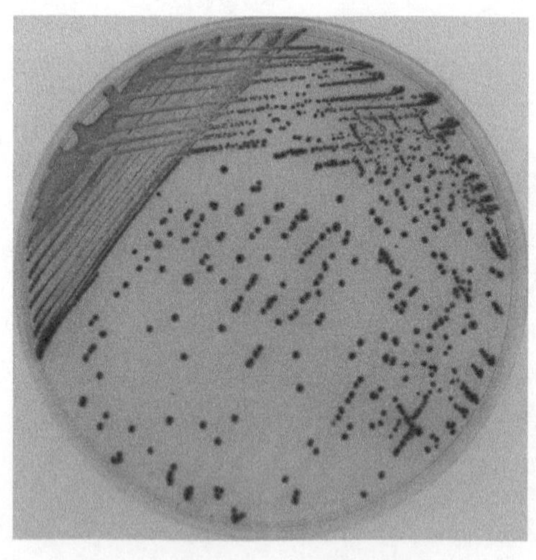

图 3.4.3　阪崎肠杆菌显色培养基
阪崎克罗诺杆菌 ATCC 29544：绿–蓝色菌落

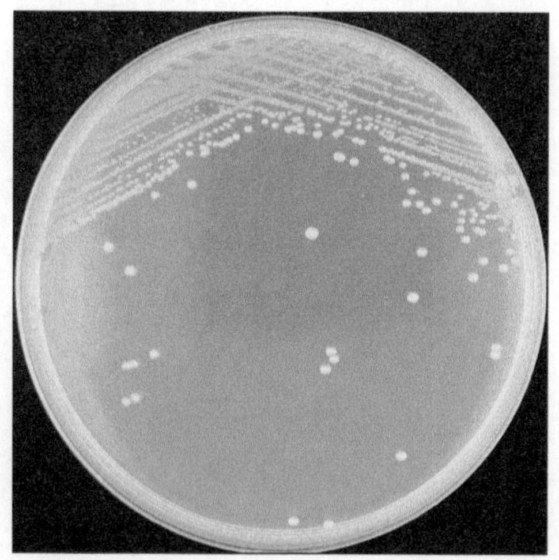

图 3.4.4　阪崎肠杆菌显色培养基
大肠埃希氏菌 ATCC 25922：乳白色菌落，有或无白色沉淀

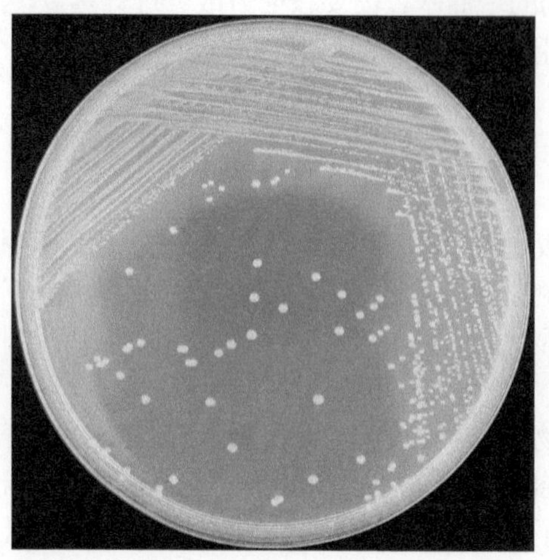

图 3.4.5　阪崎肠杆菌显色培养基
奇异变形杆菌 CMCC 49005：乳白色菌落，有或无白色沉淀

颗粒剂型培养基是颗粒状的商品化脱水合成培养基，是在粉末培养基(图 3.4.6)的基础上经过特殊制粒工艺处理而成的(图 3.4.7)。颗粒剂型培养基最大的优势在于减少粉尘的形成，从而避免粉尘本身及随粉尘带出的有害成分对人体的损害，特别是呼吸道和肺部的损害。此外，颗粒剂型培养基比表面积小，不易吸潮变质。颗粒形态还避免了粉末培养基加水后易结团、易贴瓶壁的情况，操作更方便。

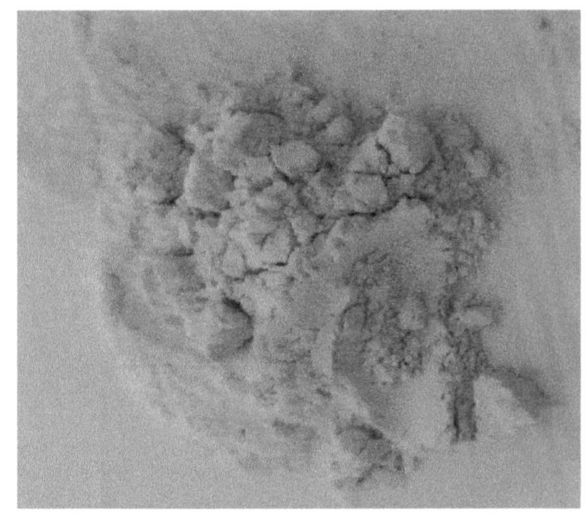

图 3.4.6 干粉培养基

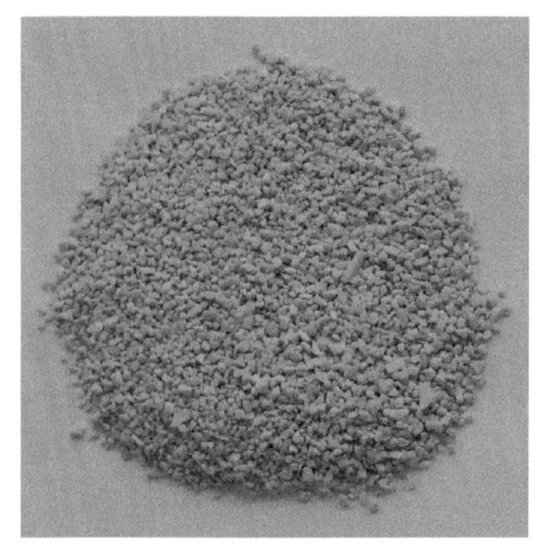

图 3.4.7 颗粒剂型培养基

商品化即用型培养基是在商品化脱水合成培养基的基础上再加工而成的一类方便快捷的培养基。其是由专业人员完成培养基配制过程中的称量、溶解、分装和高压灭菌等步骤，再经过专业封口和包装形成的即开即用的无菌培养基。这样就避免了不同实验室水质和配制过程对培养基的影响，从而稳定了培养基的性能。此类培养基形式多样，包括瓶装液体培养基、袋装液体培养基(图 3.4.8)、袋装固体培养基、一次性平板培养基(图 3.4.9)等。

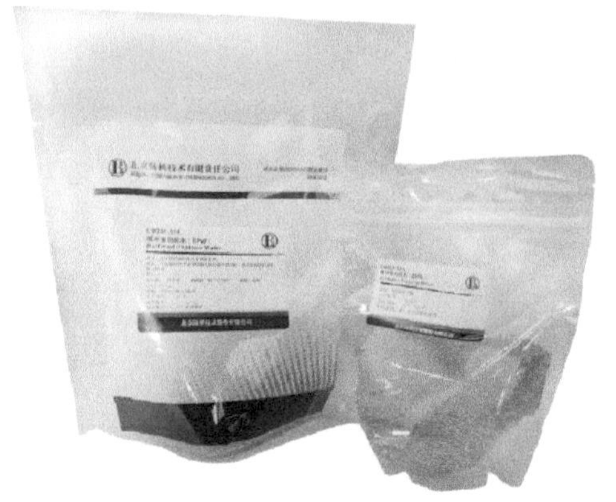

图 3.4.8 商品化即用型培养基(袋装产品)

图 3.4.9 商品化即用型培养基(一次性平板产品)

干制生化鉴定培养基将培养基的包装形式带入了微型模式，培养基通过特定工艺烘干固定到微型容器中，还摆脱了低温保存条件的限制，既方便运输又利于操作，还节省培养空间和存储空间。干制生化鉴定培养基的出现已逐渐代替传统的安瓿瓶生化培养基。目前拥有该产品类型的有国内品牌北京陆桥技术股份有限公司的 DBI 干制生化鉴定试剂盒(图 3.4.10～图 3.4.12)，国际品牌法国梅里埃公司的 API 系列产品(图 3.4.13)。在日益发展的微生物检验领域，简单、准确、快捷将成为未来的主流趋势。

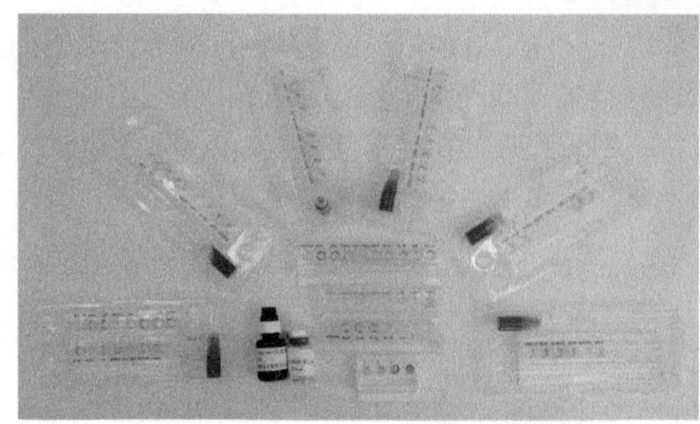

图 3.4.10　DBI 干制生化鉴定试剂盒

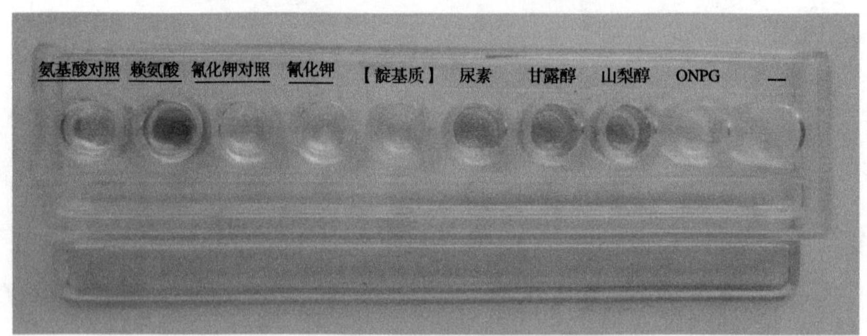


图 3.4.11　沙门氏菌干制生化鉴定试剂盒
鼠伤寒沙门氏菌 ATCC 14028

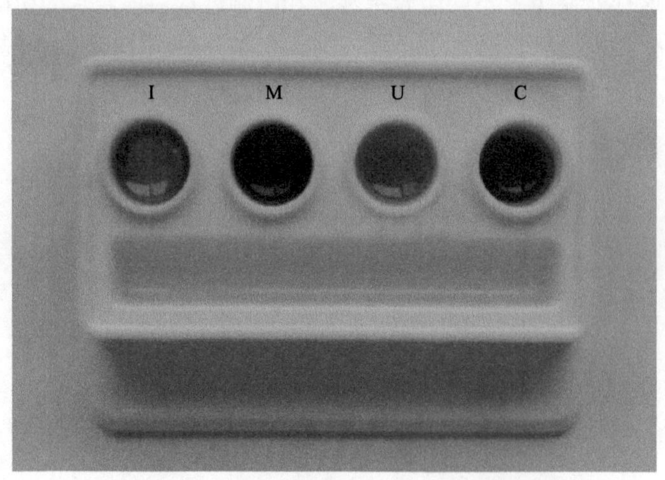


图 3.4.12　大肠埃希氏菌干制生化鉴定试剂盒
大肠埃希氏菌 ATCC 25922

阴性反应

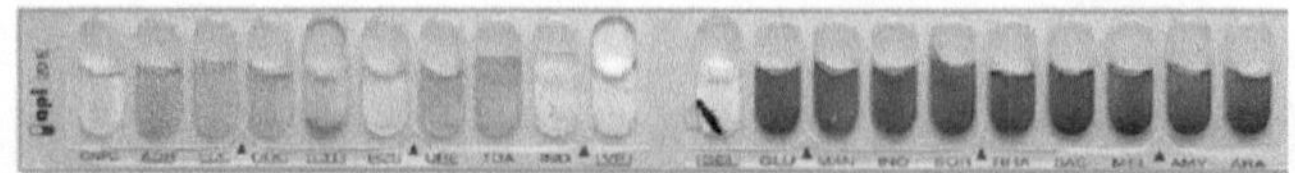

阳性反应

图 3.4.13　API20E 生化鉴定条（梅里埃公司供图）

注：本章培养基相关图片均由北京陆桥技术股份有限公司提供(图中有标注的除外)。

## 参 考 文 献

中华人民共和国卫生部. 2013. GB 4789. 28—2013 食品安全国家标准 食品微生物学检验 培养基和试剂的质量要求. 北京：中国标准出版社: 3-4

周德庆. 2002. 微生物学教程. 2 版. 北京：高等教育出版社: 82-164

Hook S V. 2011. Louis Pasteur: Groundbreaking Chemist & Biologist. Minneapolis: ABDO Publishing Company: 8-112

Haines C M C. 2001. International Women in Science: A Biographical Dictionary to 1950. Santa Barbara: ABC-CLIO

Madigan M T, Martinko J M, Stahl D, et al. 2010. Brock Biology of Microorganisms. 13th ed. San Francisco: Benjamin Cummings: 14-18

Voswinckel P. 2001. “Petri，Julius Richard”，Neue Deutsche Biographie（NDB）（in German）. Berlin: Duncker & Humblot: 263-264

# 第四章　生 化 试 验

细菌具有各自独特的酶系统，因而对底物的分解能力不同，其代谢产物也不同。用生物化学反应方法测定这些代谢产物，称为细菌的生化试验或生化反应。细菌的生化试验可用来区分和鉴别细菌。生化试验主要包括以下几大类：碳水化合物代谢试验、蛋白质和氨基酸代谢试验、有机酸盐和胺盐利用试验、呼吸酶类和其他酶类试验等。

## 第一节　碳水化合物代谢试验

### 一、糖(醇、苷)类发酵试验

**原理：**不同细菌含有发酵不同糖(醇、苷)类的酶，检查细菌对培养基中所含糖(醇、苷)降解后产酸或产酸产气的能力，可用于鉴定细菌。

**方法：**将待鉴定的纯培养细菌接种入试验培养基中，培养数小时到两周(视方法及菌种而定)后，观察结果。

**结果：**能分解糖(醇、苷)产酸的细菌，培养基中的指示剂呈酸性反应(如酚红变为黄色，溴甲酚紫变为黄色)，产气的细菌可在小倒管(Durham 小管)中产生气泡，固体培养基则产生裂隙。不分解糖则培养基颜色无变化。

阪崎克罗诺杆菌 ATCC 25944 糖发酵试验见图 4.1.1。

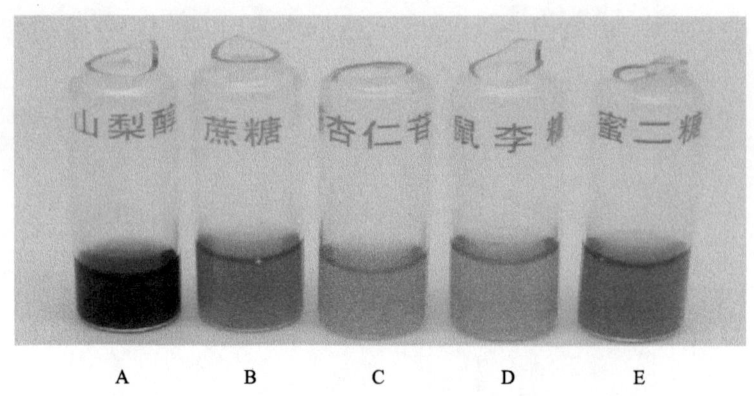


A　　B　　C　　D　　E

图 4.1.1　阪崎克罗诺杆菌 ATCC 25944 糖发酵试验

A. 山梨醇(–)；B. 蔗糖(+)；C. 苦杏仁苷(+)；D. 鼠李糖(+)；E. 蜜二糖(+)；“+”表示阳性，“–”表示阴性，下同

### 二、O/F 氧化发酵试验

**原理：**细菌在分解葡萄糖的过程中，必须有分子氧参加的，称为氧化型。氧化型细菌在无氧环境中不能分解葡萄糖。细菌在分解葡萄糖的过程中，可以进行无氧降解的，称为发酵型。发酵型细菌在有氧或无氧的环境中都能分解葡萄糖。不分解葡萄糖的细菌称为产碱型。利用此试验可区分细菌的代谢类型。

**方法：**将待检菌同时穿刺接种于两支 HL(Hugh-Leifson)培养基，在其中一支培养基中滴加无菌的液体石蜡(或其他矿物油)，高度不低于 1cm。将培养基置于(36±1)℃培养 48h 或更长时间。

**结果：** 两支培养基均无变化为产碱型或不分解糖型；两支培养基均产酸为发酵型；若仅不加液体石蜡的培养基产酸为氧化型。O/F 氧化发酵试验见图 4.1.2。

图 4.1.2 O/F 氧化发酵试验

A. 产碱型（不分解葡萄糖）；B. 氧化型；C. 发酵型

## 三、$\beta$-半乳糖苷酶试验

**原理：** 有些细菌可产生 $\beta$-半乳糖苷酶，能分解邻硝基酚-$\beta$-半乳糖苷（ONPG），生成黄色的邻硝基酚。

**方法：** 将待检菌接种于 ONPG 肉汤中，在（36±1）℃水浴或孵箱孵育 18～24h，观察结果。

**结果：** 呈现黄色者为阳性，无色者为阴性（图 4.1.3）。

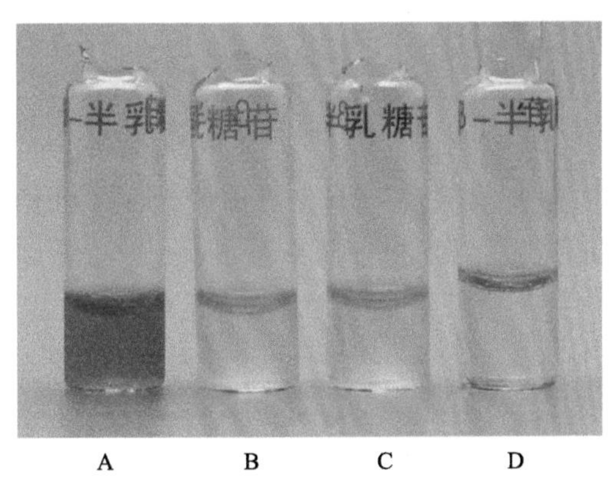


图 4.1.3 $\beta$-半乳糖苷酶试验

A. 大肠埃希氏菌（+）；B. 肠炎沙门氏菌（–）；C. 鼠伤寒沙门氏菌（–）；D. 空白对照

## 四、甲基红试验

**原理：** 某些细菌在糖代谢过程中，分解葡萄糖产生丙酮酸，丙酮酸进一步被分解成为甲酸、乙酸、琥珀酸等，使培养基 pH 下降至 4.5 以下，加入甲基红（MR）指示剂可呈红色。如果细菌分解葡萄糖的产酸量少，或产生的酸进一步转化为其他物质（如醇、醛、酮、气体和水），培养基 pH 在 5.4 以上，加入甲基红指示剂呈橘黄色。本试验常与V-P 试验一起使用，因为前者呈阳性的细菌，后者通常为阴性。

**方法：** 取一种细菌的 24h 培养物接种于葡萄糖蛋白胨水培养基中，置（36±1）℃培养 48～72h，取出后加甲基红试剂 3～5 滴，立即观察结果。

**结果：** 培养液呈红色者为阳性，橙色者为可疑，黄色者为阴性（图 4.1.4）。

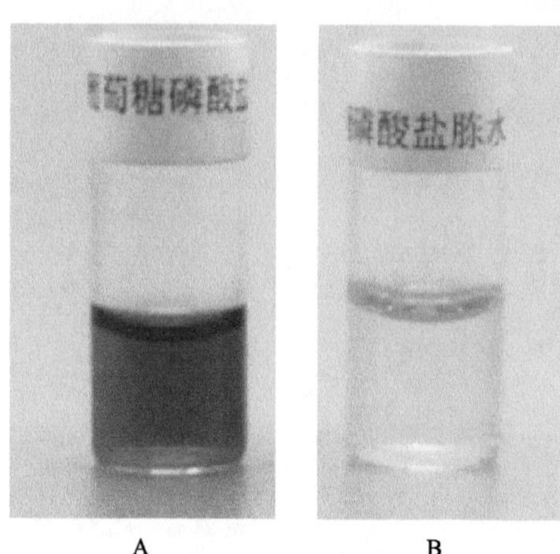


图 4.1.4　大肠埃希氏菌 MR 试验

A. 大肠埃希氏菌(+)；B. 空白对照

## 五、V-P 试验

**原理**：某些细菌能分解葡萄糖生成丙酮酸，丙酮酸脱羧形成乙酰甲基甲醇，在碱性条件下，乙酰甲基甲醇被空气中的氧气氧化成二乙酰，二乙酰和胨中的胍基化合物起作用产生粉红色的化合物，即 V-P(Voges-Proskauer)试验阳性。

**方法**：将待测菌接种于葡萄糖磷酸盐蛋白胨水中，(36±1)℃孵育 24～48h，于 2mL 培养液中分别加入 6% *α*-萘酚乙醇溶液 1mL 和 40%氢氧化钾水溶液 0.4mL，振摇混合，然后静置观察。

**结果**：试验时强阳性者约 5min 后，可产生粉红色反应(图 4.1.5)。如长时间无反应，置室温过夜，次日不变者为阴性。

## 六、七叶苷水解试验

**原理**：七叶苷水解试验是基于部分细菌可将七叶苷分解成葡萄糖和七叶素，七叶素与培养基中柠檬酸铁的二价铁离子反应，生成黑色的化合物，使培养基呈黑色。

**方法**：取待检菌接种于七叶苷培养基中，培养过夜。

**结果**：培养基呈黑色者为阳性，不变色者为阴性(图 4.1.6)。

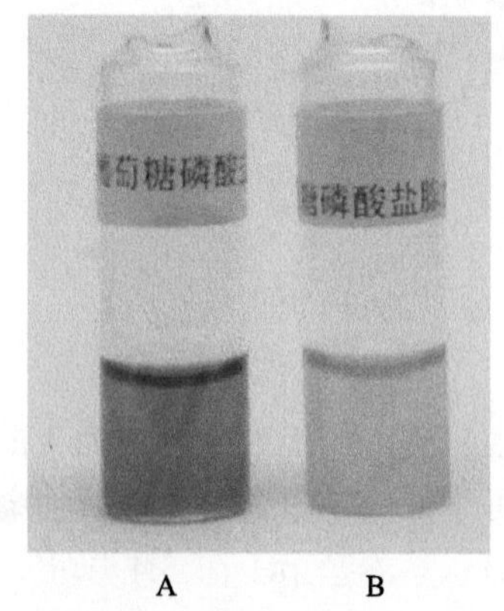


图 4.1.5　V-P 试验

A. 产气肠杆菌(+)；B. 大肠埃希氏菌(–)

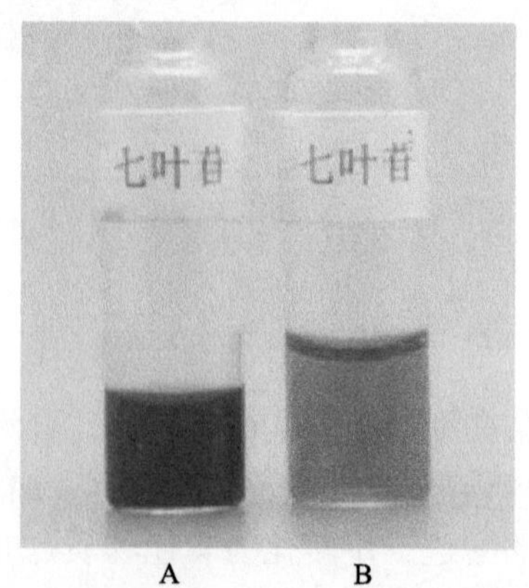


图 4.1.6　七叶苷水解试验

A. 单增李斯特氏菌(+)；B. 空白对照

**胆汁七叶苷试验**：原理同七叶苷水解试验，只是培养基中的胆汁对某些细菌有抑制作用，只有既能在胆汁中生长，又能水解七叶苷的细菌才能表现出对七叶苷的水解活性。方法及判定与七叶苷水解试验相同。

### 七、淀粉水解试验

**原理：**产生淀粉酶的细菌能将淀粉水解为糖类，在培养基上滴加碘液时，可在菌落周围出现透明区。

**方法：**将被检菌划线接种于淀粉琼脂平板或试管中，(36±1)℃孵育 18～24h，加入碘液数滴，立即观察结果。

**结果：**阳性反应，菌落周围有无色透明区，其他地方为蓝色；阴性反应，培养基全部为蓝色。

## 第二节 蛋白质和氨基酸代谢试验

不同细菌分解蛋白质的能力不同。蛋白质的分解，一般先由胞外酶将复杂的蛋白质分解为短肽(或氨基酸)，渗入菌体内，然后再由胞内酶将肽类分解为氨基酸。

### 一、靛基质试验

**原理：**某些细菌有色氨酸酶，能分解蛋白胨中的色氨酸形成吲哚(靛基质)，吲哚能与对二甲基氨基苯甲醛作用生成玫瑰吲哚而呈红色。

**方法：**将菌株接种于蛋白胨水培养基，(36±1)℃培养 1～2d，沿管壁慢慢加入靛基质试剂。

**结果：**液面接触处出现红色者为阳性，无色者为阴性(图 4.2.1)。

### 二、硫化氢试验

**原理：**某些细菌能产生脱氨酶，使含硫氨基酸脱去氨基，产生硫化氢气体，硫化氢与培养基中的铅盐或铁盐作用，生成黑色的硫化铅或硫化亚铁沉淀物。

**方法：**将菌株接种于硫化氢培养基中，在(36±1)℃条件下培养 24h，观察结果。

**结果：**产生黑色沉淀者为阳性，无反应者为阴性(图 4.2.2)。

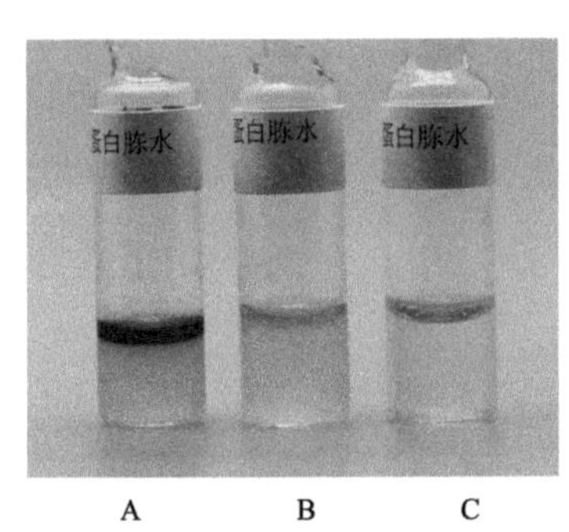


图 4.2.1 靛基质试验
A. 大肠埃希氏菌(+)；B. 肠炎沙门氏菌(–)；C. 空白对照

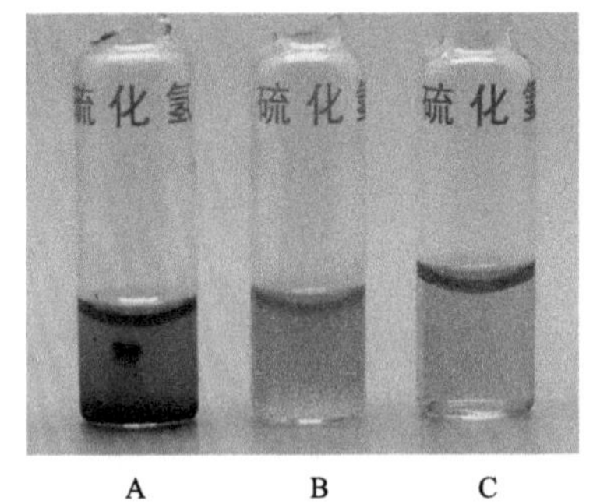


图 4.2.2 硫化氢试验
A. 肠炎沙门氏菌(+)；B. 大肠埃希氏菌(–)；C. 空白对照

### 三、尿素酶试验

**原理：**某些细菌能产生尿素酶，分解尿素产生大量的氨，使培养基变为碱性。

**方法：**将菌株接种于尿素培养基，于(36±1)℃培养 4～6h 或 24h，观察结果。

**结果：**细菌培养物变粉红色者为阳性(图 4.2.3)。

### 四、明胶液化试验

**原理：**某些细菌可产生一种胞外酶——明胶酶，其能使明胶分解为氨基酸，从而失去凝固力，使半固体的明胶培养基成为流动的液体。

**方法**：将菌株穿刺接种于明胶培养基，放(20±1)℃恒温箱中培养2～7d，每天观察明胶有无液化。如果用(36±1)℃条件培养，此温度下明胶自溶，观察结果前，先放置于冰箱内30min再观察结果。

**结果**：明胶液化者为阳性，仍保持半固体者为阴性(图4.2.4)。

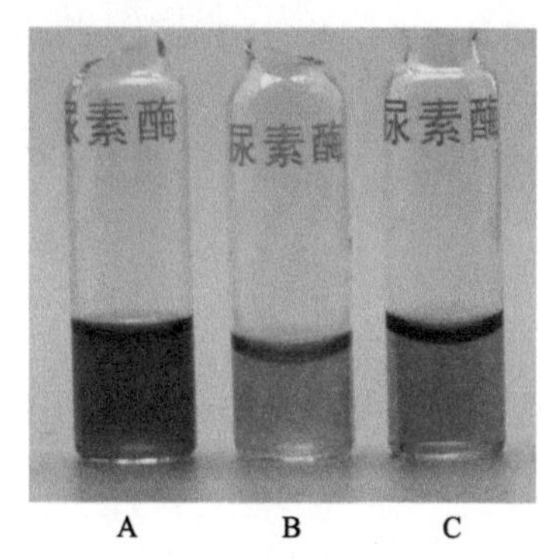


图4.2.3 尿素酶试验

A. 变形杆菌(+)；B. 肠炎沙门氏菌(–)；C. 空白对照

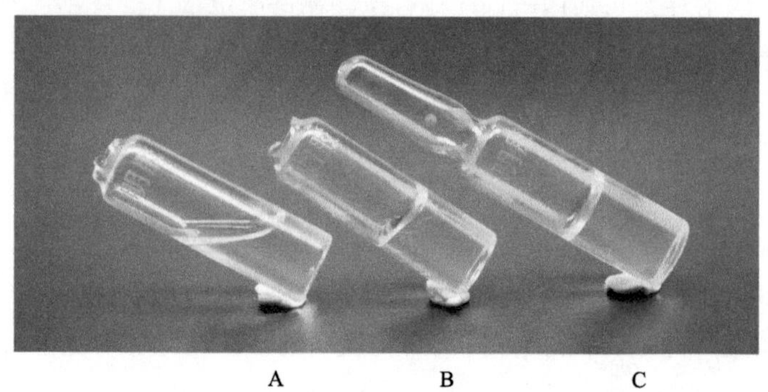


图4.2.4 明胶液化试验

A. 奇异变形杆菌(+)；B. 大肠埃希氏菌(–)；C. 空白对照

## 五、氨基酸脱羧酶试验

**原理**：细菌凭借其特异脱羧酶作用于相应氨基酸的羧基，产生胺类物质和二氧化碳。脱羧作用的结果使pH移向碱性侧，指示剂溴甲酚紫变为紫色。脱羧的过程是在厌氧环境中进行的，故接种后培养基需封液体石蜡。在培养的早期(10～12h)，细菌发酵葡萄糖产酸，使培养液pH下降，指示剂溴甲酚紫由紫色变为黄色，以后由于氨基酸脱羧生成胺，pH又回升至碱性，指示剂显示紫色。

**方法**：将待检菌接种于氨基酸脱羧酶和氨基酸对照培养基中，并加入无菌液体石蜡数滴，于(36±1)℃培养18～24h，观察结果。

**结果**：对照管应呈黄色，测定管呈紫色者为阳性；对照管呈黄色，测定管也呈黄色者为阴性(图4.2.5)。若对照管呈紫色则试验无意义，不能做出判断。

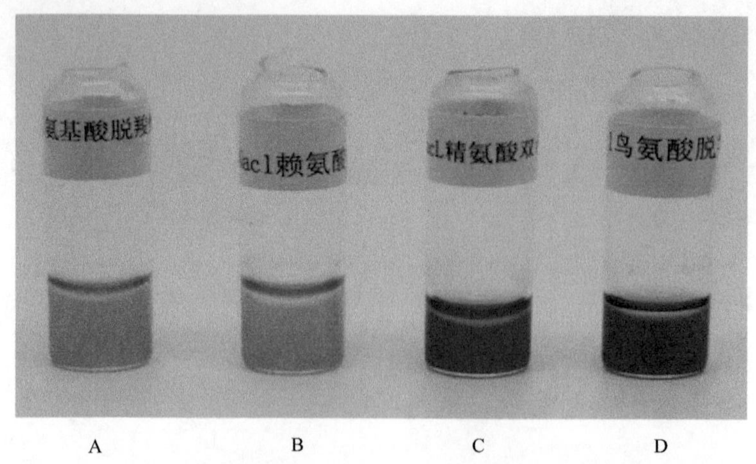


图4.2.5 阪崎克罗诺杆菌ATCC 25944氨基酸脱羧酶试验

A. 氨基酸脱羧酶对照；B. 赖氨酸脱羧酶(–)；C. 精氨酸双水解酶(+)；D. 鸟氨酸脱羧酶(+)

## 六、苯丙氨酸脱氨酶试验

**原理**：细菌分解氨基酸可通过脱氨或脱羧基生成反应物。某些细菌可产生苯丙氨酸脱氨酶，使苯丙氨酸脱去氨基生成苯丙酮酸，与10%三氯化铁试剂产生绿色反应。

**方法：**将待检菌接种于苯丙氨酸培养基上，(36±1)℃培养 18～24h，加入 10%三氯化铁试剂 4～5 滴。

**结果：**立即(延长时间颜色会褪去)观察结果，出现绿色者为阳性，黄色者为阴性。

**用途：**主要用于肠杆菌科细菌的鉴定。在肠杆菌科细菌中变形杆菌属、普罗维登斯菌属、摩根菌属均为阳性，其他肠杆菌科细菌为阴性。

### 七、酪蛋白水解试验

**原理：**酪蛋白不溶于水，会使培养基浑浊。具有酪蛋白分解酶的细菌在酪蛋白琼脂平板上可将酪蛋白分解为小分子的氨基酸而使菌落周围形成透明圈。

**方法：**用接种环挑取可疑菌落，点种于酪蛋白琼脂培养基上，在(36±1)℃条件下培养(48±2)h。

**结果：**菌落周围培养基出现澄清透明圈(表示产生了酪蛋白酶)者为阳性，未出现透明圈者为阴性。阴性反应时应继续培养 72h 再观察。蜡样芽胞杆菌菌落周围有透明圈，培养基由绿变蓝；大肠埃希氏菌菌落周围没有透明圈，培养基也由绿变蓝(图 4.2.6)。

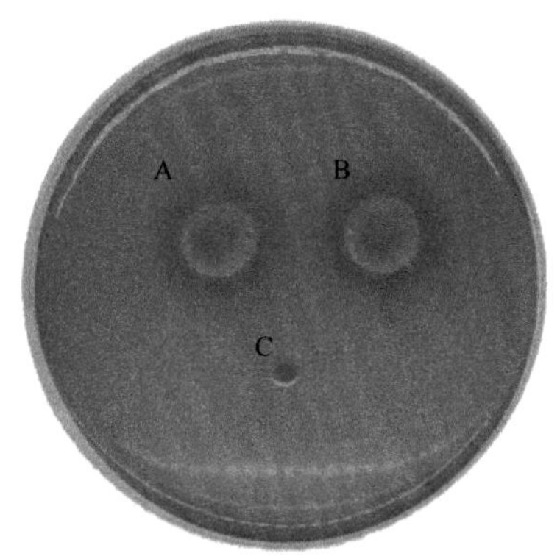


图 4.2.6　酪蛋白水解试验

A，B. 蜡样芽胞杆菌(+)；C. 大肠埃希氏菌(–)

## 第三节　有机酸盐和胺盐利用试验

### 一、丙二酸盐、柠檬酸盐和乙酸盐利用试验

**原理：**某些细菌能利用有机酸盐作为唯一碳源，能在除有机酸盐以外不含其他碳源的培养基上生长，分解有机酸盐生成碳酸盐，使培养基中的溴麝香草酚蓝由淡绿色变成深蓝色。

**方法：**将菌株接种于除含相应的有机酸盐以外不含其他碳源的培养基中，(36±1)℃过夜培养，观察结果。

**结果：**深蓝色者为阳性，不变色者为阴性(图 4.3.1～图 4.3.3)。

图 4.3.1　丙二酸盐利用试验

A. 肺炎克雷伯杆菌(+)；

B. 大肠埃希氏菌(–)；C. 空白对照

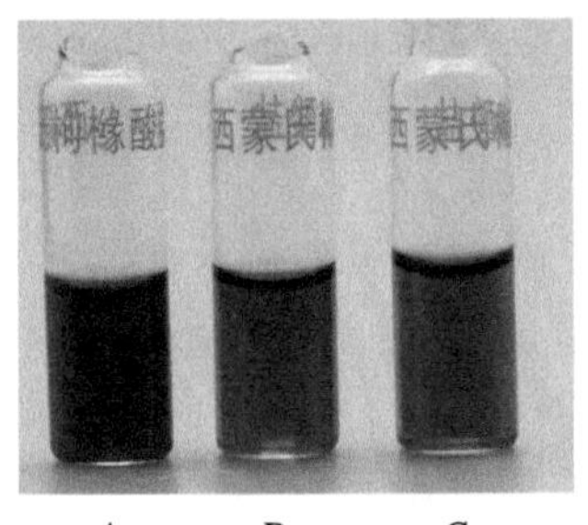


图 4.3.2　柠檬酸盐利用试验

A. 鼠伤寒沙门氏菌(+)；

B. 大肠埃希氏菌(–)；C. 空白对照

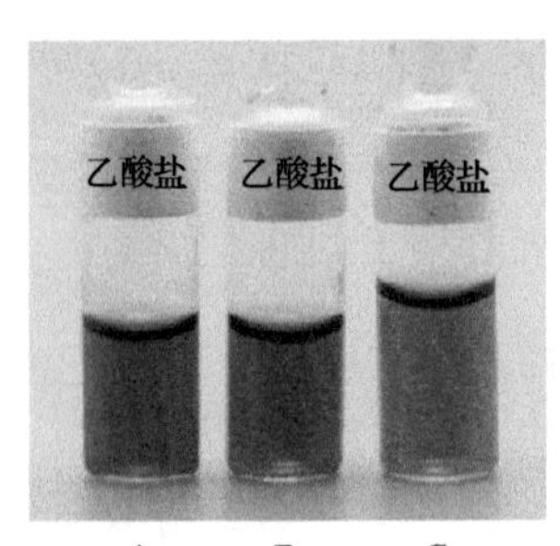


图 4.3.3　乙酸盐利用试验

A. 大肠埃希氏菌(+)；

B. 福氏志贺氏菌(–)；C. 空白对照

## 二、马尿酸盐利用试验

**原理**：某些细菌产生的胞内酶——马尿酸盐水解酶可以水解马尿酸为苯甲酸和甘氨酸。在加热条件及弱酸环境下，甘氨酸与茚三酮反应生成深紫色化合物。

**方法**：将菌株接种于马尿酸钠肉汤中，在(36±1)℃条件下培养 24～48h 后，加入茚三酮试剂，静置10min 后观察结果。

**结果**：肉汤变成深紫色者为阳性，无色者为阴性(图 4.3.4)。

## 三、葡萄糖酸盐利用试验

**原理**：某些细菌利用培养基中的葡萄糖酸盐作为唯一碳源，将葡萄糖酸钾(钠)分解成 *α*-酮基葡萄糖，*α*-酮基葡萄糖是一种还原性物质，可与班氏试剂(硫酸铜)起反应，出现棕黄色或砖红色的氧化亚铜沉淀。

**方法**：将待检菌接种于葡萄糖酸盐培养基中，在(36±1)℃条件下培养 18～24h 后，加入班氏试剂(硫酸铜)约 10 滴，于沸水中水浴 10min。

**结果**：产生棕黄色或砖红色沉淀者为阳性，蓝色者为阴性(图 4.3.5)。

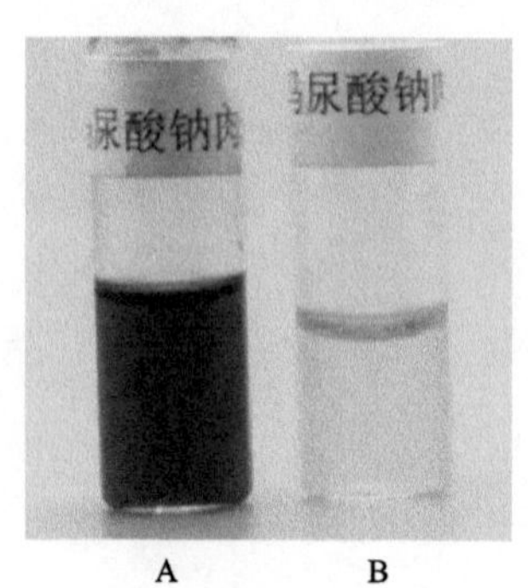


图 4.3.4　马尿酸盐利用试验

A. 空肠弯曲菌(+)；B. 结肠弯曲菌(–)

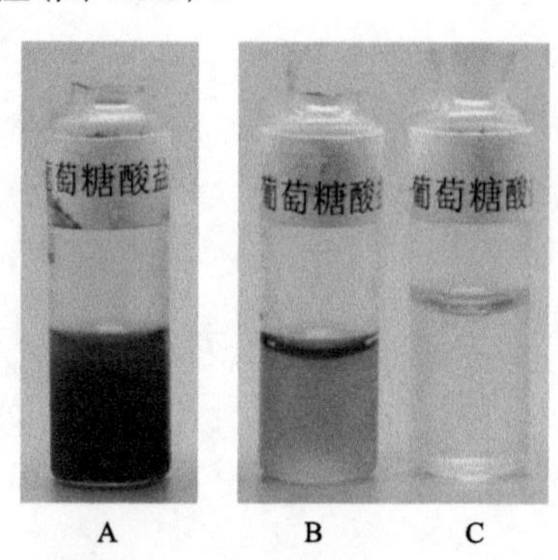


图 4.3.5　葡萄糖酸盐利用试验

A. 铜绿假单胞菌(+)；B. 大肠埃烯氏菌(–)；C. 空白对照

# 第四节　呼吸酶类和其他酶类试验

## 一、氰化钾试验

**原理**：氰化钾是细菌呼吸酶系统的抑制剂，可与呼吸酶作用使酶失去活性，抑制细菌的生长，但有的细菌在一定浓度的氰化钾存在时仍能生长，以此鉴别细菌。

**方法**：取培养 20～24h 的营养肉汤培养液或菌落 1 环，接种至对照培养基及氰化钾培养基内，立即用橡胶塞塞紧，(36±1)℃培养 24～48h，观察结果。

**结果**：对照管有菌生长，试验管有菌生长者为阳性。对照管有菌生长，试验管无菌生长者为阴性(图 4.4.1)。

## 二、触酶试验

**原理**：具有过氧化氢酶的细菌，能催化过氧化氢为水和初生态氧，继而形成氧分子出现气泡。

**方法**：取洁净载玻片 1 张，用接种环挑取细菌，加 3% $H_2O_2$ 溶液 1 滴，立即观察结果。或取菌落加入试管中，滴加 3% $H_2O_2$ 溶液 2mL，立即观察结果。

**注意事项**：①3% $H_2O_2$ 溶液要新鲜配制；②不宜用血琼脂平板上生长的菌落，因红细胞含有触酶，可致假阳性反应；③选择对数生长期的细菌。

**结果**：若立即出现大量气泡者为阳性，无气泡者为阴性(图 4.4.2)。

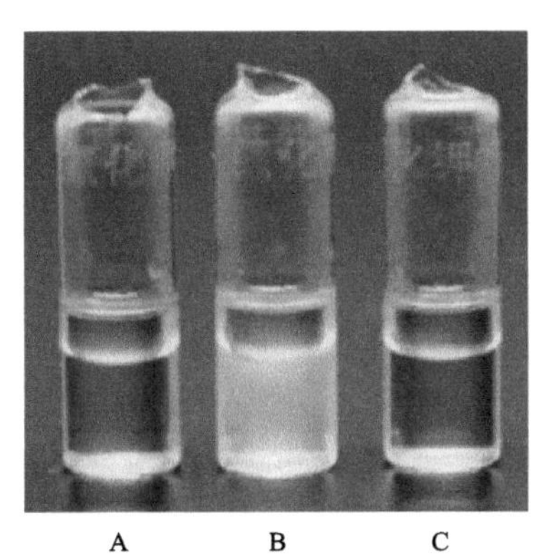
A　B　C

图 4.4.1 氰化钾试验
A. 伤寒沙门氏菌(–)；B. 普通变形杆菌(+)；C. 空白对照

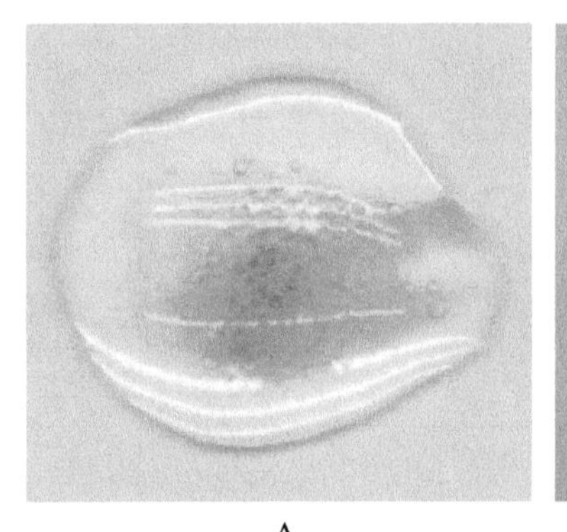
A　B

图 4.4.2 蜡样芽胞杆菌触酶试验阳性结果
A. 玻片法；B. 试管法

## 三、氧化酶试验

**原理：**氧化酶在有分子氧或细胞色素 c 存在时，可氧化对苯二胺生成有色的醌类化合物，出现紫色反应。假单胞菌属、气单胞菌属等为阳性，肠杆菌科为阴性，以此可区别。

**方法**

1) 滤纸法：取 1 条滤纸，沾取试验菌的菌落少许。然后加 1 滴四甲基对苯二胺试剂，仅使滤纸湿润，不可过湿，在 10s 内出现红色者为阳性，10～60s 呈现红色者为延迟反应，60s 以上出现红色者，按阴性处理，铁可催化试剂，不能使用，可用白金丝或玻璃棒取菌(图 4.4.3)。

A　B

图 4.4.3 氧化酶试验
A. 大肠埃希氏菌(–)；B. 副溶血性弧菌(+)

2) 菌落法：以毛细滴管直接滴加试剂于菌落上，菌落立即呈粉红色，继而变为深红色，并于 10～30min 变为紫黑色者为阳性。

3) 可用 1%四甲基对苯二胺液湿润滤纸后，再滴加等量的 1%甲萘酚液(甲萘酚 1g，乙醇 100mL)，然后涂抹菌苔，出现蓝色者为阳性反应，出现颜色的时间判定同方法(1)。

4) 试剂纸片法：将新华 1 号滤纸用 1%四甲基对苯二胺液浸湿，在室内风干，放在有橡皮塞的暗色瓶内，在冰箱中可存放数月，如存放过久，颜色过深，显色不明显者，不宜使用。

## 四、硝酸盐还原试验

**原理：**某些细菌能还原硝酸盐为亚硝酸盐，亚硝酸盐与乙酸作用，生成亚硝酸，亚硝酸与试剂中的对氨基苯磺酸作用生成重氮基苯磺酸，后者与 *α*-萘胺结合生成 *N*-*α*-萘胺偶苯磺酸。

**方法：**将待检菌接种于硝酸盐培养基中，于(36±1)℃培养 1～4d。滴加硝酸盐还原试剂，立即观察结果。试剂：甲液为对氨基苯磺酸 0.8g+5mol/L 乙酸 100mL；乙液为 *α*-萘胺 0.5g + 5mol/L 乙酸 100mL。

**结果：**立即或数分钟内出现砖红色为阳性。若加入试剂后无颜色反应，可能是：①硝酸盐没有被还原，试验为阴性；②硝酸盐被还原为氨和氮等其他产物而导致假阴性结果，这时应在试管内加入少许锌粉，如出现红色则表明硝酸盐仍存在，未被还原，为阴性，若仍不产生红色，表示硝酸盐已被还原，为阳性(图 4.4.4)。

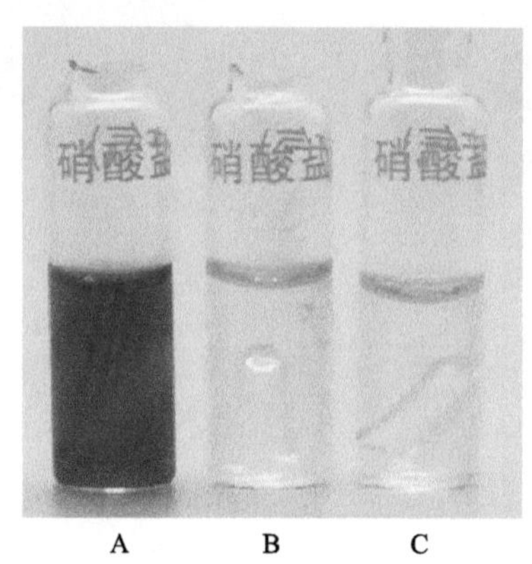


图 4.4.4　硝酸盐还原试验

A. 大肠埃希氏菌(+)；B. 单增李斯特氏菌(–)；C. 空白对照

## 五、血浆凝固酶试验

**原理**：某些葡萄球菌能产生血浆凝固酶，使含有肝素等抗凝剂的人或兔血浆中纤维蛋白原发生凝固，变为不溶性纤维蛋白，附于细菌表面，生成凝块，因而具有抗吞噬的作用。血浆凝固酶试验是判定该菌株是否具有致病性的重要指标。葡萄球菌凝固酶试验被广泛地用于常规鉴定金黄色葡萄球菌与其他葡萄球菌。

**方法**：取肉汤培养物 0.3mL，同 0.5mL 兔血浆于西林瓶内充分混合，置(36±1)℃培养，在 6h 内定时观察结果。

**结果**：以内容物完全凝固，使西林瓶倒置或倾斜时不流动者为阳性(图 4.4.5)。试验中需同时做阳性对照和阴性对照。

## 六、脱氧核糖核酸酶试验

**原理**：某些细菌能产生 DNA 酶，水解外源性 DNA 使之成为寡核苷酸。DNA 可被酸沉淀，而寡核苷酸则不会。故在 DNA 琼脂平板上加盐酸后，可在菌落周围形成透明区。

**方法**：在 DNA 琼脂平板上接种待检菌，在(36±1)℃条件下孵育 18～24h，用 1mol/L 盐酸倾注平板，观察结果。

**结果**：菌落周围有透明区者为阳性，无透明区者为阴性(图 4.4.6)。

**应用**：主要用于肠杆菌科及葡萄球菌属某些菌种的鉴定。沙雷氏菌、变形杆菌和金黄色葡萄球菌的 DNA 酶试验均呈阳性。

图 4.4.5　金黄色葡萄球菌血浆凝固酶试验(北京陆桥技术股份有限公司供图)

A. 阳性对照；B. 冻干兔血浆试剂；C. 试剂溶解后；D. 阴性对照

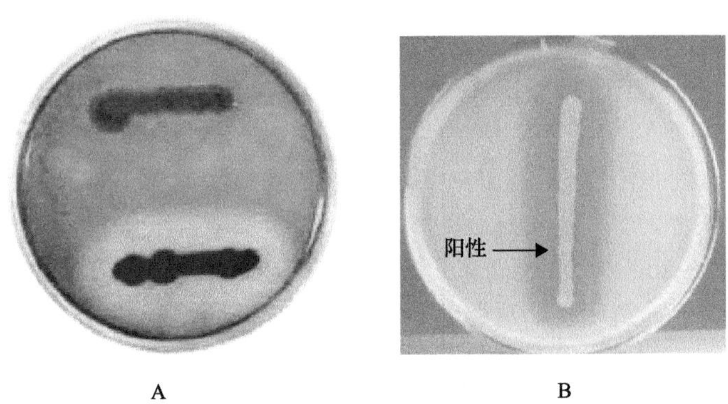


A B

图 4.4.6 脱氧核糖核酸酶试验(Pokhrel, 2015)

A. 上端为大肠埃希氏菌(–)，无透明区，下端为黏质沙雷氏菌(+)，有透明区；B. 黏质沙雷氏菌(+)，有透明区

## 七、溶菌酶耐性试验

**原理**：某些细菌能够在含 0.001%溶菌酶的肉汤中生长。

**方法**：用接种环取纯菌悬液 1 环，接种于溶菌酶肉汤中，在(36±1)℃条件下培养 24h。如出现阴性反应，应继续培养 24h。

**结果**：浑浊，说明有菌生长，为阳性；澄清为阴性(图 4.4.7)。

## 八、卵磷脂酶试验

**原理**：有的细菌产生卵磷脂酶(α-毒素)，在钙离子存在时，此酶可迅速分解卵磷脂，生成浑浊沉淀状的甘油酯和水溶性磷酸胆碱。

**方法**：将被检菌划线接种或点种于 1%卵黄琼脂平板上，于(36±1)℃培养 3～6h。

**结果**：若 3h 后在菌落周围形成乳白色浑浊环，即为阳性，6h 后浑浊环可扩展至 5～6mm(图 4.4.8)。

A B

图 4.4.7 溶菌酶耐性试验

A. 蜡样芽胞杆菌(+)；B. 空白对照

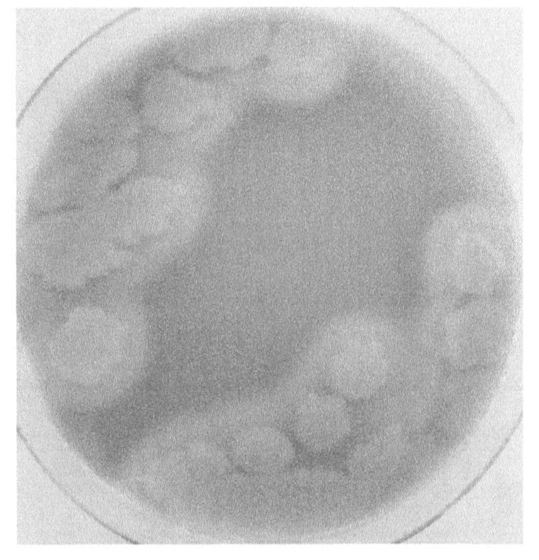

图 4.4.8 蜡样芽胞杆菌接种于 1%卵黄琼脂平板

## 九、胆汁溶菌试验

**原理**：肺炎链球菌可以产生自溶酶，能被胆汁或胆盐等物质激活，加速细菌溶解，故可用胆汁溶菌试验区分肺炎链球菌与甲型溶血性链球菌。前者为阳性，后者为阴性。

**方法**

1）平板法：取 10%去氧胆酸钠溶液 1 接种环，滴加于被测菌的菌落上，置（36±1）℃条件下 30min 后观察结果。

**结果**：以“菌落消失”判为阳性。

2）试管法：被检菌培养物 2 支，各 0.9mL，分别加入 10%去氧胆酸钠溶液和生理盐水（对照管）0.1mL，摇匀后置（36±1）℃水浴 10～30min，观察结果。

**结果**：加胆盐的培养物变为透明，而对照管仍浑浊判定为阳性（图 4.4.9）。

图 4.4.9 胆汁溶菌试验（Pokhrel, 2015）

菌株 1 含有胆盐的试管与含有生理盐水的对照试管（最左侧试管）相比，浊度无明显变化，因此不是肺炎链球菌，而菌株 2 含有胆盐的试管变为透明，而含生理盐水的对照试管仍保持浑浊，因此为肺炎链球菌

## 十、链激酶试验

**原理**：A 群链球菌能产生链激酶，该酶能使血液中的纤维蛋白酶原变成纤维蛋白酶，而后溶解纤维蛋白，使血凝块溶解，为阳性反应。

**方法**：吸取草酸钾血浆 0.2mL，加 0.8mL 灭菌生理盐水，混匀，再加入于（36±1）℃培养 18～24h 的链球菌营养肉汤混合物 0.5mL 及 0.25%氯化钙 0.25mL，混匀，置于（36±1）℃水浴 10min，血浆混合物自行凝固，观察凝块重新完全溶解的时间。同时用肉汤作阴性对照，用已知的链激酶阳性的菌株作阳性对照。

**结果**：完全溶解者为阳性，如 24h 后不溶解者即为阴性（图 4.4.10）。

**用途**：鉴定 A 群溶血性链球菌。

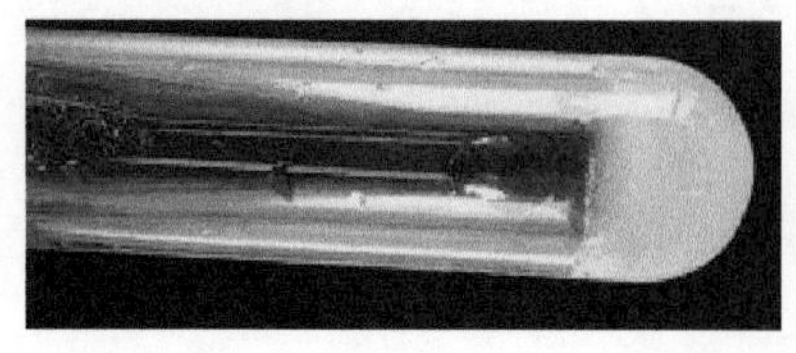

A

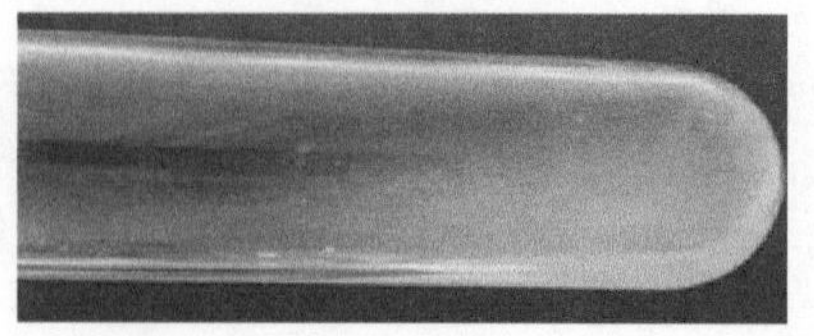

B

图 4.4.10 链激酶试验

（图片来自食品伙伴网食品论坛 http: //bbs. foodmate.net）

A.（36±1）℃水浴 10min，凝固；B.（36±1）℃水浴 24h，溶解

## 第五节 其他试验

### 一、血清凝集试验

**原理**：颗粒状抗原(如细菌、红细胞等)与相应抗体直接结合所出现的凝集现象。

**方法**：挑取1环待测菌，各放1/2环于玻片上不同区域，在其中一个区域下部加1滴抗血清，在另一区域下部加入1滴生理盐水，作为对照。再用无菌的接种环或针分别将两个区域内的菌落研成乳状液。将玻片倾斜摇动混合1min，并对着黑色背景进行观察，如果抗血清中出现凝结成块的颗粒，而且生理盐水中没有发生自凝现象，那么凝集反应为阳性。如果生理盐水中出现凝集，视作自凝。这时，应挑取同一培养基上的其他菌落继续进行试验(图4.5.1)。

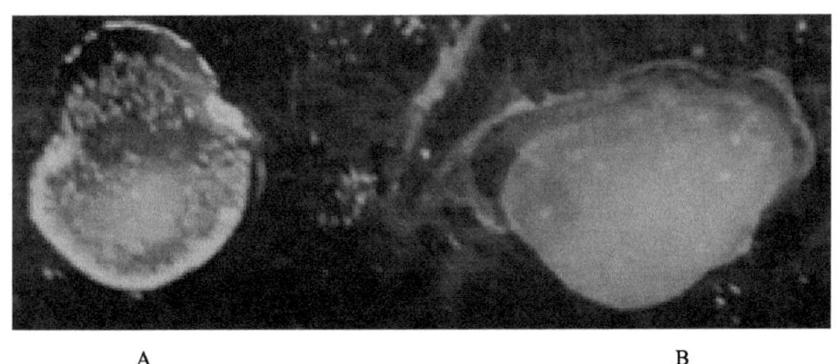


图4.5.1 血清凝集试验

A. 肠炎沙门氏菌加多价血清；B. 肠炎沙门氏菌加生理盐水

### 二、嗜盐试验

**方法**：挑取纯培养的单个可疑菌落，分别接种于含0%、3%、6%、8%、10%不同氯化钠浓度的胰胨水，在(36±1)℃条件下培养24h，观察液体浑浊情况。副溶血性弧菌在无氯化钠和10%氯化钠的胰胨水中不生长或微弱生长，在3%、6%、8%氯化钠的胰胨水中生长旺盛(图4.5.2)。

### 三、绿脓菌素测定试验

**方法**：用铜绿假单胞菌菌株接种营养肉汤，在(36±1)℃条件下培养24～48h，观察结果。加三氯甲烷5mL，充分振摇，使肉汤中的色素提取在三氯甲烷中，静置15～20min。待三氯甲烷提取液呈现蓝绿色时，将三氯甲烷相移至另一试管中，加入1mL左右1mol/L的盐酸溶液，振摇后，静置5～10min，观察结果。

**结果**：上层盐酸溶液中呈现粉红至红色者即为阳性反应；无红色出现者为阴性反应(图4.5.3)。

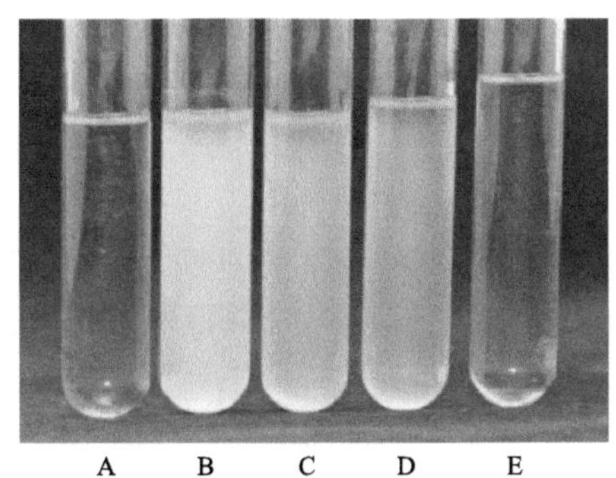


图4.5.2 副溶血性弧菌在不同浓度氯化钠肉汤中的生长情况

A. 0%；B. 3%；C. 6%；D. 8%；E. 10%

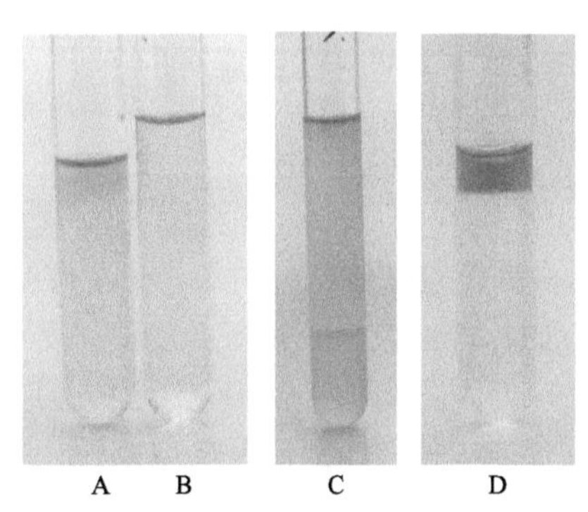


图4.5.3 绿脓菌素测定试验

A. 铜绿假单胞菌营养肉汤；B. 营养肉汤对照；C. 加入三氯甲烷后；D. 加入盐酸后静置10min

## 四、细菌动力试验

**原理：**半固体培养基可用于细菌动力试验，有鞭毛的细菌除了沿穿刺线生长外，在穿刺线两侧也可见羽毛状或云雾状等浑浊生长。无鞭毛的细菌只能沿穿刺线呈明显的线状生长，穿刺线两边的培养基仍澄清透明，为动力试验阴性。

**方法：**使用接种针挑取少许待检细菌，垂直从半固体琼脂表面插下去，插到离试管底部大约 5mm 时再垂直抽回来，即形成一条穿刺线。

**结果：**穿刺线清晰，未扩散，表明细菌动力试验阴性；穿刺线模糊，沿穿刺线周围扩散生长，为细菌动力试验阳性（图 4.5.4）。

## 五、溶血试验

**原理：** 不少细菌都可产生溶血素，可以溶解血平板，因此在这些细菌周围会出现溶血环。

**方法：**由于不同细菌所产的溶血素不同，因此做溶血试验时对应的试验条件和试验方法也不一样。

1）链球菌溶血试验：用羊血悬液，在（36±1）℃条件下培养较短时间即可观察到溶血现象。

2）白喉杆菌：用含兔血成分培养时，需隔夜培养。

3）弧菌溶血试验：用无菌脱纤维山羊血培养基，在（36±1）℃培养 1d，全部或大部分红细胞被溶解方可判定为阳性。

**结果：**细菌在血平板上形成三种特征性溶血试验现象：①甲型（α）溶血，菌落周围出现较窄的草绿色溶血环；②乙型（β）溶血，菌落周围出现较宽的透明溶血环；③丙型（γ）溶血，菌落周围无溶血环（图 4.5.5）。

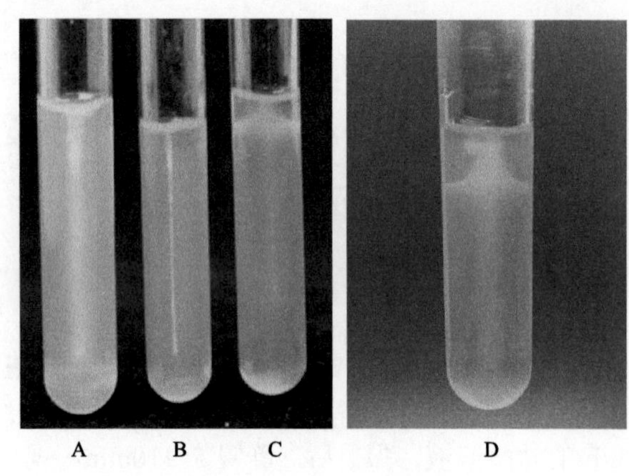


图 4.5.4 细菌动力试验

A. 肠炎沙门氏菌（沿穿刺线扩散生长）；B. 志贺氏菌（沿穿刺线生长）；C，D. 单增李斯特氏菌（伞状生长）

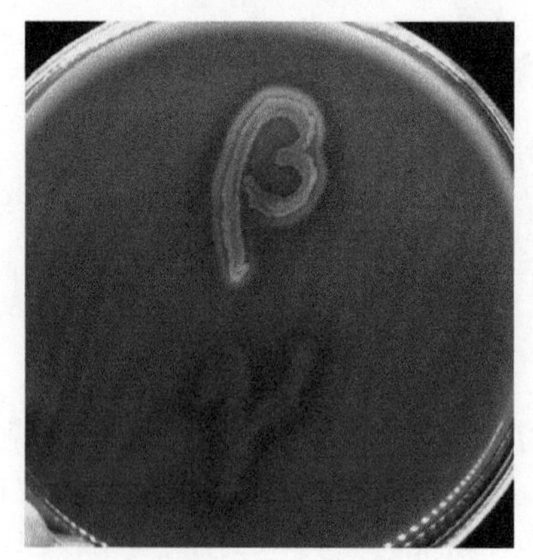


图 4.5.5 溶血试验

## 六、克氏双糖铁或三糖铁琼脂培养基试验

**原理：**将克氏双糖铁（KIA）或三糖铁（TSI）琼脂培养基制成高层和短的斜面，其中葡萄糖含量仅为乳糖或蔗糖的 1/10，若细菌只分解葡萄糖而不分解乳糖和蔗糖，分解葡萄糖产酸使 pH 降低，因此斜面和底层均先呈黄色，但因葡萄糖量较少，所生成的少量酸可因接触空气而氧化，并因细菌生长繁殖利用含氮物质生成碱性化合物，使斜面部分又变成红色；底层由于处于缺氧状态，细菌分解葡萄糖所生成的酸类一时不被氧化而仍保持黄色。细菌分解葡萄糖、乳糖或蔗糖产酸产气，使斜面与底层均呈黄色，且有气泡。细菌产生硫化氢时与培养基中的硫酸亚铁作用，形成黑色的硫化铁。

**方法：**用接种针挑取待检菌的菌落，先穿刺接种到 KIA 或 TSI 琼脂培养基深层，距管底 3～5mm 为止，再从原路退回，在斜面上自下而上划线，置(36±1)℃孵育 18～24h。

**结果：**常见的 KIA 反应有如下几种(图 4.5.6)。

1)斜面碱性/底层碱性：不发酵碳水化合物，为不发酵菌的特征，如铜绿假单胞菌。

2)斜面碱性/底层酸性：葡萄糖发酵、乳糖(和 TSI 中的蔗糖)不发酵，是不发酵乳糖菌的特征，如志贺氏菌。

3)斜面碱性/底层酸性(黑色)：葡萄糖发酵、乳糖不发酵并产生硫化氢，是产生硫化氢不发酵乳糖菌的特征，如沙门氏菌、柠檬酸杆菌和变形杆菌等。

4)斜面酸性/底层酸性：葡萄糖和乳糖(和 TSI 中的蔗糖)发酵，是发酵乳糖的大肠菌群的特征，如大肠埃希氏菌、克雷伯菌属和肠杆菌属。

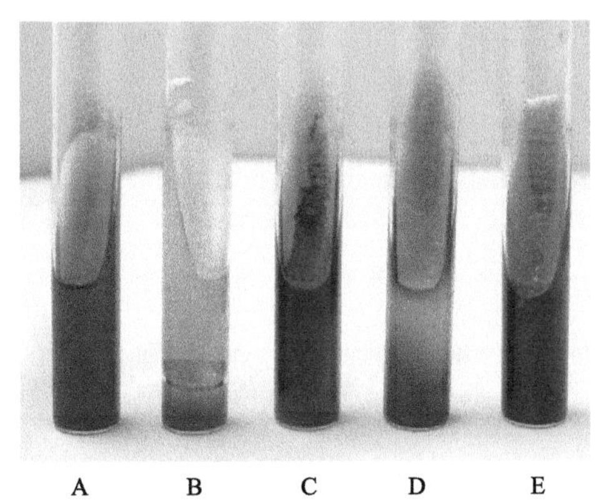


图 4.5.6 三糖铁生化反应结果(北京陆桥技术股份有限公司供图)

A. 空白对照；B. 大肠埃希氏菌 ATCC 25922；C. 鼠伤寒沙门氏菌 CMCC 50115；D. 痢疾志贺氏菌 CMCC 51105；E. 奇异变形杆菌 CMCC 49005

**用途：**鉴别肠道杆菌用。KIA 或 TSI 对初分离出的、可疑为革兰氏阴性杆菌鉴定特别有用。其反应模式是许多杆菌鉴定表的组成部分，也可作为观察其他培养基反应有价值的质控依据。

## 七、硫化氢-靛基质-动力试验

**方法：**以接种针挑取菌落纯培养穿刺接种于硫化氢-靛基质-动力(SIM)试验琼脂约 1/2 深度，放置(36±1)℃培养 18～24h，观察结果。

**结果：**培养物呈现黑色为硫化氢阳性，穿刺线周围浑浊或沿穿刺线向外生长为有动力，然后加靛基质试剂数滴于培养基表面，静置 10min，若试剂呈红色为靛基质阳性(图 4.5.7)。培养基未接种的下部可作为对照。

**用途：**用于肠杆菌科细菌初步生化筛选，与三糖铁琼脂等联合使用可显著提高筛选功效。

## 八、CAMP 试验

**原理：**B 群链球菌(无乳链球菌)产生一种“CAMP”因子，此种物质能增加葡萄球菌的 β-溶血素的活性。因此，可在两种细菌的交界处增强溶血力，出现箭头形透明溶血区。

**方法：**在羊血或马血琼脂平板上，先以 β-溶血的金黄色葡萄球菌划一横线接种。再将待检菌与前一划线作垂直接种，两者应相距 1cm，于(36±1)℃孵育 18～24h，观察结果。每次试验应做阴性和阳性对照。

**结果：**两种细菌划线交接处出现箭头形溶血区者为阳性(图 4.5.8)。

**用途：**主要用于 B 群链球菌(阳性)的鉴定，其他链球菌均为阴性。

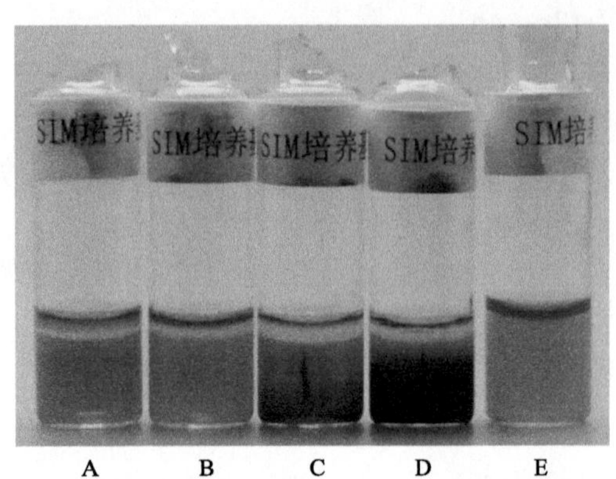


图 4.5.7　SIM（硫化氢、靛基质、动力）试验

A. 大肠埃希氏菌（靛基质阳性）；B. 福氏志贺氏菌（全阴性）；C. 肠炎沙门氏菌（硫化氢阳性）；D. 奇异变形杆菌（硫化氢阳性）；E. 空白对照

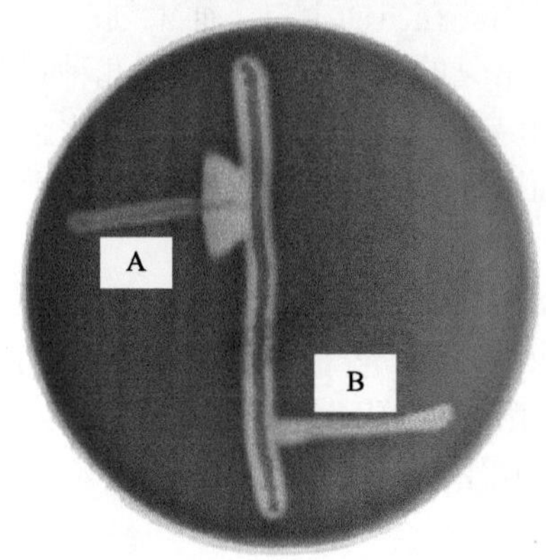


图 4.5.8　CAMP 试验（Pokhrel，2015）

A. 无乳链球菌（+）；B. 化脓链球菌（–）

## 参考文献

Pokhrel P. 2015. CAMP test-principle, purpose, procedure, result and limitation. http://www.microbiologynotes.com/camp-test-principle-purpose-procedure-result-and-limitation/ [2018-08-29]

# 第五章　基于核酸的致病菌快速检测和分型方法

## 第一节　基于核酸的致病菌快速检测分型方法简介

### 一、PCR

#### （一）普通 PCR 的原理

聚合酶链反应（polymerase chain reaction，PCR），是 20 世纪 80 年代发展起来的一种在体外快速扩增特定核酸片段的分子生物学技术。PCR 技术利用 DNA 热变性原理，通过控制温度在体外实现双链的解开与聚合，通过变性、退火、延伸 3 个过程的循环，迅速扩增目的基因。PCR 技术可在几小时内将目的核酸片段扩增数十万乃至上百万倍，PCR 技术是分子生物学领域里程碑式的技术，具有划时代的意义。PCR 的原理如图 5.1.1 所示。

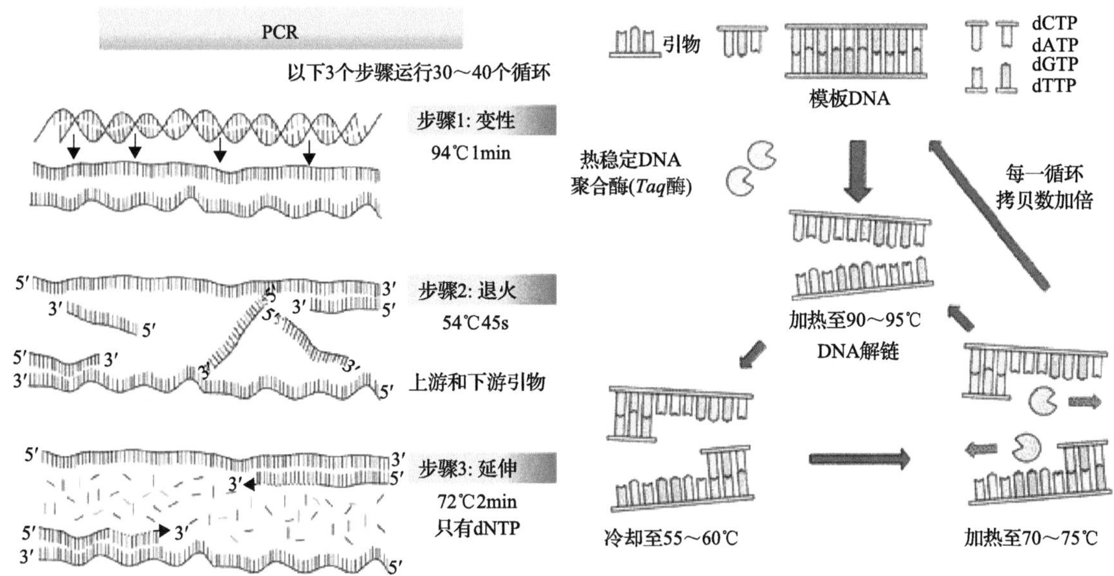


图 5.1.1　PCR 原理图

#### （二）实时荧光定量 PCR 的原理

实时荧光定量 PCR（quantitative real-time PCR）是一种在 DNA 扩增反应中，以荧光化学物质测每次聚合酶链反应循环后产物总量的方法。其是通过内参或者外参法对待测样品中的特定 DNA 序列进行定量分析的方法。

实时聚合酶链反应（real-time PCR）是在 PCR 扩增过程中，通过荧光信号，对 PCR 进程进行实时检测。因为在 PCR 扩增的指数时期，模板的 $C_t$ 值和该模板的起始拷贝数存在线性关系，所以成为定量的依据。实时荧光定量 PCR 按荧光标记方法可分为 SYBR Green Ⅰ法和 TaqMan 探针法。

1. SYBR Green Ⅰ 法

在 PCR 体系中，加入过量的 SYBR 荧光染料，SYBR 荧光染料特异性地掺入 DNA 双链后，发射荧光信号，而不掺入链中的 SYBR 染料分子不会发射任何荧光信号，从而保证荧光信号的增加与 PCR 产物的增加完全同步。其原理如图 5.1.2 所示。

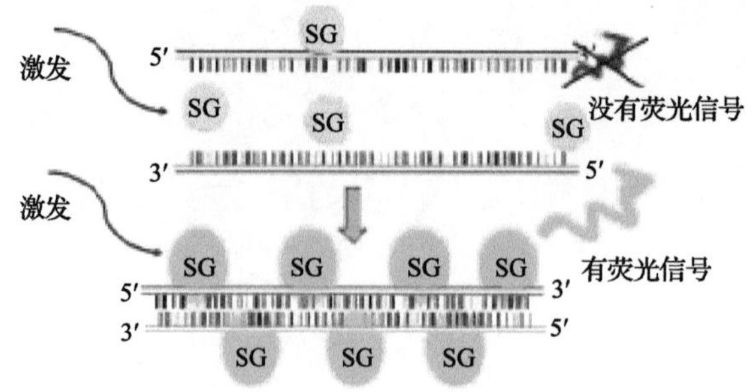


图 5.1.2 SYBR Green Ⅰ(SG)工作原理图

2. TaqMan 探针法

TaqMan 探针法是在 PCR 扩增时加入一对引物的同时再加入一个特异性的荧光探针(为一种寡核苷酸)，在其两端分别标记淬灭基团和报告基团，探针完整时，报告基团发射的荧光信号被淬灭基团吸收；PCR 扩增时，*Taq* 酶的 5′→3′外切酶活性将探针酶切降解，使报告基团和淬灭基团分离，从而荧光监测系统可接收到荧光信号，即每扩增一条 DNA 链，就有一个荧光分子形成，实现了荧光信号的累积与 PCR 产物的形成完全同步。其工作原理如图 5.1.3 所示。

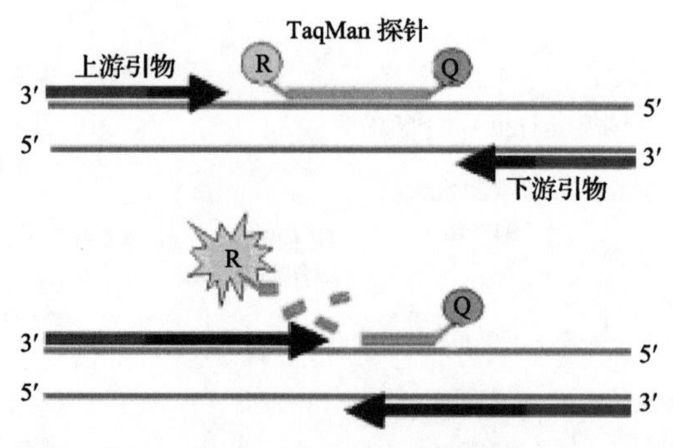


图 5.1.3 TaqMan 探针工作原理图

R. 报告基团；Q. 淬灭基团

## 二、环介导等温扩增法

环介导等温扩增法(loop mediated isothermal amplification，LAMP)是一种新型的核酸扩增方法，其特点是针对靶基因的 6 个区域设计 4 种特异引物(图 5.1.4)，在链置换 DNA 聚合酶的作用下，在 60～65℃恒温扩增，15～60min 即可实现 $10^9$～$10^{10}$ 倍的核酸扩增，具有操作简单、特异性强、产物易检测等特点。在 DNA 合成时，从脱氧核糖核酸三磷酸(dNTP)底物中析出的焦磷酸离子与反应溶液中的镁离子反应，产生大量的焦磷酸镁沉淀，呈现白色。因此，可以把浊度作为反应的指标，只用肉眼观察白色浑浊沉淀，就能鉴定扩增与否，而不需要烦琐的电泳和紫外线观察(图 5.1.5)。由于环介导等温扩增法不需要 PCR 仪和昂贵的试剂，有着广泛的应用前景。

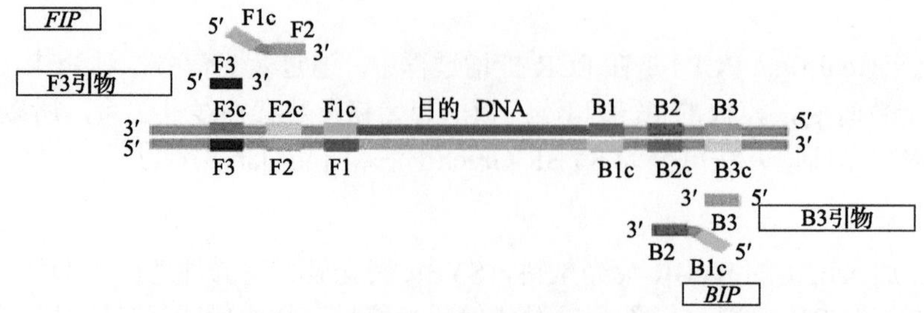


图 5.1.4 LAMP 引物组成及对应区域

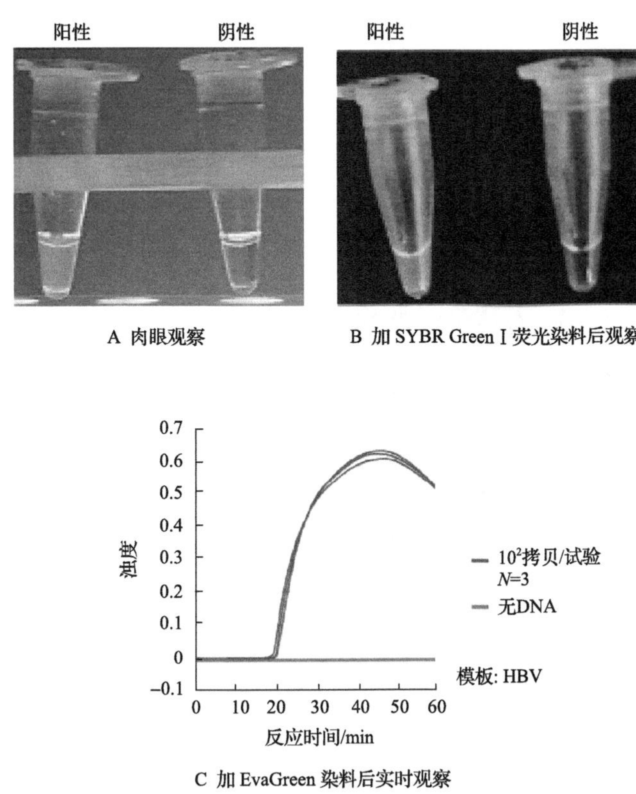


图 5.1.5 LAMP 结果观察

## 三、脉冲场凝胶电泳

脉冲场凝胶电泳(pulsed field gel electrophoresis，PFGE)是由美国学者 Schwartz 等在 1982 年开创的，它的基本原理是在凝胶上外加正交的交变脉冲电场，通过电场的不断改变，使包埋在凝胶中的 DNA 分子泳动方向发生相应的改变，每当电场方向改变后，DNA 分子便滞留在凝胶中直至沿新的电场轴向重新定向后，才能继续向前移动(示意图见图 5.1.6)。DNA 分子越大，这种重排所需要的时间就越长。如果 DNA

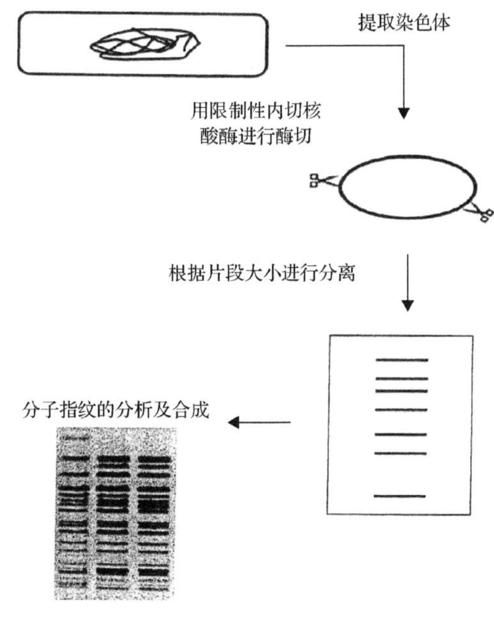


图 5.1.6 脉冲场凝胶电泳示意图

分子变换方向的时间小于电脉冲周期，DNA 分子则按其大小被区分开，最终达到分型的目的。该方法的发展成熟在病原菌的监测、传染源的追踪等方面具有非常重要的意义。脉冲场凝胶电泳的分辨率高、重复性好、结果稳定、易于标准化，被认为是病原菌分型的“金标准”。PFGE 是一种有效的分型方法，广泛应用于多个菌种的分子分型与溯源及耐药性监测。图 5.1.7 为脉冲场凝胶电泳图及聚类分析结果。

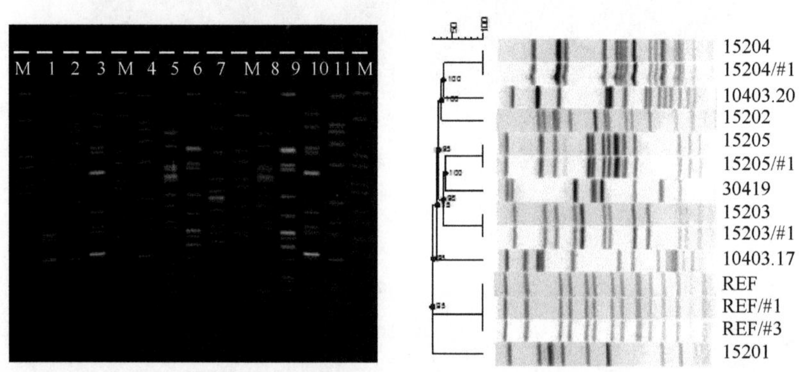


图 5.1.7 脉冲场凝胶电泳图及聚类分析结果

## 四、多位点序列分型

多位点序列分型(multilocus sequence typing，MLST)是一种基于核酸序列测定的细菌分型方法，通过 PCR 扩增多个管家基因内部片段，测定其序列，分析菌株的变异，从而进行分型。

MLST 一般可以测定 6～10 个管家基因内部 400～600bp 的核苷酸序列，每个位点的序列根据其发现的时间顺序赋予一个等位基因编号，每一株菌的等位基因编号按照指定的顺序排列就是它的等位基因谱，也就是这株菌的序列型(sequence type，ST)。这样得到的每个 ST 均代表一组单独的核苷酸序列信息。通过比较 ST 可以发现菌株的相关性，即密切相关菌株具有相同的 ST 或仅有极个别基因位点不同的 ST，而不相关菌株的 ST 至少有 3 个基因位点不同。其示意图见图 5.1.8。

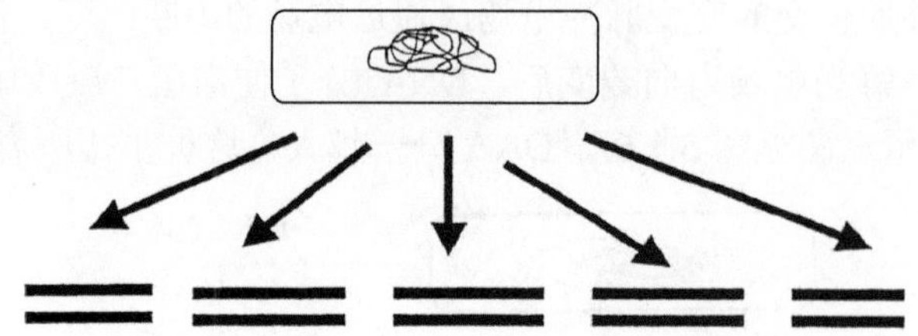

扩增并测序管家基因的内部区域。每次分离，都可以为基因分配等位基因以获得等位基因图谱，然后就可以构建聚类分析

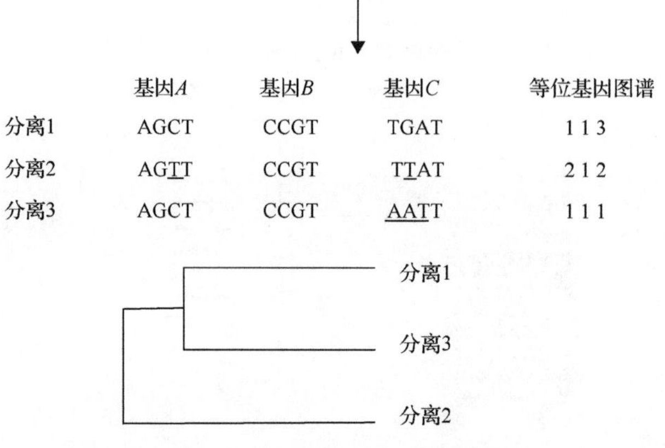


图 5.1.8 多位点序列分型示意图

MLST 技术针对看家基因设计引物对其进行 PCR 扩增和测序，得出每个菌株各个位点的等位基因数值，然后进行等位基因图谱(allelic profile)或序列型鉴定，再根据等位基因图谱使用配对差异矩阵(matrix pair-wise differences)等方法构建系统树图进行聚类分析。

## 第二节 基于核酸的常见食源性病原菌快速检测和分型实例

### 一、沙门氏菌

#### (一)普通 PCR 方法

沙门氏菌所用引物如下。PCR 结果见图 5.2.1。

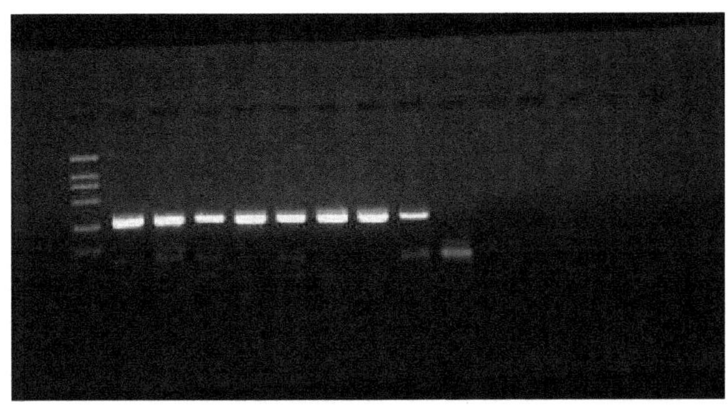

图 5.2.1 沙门氏菌 *invA* 基因电泳检测结果(284bp)

上游引物：5′-GTGAAATTATCGCCACGTTCGGGCAA-3′。
下游引物：5′-TCATCGCACCGTCAAAGGAACC-3′。
适用标准：SN/T 1869—2007(食品中多种致病菌快速检测方法 PCR 法)。

#### (二)荧光定量 PCR 方法

采用美国食品药品监督管理局(FDA)公布的沙门氏菌的引物探针(表 5.2.1)分别对沙门氏菌 *invA* 基因和内部扩增对照(internal amplification control，IAC)基因进行扩增，结果见图 5.2.2。

**表 5.2.1 沙门氏菌检测用的引物探针(TaqMan 法)**

| 引物/探针名称 | 5′→3′序列 |
|---|---|
| 沙门上游引物 | AACGTGTTTCCGTGCGTAAT |
| 沙门下游引物 | TCCATCAAATTAGCGGAGGC |
| IAC 上游引物 | AGTTGCAGTGTAACCGTCATGT |
| IAC 下游引物 | TCGACGAGACTCTGCTGTTAAG |
| 沙门探针 | FAM-TGGAAGCGCTCGCATTGTGG-BHQ |
| IAC 探针 | Cy5-ATCTGCGTCGCACGTGTGCA-BHQ |

#### (三)脉冲场凝胶电泳分型

美国 PulseNet 网站上提供了常见致病菌的 PFGE 标准操作方法(http://www.pulsenetinternational.org/protocols/pfge/)，沙门氏菌的 PFGE 图谱见图 5.2.3。

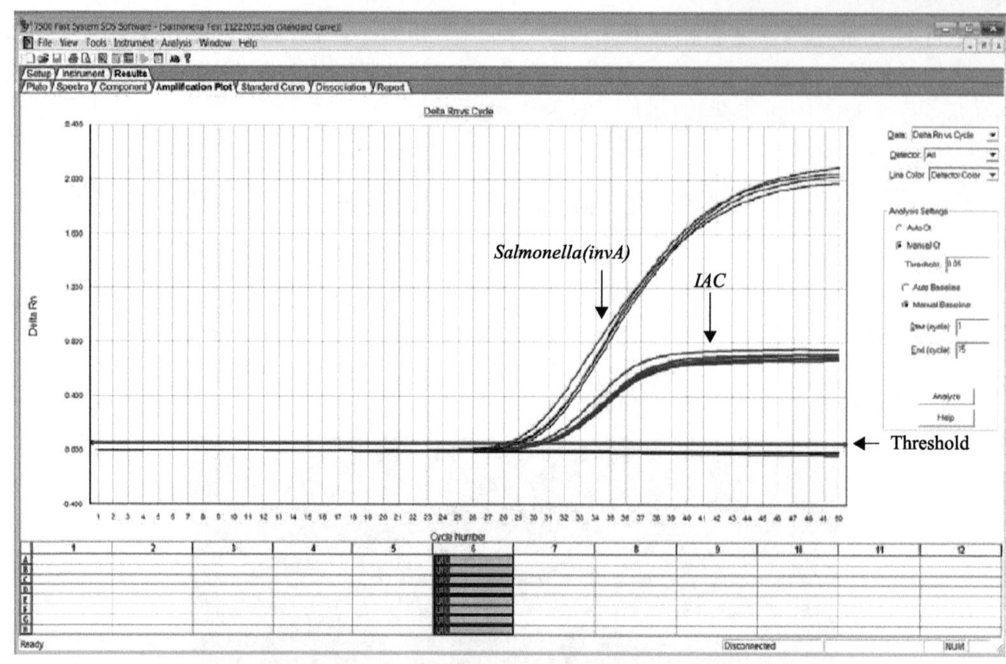


图 5.2.2 沙门氏菌实时荧光定量 PCR 扩增图(Andrews et al., 2018)

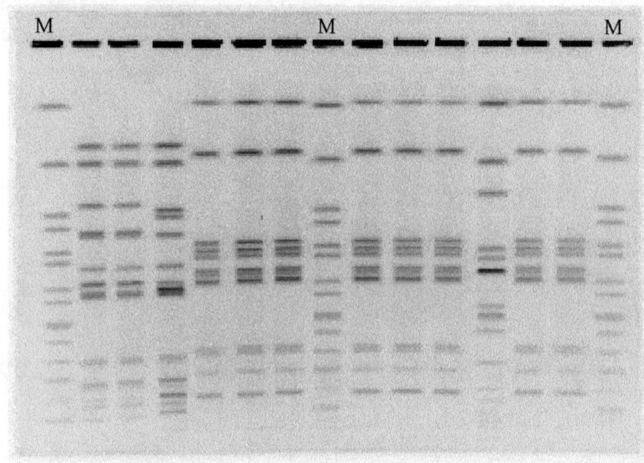


图 5.2.3 12 种不同 PFGE 型别的沙门氏菌和三株参考菌株图谱(*Salmonella braendrup* H9812)(康奈尔农业与生物学院, 2018)

## 二、金黄色葡萄球菌

### (一)普通 PCR 方法

金黄色葡萄球菌肠毒素基因 *seb* 引物序列如下。PCR 结果如图 5.2.4 所示。
上游引物：5′-AAGGACACTAAGTTAGGGAA-3′。
下游引物：5′-ATCATGTCATACCAAAAGCT-3′。

### (二)实时荧光定量 PCR 方法

金黄色葡萄球菌所用引物和探针如下。实时荧光定量 PCR 结果见图 5.2.5。
上游引物：5′-TTCTTCACGACTAAATAAACGCTCA-3′。
下游引物：5′-GGTACTACTAAAGATTATCAAGACGGCT-3′。
探针：5′-FAM-CAGAACACACAATGTTTCCGATGCAACGT-TAMRA-3′。
适用标准：SN/T 1870—2016 出口食品中食源性致病菌检测方法 实时荧光 PCR 法。

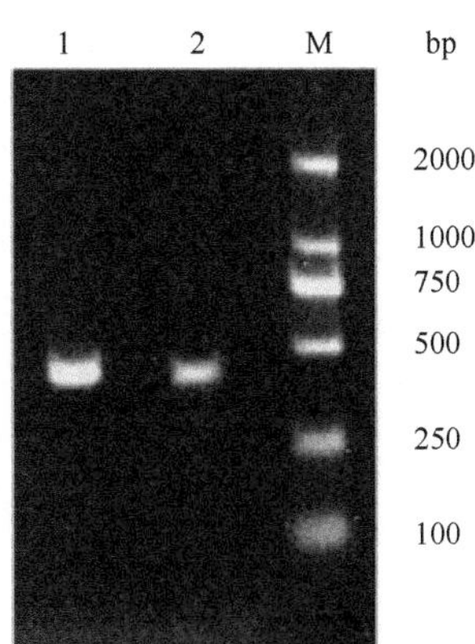


图 5.2.4 金黄色葡萄球菌肠毒素基因 *seb* PCR 扩增结果(沈玄艺等，2012)

M. DNA marker; 1, 2. 肠毒素 *seb* 基因阳性(443bp)

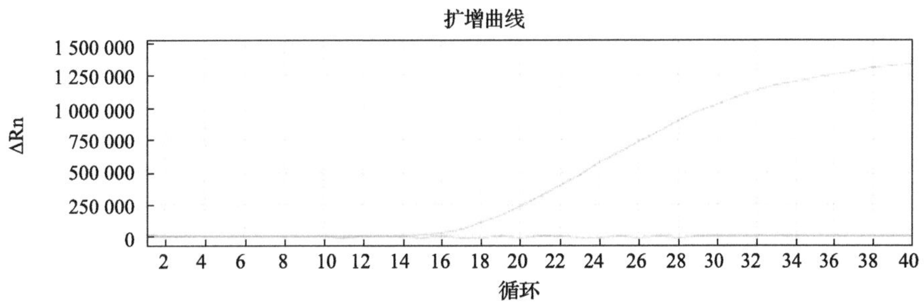


图 5.2.5 金黄色葡萄球菌实时荧光定量 PCR 扩增图

（三）脉冲场凝胶电泳

采用美国 PulseNet 网站提供的金黄色葡萄球菌 PFGE 操作方法，对来自进出口食品中的金黄色葡萄球菌进行 PFGE，结果见图 5.2.6。

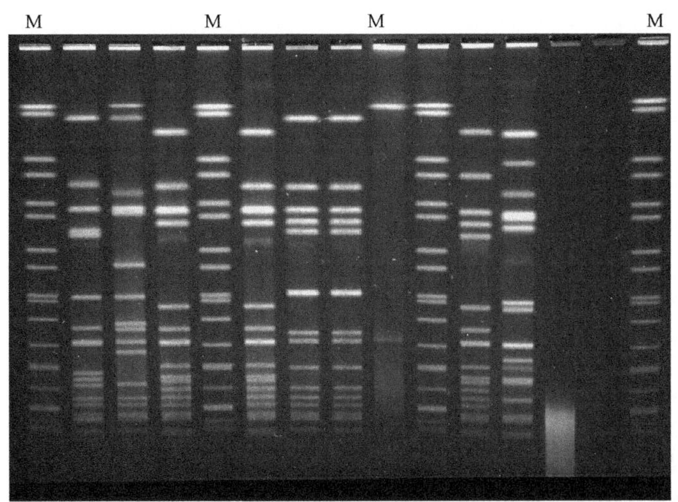


图 5.2.6 进出口食品中金黄色葡萄球菌 PFGE 图谱

M = *S. braendrup* H9812

（四）多位点序列

对金黄色葡萄球菌 7 个管家基因进行 PCR 扩增(图 5.2.7)，经序列比对建立 50 株不同来源菌株的 MLST

型别进化树图（图 5.2.8）。

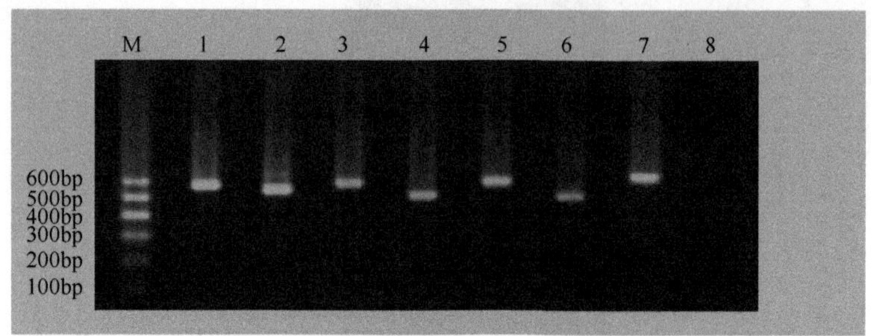


图 5.2.7　金黄色葡萄球菌 7 个管家基因 MLST 分型 PCR 扩增电泳图谱

M. DNA marker; 1～7. 管家基因: 1. *arcC*（570bp）, 2. *aroE*（530bp）, 3. *glpF*（576bp）, 4. *gmk*（488bp）, 5. *pta*（575bp）, 6. *tpi*（477bp）, 7. *yqiL*（598bp）; 8. 空白对照

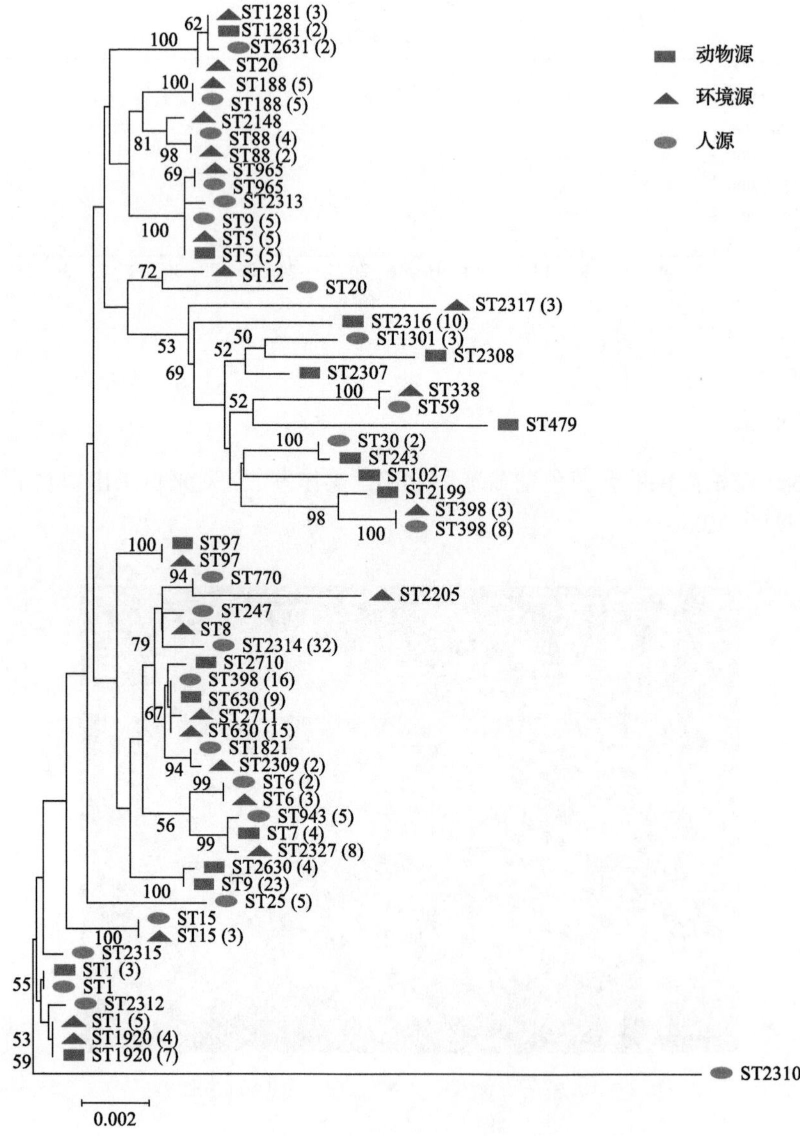


图 5.2.8　50 株金黄色葡萄球菌 MLST 型别进化树

## 三、副溶血性弧菌

实时荧光定量 PCR 方法：

副溶血性弧菌的引物和探针如下。实时荧光定量 PCR 结果见图 5.2.9。

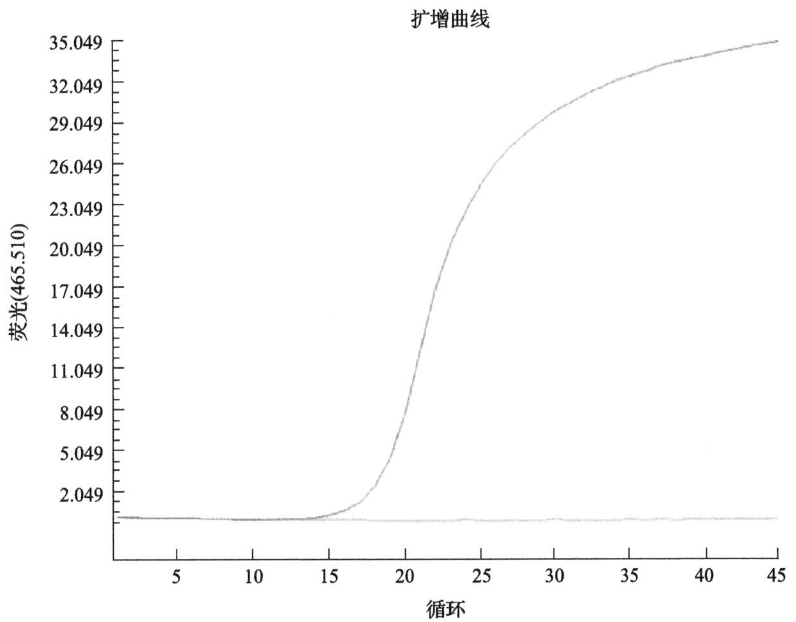


图 5.2.9 副溶血性弧菌实时荧光定量 PCR 扩增图

上游引物：5′-GCGACCTTTCTCTGAAATATTAATTGT-3′。

下游引物：5′-CATTCGCGTGGCAAACATC-3′。

探针：5′-FAM-CGCACAAGGCTCGACGGCTGA-TAMRA-3′。

适用标准：SN/T 1870—2016 出口食品中食源性致病菌检测方法 实时荧光 PCR 法。

## 四、单增李斯特氏菌

### (一)实时荧光定量 PCR 方法

采用美国 FDA 微生物分析手册(BAM)中的单增李斯特氏菌检测方法，李斯特氏菌属和单增李斯特氏菌的引物和探针见表 5.2.2，结果见图 5.2.10。

表 5.2.2 李斯特氏菌属和单增李斯特氏菌的引物和探针

| 引物/探针名称 | 序列(5′→3′) |
|---|---|
| Lm-F | AACTGGTTTCGTTAACGGTAAATACTTA |
| Lm-R | TAGGCGCAGGTGTAGTTGCT |
| Lm-P | Texas Red-CTACTACTCAACAAGCTGCACCTGCTGC-IowaBlackRQ |
| Lall-F | GTTAAAAGCGGTGACACTATTTGG |
| Lall-R | TTTGACCTACATAAATAGAAGAAGAAGATAA |
| Lall-P | 6 FAM ATGTCATGGAATAAT-MGB-NFQ |

注：Lall = 所有李斯特氏菌属, Lm = 单增李斯特氏菌

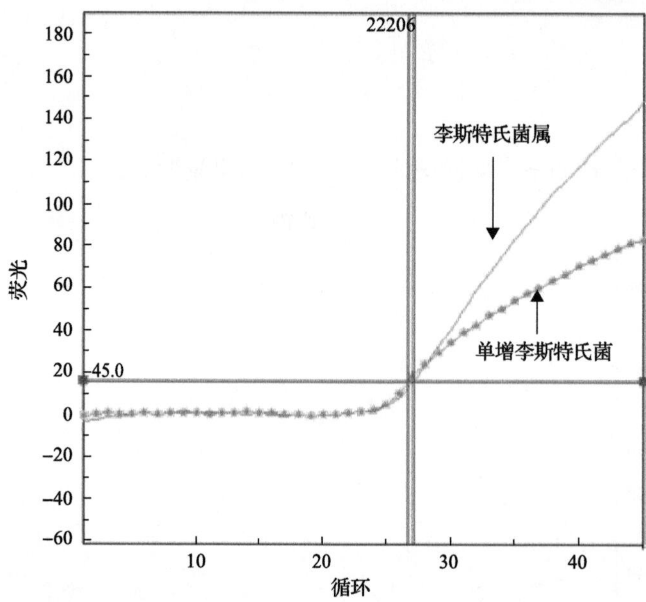


图 5.2.10　单增李斯特氏菌 ATCC 19115 实时荧光定量 PCR 图（Hitchins et al., 2017）

（二）脉冲场凝胶电泳分型

采用美国 PulseNet 网站提供的单增李斯特氏菌 PFGE 操作方法，对来自生肉中的单增李斯特氏菌进行 PFGE，结果见图 5.2.11。

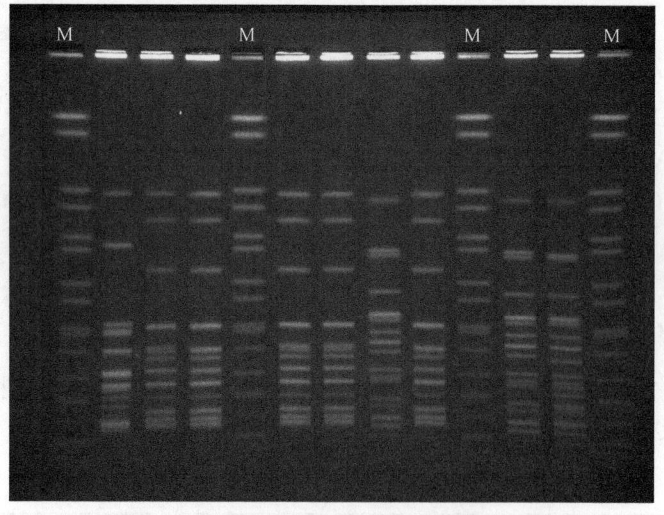


图 5.2.11　肉类中单增李斯特氏菌 PFGE 图谱

注：M = *S. braendrup* H9812

## 五、克罗诺杆菌属

（一）普通 PCR 法

阪崎肠杆菌（克罗诺杆菌属）所用引物和 PCR 电泳结果见图 5.2.12。

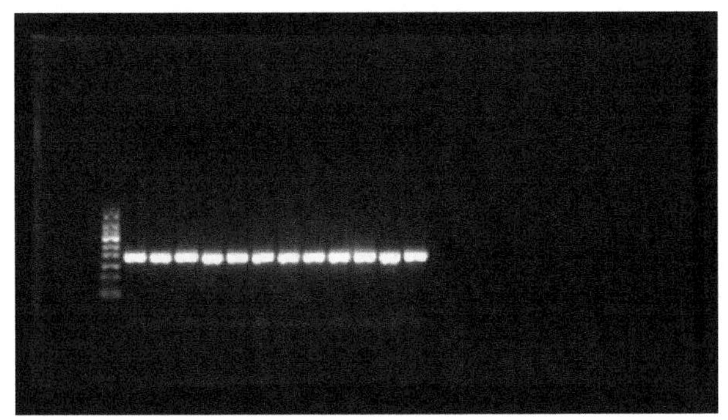

图 5.2.12 食品中阪崎肠杆菌(克罗诺杆菌属)PCR 电泳图(282bp)

上游引物：5′-GGGTTGTCTGCGAAAGCGAA-3′。

下游引物：5′-GTCTTCGTGCTGCGAGTTTG-3′。

适用标准：SN/T 1632.2—2013 出口奶粉中阪崎肠杆菌(克罗诺杆菌属)检验方法 第 2 部分：PCR 方法。

(二) 实时荧光定量 PCR 法

阪崎克罗诺杆菌所用引物、探针如下。实时荧光定量 PCR 结果见图 5.2.13。

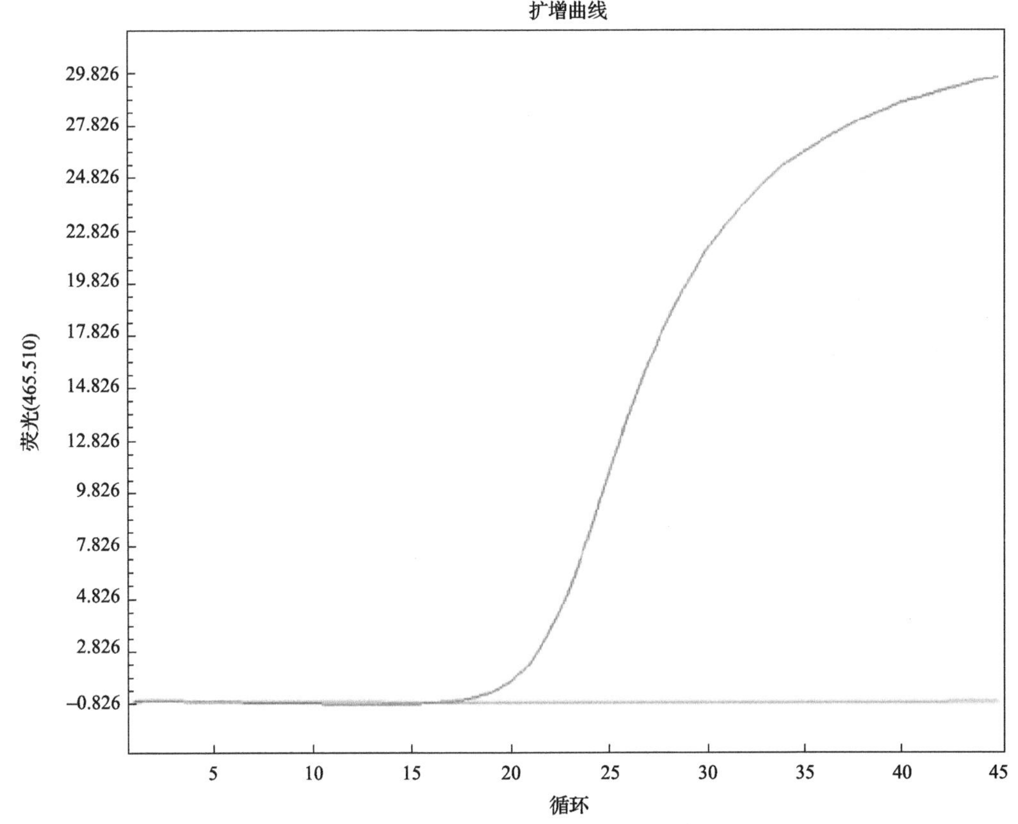


图 5.2.13 食品中阪崎克罗诺杆菌实时荧光定量 PCR 图

上游引物：5′-GGGATATTGTCCCCTGAAACAG-3′。

下游引物：5′-CGAGAATAAGCCGCGCATT-3′。

探针：5′-FAM-AGAGTAGTAGTTGTAGAGGCCGTGCTTCCGAAAG-TAMRA-3′。

适用标准：SN/T 1870—2016 出口食品中食源性致病菌检测方法 实时荧光 PCR 法。

## 六、小肠结肠炎耶尔森氏菌

### (一) 普通 PCR 法

小肠结肠炎耶尔森氏菌所用引物如下。PCR 结果见图 5.2.14。

上游引物：5′-AATACCGCATAACGTCTTCG-3′。

下游引物：5′-CTTCTTCTGCGAGTAACGTC-3′。

适用标准：SN/T 1869—2007 食品中多种致病菌快速检测方法 PCR 法。

### (二) 实时荧光定量 PCR 法

小肠结肠炎耶尔森氏菌所用引物、探针如下。实时荧光定量 PCR 结果见图 5.2.15。

上游引物：5′-AAGAAGGCCTTCGGGTTGTAA-3′。

下游引物：5′-TTCTGCGAGTAACGTCAATCAATCACA-3′。

探针：5′-FAM-ATTAACCTTTATGCCTTCCTCCTCGCTG-TAMRA-3′。

适用标准：SN/T 1870—2016 出口食品中食源性致病菌检测方法 实时荧光 PCR 法。

图 5.2.14 小肠结肠炎耶尔森氏菌 PCR 扩增图(330bp)

DLS00. DNA marker; 质控.小肠结肠耶尔森氏菌标准株；分离. 食品分离株

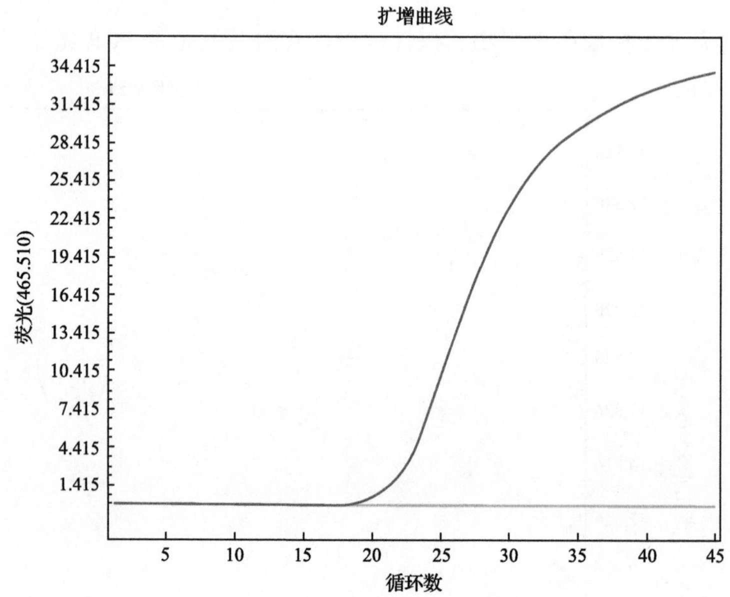


图 5.2.15 小肠结肠炎耶尔森氏菌实时荧光定量 PCR 扩增图

## 七、致泻大肠埃希氏菌

普通 PCR 法：致泻大肠埃希氏菌特征性基因见表 5.2.3。5 种致泻大肠埃希氏菌中特征性基因的 PCR 电泳图见图 5.2.16。

**表 5.2.3 5 种致泻大肠埃希氏菌特征性基因**

| 致泻大肠埃希氏菌类别 | 特征性基因 | |
|---|---|---|
| EPEC | *escV* 或 *eae*、*bfpB* | |
| STEC/EHEC | *escV* 或 *eae*、*stx1*、*stx2* | |
| EIEC | *invE* 或 *ipaH* | *uidA* |
| ETEC | *lt*、*stp*/*sth* | |
| EAEC | *astA*、*aggR*、*pic* | |

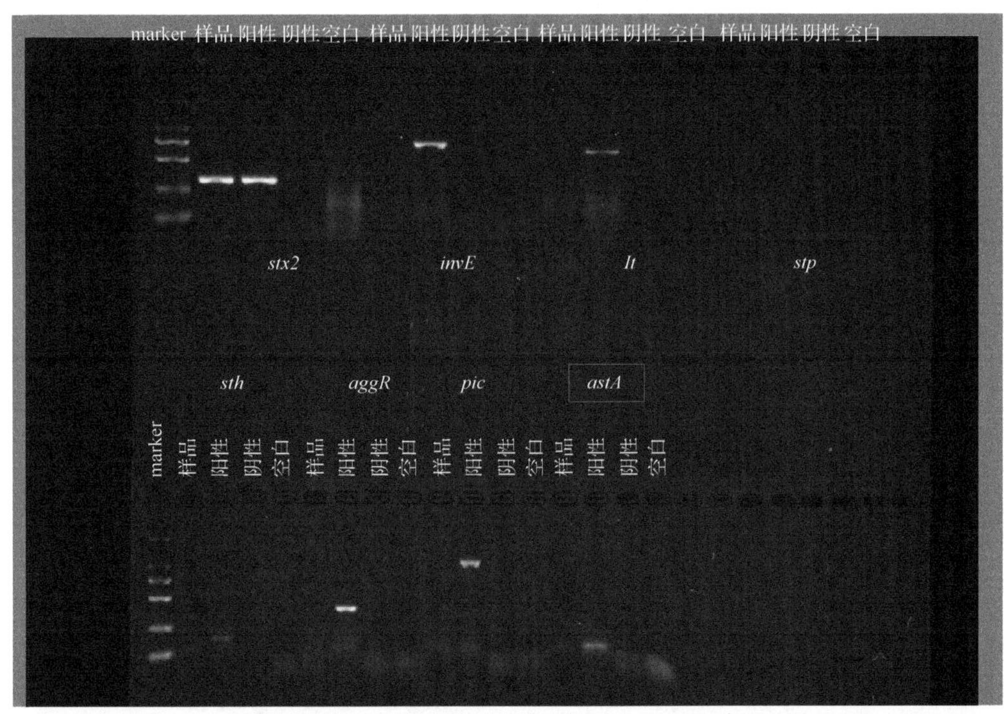


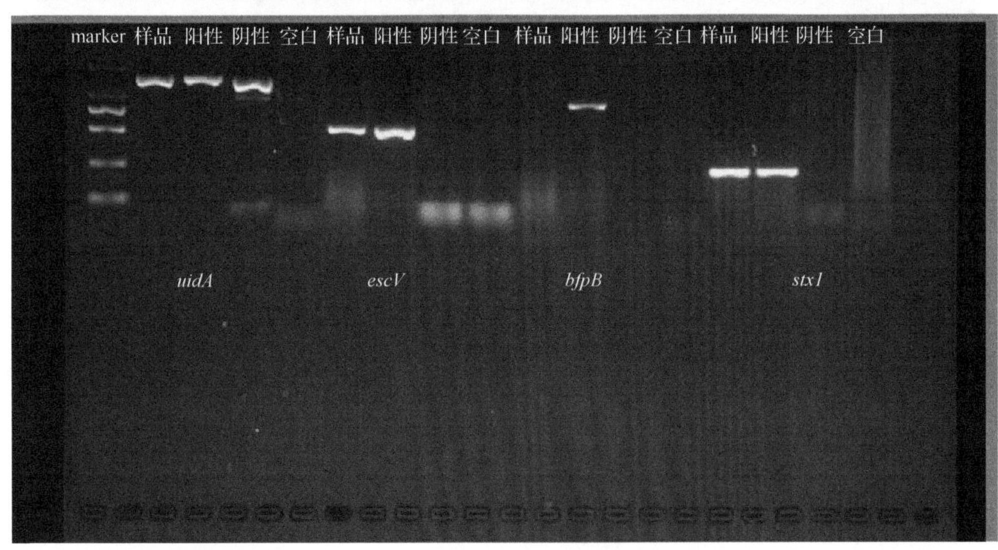


图 5.2.16　5 种致泻大肠埃希氏菌中特征性基因的 PCR 电泳图

样品为 EHEC（含 *stx1*、*stx2*、*escV* 和 *uidA*），阳性分别为含某特征性基因的 5 种致泻大肠埃希氏菌菌株，阴性为不含某特征性基因的致泻大肠埃希氏菌（*uidA* 除外，所有致泻大肠埃希氏菌均含 *uidA*），空白为无菌水。所用的 ETEC 菌株所含的热稳定性肠毒素基因亚型为 *sth*，非 *stp*。marker 为 DL2000

适用标准：GB 4789.6—2016 食品安全国家标准　食品微生物学检验　致泻大肠埃希氏菌检验。

## 八、产志贺毒素大肠埃希氏菌

实时荧光定量 PCR 法：*stx* 和 *eae* 基因实时荧光定量检测所用简并引物和探针序列见表 5.2.4，O 血清组编码基因实时荧光定量检测所用引物和探针序列见表 5.2.5。探针 5′端均为 FAM 标记，3′端为 TAMRA 或 BHQ 标记。图 5.2.17～图 5.2.21 为将不同浓度的产志贺毒素大肠埃希氏菌（O157 或 O26）接种于蔬菜，提取增菌液 DNA 进行 PCR 扩增的结果。

**表 5.2.4　*stx* 和 *eae* 基因实时荧光定量检测所用简并引物和探针序列**

| 目标基因 | 上游引物、下游引物和探针序列 (5′→3′)[a] |
| --- | --- |
| *stx1* | 上游引物：TTTGTYACTGTSACAGCWGAAGCYTTACG |
| | 下游引物：CCCCAGTTCARWGTRAGRTCMACRTC |
| | 探针：CTGGATGATCTCAGTGGGCGTTCTTATGTAA |
| *stx2*[b] | 上游引物：TTTGTYACTGTSACAGCWGAAGCYTTACG |
| | 下游引物：CCCCAGTTCARWGTRAGRTCMACRTC |
| | 探针：TCGTCAGGCACTGTCTGAAACTGCTCC |
| *eae* | 上游引物：CATTGATCAGGATTTTTCTGGTGATA |
| | 下游引物：CTCATGCGGAAATAGCCGTTA |
| | 探针：ATAGTCTCGCCAGTATTCGCCACCAATACC |

a. 序列中 Y 为 (C, T), S 为 (C, G), W 为 (A, T), R 为 (A, G), M 为 (A, C)

b. 此引物和探针组合可扩增除了 *stx2f* 外的所有 *stx2* 突变体

**表 5.2.5　O 血清组编码基因实时荧光定量检测所用引物和探针序列**

| 目标基因 | 上游引物、下游引物和探针序列 (5′→3′) |
| --- | --- |
| *rfbE* (O157) | 上游引物：TTTCACACTTATTGGATGGTCTCAA |
| | 下游引物：CGATGAGTTTATCTGCAAGGTGAT |
| | 探针：AGGACCGCAGAGGAAAGAGAGGAATTAAGG |
| *Wzx* (O104) | 上游引物：GCAAATAATTACAATGTATGGCTCACA |
| | 下游引物：GAAATTCTTTGCGCGACAATAA |
| | 探针：TTTTTTCGGTCAAAGCAGATATCGCAGG |
| *wbdI* (O111) | 上游引物：CGAGGCAACACATTATATAGTGCTTT |
| | 下游引物：TTTTTGAATAGTTATGAACATCTTGTTTAGC |
| | 探针：TTGAATCTCCCAGATGATCAACATCGTGAA |
| *wzx* (O26) | 上游引物：CGCGACGGCAGAGAAAATT |
| | 下游引物：AGCAGGCTTTTATATTCTCCAACTTT |
| | 探针：CCCCGTTAAATCAATACTATTTCACGAGGTTGA |
| *ihp1* (O145) | 上游引物：CGATAATATTTACCCCACCAGTACAG |
| | 下游引物：GCCGCCGCAATGCTT |
| | 探针：CCGCCATTCAGAATGCACACAATATCG |
| *wzx* (O103) | 上游引物：CAAGGTGATTACGAAAATGCATGT |
| | 下游引物：GAAAAAAGCACCCCCGTACTTAT |
| | 探针：CATAGCCTGTTGTTTTAT |

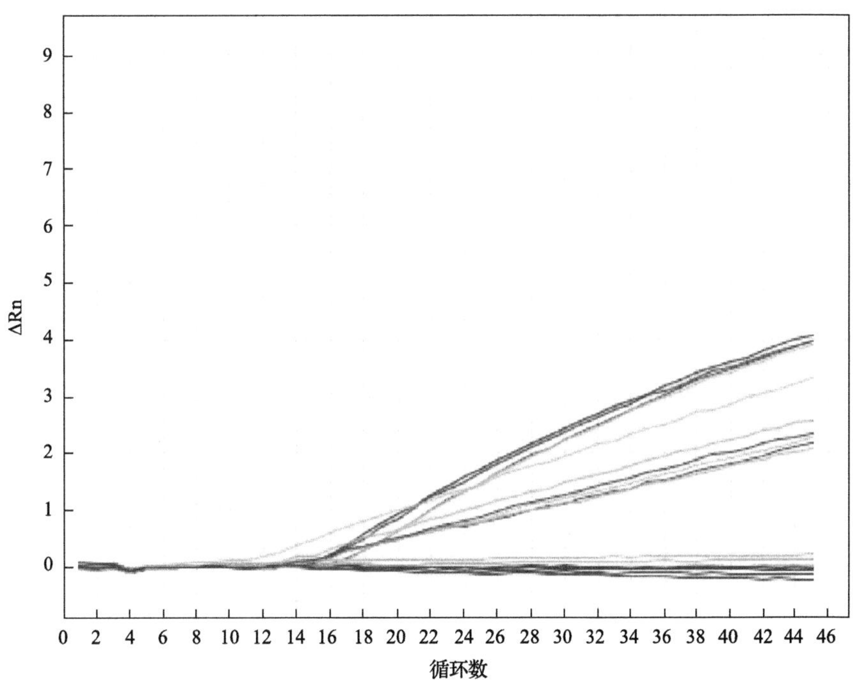


图 5.2.17 产志贺毒素大肠埃希氏菌 *stx1* 检测

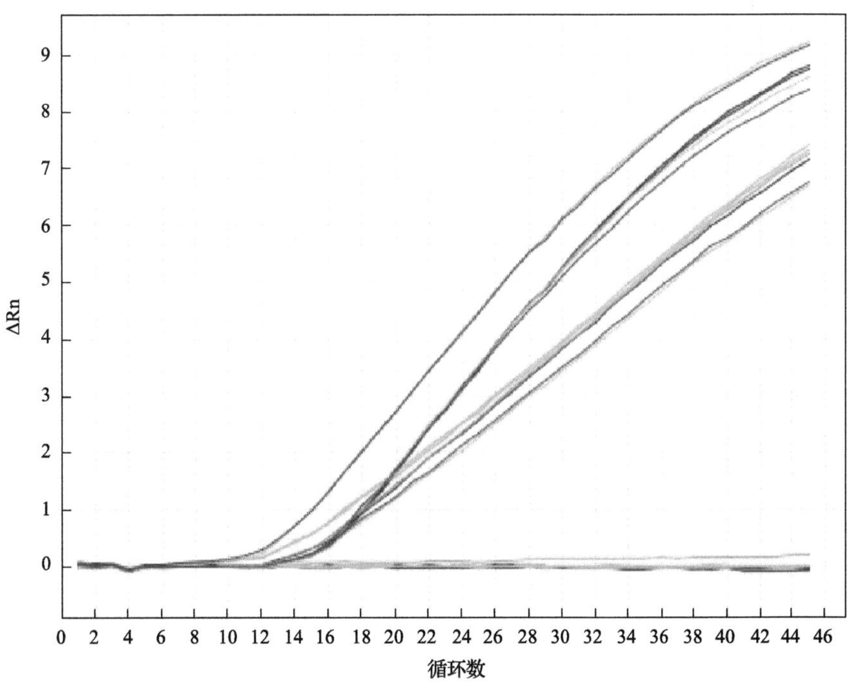


图 5.2.18 产志贺毒素大肠埃希氏菌 *stx2* 检测

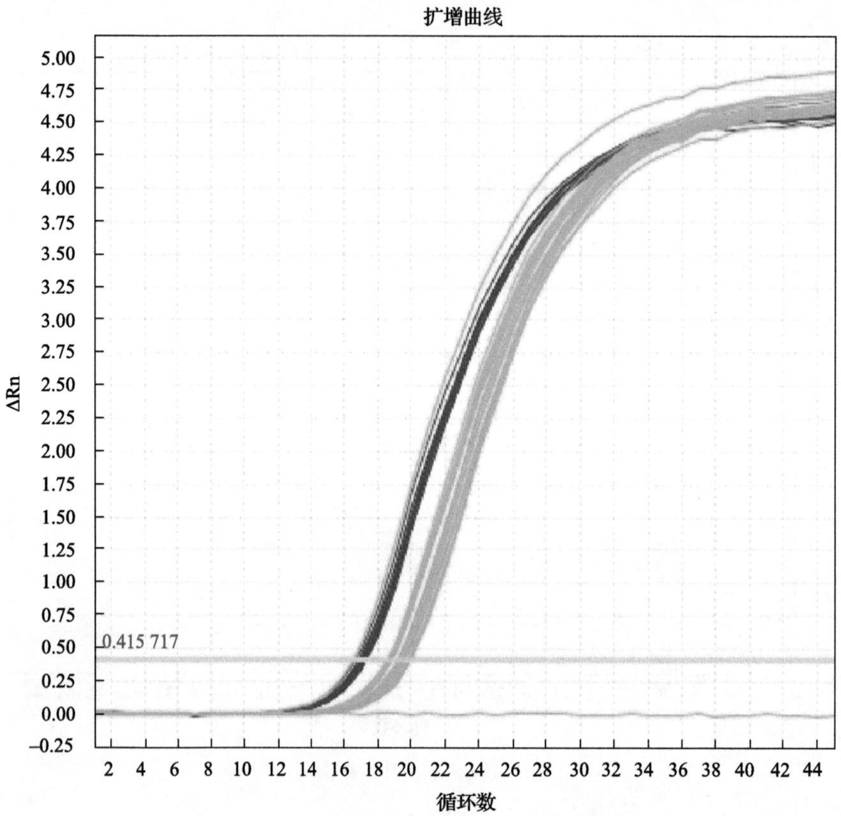


图 5.2.19　产志贺毒素大肠埃希氏菌 *eae* 基因检测

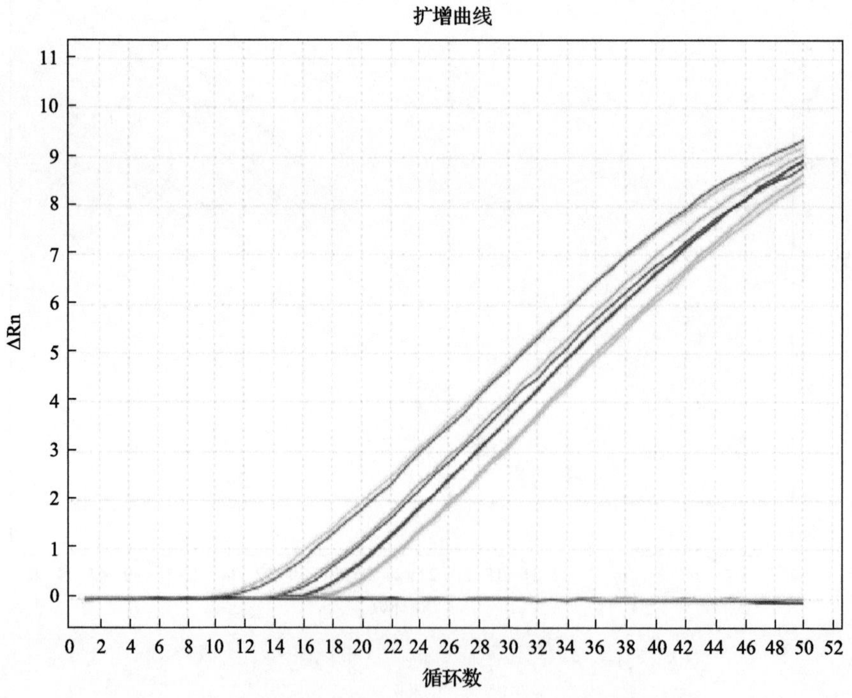


图 5.2.20　产志贺毒素大肠埃希氏菌 O157 检测

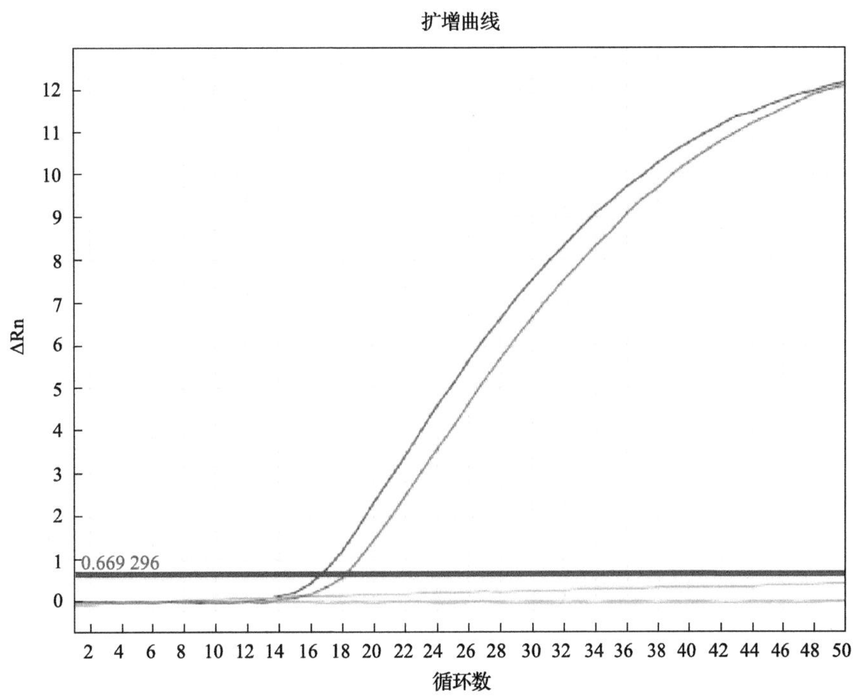


图 5.2.21 产志贺毒素大肠埃希氏菌 O26 检测

适用标准：SN/T 4781—2017 出口食品和饲料中产志贺毒素大肠埃希氏菌检测方法 实时荧光 PCR 法。ISO/TS 13136——2012 Microbiology of food and animal feed——Real-time polymerase chain reaction (PCR)-based method for the detection of food-borne pathogens——Horizontal method for the detection of Shiga toxin-producing *Escherichia coli* (STEC) and the determination of O157, O111, O26, O103 and O145 serogroups.

## 九、空肠弯曲菌

实时荧光定量 PCR 法：空肠弯曲菌所用引物、探针如下。实时荧光定量 PCR 结果见图 5.2.22。

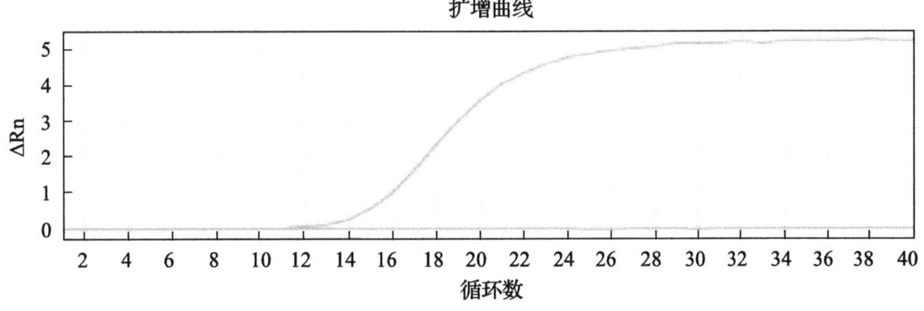


图 5.2.22 空肠弯曲菌实时荧光定量 PCR 结果

上游引物：5′-TTGGTATGGCTATAGGAACTCTTATAGCT-3′。

下游引物：5′-CACACCTGAAGTATGAAGTGGTCTAAGT-3′。

探针：5′-FAM-ATGGCATATCCTAATTTA-MGB-3′。

适用标准：SN/T 1870—2016 出口食品中食源性致病菌检测方法 实时荧光 PCR 法。

## 十、蜡样芽胞杆菌

实时荧光定量 PCR 法：蜡样芽胞杆菌所用引物、探针如下。实时荧光定量 PCR 检测结果见图 5.2.23。

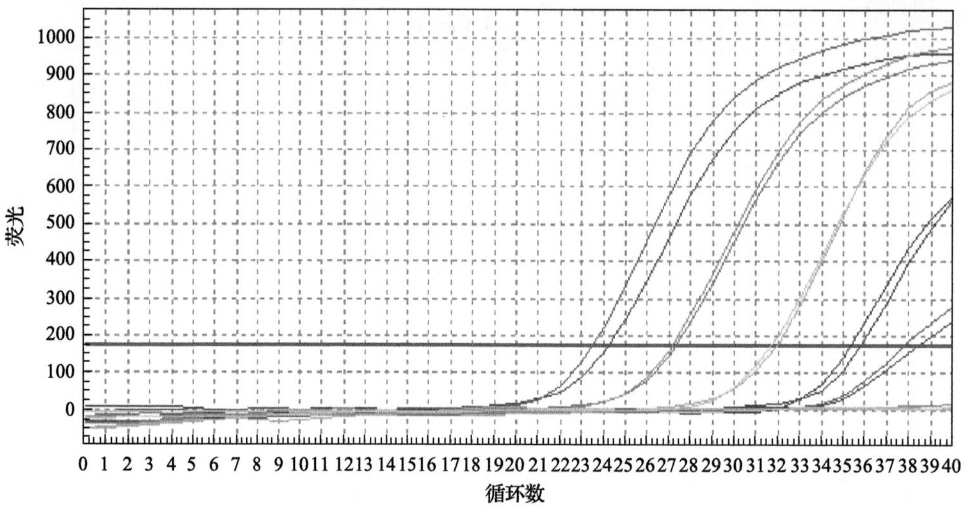


图 5.2.23　蜡样芽胞杆菌实时荧光定量 PCR 扩增图(灵敏度测试)

上游引物：5′-CCTTCTTCAAGTTCAAATCTCG-3′。

下游引物：5′-GTYGTAATGACAGGTGATGGA-3′。

锁核苷酸(LNA)探针：FAM-5′-FAM-TGTAAT*GG*TTGTT*CG*CAA-BHQ1-3′。

*表示该位点为锁核苷酸位点。

适用标准：SN/T 3932—2014 出口食品中蜡样芽孢杆菌快速检测方法 实时荧光定量 PCR 方法。

## 参 考 文 献

康奈尔农业与生物学院. 2018. Pulsed field gel electrophoresis (PFGE) typing. https://foodsafety.foodscience.cornell.edu/laboratory-molecular-typing-lmt/pulsed-field-gel-electrophoresis-pfge-typing/[2018-10-29]

沈玄艺, 宋启发, 徐景野, 等. 2012. 食源性金黄色葡萄球菌肠毒素基因型分布研究. 中国食品卫生杂志, 24(5): 427-429

Andrews W H, Wang H, Jacobson A, et al. 2018. Bacteriological analytical manual chapter 5 *Salmonella*. https://www.fda.gov/Food/FoodScienceResearch/LaboratoryMethods/ucm070149.htm[2018-10-29]

Hitchins A D, Jinneman K, Chen Y. 2017. Bacteriological analytical manual chapter 10 detection of *Listeria monocytogenes* in foods and environmental samples, and enumeration of *Listeria monocytogenes* in foods. https://www.fda.gov/Food/FoodScienceResearch/LaboratoryMethods/ucm279532.htm[2018-10-29]

# 第六章 基质辅助激光解吸电离飞行时间质谱方法快速检测致病菌

基质辅助激光解吸电离飞行时间质谱(matrix-assisted laser desorption/ionization time-of-flight mass spectrometry, MALDI-TOF MS)是近年来发展起来的一种新型的微生物鉴定方法，具有操作简单、快速、高通量、准确等优点，被认为是微生物鉴定领域的一次技术革命，具有划时代的意义。该方法可利用极少量的微生物，在半小时内将微生物鉴定到属、种乃至亚种水平，已广泛应用于病原微生物的诊断和监测。

## 一、MALDI-TOF MS 的原理

MALDI-TOF MS 应用于微生物全细胞快速检测时，主要依据微生物特征蛋白指纹图谱分析，以完成微生物的鉴定和分类。将待鉴定的菌落与适量的基质溶液点加在样品板上，溶剂挥发后形成菌落蛋白质与基质的共结晶，利用激光作为能量来源辐射共结晶体，基质分子吸收能量与菌落蛋白质解吸附并使菌落蛋白质电离，经过飞行时间分析器将不同质荷比的离子分开，形成微生物特异性的质谱图。将待测微生物质谱图与已知微生物的标准蛋白质指纹图谱数据库进行比较，可以确定微生物的种属，进行微生物种属鉴定。检测流程如图 6.0.1 所示。

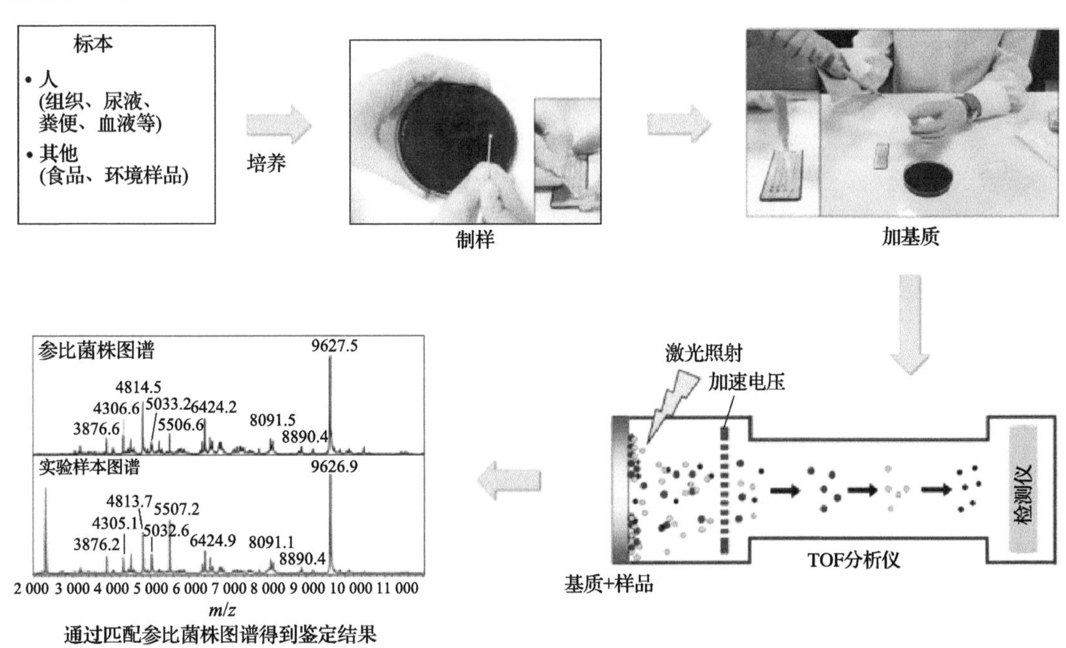


图 6.0.1 MALDI-TOF MS 方法检测流程图(Jang and Kim, 2018)

## 二、MALDI-TOF MS 的样品处理方法

MALDI-TOF MS 常见的样品处理方法有两种：直接涂抹法和甲酸提取法。

直接涂抹法的具体操作为取少量细菌培养物，均匀涂布在靶板的一个靶点上，形成一个薄层。待细菌培养物室温干燥后覆盖 1μL $\alpha$-氰基-4-羟基肉桂酸($\alpha$-cyano-4-hydroxycinnamic acid, CHCA)基质溶液，自然晾干后上机检测。

甲酸提取法的具体操作为将适量细菌培养物(5～10mg)重悬于 300μL 去离子水中，充分混匀；加入 900μL 无水乙醇，涡旋振荡混匀；13 000g，离心 2min，弃上清，相同条件瞬时离心 30s，用移液器移除剩余上清液，室温放置 5min，使乙醇挥发。加入 50～80μL 70%甲酸(甲酸的量可以根据细菌沉淀的量进行调整)，充分混匀，加入等体积乙腈，涡旋振荡混匀；13 000g，离心 2min。取 1μL 上清液点到靶板的一个靶点上，室温干燥后覆盖 1μL CHCA 基质溶液，自然晾干后上机检测。

直接涂抹法操作简便，检测需要的菌量少(有单克隆即可)，鉴定所需时间短(3～5min)。甲酸提取法操作稍复杂，检测需要的菌量为 3～5 个单克隆，鉴定时间需半小时左右。甲酸提取法的图谱质量总体优于直接涂抹法。图 6.0.2 为从鸡肉样品中分离的 2 株空肠弯曲菌经直接涂抹法和甲酸提取法处理后采集到的图谱。由图 6.0.2 可见，甲酸提取法得到的图谱基线更加平稳。

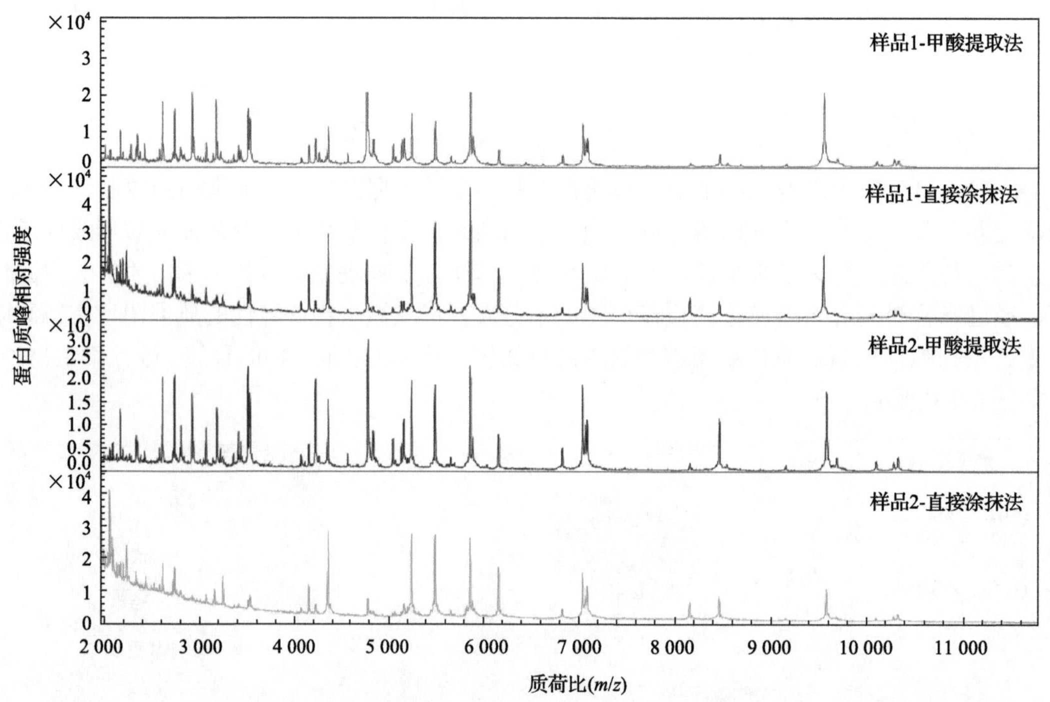


图 6.0.2　2 株空肠弯曲菌经直接涂抹法和甲酸提取法处理后采集到的 MALDI-TOF MS 图谱

在日常检测过程中，一般先用直接涂抹法对大量可疑菌落进行筛查。当直接涂抹法效果不佳时，再采用甲酸提取法对经纯化的可疑菌落进一步确认。

## 三、常见致病菌的 MALDI-TOF MS 图谱

食品中的大部分常见致病菌，如沙门氏菌、金黄色葡萄球菌、空肠弯曲菌、常见的弧菌(包括副溶血性弧菌、霍乱弧菌、创伤弧菌和溶藻弧菌等)、产气荚膜梭菌、铜绿假单胞菌、单增李斯特氏菌、阪崎克罗诺杆菌等都可以通过 MALDI-TOF MS 方法得到准确鉴定。有些致病菌，如大肠埃希氏菌和志贺氏菌，因 MALDI-TOF MS 图谱极其相似而无法区分(图 6.0.3)。通常，无法区分的菌株会在鉴定结果中以备注的形式加以说明。

### (一) 沙门氏菌属

图 6.0.4 是 3 株常见的肠炎沙门氏菌标准菌株和 1 株鼠伤寒沙门氏菌标准菌株经甲酸提取法处理后得到的 MALDI-TOF MS 图谱。

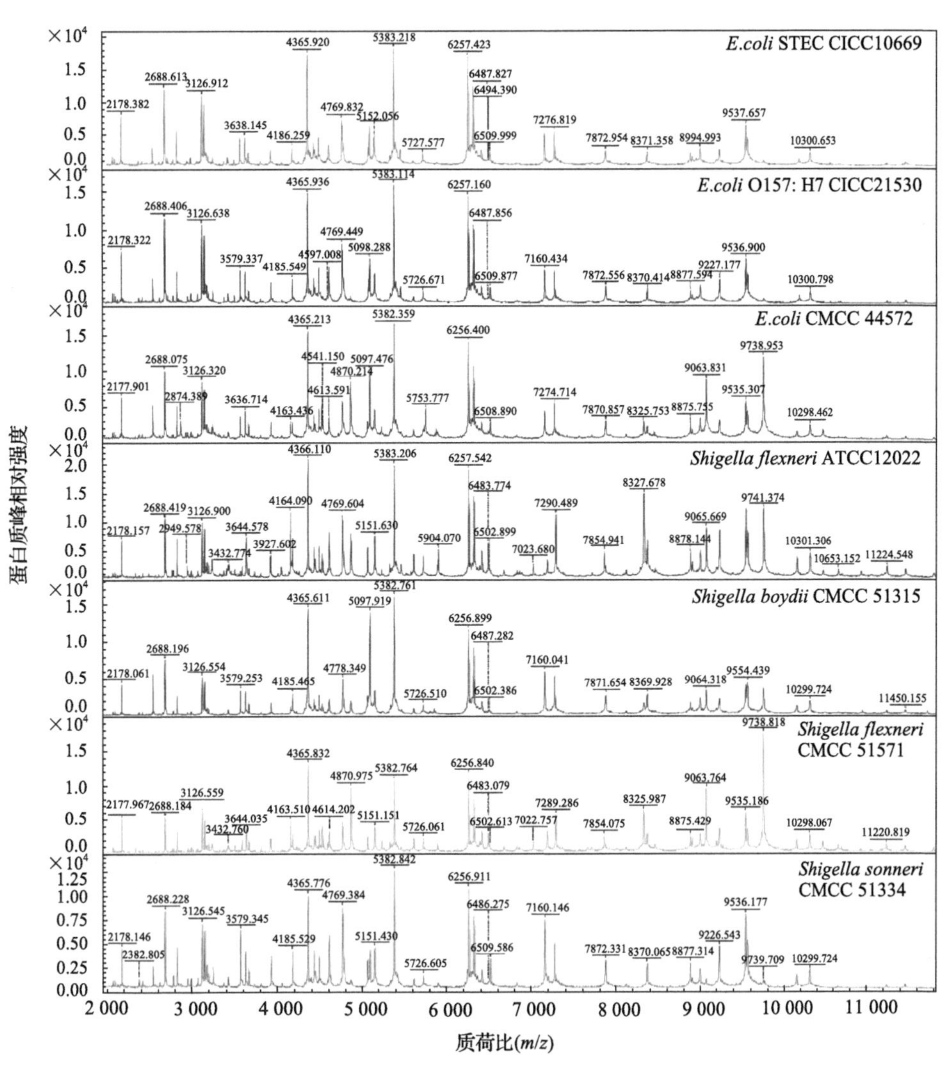

图 6.0.3 大肠埃希氏菌和志贺氏菌的 MALDI-TOF MS 图谱

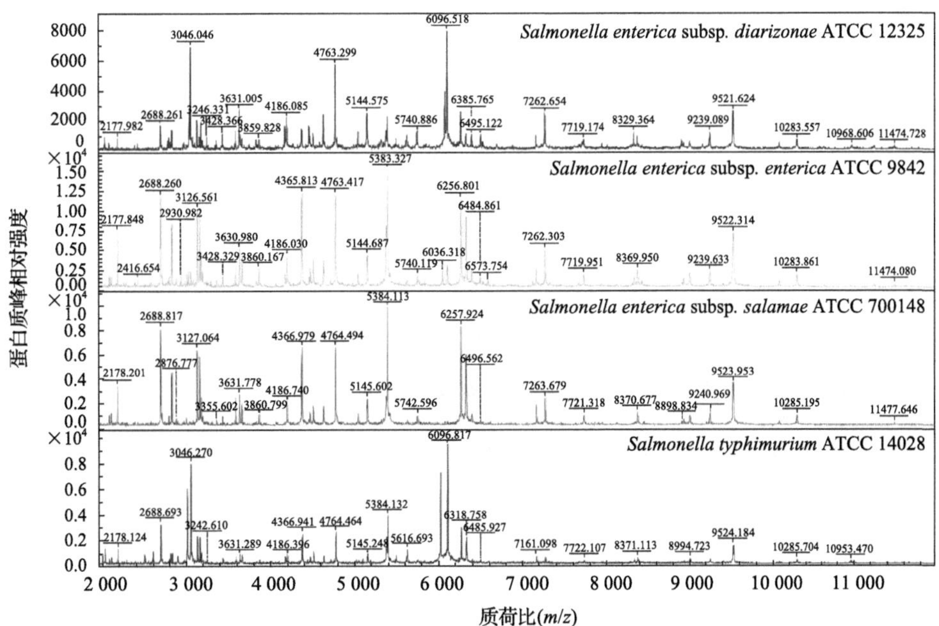

图 6.0.4 常见沙门氏菌的 MALDI-TOF MS 图谱

在沙门氏菌检测过程中，奇异变形杆菌因在选择性平板上的典型菌落与沙门氏菌相似而难以区分。MALDI-TOF MS 方法很容易将两者区分开。图 6.0.5 为从食品样品中分离出的 1 株沙门氏菌和 1 株奇异变形杆菌的 MALDI-TOF MS 图谱。

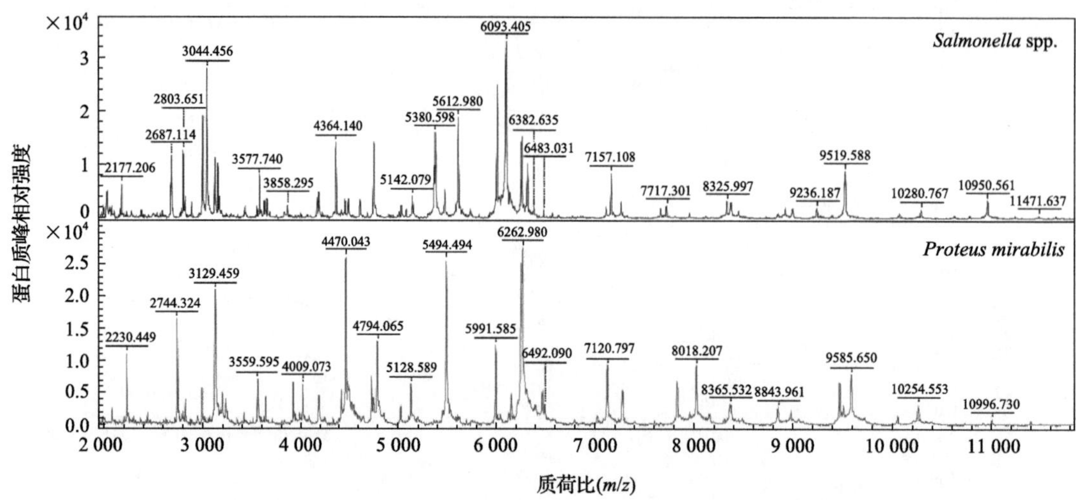


图 6.0.5　从食品样品中分离出的 1 株沙门氏菌和 1 株奇异变形杆菌的 MALDI-TOF MS 图谱

(二)金黄色葡萄球菌和表皮葡萄球菌

图 6.0.6 为金黄色葡萄球菌和表皮葡萄球菌的 MALDI-TOF MS 图谱。从图谱可以看出，金黄色葡萄球菌和表皮葡萄球菌的图谱存在明显差异，易于区分。

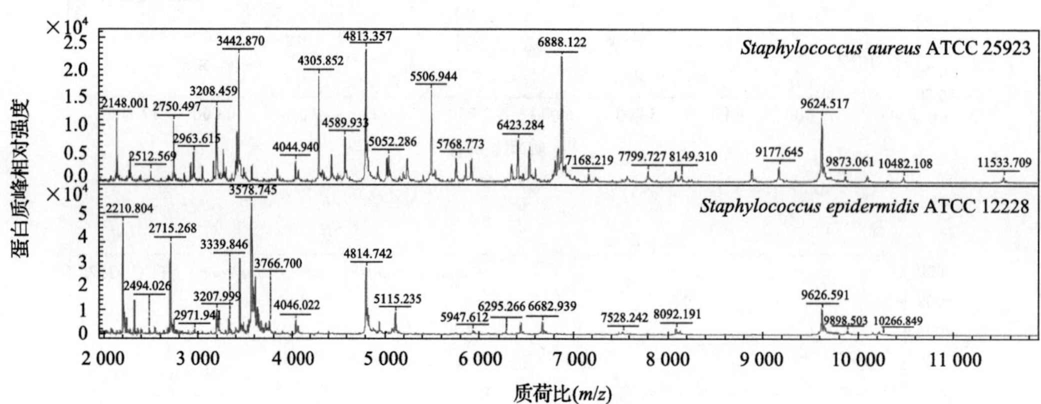


图 6.0.6　金黄色葡萄球菌和表皮葡萄球菌的 MALDI-TOF MS 图谱

(三)空肠弯曲菌

图 6.0.7 为 3 株空肠弯曲菌标准菌株的 MALDI-TOF MS 图谱。

(四)副溶血性弧菌、溶藻弧菌、创伤弧菌和霍乱弧菌

图 6.0.8 为副溶血性弧菌、溶藻弧菌、创伤弧菌和霍乱弧菌的 MALDI-TOF MS 图谱。其中，霍乱弧菌的图谱来源于实验室从水产品中分离的非 O1/O139 菌株。

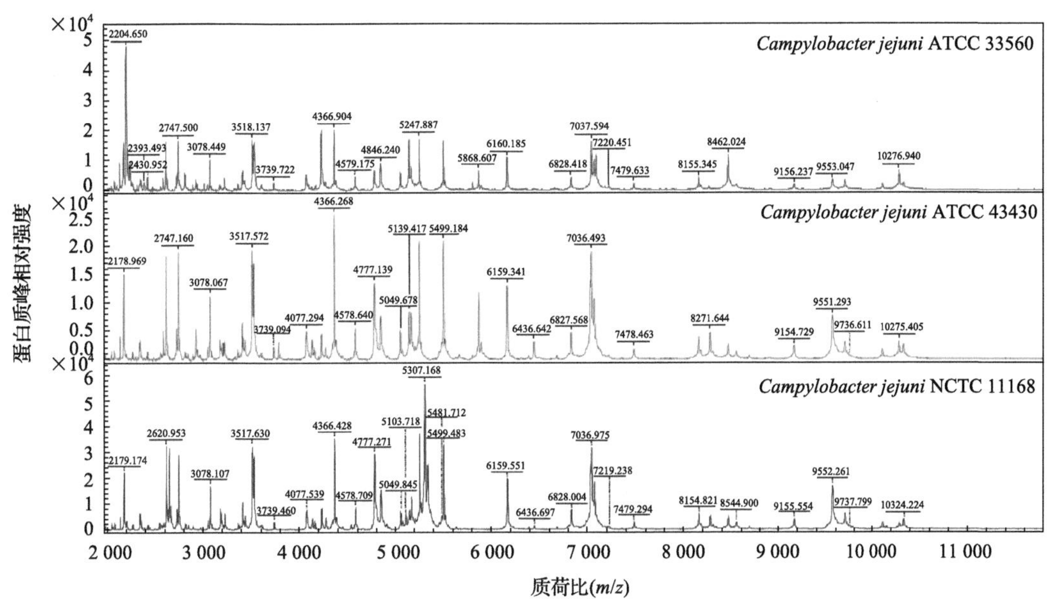

图 6.0.7 3 株空肠弯曲菌标准菌株的 MALDI-TOF MS 图谱

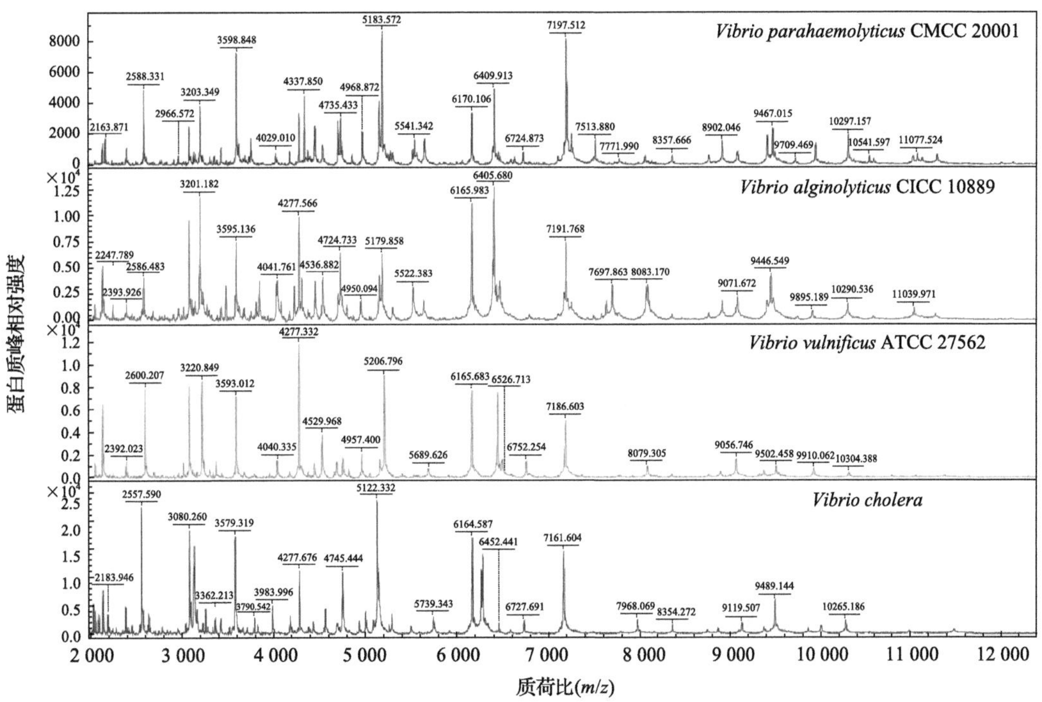

图 6.0.8 副溶血性弧菌、溶藻弧菌、创伤弧菌和霍乱弧菌的 MALDI-TOF MS 图谱

（五）产气荚膜梭菌

根据产气荚膜梭菌产生致病性毒素的能力可将产气荚膜梭菌分为 5 种类型。其中 4 种类型的产气荚膜梭菌标准菌株的 MALDI-TOF MS 图谱见图 6.0.9。

（六）铜绿假单胞菌

作者实验室从桶装饮用水中分离的 1 株铜绿假单胞菌的 MALDI-TOF MS 图谱见图 6.0.10。

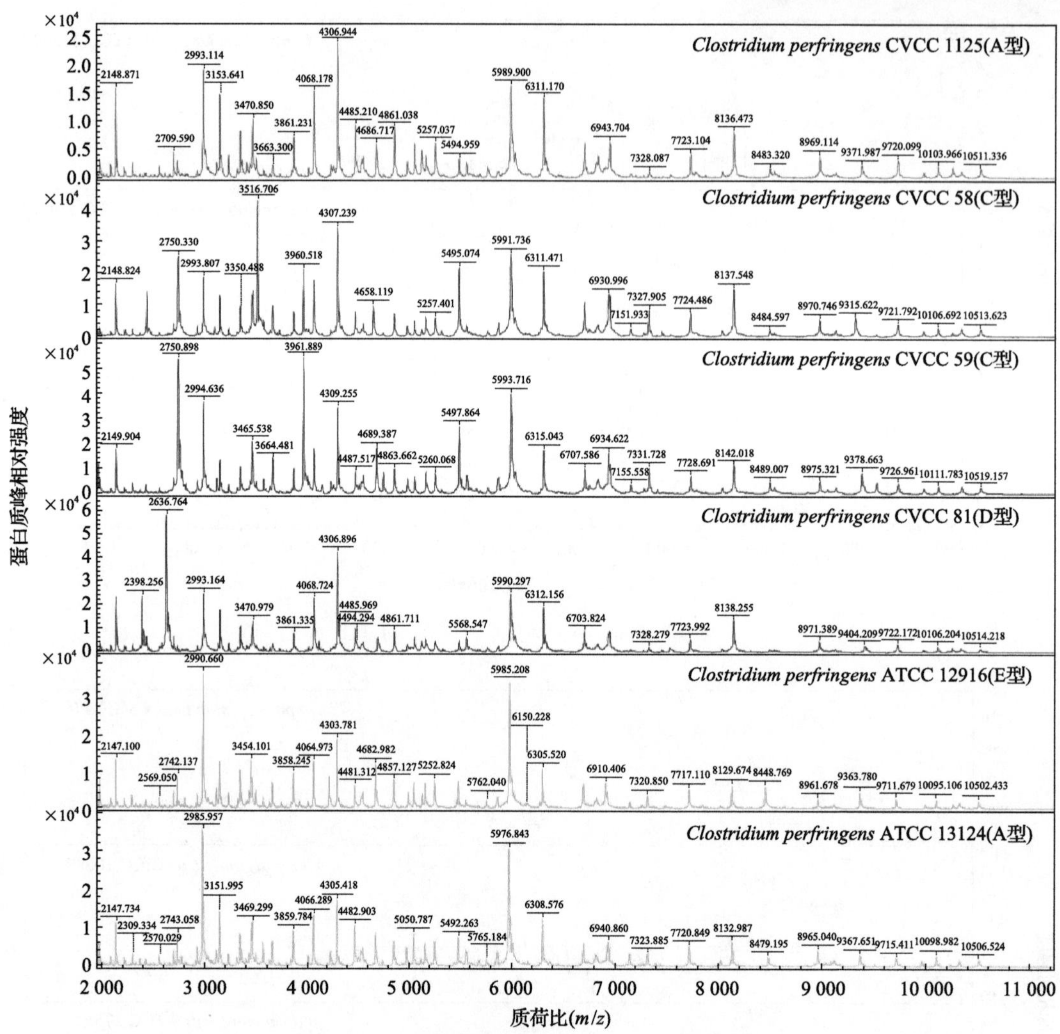


图 6.0.9　产气荚膜梭菌的 MALDI-TOF MS 图谱

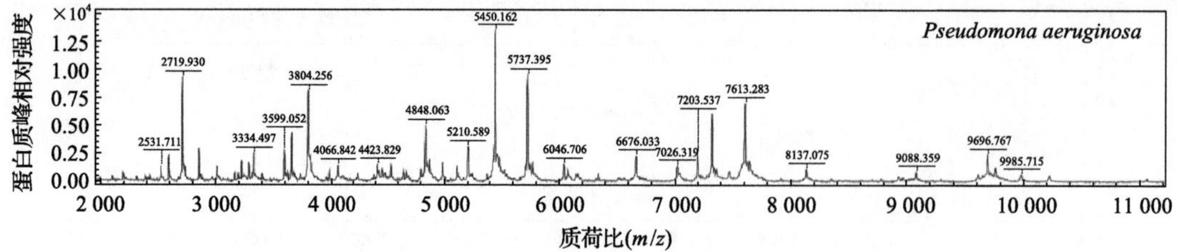


图 6.0.10　铜绿假单胞菌的 MALDI-TOF MS 图谱

（七）李斯特氏菌属

图 6.0.11 为李斯特氏菌属 6 种常见菌种标准菌株的 MALDI-TOF MS 图谱。

（八）克罗诺杆菌属

图 6.0.12 为克罗诺杆菌属 6 种常见菌种标准菌株的 MALDI-TOF MS 图谱。

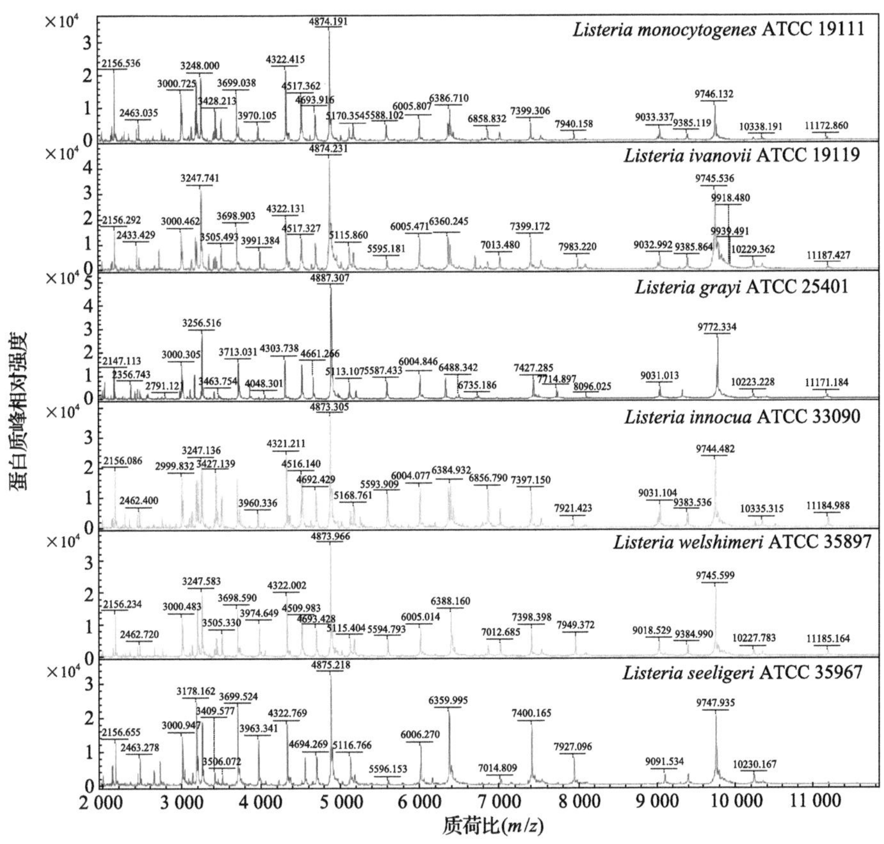


图 6.0.11 李斯特氏菌属 6 种常见菌种的 MALDI-TOF MS 图谱

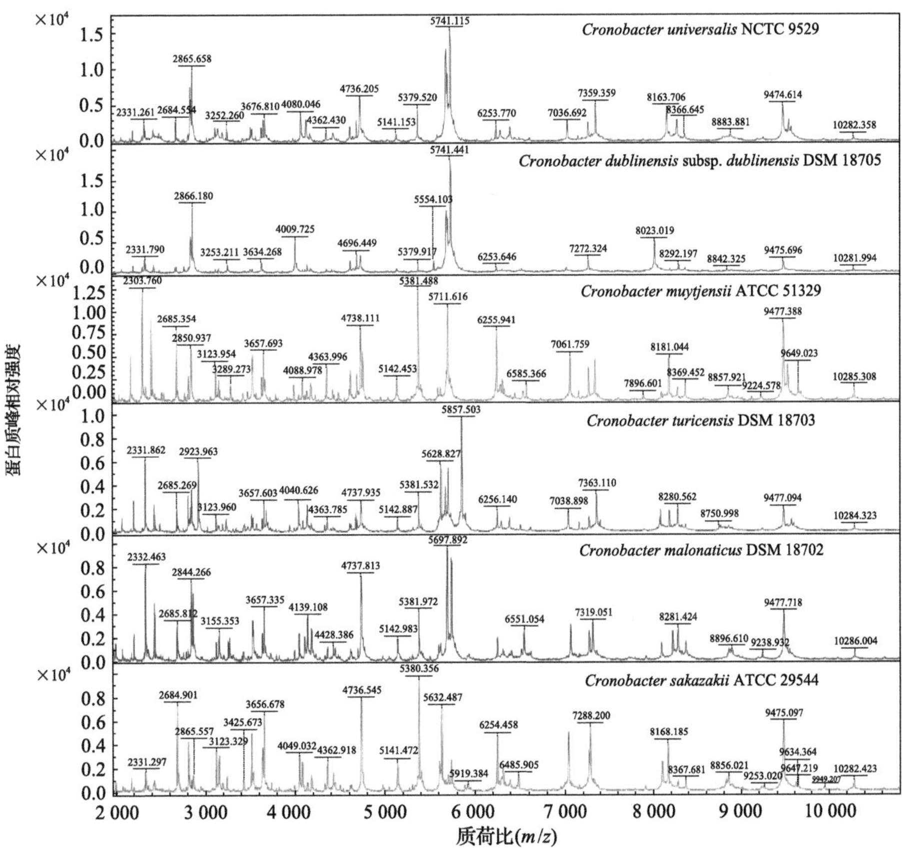


图 6.0.12 克罗诺杆菌属 6 种常见菌种的 MALDI-TOF MS 图谱

除了快速鉴定，目前很多研究还致力于探讨 MALDI-TOF MS 方法是否可以实现对同一菌种不同菌株的快速分型。值得注意的是，有很多因素可以影响 MALDI-TOF MS 图谱，如仪器状态、激光强度、蛋白质和 CHCA 结合程度等。MALDI-TOF MS 方法是否可以进行分型目前仍没有定论。

## 参考文献

Jang K S, Kim Y H. 2018. Rapid and robust MALDI-TOF MS techniques for microbial identification: A brief overview of their diverse applications. Journal of Microbiology, 56 (4): 209-216

# 第七章　碳源利用方法鉴定细菌和霉菌

碳源利用(carbon utility)方法是在传统的糖同化试验的基础上，增加了各种含碳物质，测试反应的底物包括单糖、多糖、氨基酸、醇、酸、酯和胺等多达95种；可鉴定包括细菌、酵母和霉菌在内超过2900种微生物。适用于政府检验检疫机构、科研院所及工业生产领域进行微生物鉴定、微生物代谢研究、微生物群落分析及新产品开发与质量控制。

## 一、碳源利用鉴定原理

碳源利用方法是利用微生物对不同碳源进行呼吸代谢的差异，针对每一类微生物筛选95种不同碳源或其他化学物质，配合四唑类染料，固定于96孔板上(A1孔为阴性对照)，接种菌悬液后培养并检测，通过检测微生物在不同底物下进行呼吸代谢时产生的氧化还原物质(如NADH和$FADH_2$等)与染料发生反应导致的颜色变化(吸光度)，以及由微生物生长造成的数量变化(浊度)，生成特征指纹图谱，与标准菌株图谱数据库进行比对，得出最终鉴定结果。

鉴定细菌时，全部基于呼吸代谢导致的显色反应原理。

鉴定酵母时，A～C行基于显色反应原理，D～H行基于浊度差异原理。

鉴定丝状真菌时，系统自动为95种碳源测定两套数据，即显色反应和浊度。

## 二、碳源利用鉴定流程

凭借高通量表型芯片平台，优选出71种碳源和23种化学敏感物质，将革兰氏阴性菌和革兰氏阳性菌用同一块板进行鉴定，简化鉴定步骤，增加了数据库的扩展性，提高了鉴定的灵敏度和准确性。整个鉴定过程只需最常规的微生物划线接种和配制菌悬液或孢子悬液等常规操作。鉴定霉菌无须任何真菌鉴定经验(图7.0.1)。

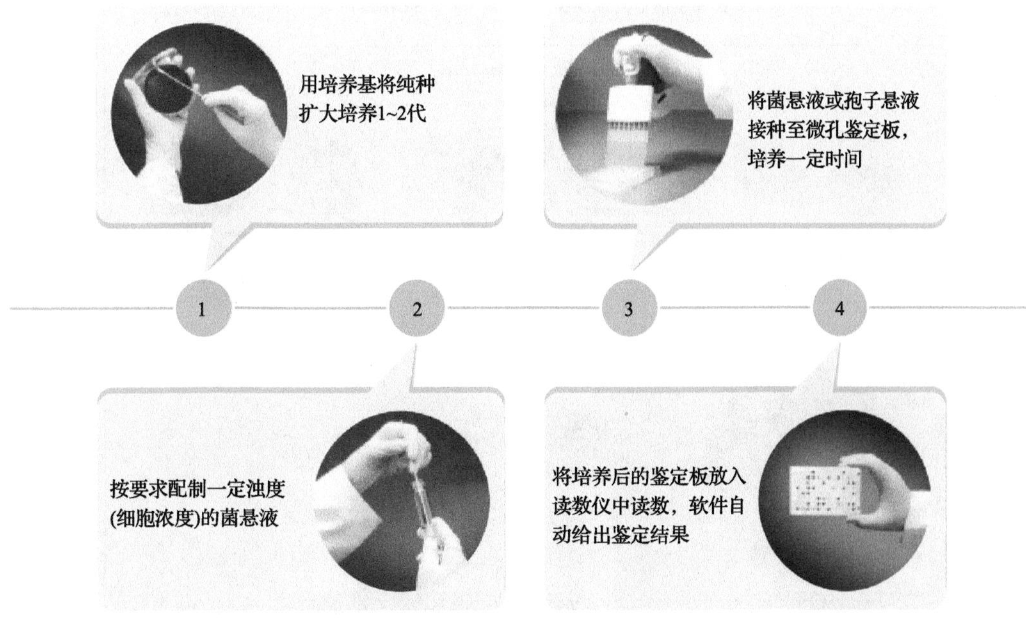


图7.0.1　碳源利用方法检测流程图

## 三、常见致病真菌的代谢图谱及显微图谱

### （一）炭黑曲霉（图 7.0.2，图 7.0.3）

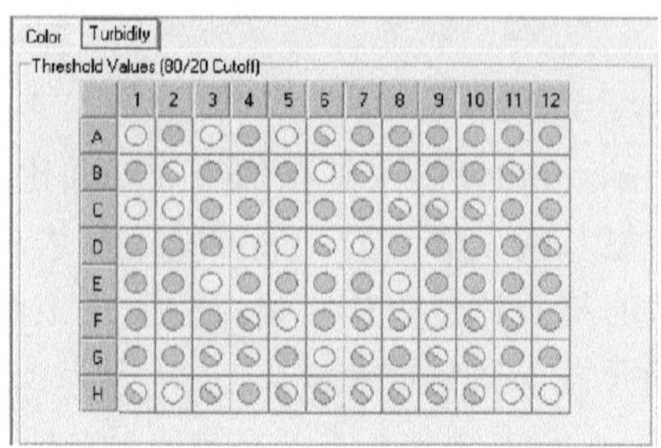


图 7.0.2　炭黑曲霉代谢图谱

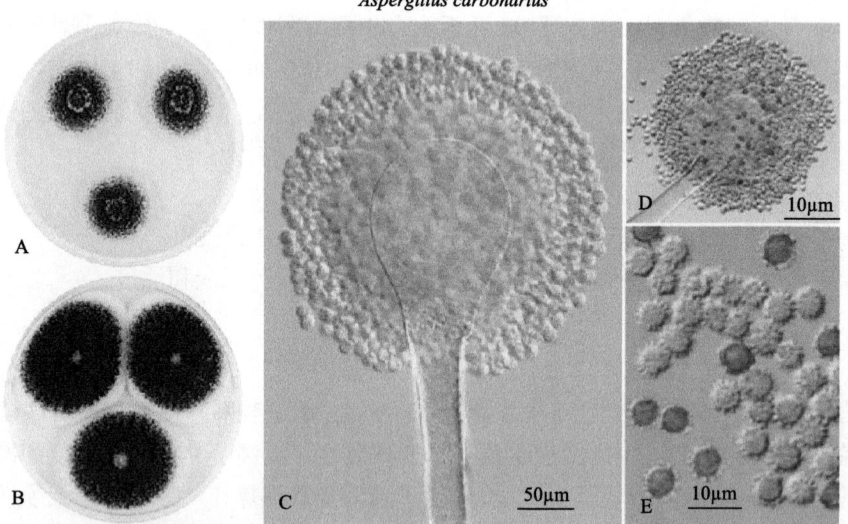


A.麦芽浸汁琼脂(MA),7d; B.察氏酵母膏琼脂(CYA), 7d; C,D.分生孢子梗;
E.分生孢子.A,B.DAOM 226475; C～E.CBS 114.29

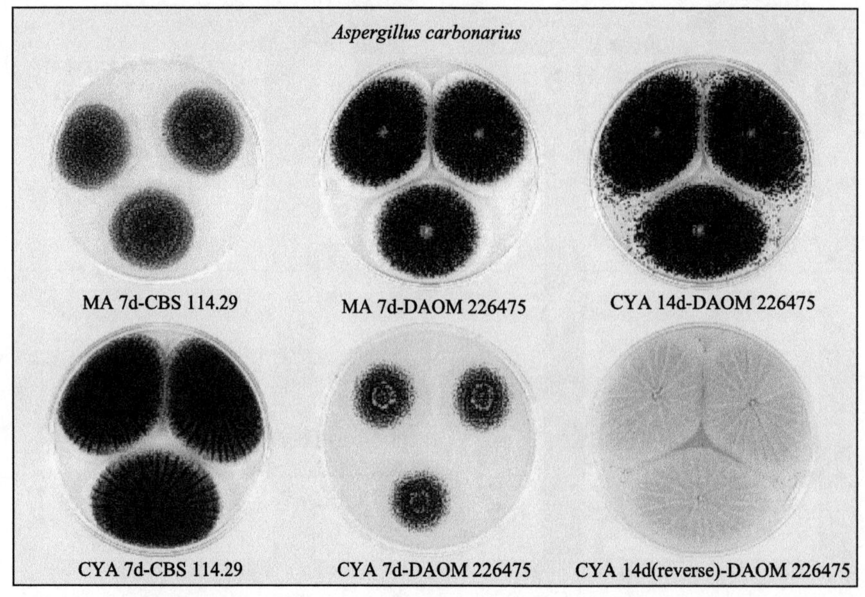


图 7.0.3　炭黑曲霉菌落形态及显微图谱

(二)黄曲霉(图 7.0.4，图 7.0.5)

图 7.0.4 黄曲霉代谢图谱

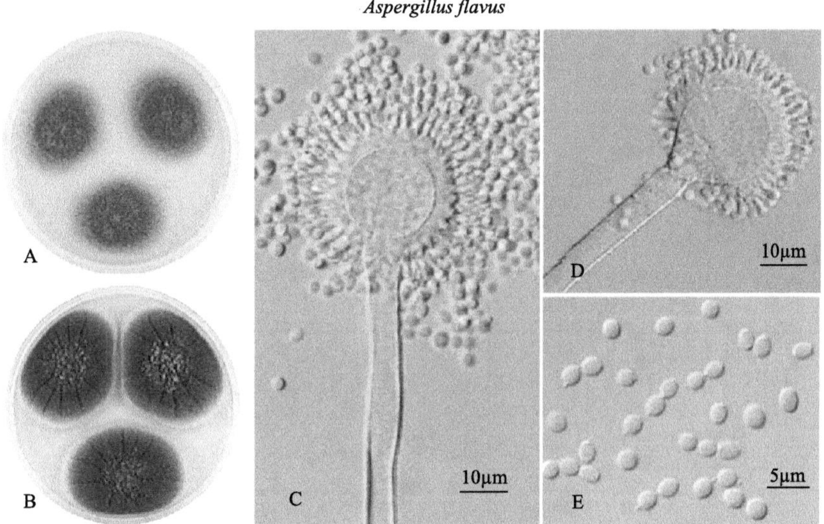


A.MA,7d; B.CYA,7d; C,D.分生孢子梗; E.分生孢子; A～E.CBS 282.95

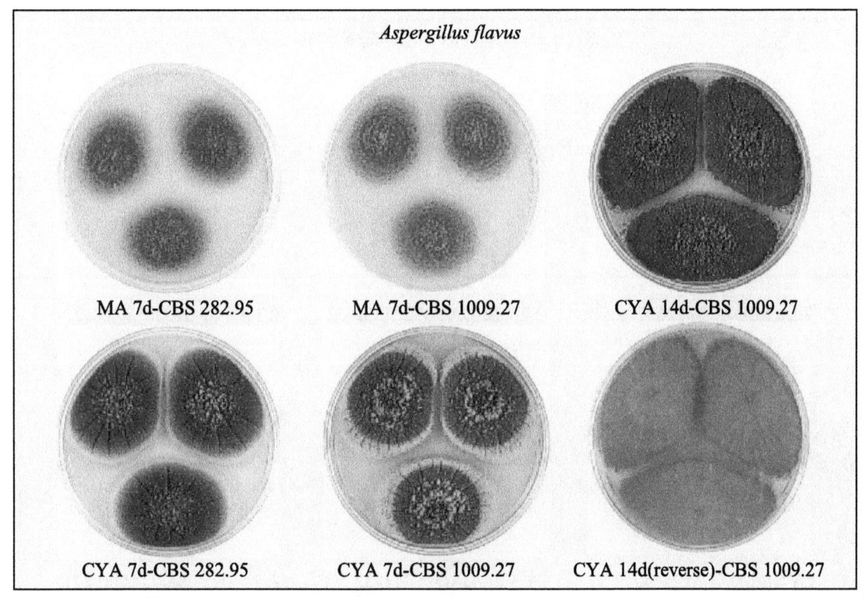


图 7.0.5 黄曲霉菌落形态及显微图谱

(三)构巢曲霉(图 7.0.6，图 7.0.7)

图 7.0.6　构巢曲霉代谢图谱

***Emericella nidulans* anam. *Aspergillus nidulans***

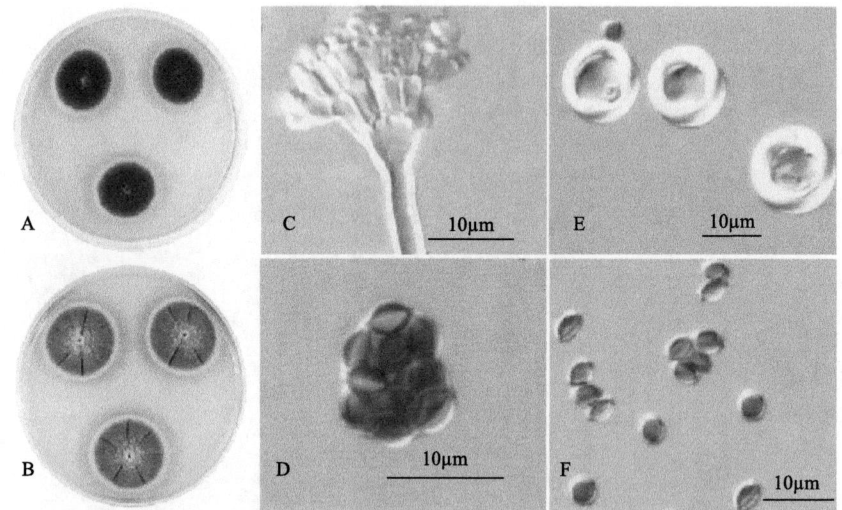


A.MA,7d; B.CYA,7d; C.分生孢子梗; D.子囊; E.壳细胞; F.子囊孢子； A～F.DAOM 226577

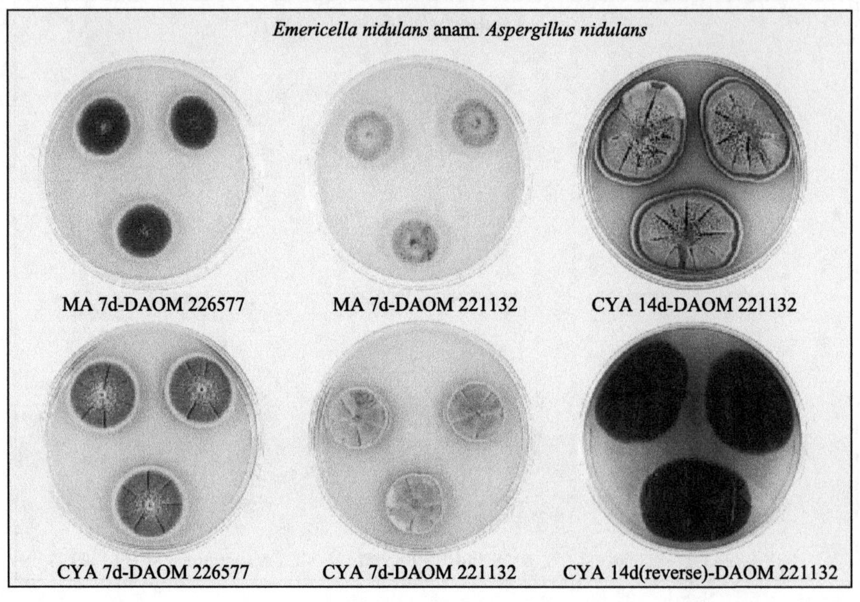


图 7.0.7　构巢曲霉菌落形态及显微图谱

（四）赫曲霉（图 7.0.8，图 7.0.9）

图 7.0.8 赫曲霉代谢图谱

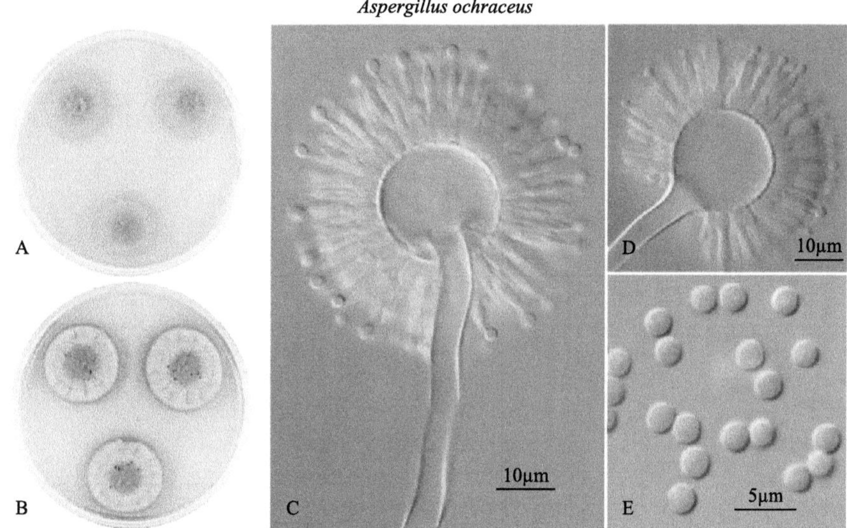


A.MA,7d; B.CYA,7d; C,D.分生孢子梗; E.分生孢子; A,B.CBS 123.55; C～E.CBS ID 49

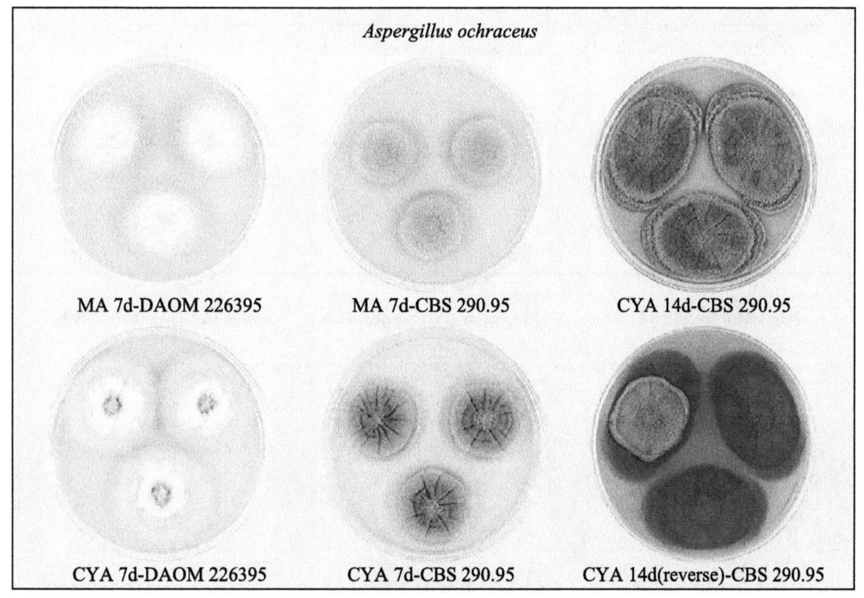


图 7.0.9 赫曲霉菌落形态及显微图谱

（五）杂色曲霉（图 7.0.10，图 7.0.11）

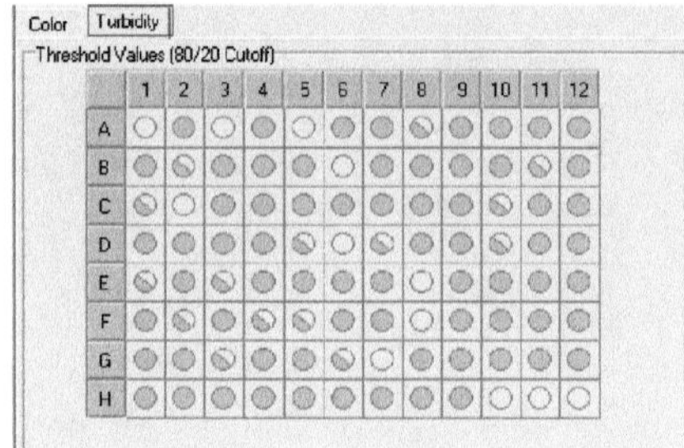


图 7.0.10 杂色曲霉代谢图谱

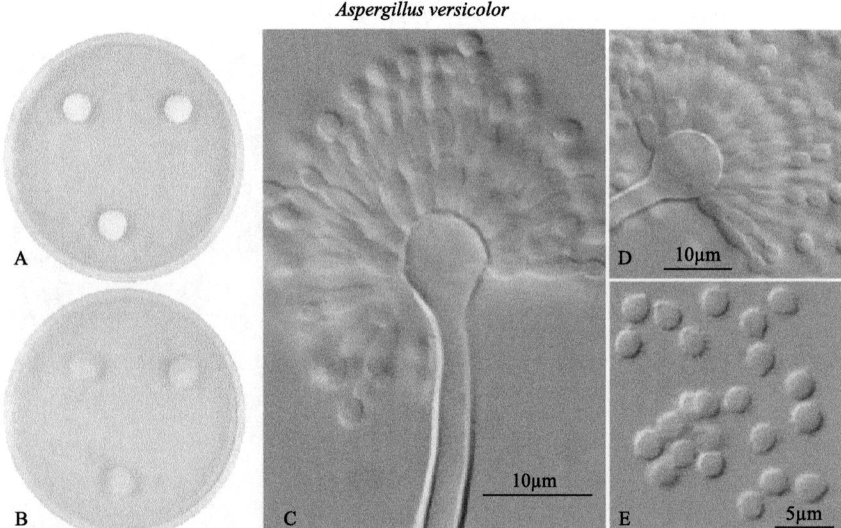


A.MA,7d; B.CYA,7d; C,D.分生孢子梗; E.分生孢子;A,B.CBS 117.34; C～E.CBS ID 42

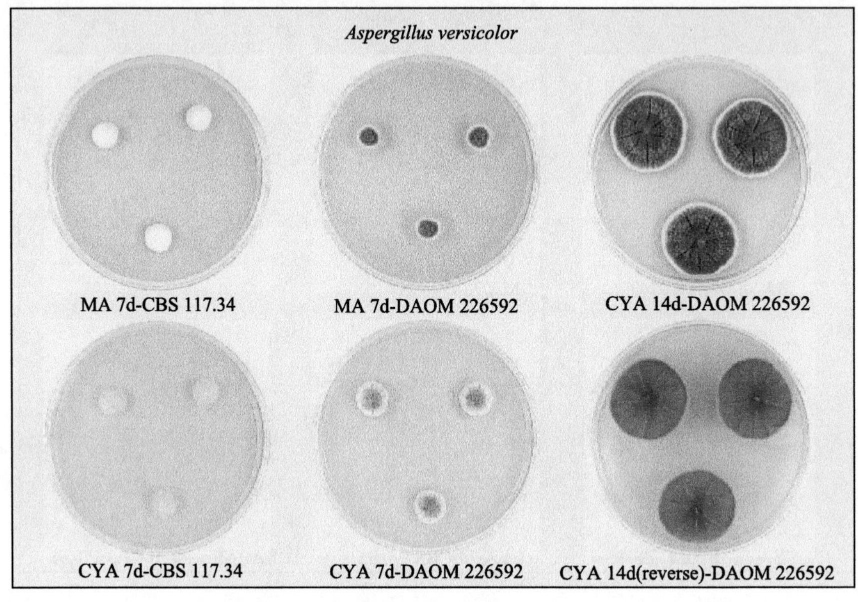


图 7.0.11 杂色曲霉菌落形态及显微图谱

（六）橘青霉（图 7.0.12，图 7.0.13）

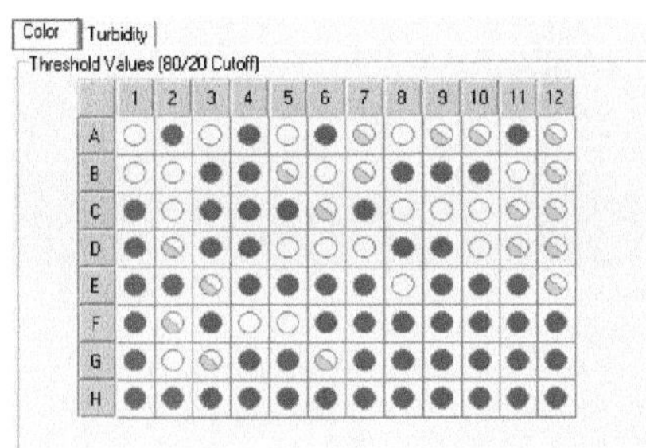


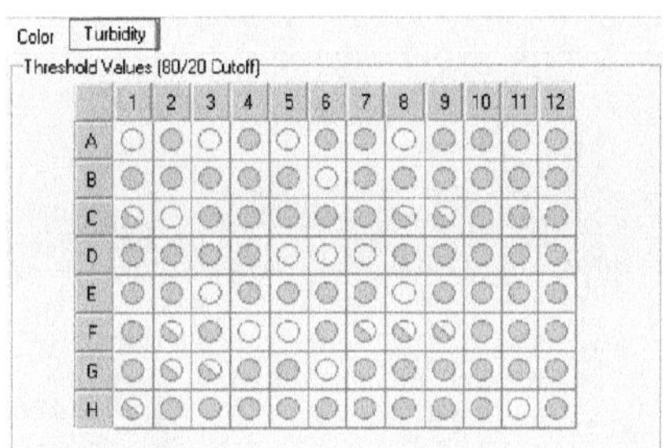


图 7.0.12 橘青霉代谢图谱

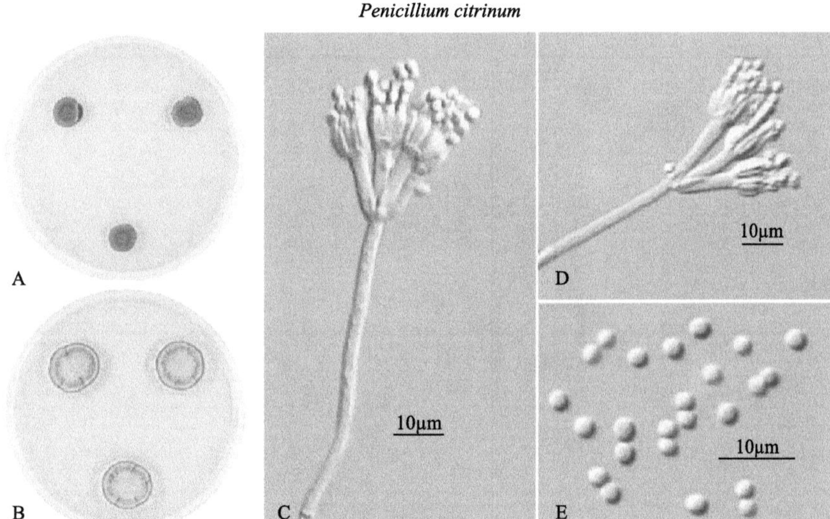


A.MA,7d; B.CYA,7d; C,D.分生孢子梗; E.分生孢子;A,B.DAOM 226645; C～E.CBS ID 21

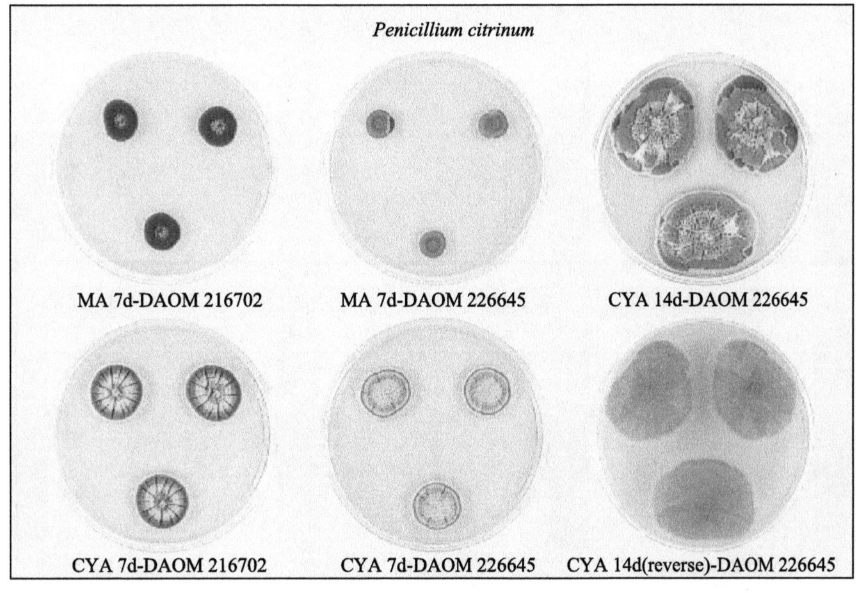


图 7.0.13 橘青霉菌落形态及显微图谱

（七）圆弧青霉（图 7.0.14，图 7.0.15）

图 7.0.14　圆弧青霉代谢图谱

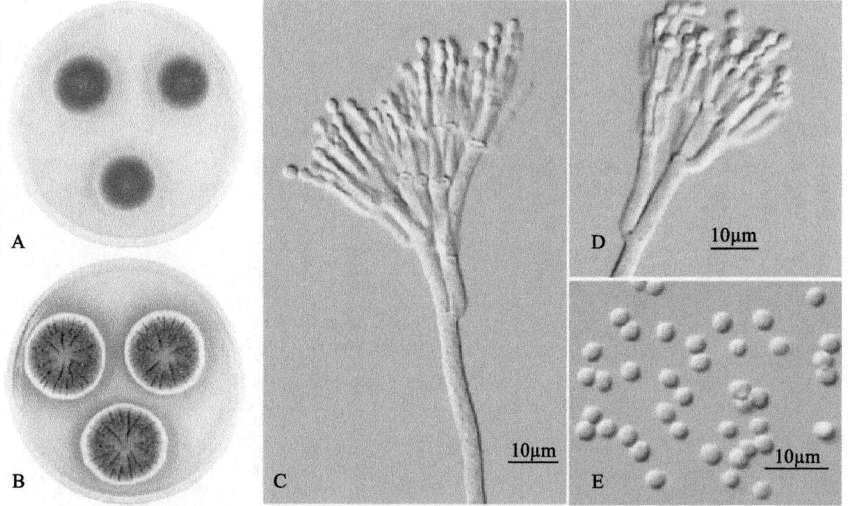


A.MA,7d; B.CYA,7d; C,D.分生孢子梗; E.分生孢子; A～E.DAOM 216704

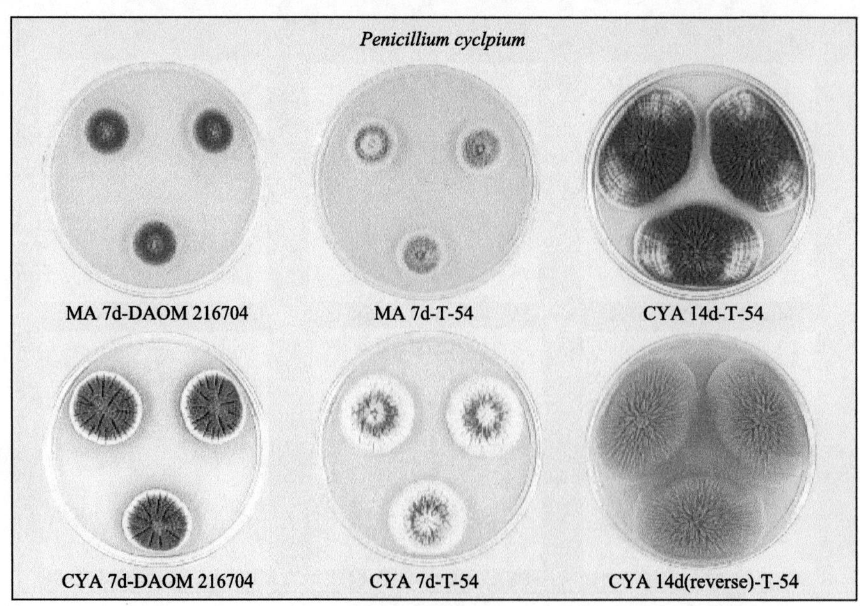


图 7.0.15　圆弧青霉菌落形态及显微图谱

(八)岛青霉(图 7.0.16，图 7.0.17)

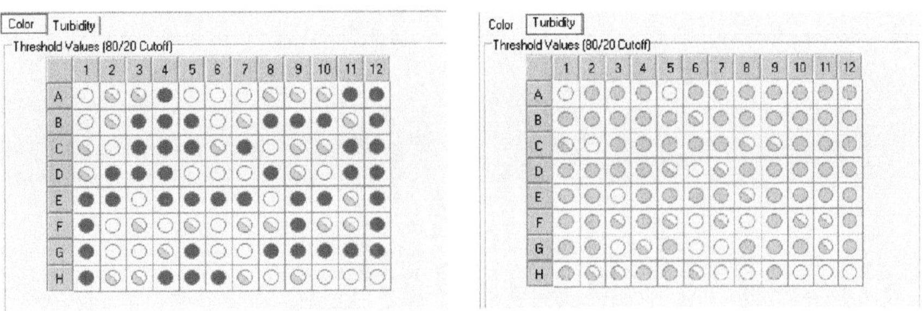


图 7.0.16　岛青霉代谢图谱

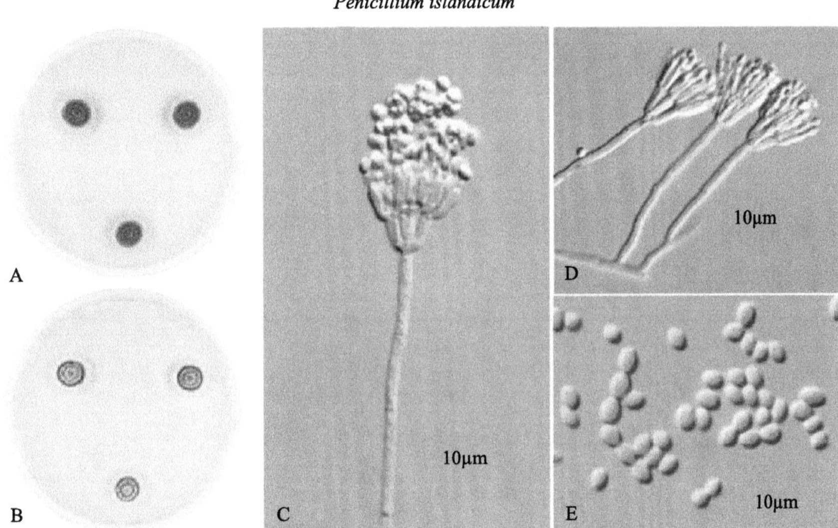


A.MA,7d; B.CYA,7d; C,D.分生孢子梗; E.分生孢子; A～E.CBS 338.48

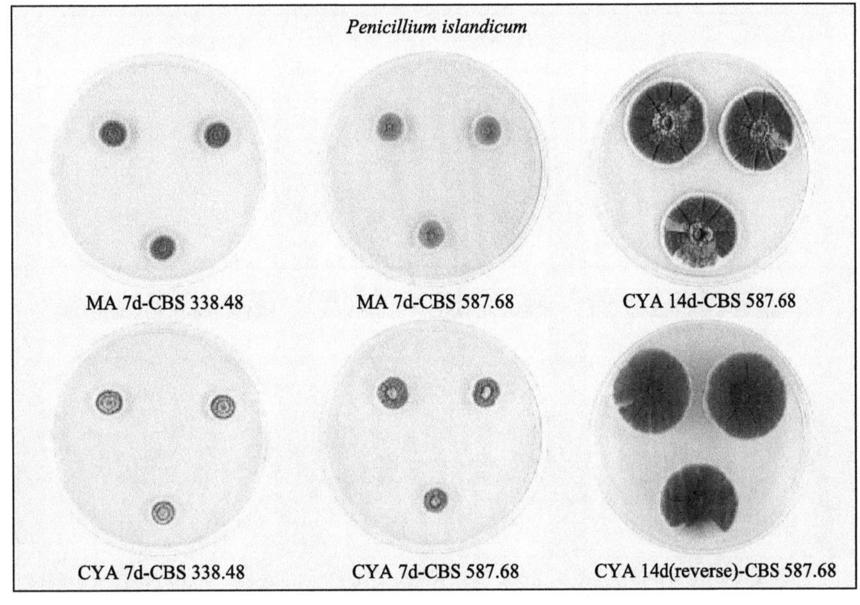


图 7.0.17　岛青霉菌落形态及显微图谱

(九)鲜绿青霉(图 7.0.18，图 7.0.19)

图 7.0.18　鲜绿青霉代谢图谱

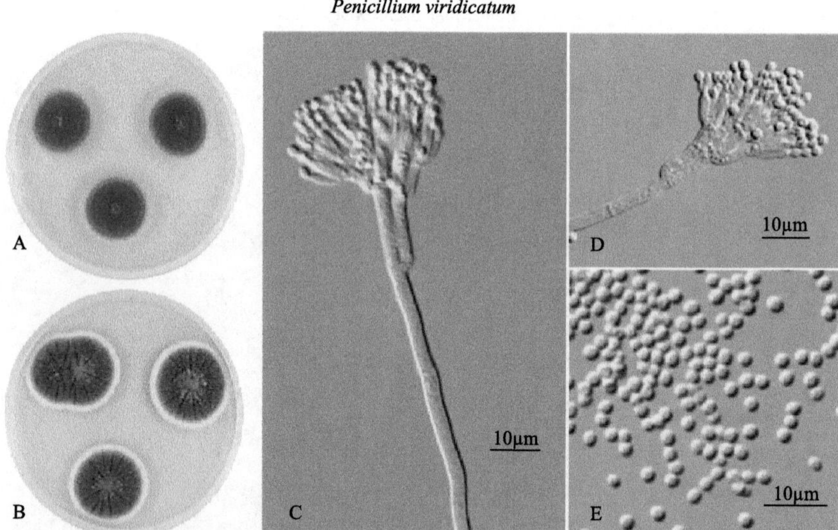


A.MA,7d; B.CYA,7d; C,D.分生孢子梗; E.分生孢子; A～E.CBS 390.48

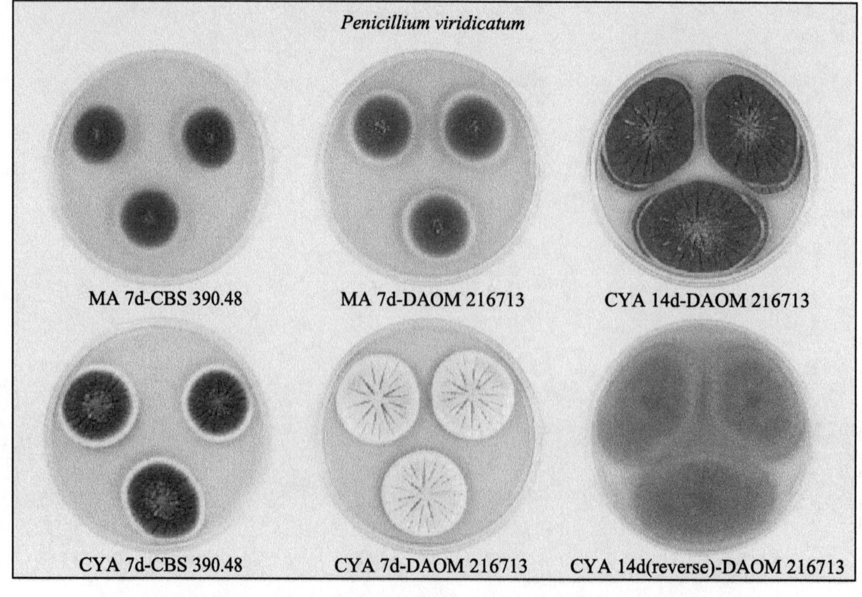


图 7.0.19　鲜绿青霉菌落形态及显微图谱

（十）纸葡萄穗霉（图 7.0.20，图 7.0.21）

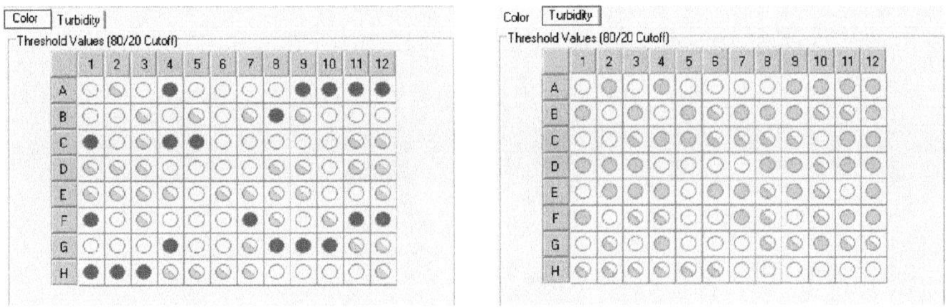

图 7.0.20　纸葡萄穗霉代谢图谱

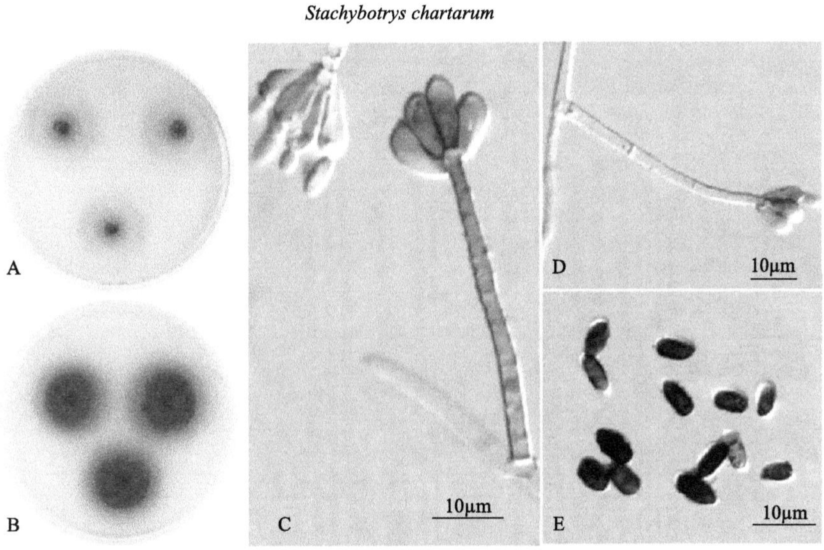

*Stachybotrys chartarum*

A.MA,7d; B.PDA,7d; C,D.分生孢子梗; E.分生孢子;
A,B.CBS 492.96; C～E.DAOM 189444

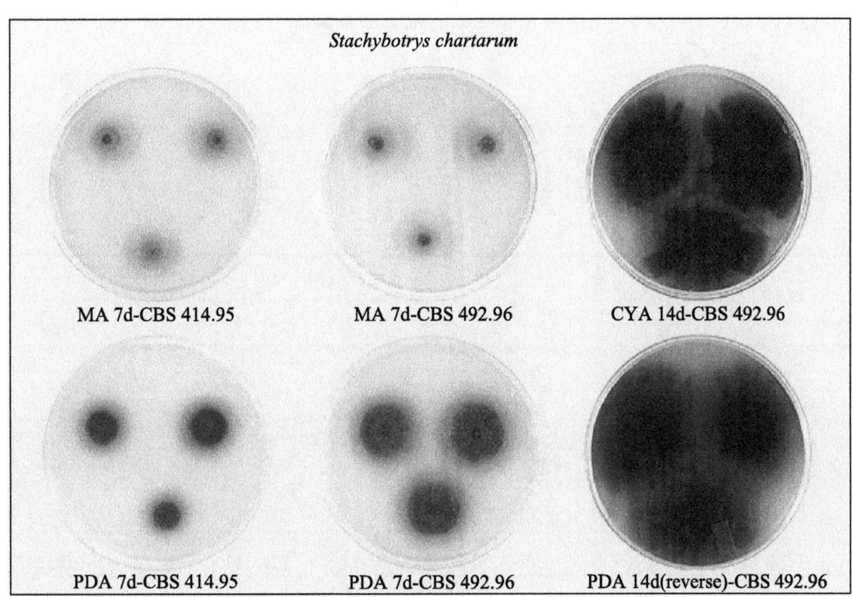


图 7.0.21　纸葡萄穗霉菌落形态及显微图谱

(十一)哈茨木霉(图 7.0.22，图 7.0.23)

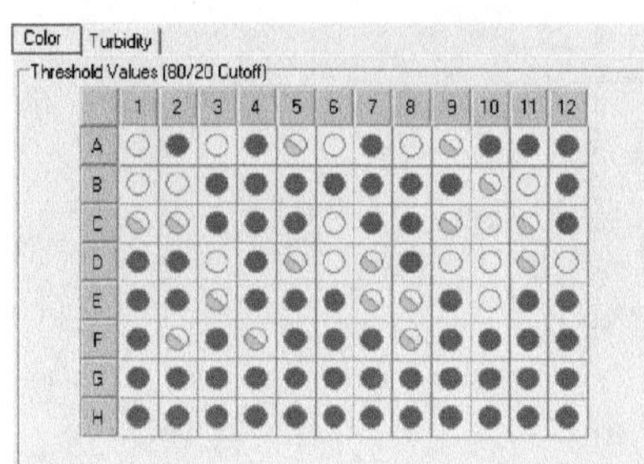


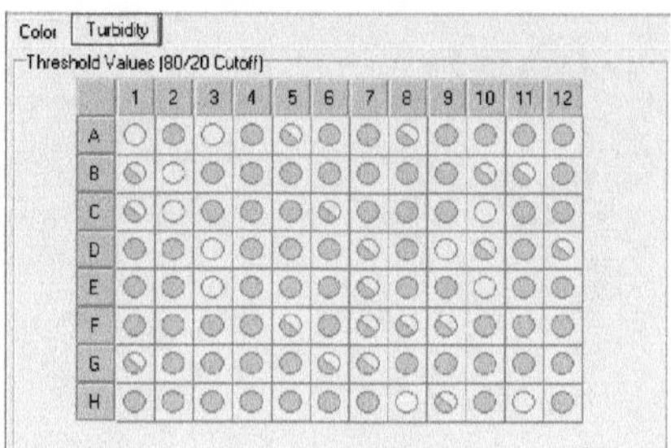

图 7.0.22 哈茨木霉代谢图谱

*Hypocrea lixii* anam.*Trichoderma harzianum*

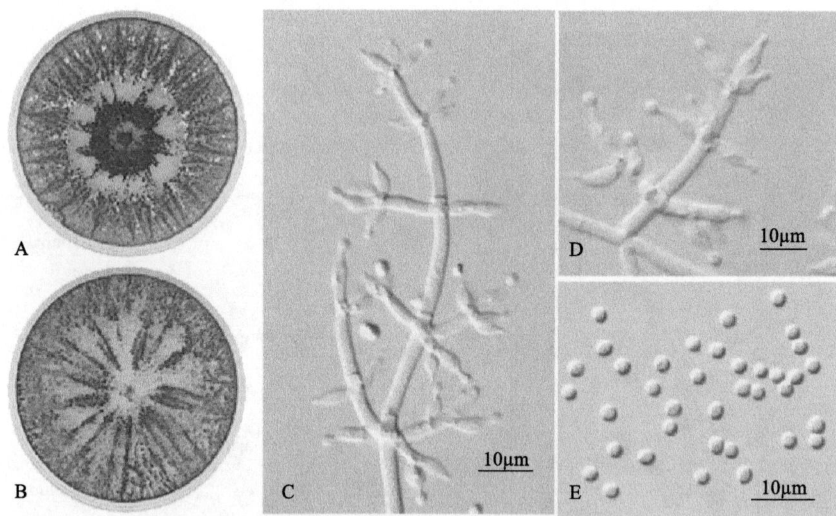


A.MA,7d; B.PDA,7d; C,D.分生孢子梗; E.分生孢子;
A,B.DAOM 196937; C～E.DAOM 199083

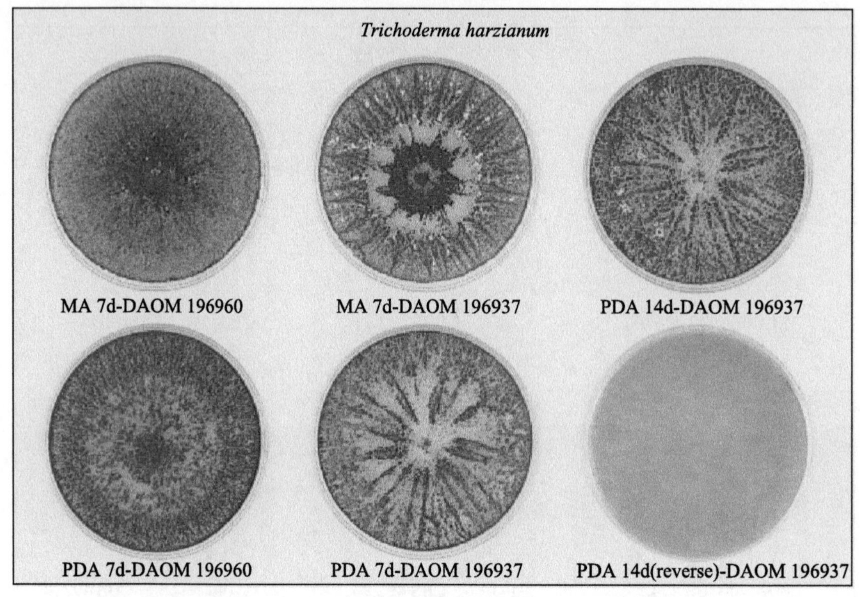


图 7.0.23 哈茨木霉菌落形态及显微图谱

## 四、常见致病细菌的代谢图谱

（一）大肠埃希氏菌（图 7.0.24，图 7.0.25）

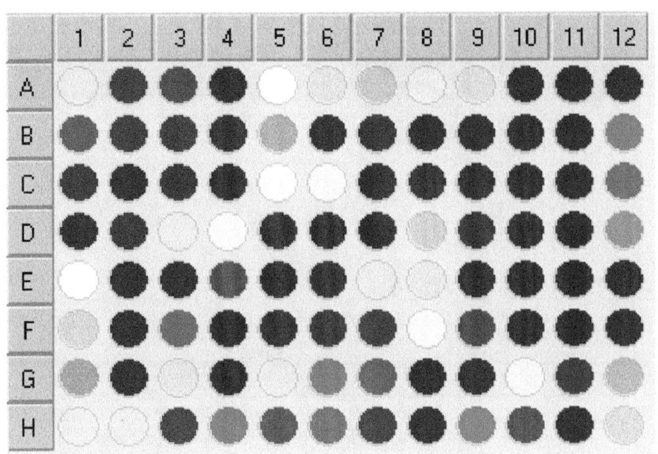


图 7.0.24　大肠埃希氏菌代谢图谱

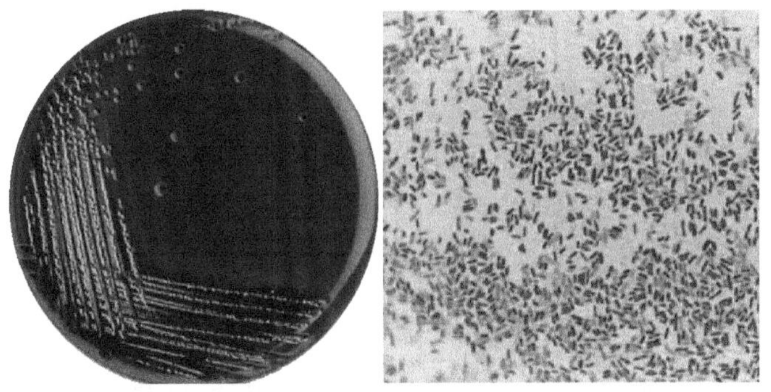

图 7.0.25　大肠埃希氏菌菌落形态及显微图谱

（二）沙门氏菌（图 7.0.26，图 7.0.27）

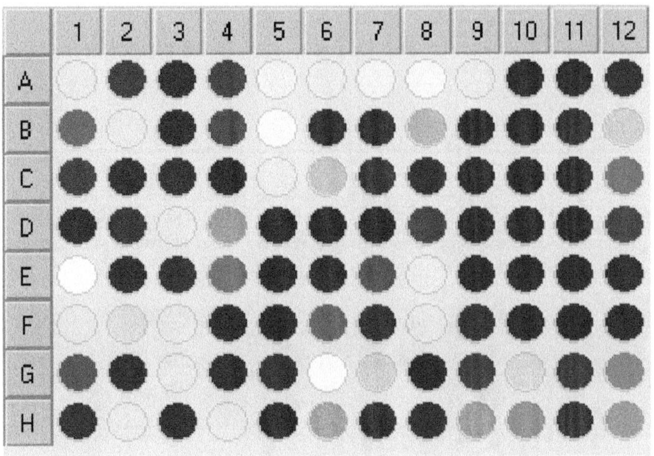


图 7.0.26　沙门氏菌代谢图谱

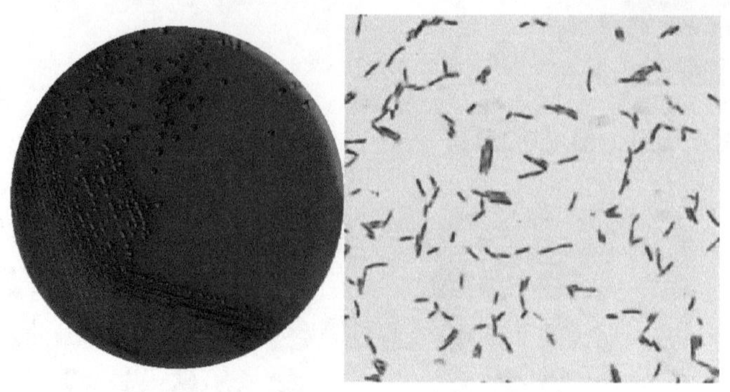

图 7.0.27　沙门氏菌菌落形态及显微图谱

(三)单增李斯特氏菌(图 7.0.28，图 7.0.29)

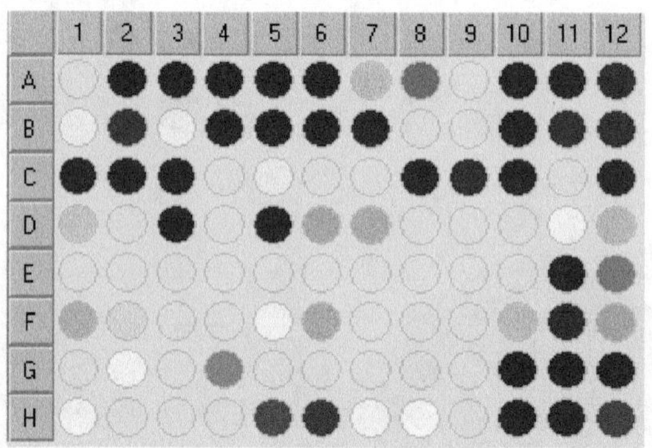


图 7.0.28　单增李斯特氏菌代谢图谱

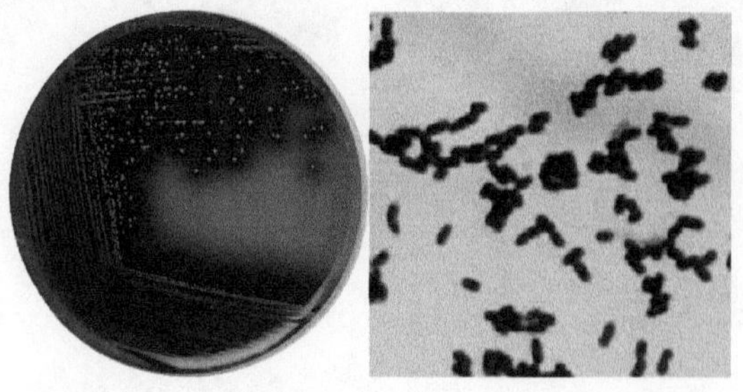

图 7.0.29　单增李斯特氏菌菌落形态及显微图谱

(四)小肠结肠炎耶尔森氏菌(图 7.0.30，图 7.0.31)

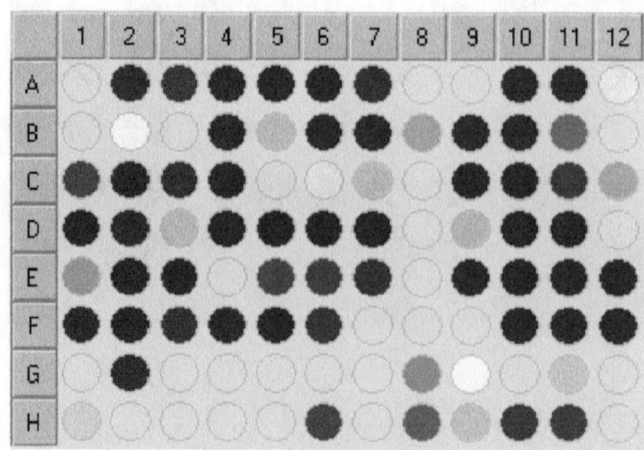


图 7.0.30　小肠结肠炎耶尔森氏菌代谢图谱

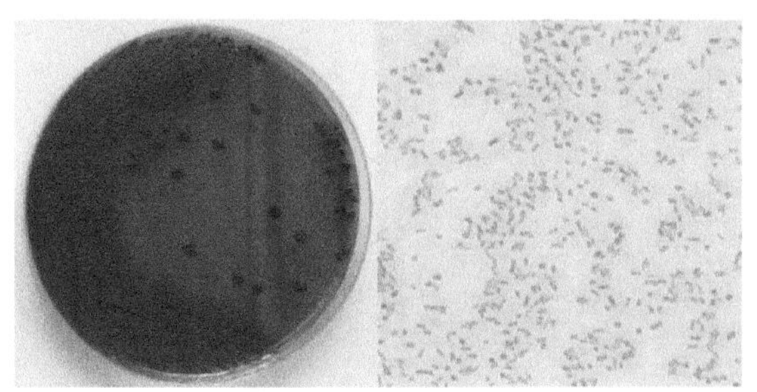

图 7.0.31　小肠结肠炎耶尔森氏菌菌落形态及显微图谱

(五)空肠弯曲菌(图 7.0.32，图 7.0.33)

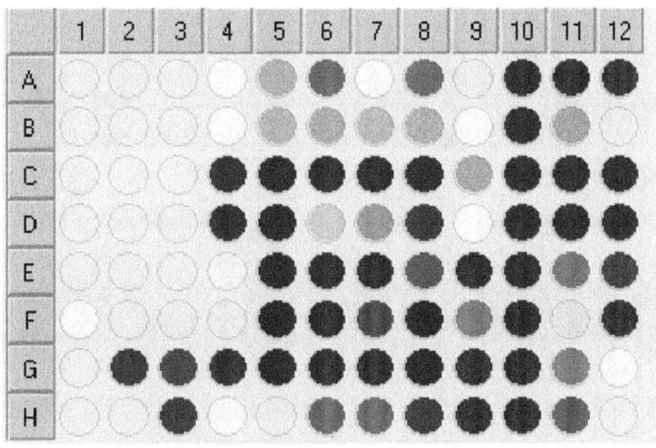


图 7.0.32　空肠弯曲菌代谢图谱

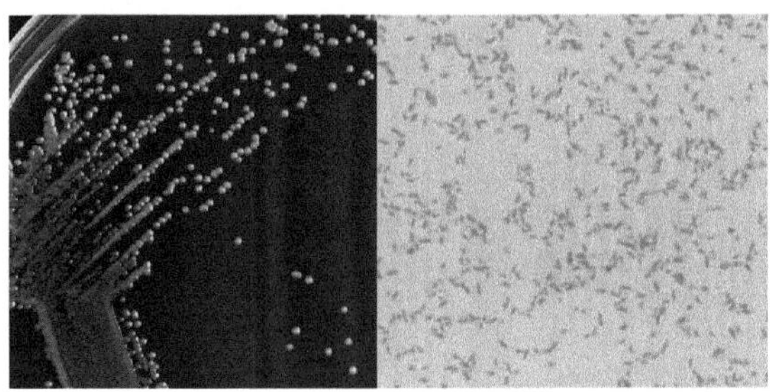

图 7.0.33　空肠弯曲菌菌落形态及显微图谱

(六)志贺氏菌(图 7.0.34，图 7.0.35)

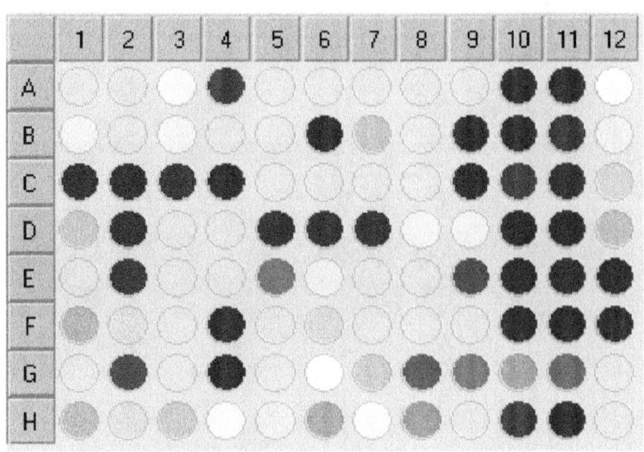


图 7.0.34　志贺氏菌代谢图谱

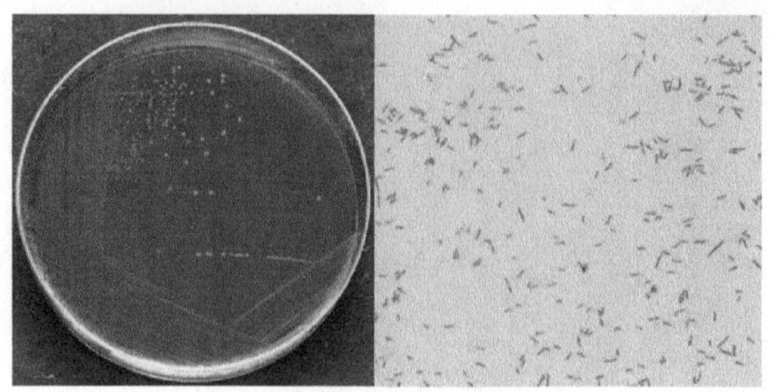

图 7.0.35　志贺氏菌菌落形态及显微图谱

## (七)副溶血性弧菌和霍乱弧菌(图 7.0.36，图 7.0.37)

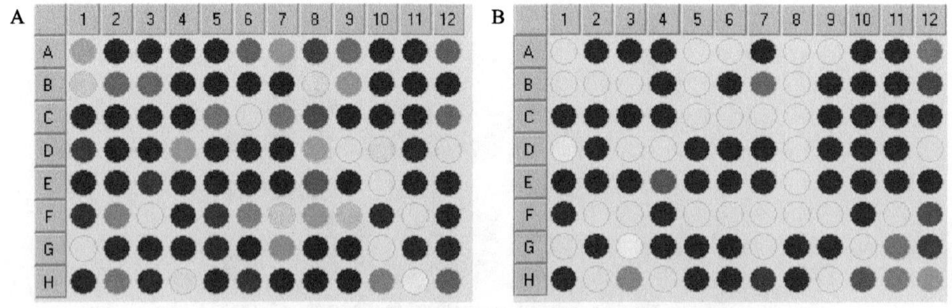


图 7.0.36　副溶血性弧菌(A)和霍乱弧菌(B)代谢图谱

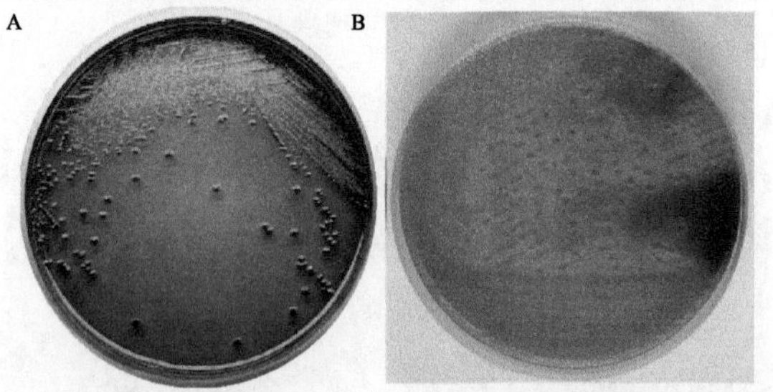


图 7.0.37　副溶血性弧菌(A)和霍乱弧菌(B)菌落形态

## (八)阪崎肠杆菌(图 7.0.38，图 7.0.39)

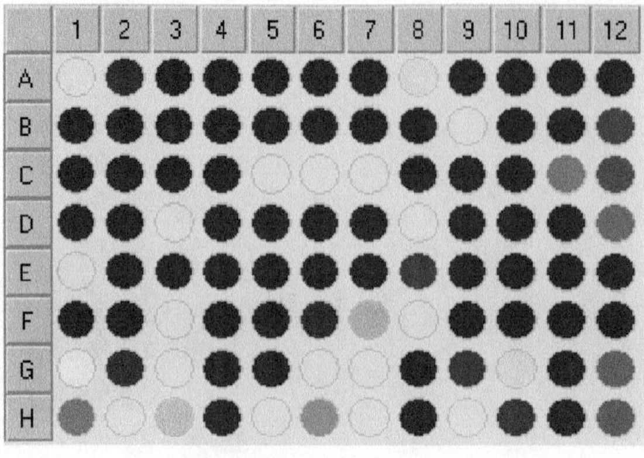


图 7.0.38　阪崎肠杆菌代谢图谱

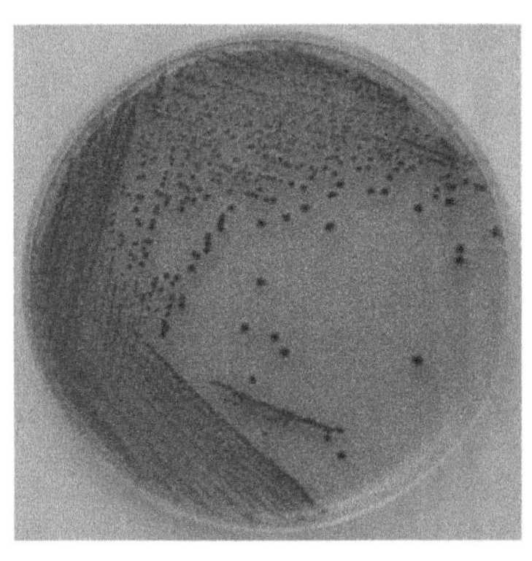
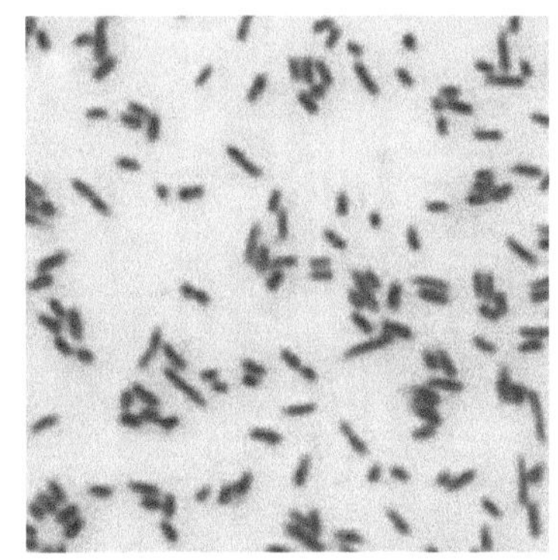

图 7.0.39 阪崎肠杆菌菌落形态及显微图谱

(九)气单胞菌(图 7.0.40，图 7.0.41)

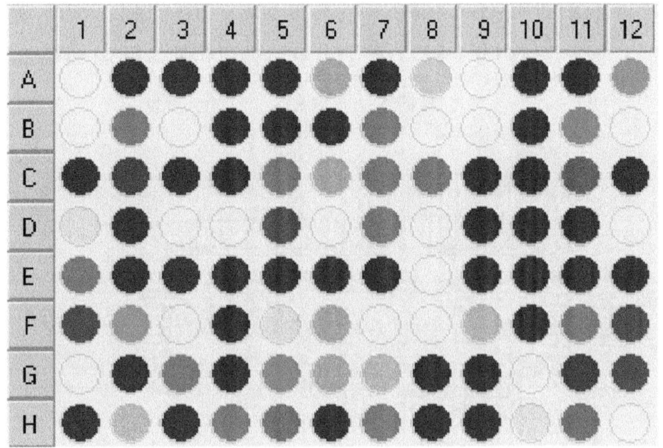


图 7.0.40 气单胞菌代谢图谱

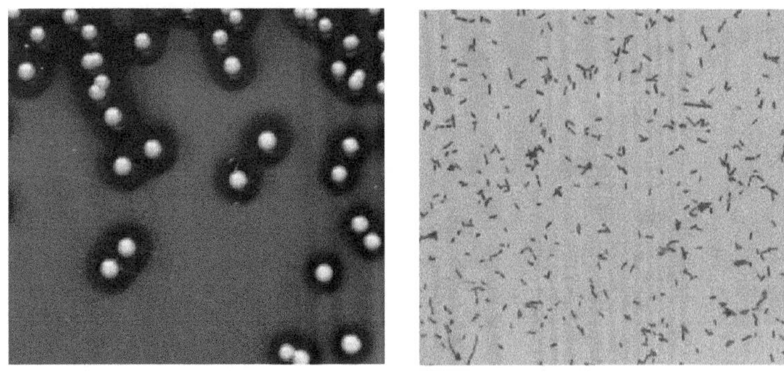

图 7.0.41 气单胞菌菌落形态及显微图谱

本章图片由美国 BIOLOG 公司提供。

# 第八章　细菌的检测

## 第一节　细 菌 总 论

污染食品的微生物主要包括细菌、病毒和真菌三类。细菌性污染是涉及面最广、影响最大、问题最多的一类食品污染，其引起的食物中毒是所有食物中毒中最普遍、最具爆发性的。

### 一、细菌的结构

细菌的基本结构是各种细菌都具有的结构，包括细胞壁、细胞膜、细胞质、核质体和质粒。某些细菌特有的结构称为特殊结构，包括细菌的荚膜、鞭毛、菌毛、芽胞。细菌结构示意图见图 8.1.1。

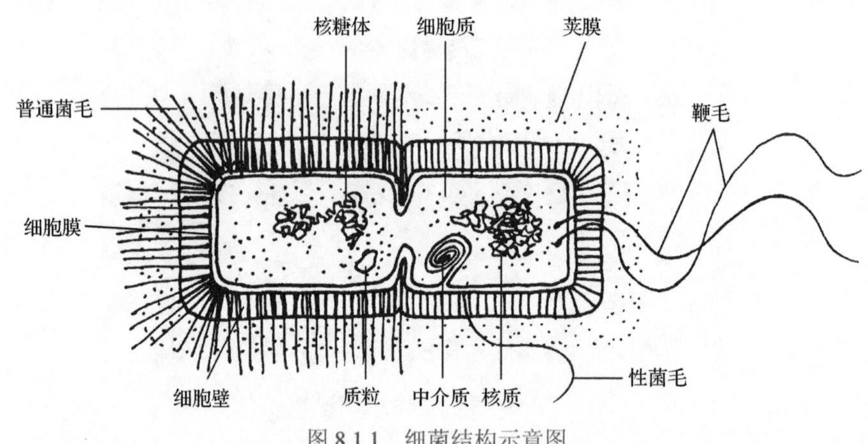


图 8.1.1　细菌结构示意图

（一）细菌的基本结构

1. 细胞壁

细胞壁位于细菌的最外层，与细胞膜紧密相连，一般光学显微镜下不易看到，可用特殊染色法和胞质分离法或电子显微镜观察。细胞壁的组成较复杂，并随细菌不同而异。革兰氏阳性菌细胞壁较厚（20～30nm），其主要成分为磷壁酸、肽聚糖和少量表面蛋白质。革兰氏阴性菌细胞壁较薄（10～15nm），结构复杂，肽聚糖含量少，肽聚糖外还含有由磷脂、脂蛋白和脂多糖组成的多层结构。革兰氏阳性菌与革兰氏阴性菌细胞壁组成差异见表 8.1.1 和图 8.1.2，肽聚糖结构差异见图 8.1.3，磷壁酸结构见图 8.1.4，外膜层结构见图 8.1.5。

**表 8.1.1　革兰氏阳性菌与革兰氏阴性菌细胞壁结构比较**

| 细胞壁 | 革兰氏阳性菌 | 革兰氏阴性菌 |
|---|---|---|
| 厚度和强度 | 厚、较坚韧 | 薄、较疏松 |
| 肽聚糖组成 | 聚糖骨架、四肽侧链、五肽交联桥 | 聚糖骨架、四肽侧链 |
| 肽聚糖结构类型 | 三维立体结构 | 二维平面结构 |
| 肽聚糖层数 | 可多达 50 层 | 1～2 层 |
| 磷壁酸或磷壁醛酸 | 有 | 无 |
| 外膜（脂蛋白、脂多糖） | 无 | 有 |

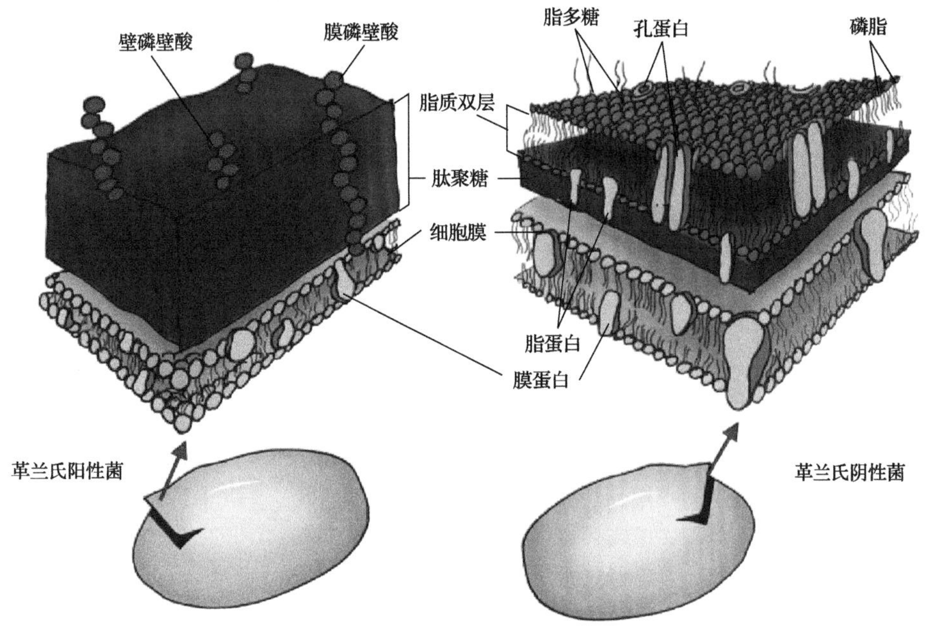


图 8.1.2 革兰氏阳性菌与革兰氏阴性菌细胞壁结构对比图

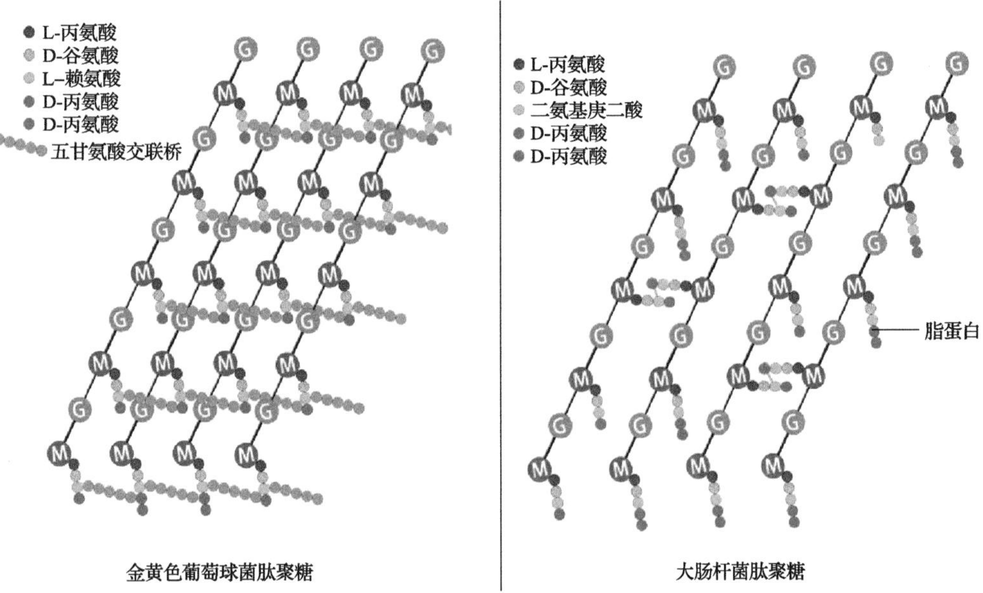


图 8.1.3 肽聚糖结构示意图(革兰氏阳性菌有交联桥，革兰氏阴性菌无)

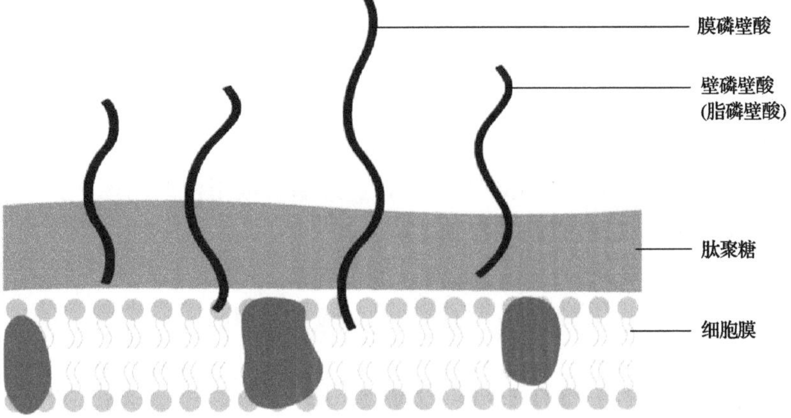


图 8.1.4 磷壁酸结构示意图(只有革兰氏阳性菌有，分为膜磷壁酸和壁磷壁酸)

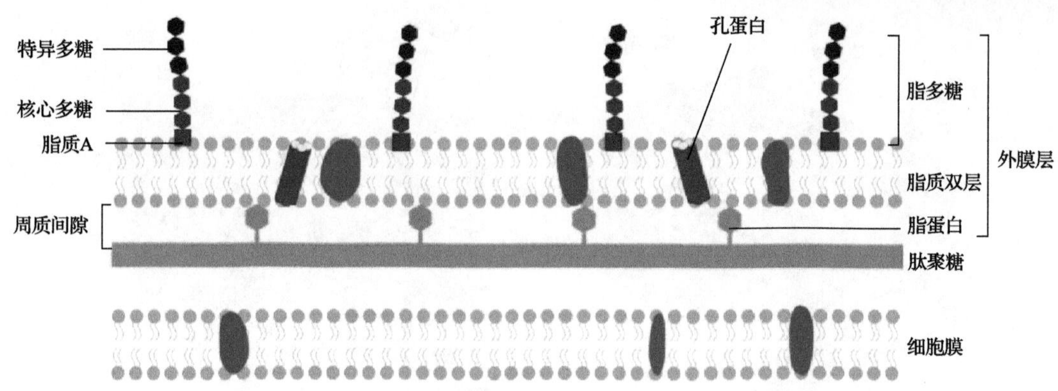


图 8.1.5　外膜层结构示意图(只革兰氏阴性菌有，由脂蛋白、脂质双层、脂多糖组成)

细胞壁的功能包括：①保持细胞外形，提高机械强度，抑制机械和渗透损伤；②防止大分子入侵；③介导细胞间相互作用，如侵入宿主；④协助细胞运动、生长和鞭毛运动；⑤赋予细菌特定的抗原性以及对抗生素和噬菌体的敏感性。

2. 细胞膜

细菌细胞膜结构示意图见图 8.1.6。细胞膜位于细胞壁内侧，是由磷脂双分子层构成的富有弹性的半透性膜，其间镶嵌有多种蛋白质，厚约为 7.5nm。某些革兰氏阳性菌细胞膜的内褶形成小管状结构，称为中膜体(mesosome)，中膜体扩大了细胞膜的表面积，提高了代谢效率，此外，其还可能与 DNA 的复制有关。

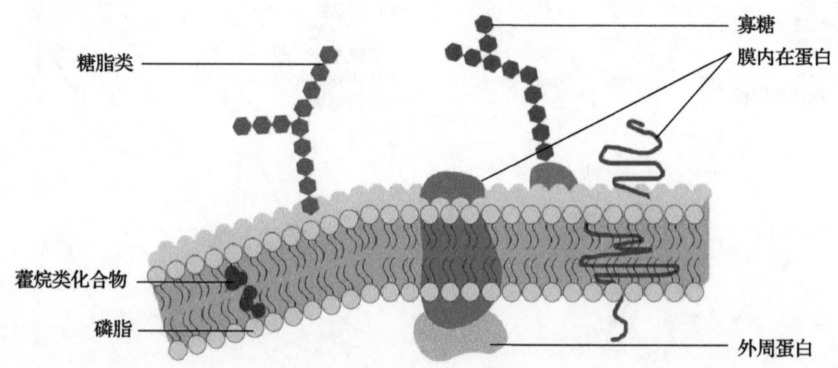


图 8.1.6　细菌细胞膜结构示意图

细菌细胞膜含有丰富的酶系，执行许多重要的代谢功能：①为细胞的生命活动提供相对稳定的内环境；②屏障作用，膜两侧的水溶性物质不能自由通过；③选择性物质运输，伴随着能量的传递；④生物功能，如酶促反应、细胞识别、电子传递等。

3. 细胞质与核质体

细胞质是细胞膜包围的除核质外的半透明、胶状、颗粒状物质的总称，基本成分为水、无机盐、核酸、蛋白质和脂类等。细胞质内含有多种重要结构。

(1) 核糖体(ribosome)

核糖体为游离存在于细胞质中的小颗粒，直径为 18nm，沉降系数为 70S，由大亚基(50S)和小亚基(30S)组成，其化学成分由 RNA(70%)和蛋白质(30%)组成，是细菌合成蛋白质的场所。小亚基对四环素和链霉素敏感，大亚基对红霉素与氯霉素敏感(图 8.1.7)。

(2) 胞质颗粒(cytoplasmic granule)

胞质颗粒包括多糖、脂类、多磷酸盐等，为暂时贮存的营养物质。

(3) 核质体(nuclear body)

细菌和其他原核生物一样，没有完整的细胞核，DNA 集中在细胞质中的低电子密度区，无核膜包被，称为核质体。核质体所含的遗传信息量可编码 2000～3000 种蛋白质，空间构建十分精简。由于没有核膜，因此 DNA

复制、RNA 转录与蛋白质合成可同时进行，不像真核细胞的这些生化反应在时间和空间上是严格分隔开的。

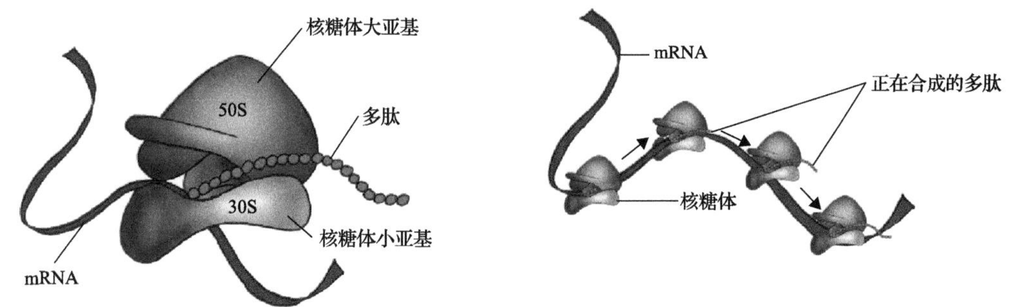


图 8.1.7 核糖体结构示意图

(4) 质粒(plasmid)

质粒是核质 DNA 以外的可进行自主复制的遗传物质，为裸露的环状双链 DNA，能进行自我复制，有时能整合到核 DNA 中。质粒在遗传工程研究中很重要，常用作基因重组与基因转移的载体。

细菌内的多个核糖体常与正转录的 mRNA 相连成串珠状，称为多聚核糖体(polysome)。

### (二) 细菌的特殊结构

#### 1. 荚膜

许多细菌的最外表还覆盖着一层多糖类物质，称为荚膜(capsule)。有的边界明显，如肺炎球菌；有的边界不明显，如葡萄球菌。荚膜对细菌的生存具有重要意义，细菌不仅可利用荚膜抵御不良环境，保护自身不受白细胞吞噬；而且能有选择地黏附到特定细胞的表面上，表现出对靶细胞的专一攻击能力。

荚膜与碱性染料的亲和力弱，不易着色，在用水冲洗时易被洗去，所以通常用衬托染色法染色，使菌体和背景着色，而荚膜不着色，在菌体周围形成一个透明圈(图 8.1.8)。

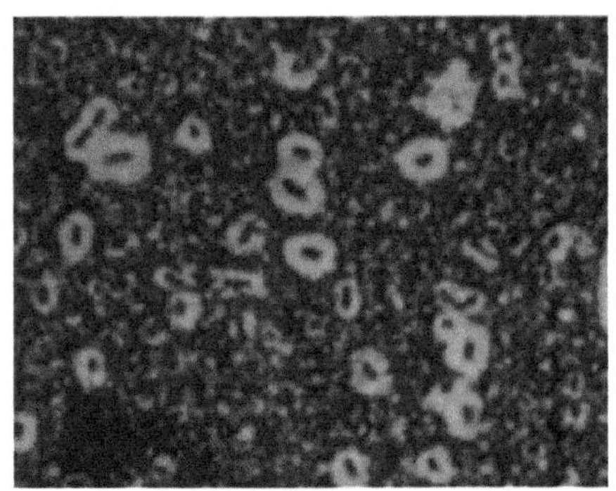

图 8.1.8 细菌荚膜(衬托染色法)

#### 2. 鞭毛

鞭毛是某些细菌的运动器官，由一种称为鞭毛蛋白(flagellin)的弹性蛋白构成，由基础小体、钩状体和丝状体组成，具有鞭毛抗原(H 抗原)(图 8.1.9)。细菌可以通过调整鞭毛旋转的方向(顺时针和逆时针)来改变运动状态。细菌根据鞭毛的数量可分为单毛菌、双毛菌、丛毛菌和周毛菌(图 8.1.10)。鞭毛纤细，直径为 10～20nm，不能直接在光学显微镜下观察到，可通过特殊染色法在光学显微镜(如镀银染色)下判断，或用电子显微镜、动力试验和悬滴法来判断细菌有无鞭毛。

#### 3. 菌毛

很多革兰氏阴性菌及少数革兰氏阳性菌的细胞表面存在着一些比鞭毛更短、更细且直硬的丝状物，称为菌毛，需用电子显微镜观察。菌毛数目较多(100～500 根)，遍布菌体表面。菌毛与细菌运动无关，根据形态、结构和功能，可将其分为普通菌毛和性菌毛两类。普通菌毛每个菌有数百根，帮助细菌黏附于宿主细胞的受体上，构成细菌的一种侵袭力；性菌毛比普通菌毛更长、更粗，每个菌仅 1～4 根，性菌毛中空，可传递遗传物质。

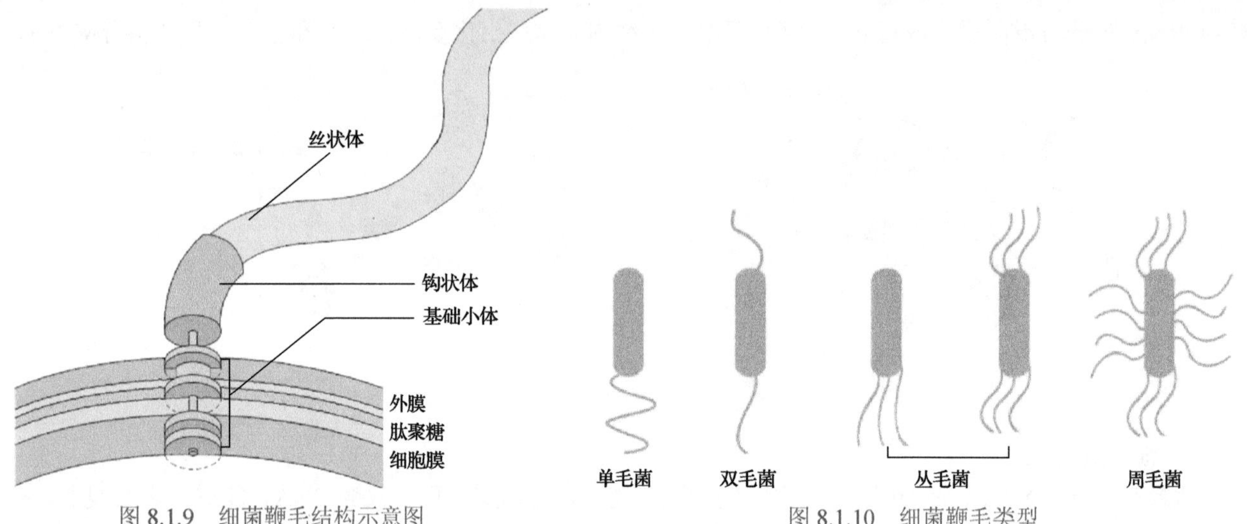


图 8.1.9 细菌鞭毛结构示意图

图 8.1.10 细菌鞭毛类型

4. 芽胞

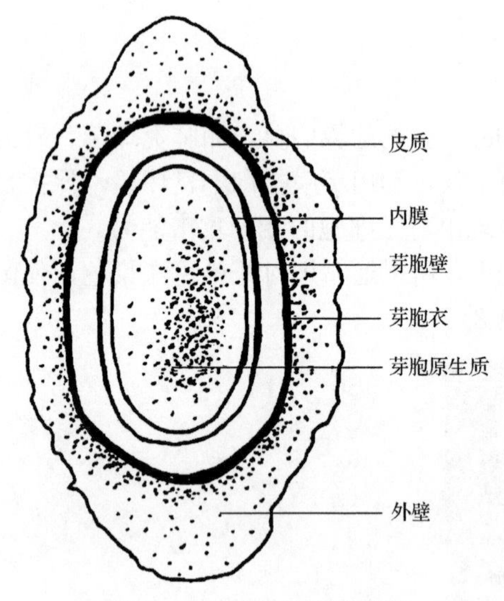


图 8.1.11 芽胞结构示意图

有些细菌在一定的条件下，个体缩小，在菌体内形成多层膜包裹的圆形小体，称作芽胞。芽胞是细菌的休眠体，能保持细菌的全部生命活性，对不良环境有较强的抵抗能力。小而轻的芽胞还可以随风四处飘散，落在适当环境中时又能萌发成为细菌。细菌快速繁殖和形成芽胞的特性，使它们几乎无处不在。

芽胞的生命力非常顽强，肉毒梭菌的芽胞在 pH 7.0 时能耐受(100±1)℃煮沸 5～9.5h。芽胞由内及外由以下几部分组成(图 8.1.11)。

1) 芽胞原生质(spore protoplast)：浓缩的原生质，含有细菌原有的核质和蛋白质。

2) 内膜(inner membrane)：由原来繁殖型细菌的细胞膜形成，包围芽胞原生质。

3) 芽胞壁(spore wall)：由繁殖型细菌的肽聚糖组成，包围内膜。发芽后成为细菌的细胞壁。

4) 皮质(cortex)：是芽胞包膜中最厚的一层，由肽聚糖组成，但结构不同于细胞壁的肽聚糖，交联少，多糖支架中为胞壁酐而不是胞壁酸，四肽侧链由 L-Ala 组成。

5) 芽胞衣(coat)：芽胞壳，质地致密坚韧，由类角蛋白(keratin-like protein)组成，含有大量的二硫键，具疏水性特征。

6) 外壁(exosporium)：芽胞外衣，是芽胞的最外层，由脂蛋白及糖类组成，结构疏松。

各种芽胞的形态和位置示意图见图 8.1.12。

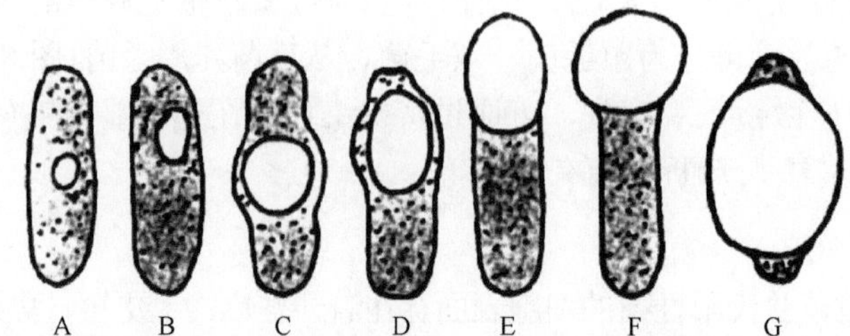


图 8.1.12 各种芽胞的形态和位置示意图

A.芽胞球形，在菌体中心；B.卵形，偏离中心不膨大；C.卵形，近中心，膨大；D.卵形，偏离中心，稍膨大；E.卵形，在菌体极端，不膨大；F.球形，在极端，膨大；G.球形，在中心，特别膨大

## 二、细菌的基本形态

细菌有球菌、杆菌和螺旋菌三种基本形态(图 8.1.13)。细菌的形态受温度、pH、培养基成分和培养时间等因素影响很大。观察细菌的大小和形态时，以选择其适宜生长条件下的对数期为宜。

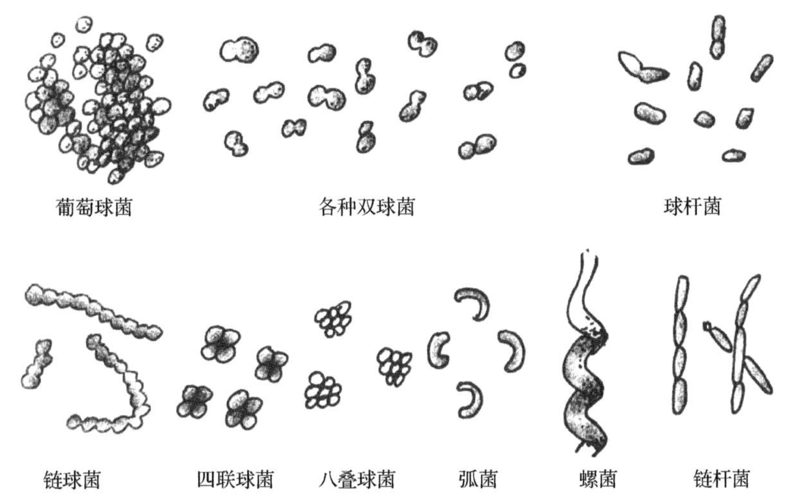


图 8.1.13 细菌的各种形态示意图

### (一)球菌

球菌是外形呈圆球形或椭圆形的细菌，直径 0.5～1μm。按其分裂繁殖时细胞分裂的平面不同，菌体的分离是否完全，以及分裂后菌体之间相互黏附的松紧程度不同，可分为以下几种类型。

1) 单球菌：单独存在，如尿素小球菌。

2) 双球菌：在一个平面上分裂，分裂成两个细菌成对排列，如肺炎双球菌。

3) 链球菌：在一个平面上分裂，分裂后多个细菌相连成链状，如溶血性链球菌。

4) 四联球菌：在两个相互垂直的平面上分裂，分裂后形成的 4 个细胞排列在一起，呈“田”字形。

5) 八叠球菌：在三个相互垂直的平面上分裂，分裂后 8 个菌体排在一起呈立方体，如尿素八叠球菌。

6) 葡萄球菌：在多个不规则的平面上分裂，分裂后排列不规则，许多菌体堆积如葡萄串状，如金黄色葡萄球菌。

### (二)杆菌

外形为杆状的细菌称为杆菌，一般为直杆状，也可呈棒状或弯曲成弧状。各种杆菌的大小、长短、粗细不一致，大杆菌如炭疽芽胞杆菌，长 3～10μm，宽 1.0～1.5μm；中等大小杆菌如大肠埃希氏杆菌，长 2～3μm，宽 0.5～0.7μm；小杆菌如布鲁氏菌，长仅 0.6～1.5μm，宽 0.5～0.7μm；根据杆菌形态的差异，可把杆菌分为以下几种。

1) 棒状杆菌：其末端膨大成棒状。

2) 球杆菌：菌体很短，近于椭圆形。

3) 分枝杆菌：菌体呈分枝生长趋势。

多数杆菌分散存在，有的呈链状排列，称为链杆菌。杆菌菌体两端多呈钝圆形，少数两端平齐(如炭疽芽胞杆菌)或两端尖细(如梭杆菌)。各种杆菌的形态见图 8.1.14。

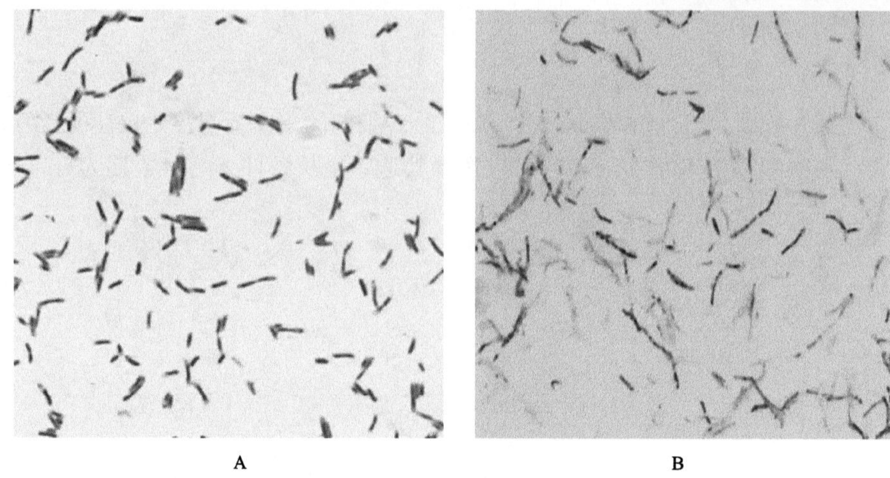

A　　B

图 8.1.14　各种杆菌的形态

A.棒状杆菌；B.分枝杆菌

（三）螺旋菌

螺旋状的细菌称为螺旋菌，一般长 5～50μm，宽 0.5～5μm，根据菌体的弯曲程度可分为以下几种。

1）弧菌（*Vibrio*）：螺旋不足一环者，呈香蕉状或逗点状，如霍乱弧菌（*Vibrio cholerae*）。

2）螺菌（*Spirillum*）：满 2～6 环的小型、坚硬的螺旋状细菌，如小螺菌（*Spirillum minor*）。

3）螺旋体（*Spirochaeta*）：螺旋周数多（通常超过 6 环）、体长而柔软的螺旋状细菌，如梅毒螺旋体（*Treponema pallidum*）。

## 第二节　菌落总数

食品中的菌落总数是指食品检样经过处理，在一定条件下（如培养基、培养温度和培养时间等）培养后，所得每 g（mL）检样中形成的微生物菌落总数。霉菌也属于微生物，所以当平板上出现霉菌时，也应当计数。现行菌落总数测定执行的标准是 GB 4789.2—2016（食品安全国家标准 食品微生物学检验菌落总数测定）。

检测中常用的培养基是平板计数琼脂，培养温度是（36±1）℃，培养时间是（48±2）h。水产品是（30±1）℃，培养时间是（72±3）h。

菌落总数现行检验方法有 GB 4789.2—2016（食品安全国家标准 食品微生物学检验 菌落总数测定）、AOAC Official Methods of Analysis, sec. 966.23、AOAC Official Methods of Analysis, sec. 977.27、FDA BAM 方法等。

1. 平板计数琼脂培养基

食品中菌落总数测定用普通琼脂平板及局部放大图见图 8.2.1。

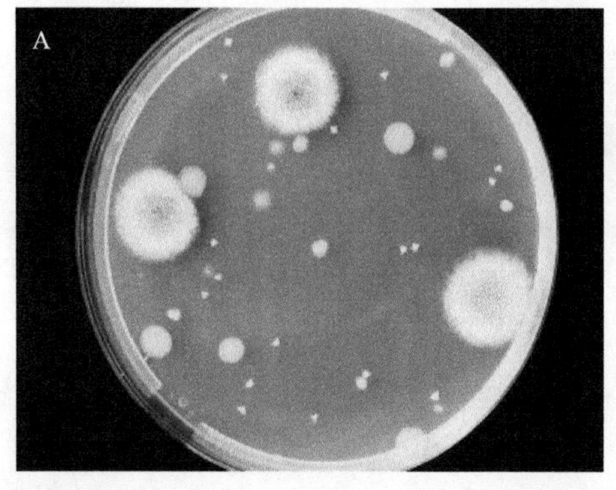



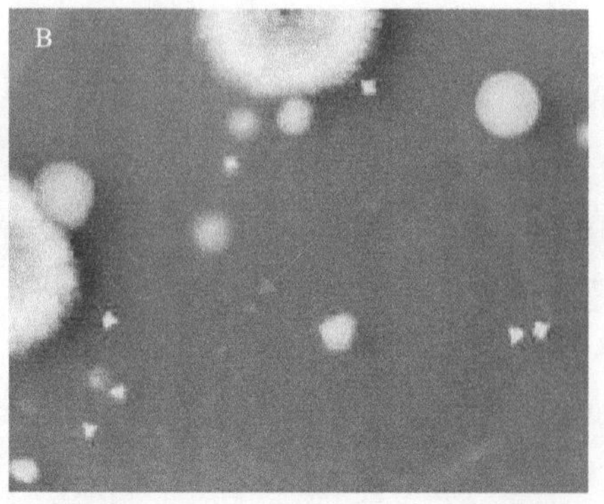

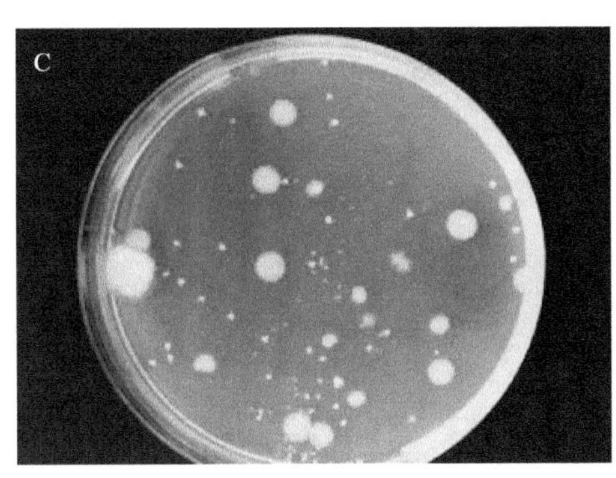


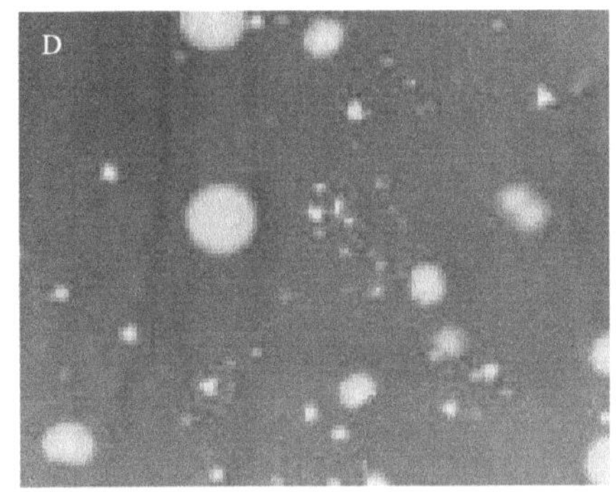


图 8.2.1 食品中菌落总数测定用普通琼脂平板及局部放大图

A 和 B 中平板上有霉菌，菌落计数时，也要计数在内，箭头所指为食品残渣，不能计数在内；C 和 D 可见平板上混有许多食品残渣，影响菌落计数

2. 平板计数琼脂培养基中添加四氮唑红

四氮唑红(TTC)又名红四唑、2,3,5-三苯基氯化四唑，是一种剧毒复合物，其溶液无色。TTC 和活细胞线粒体内的琥珀酸脱氢酶反应，生成红色的三苯基甲臜(TTF)，使菌落染成红色，用来表示细胞的活力或者计数，但 TTC 对微生物的生长繁殖或多或少具有抑制作用，所以不能过多使用。用于菌落总数检测时，1L 培养基大概加 1mL 1%的 TTC 溶液。TTC 在高温灭菌条件下会被严重破坏，从而导致染色效果明显下降。使用 TTC 可使菌落和食品残渣清晰地区分开(图 8.2.2)。

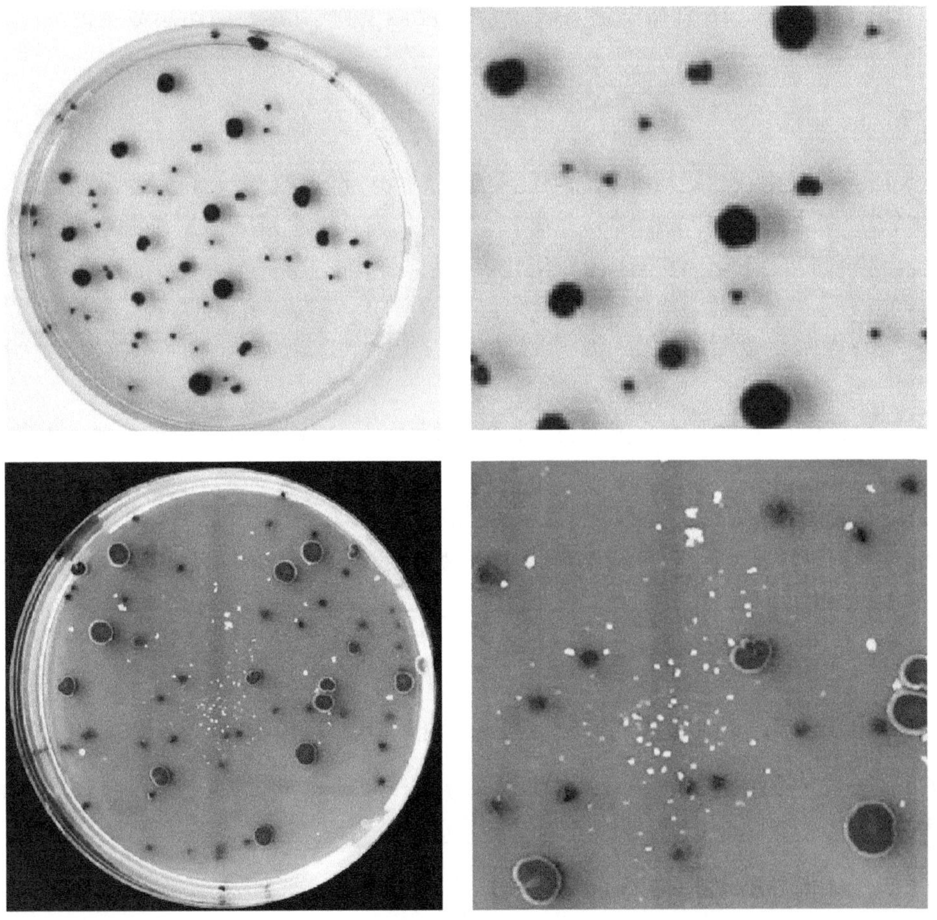

图 8.2.2 食品中菌落总数测定用添加 TTC 的普通琼脂平板及局部放大图(白色背景和黑色背景)

3. Petrifilm 菌落计数测试片

Petrifilm 菌落计数测试片中的指示剂可使菌落显示红色，计数所有红色菌落，不论其大小和颜色深浅，即为菌落总数(图 8.2.3)。

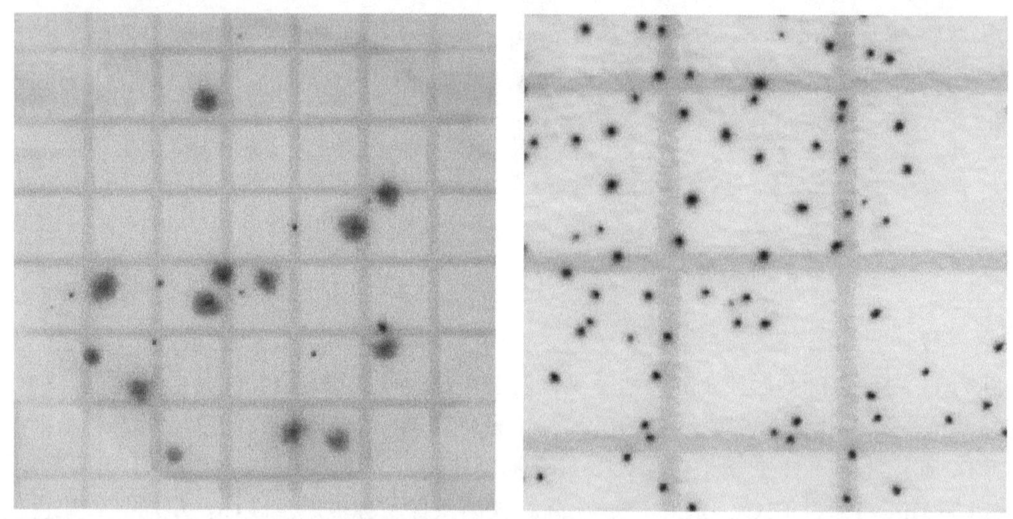

图 8.2.3　食品中菌落总数测定用 Petrifilm 菌落计数测试片及局部放大图

适用标准：GB 4789.2—2016 食品安全国家标准 食品微生物学检验 菌落总数测定

## 第三节　大肠菌群

大肠菌群(coliform)是指在一定培养条件下能发酵乳糖、产酸产气的兼性厌氧革兰氏阴性无芽胞杆菌。大肠菌群是卫生领域的用语，并非细菌学分类命名，它不代表某一个或某一属细菌，而指的是具有某些特性的一组与粪便污染有关的细菌，这些细菌在生化及血清学方面并非完全一致。

大肠菌群分布较广，在温血动物粪便和自然界广泛存在。调查研究表明，人畜粪便对环境的污染是大肠菌群在自然界存在的主要原因。粪便中多以典型大肠埃希氏菌为主，而环境中则以大肠菌群其他型别较多。

大肠菌群主要包括肠杆菌科中埃希氏菌属、柠檬酸杆菌属、克雷伯菌属和肠杆菌属，其中以埃希氏菌属为主。

检测大肠菌群的现行方法有 GB 4789.3—2016(食品安全国家标准 食品微生物学检验 大肠菌群计数)、GB 8538—2016(食品安全国家标准 饮用天然矿泉水检验方法)、FDA BAM 4: Enumeration of *Escherichia coli* and the Coliform Bacteria 等。

### 一、最可能数法

#### (一)月桂基硫酸盐胰蛋白胨、煌绿乳糖胆盐肉汤(GB 4789.3—2016)

(36±1)℃培养(24±2)h 后，大肠菌群阳性者，月桂基硫酸盐胰蛋白胨(LST)和煌绿乳糖胆盐肉汤(BGLB)倒管内有气泡产生(图 8.3.1，图 8.3.2)。

#### (二)乳糖胆盐发酵管(GB 8538—2016)

大肠菌群发酵乳糖产酸产气，以溴甲酚紫为指示剂，培养基变黄，倒管内有气泡(图 8.3.3)。

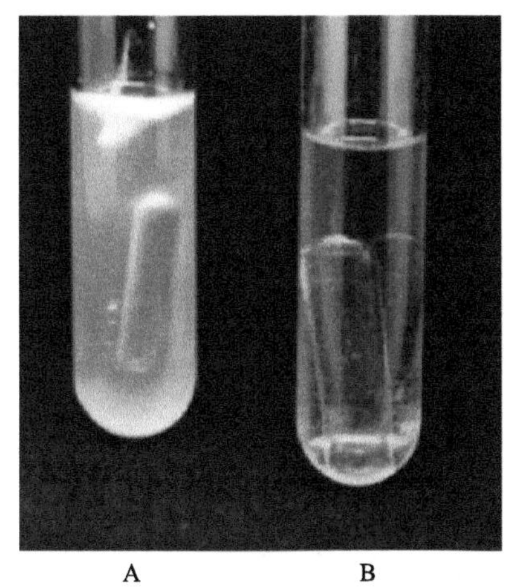


图 8.3.1 LST 肉汤
A.大肠埃希氏菌 ATCC 25922(产气);
B.空白对照

图 8.3.2 BGLB
A.大肠埃希氏菌 ATCC 25922(产气);
B.空白对照

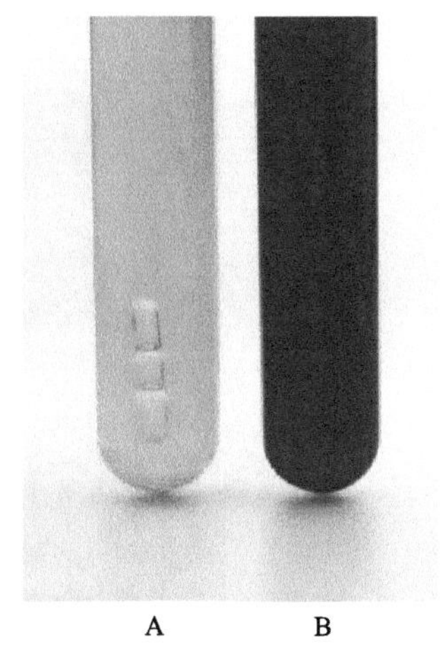


图 8.3.3 大肠菌群在乳糖胆盐中的培养特征
A.大肠埃希氏菌 ATCC 25922;B.空白对照

## 二、平板法

### (一)结晶紫中性红胆盐琼脂平板

大肠菌群在结晶紫中性红胆盐琼脂平板(VRBA)上为紫红色,菌落周围有红色的胆盐沉淀环,菌落直径为 0.5mm 或更大(图 8.3.4,图 8.3.5)。

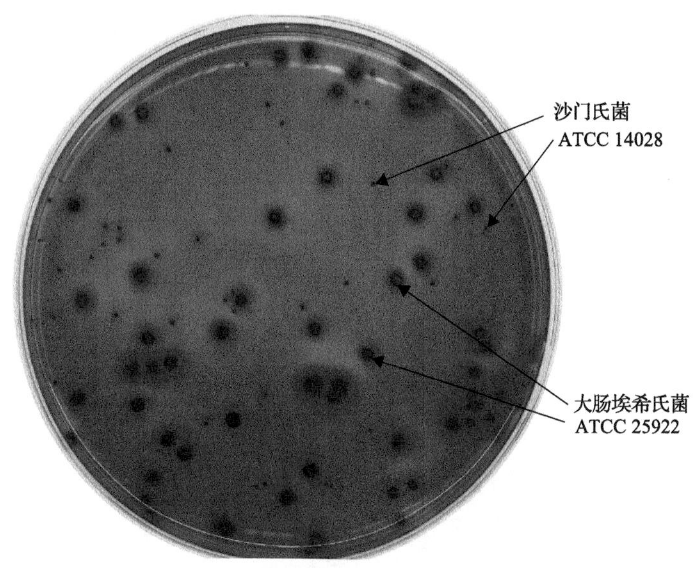


图 8.3.4 大肠菌群(大肠埃希氏菌)和非大肠菌群(沙门氏菌)在 VRBA 上的菌落特征(倾注法)

### (二)远藤琼脂(GB 8538—2016)

远藤琼脂用来检测水中的大肠菌群,大肠菌群发酵乳糖,菌落变红,不发酵乳糖的细菌,其菌落无色(图 8.3.6)。

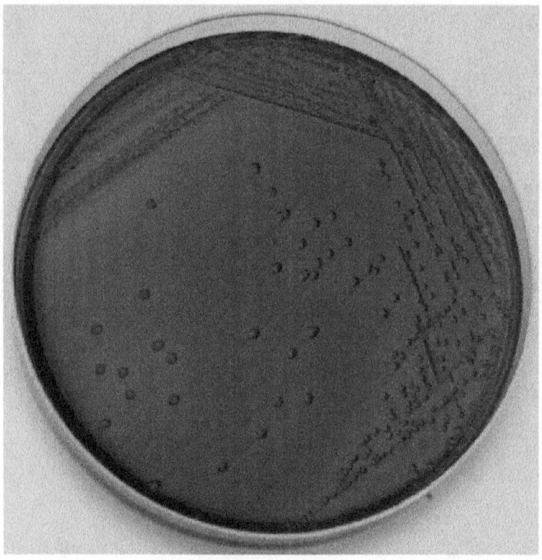

A

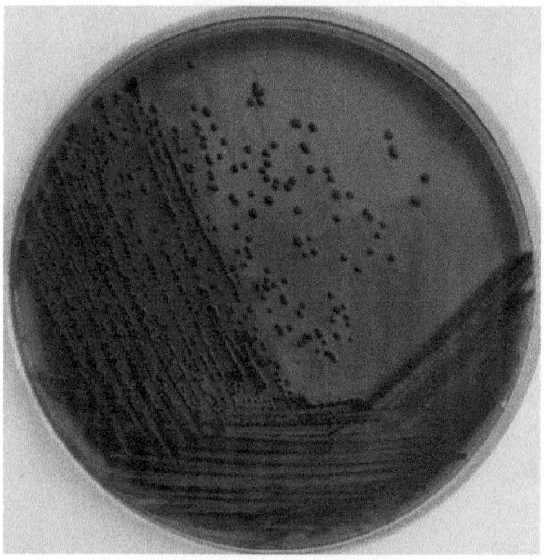

B

C

D

图 8.3.5　不同菌在 VRBA 上的培养特征（划线法）（北京陆桥技术股份有限公司供图）

A.福氏志贺氏菌 CMCC 51572；B.产气肠杆菌 ATCC 13048；C.大肠埃希氏菌 ATCC 25922；D.大肠埃希氏菌 ATCC 25922 螺旋涂布

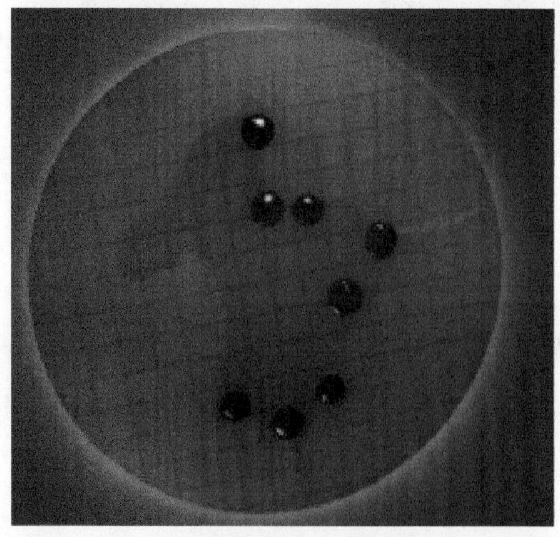

图 8.3.6　大肠埃希氏菌 ATCC 25922 在远藤琼脂上的菌落特征（滤膜法）

(三)Petrifilm 大肠菌群测试片

大肠菌群在 Petrifilm 大肠菌群测试片上为红色带气泡(图 8.3.7)。

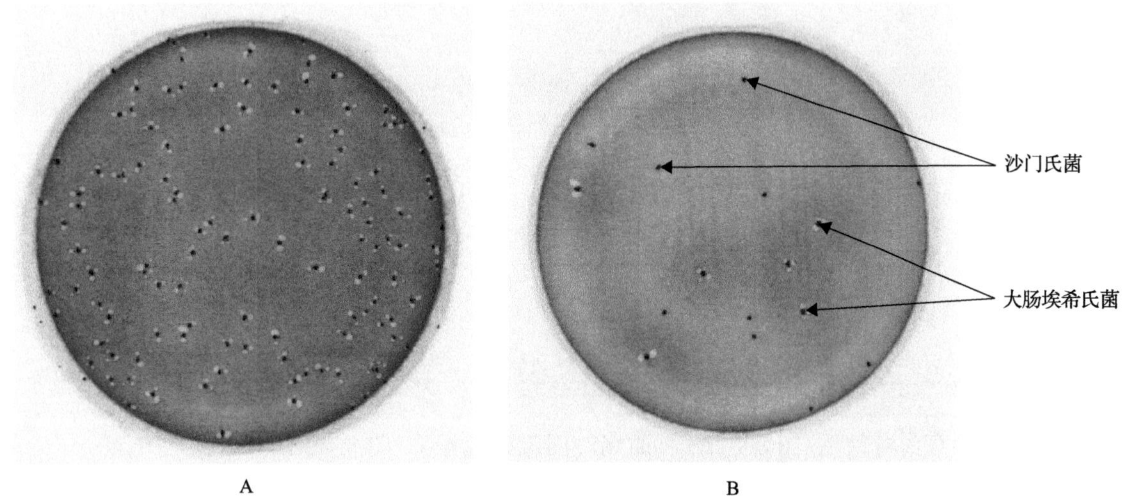


图 8.3.7 大肠菌群在 Petrifilm 大肠菌群测试片上的特征
A.大肠埃希氏菌 ATCC 25922；B.大肠埃希氏菌和沙门氏菌(非大肠菌群)

适用标准：GB4789.3—2016 食品安全国家标准 食品微生物学检验 大肠菌群计数
GB 8538—2016 食品安全国家标准 饮用天然矿泉水检验方法

## 第四节 沙门氏菌

沙门氏菌属肠杆菌科，是一群寄生于人和动物肠道内的兼性厌氧革兰氏阴性杆菌。绝大多数的沙门氏菌对人和动物有致病性，能引起人和动物患胃肠炎、伤寒症和败血症等多种不同临床表现的沙门氏菌病，是人类食物中毒的主要病原之一。

沙门氏菌的分类方法较多，根据新近的沙门氏菌分类方案，本属细菌可分为肠道沙门氏菌(*Salmonella enterica*)和邦戈尔沙门氏菌(*Salmonella bongori*)两个种。沙门氏菌抗原结构复杂，目前血清型已有 2500 种以上，绝大多数属于肠道沙门氏菌，其中肠炎沙门氏菌、鼠伤寒沙门氏菌、猪霍乱沙门氏菌、纽波特沙门氏菌等能引起人类食物中毒，是重要的食源性病原菌。

在国际标准中，沙门氏菌检测涉及饲料、微生物学、奶和奶制品、肉、肉制品和其他动物类食品等多方面。沙门氏菌检验方法有 ISO 6579-1—2017、中国食品安全国家标准 GB 4789.4—2016、FDA BAM 检测方法和 AOAC 官方方法等。

### 一、形态学特征

沙门氏菌为革兰氏阴性无芽胞短杆菌，呈直杆状，两端钝圆，散在，大小通常为(0.7～1.5)μm×(2.0～5.0)μm。无荚膜，除鸡沙门氏菌和雏沙门氏菌无鞭毛不运动以外，其余各菌均有周身鞭毛，能运动，且绝大多数具有Ⅰ型菌毛。

(一)光学显微镜

在光学显微镜下观察到的沙门氏菌形态见图 8.4.1。

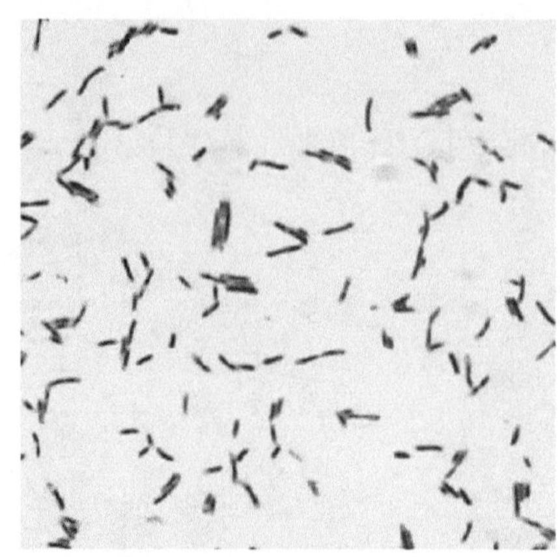

图 8.4.1 肠炎沙门氏菌 CMCC（B）50336 革兰氏染色光学显微镜照片（1000×）

（二）电子显微镜

肠炎沙门氏菌具有周身鞭毛（图 8.4.2A），而鸡沙门氏菌无鞭毛（图 8.4.2B）。

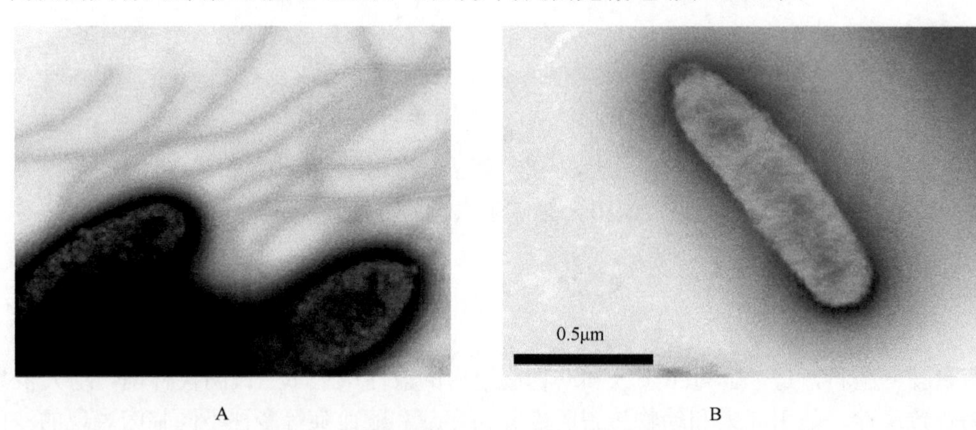


图 8.4.2 沙门氏菌电子显微镜照片（13 500×）

A.肠炎沙门氏菌 CMCC（B）50336；B.鸡沙门氏菌 S78

## 二、培养特征

本菌为兼性厌氧菌，生长温度为 10～42℃，最适生长温度为（36±1）℃，适宜 pH 为 6.8～7.8。对营养要求不高，在普通琼脂培养基上形成圆形、光滑、无色半透明、边缘整齐或不太整齐的中等大小（2～4mm）菌落，只有鸡白痢、鸡伤寒、甲型副伤寒和羊流产沙门氏菌在肉汤琼脂上生长不良，形成较小的菌落。含有煌绿或亚硒酸盐的培养基可起增菌作用。培养基中加入硫代硫酸钠、胱氨酸、血清、葡萄糖、脑心浸液等均有助于本菌生长。常用的鉴别或选择性培养基有麦康凯琼脂、木糖赖氨酸脱氧胆盐（XLD）琼脂、HE 琼脂（Hektoen Enteric agar）、亚硫酸铋（BS）琼脂、沙门氏菌显色培养基、SS 琼脂（*Salmonella shigella* agar）、胆硫乳（DHL）琼脂等。

（一）增菌培养基

1. 缓冲蛋白胨水

缓冲蛋白胨水（BPW）是非选择性增菌培养基，一般的细菌在 BPW 上都能生长得比较良好（图 8.4.3）。

2. 四硫磺酸钠煌绿增菌液

四硫磺酸钠煌绿（TTB）增菌液是用于沙门氏菌的选择性增菌培养基，对猪霍乱沙门氏菌、肠炎沙门氏菌增菌效果比较好，上清液浑浊（图 8.4.4）。大肠埃希氏菌生长受到抑制，TTB 增菌液的上清液比较清晰。

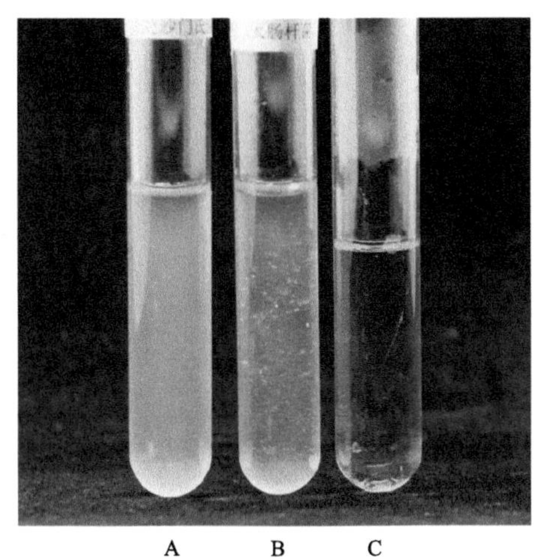


图 8.4.3　BPW 增菌液

A.肠炎沙门氏菌 ATCC 49214；B.大肠埃希氏菌 ATCC 25922；C.空白对照

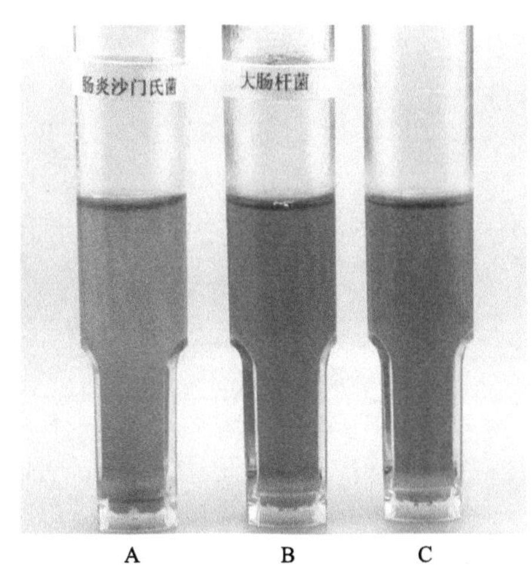


图 8.4.4　TTB 液

A.肠炎沙门氏菌 ATCC 49214；B.大肠埃希氏菌 ATCC 25922；C.空白对照

3. 亚硒酸盐胱氨酸增菌液

亚硒酸盐胱氨酸(SC)增菌液是选择性增菌培养基，对伤寒沙门氏菌、甲型副伤寒沙门氏菌增菌效果比较好，培养基变红，浑浊(图 8.4.5)。大肠埃希氏菌在 SC 增菌液中生长受到抑制，只有轻微的浑浊。

(二) 非选择性培养基

1. 普通营养琼脂平板

(36±1)℃培养 18～24h，菌落大小一般为 2～3mm，光滑、湿润、无色、半透明、边缘整齐(图 8.4.6)。

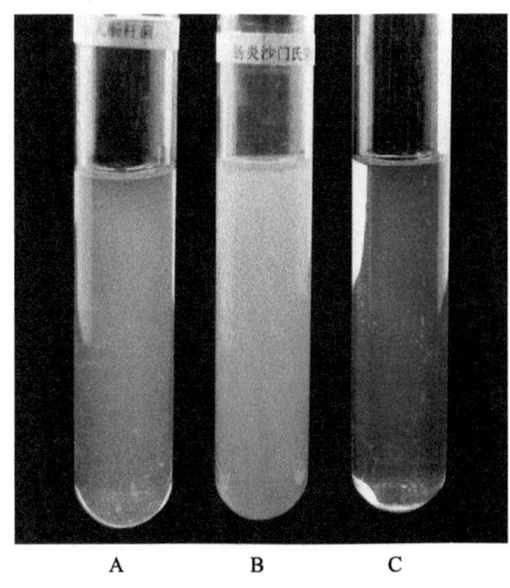


图 8.4.5　SC 增菌液

A.大肠埃希氏菌 ATCC 25922；B.肠炎沙门氏菌 ATCC 49214；C.空白对照

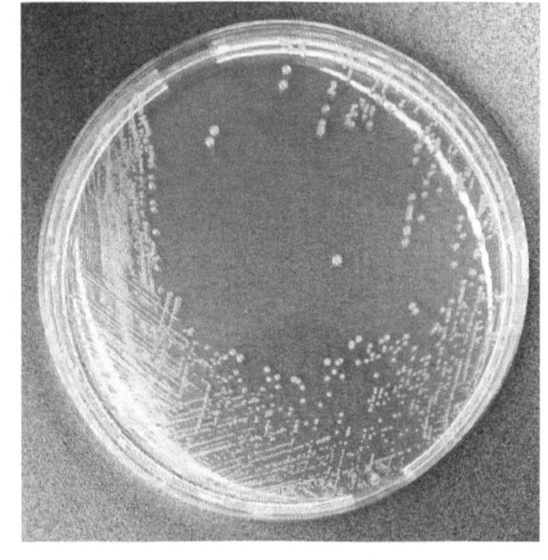

图 8.4.6　肠炎沙门氏菌 ATCC 49214 在普通营养琼脂平板上的菌落特征

2. 血平板

(36±1)℃培养 18～24h，形成中等大小的灰白色菌落(图 8.4.7)。

(三) 选择性培养基

1. HE 琼脂平板

沙门氏菌在 HE 琼脂(Hektoen Enteric agar)平板上为蓝绿色或蓝色，菌落凸起，产硫化氢菌株菌落中心为黑色(图 8.4.8～图 8.4.10)。双相亚利桑那菌因发酵乳糖，菌落为黄色，大肠埃希氏菌为无色，透明(图 8.4.11)。

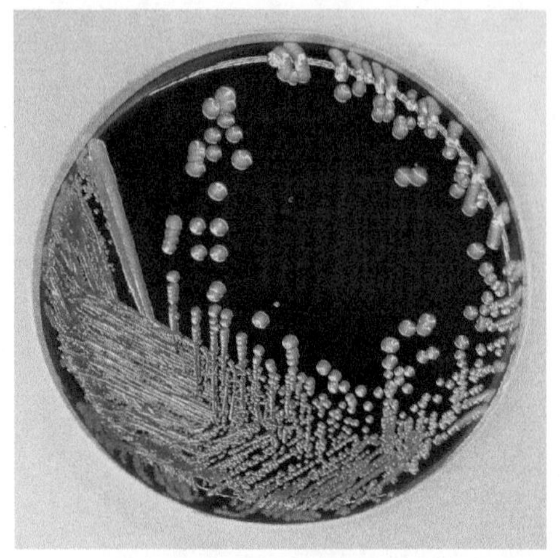

图 8.4.7　肠炎沙门氏菌 ATCC 49214 在血平板上的菌落特征

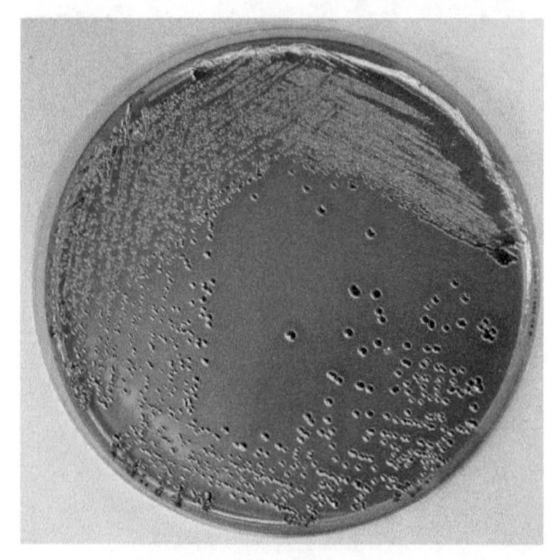

图 8.4.8　鼠伤寒沙门氏菌 ATCC 14028 在 HE 琼脂平板上的菌落特征

图 8.4.9　肠炎沙门氏菌 ATCC 13076 在 HE 琼脂平板上的菌落特征(北京陆桥技术股份有限公司供图)

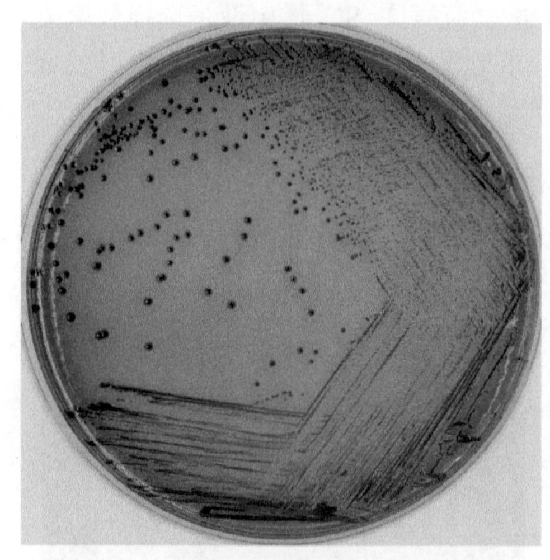

图 8.4.10　伤寒沙门氏菌 CMCC(B) 50071 在 HE 琼脂平板上的菌落特征

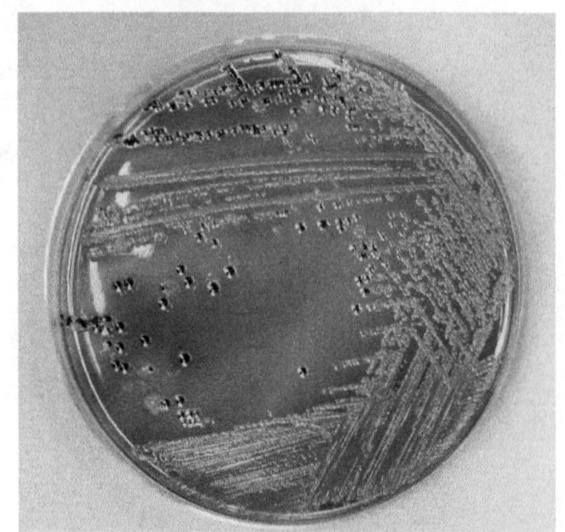

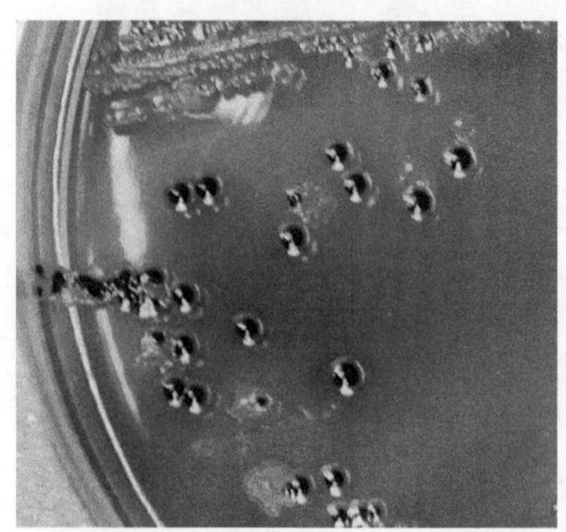

图 8.4.11　沙门氏菌和大肠埃希氏菌在 HE 琼脂平板上的菌落特征

肠炎沙门氏菌 ATCC 49214(黑色)；大肠埃希氏菌 ATCC 25922(无色)

2. 麦康凯琼脂平板

在麦康凯(MAC)琼脂平板上，沙门氏菌菌落光滑，边缘整齐，无色半透明，培养基为黄色(图 8.4.12，图 8.4.13)。

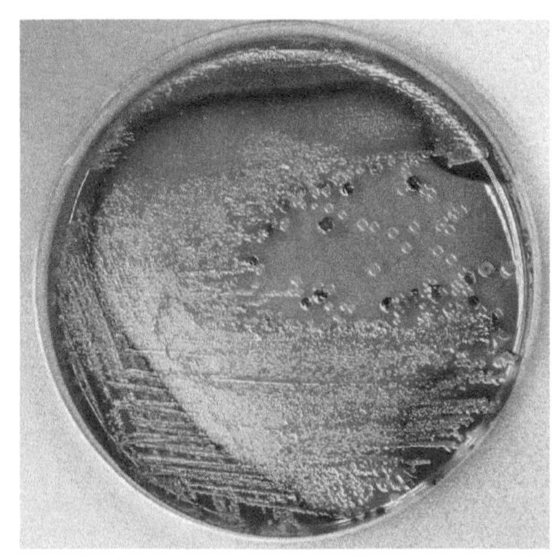

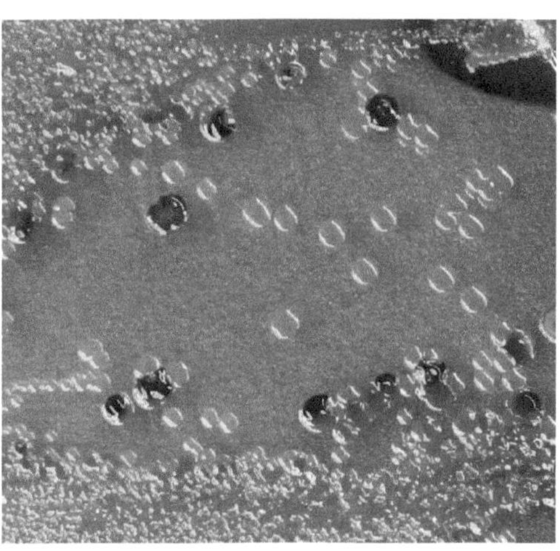

图 8.4.12 沙门氏菌和大肠埃希氏菌在麦康凯琼脂平板上的菌落特征
鼠伤寒沙门氏菌 ATCC 14028(无色)；大肠埃希氏菌 ATCC 25922(粉红色)

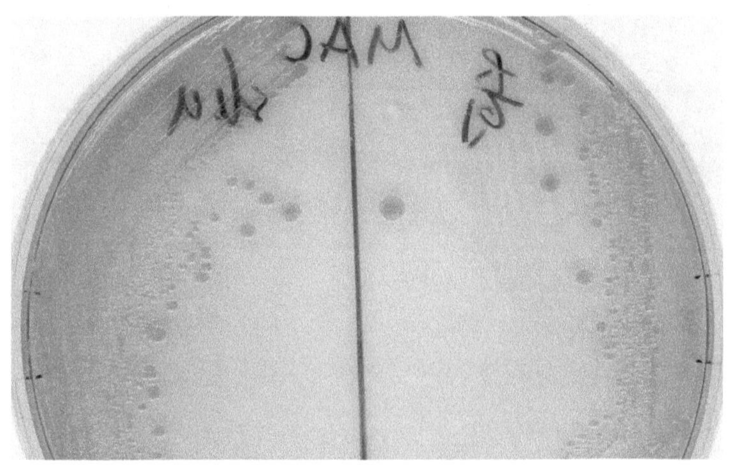

图 8.4.13 沙门氏菌和奇异变形杆菌在麦康凯琼脂平板上的菌落特征
左侧：鼠伤寒沙门氏菌 ATCC 14028；右侧：奇异变形杆菌 ATCC 12453

3. SS 琼脂平板

SS 琼脂平板为强选择性培养基，可分离沙门氏菌和志贺氏菌。抑制革兰氏阳性菌及大多数的大肠菌群和变形杆菌，但不影响沙门氏菌的生长。沙门氏菌在 SS 琼脂平板上形成灰白色、透明、光滑、湿润、露珠样菌落，大小为 2～3mm。产硫化氢的沙门氏菌菌株中心呈黑色；大肠埃希氏菌菌落呈粉红色或红色(图 8.4.14)。

4. 木糖赖氨酸脱氧胆盐琼脂

沙门氏菌在木糖赖氨酸脱氧胆盐琼脂平板上的菌落呈粉红色，带或不带黑色中心，有些菌株可呈现大的带光泽的黑色中心，或呈现全部黑色的菌落；有些菌株为黄色菌落，带或不带黑色中心。沙门氏菌在 XLD 上的菌落特征见图 8.4.15 和图 8.4.16，其他致病菌与沙门氏菌在 XLD 上的菌落特征比较见图 8.4.17～图 8.4.19。大肠埃希氏菌在 XLD 上为黄色菌落，不带黑色中心(图 8.4.17)；奇异变形杆菌与沙门氏菌在 XLD 上的菌落特征较像，带黑色中心(图 8.4.18)；福氏志贺氏菌在 XLD 上为粉红色至无色，半透明、光滑、湿润、圆形、无黑色中心(图 8.4.19)。

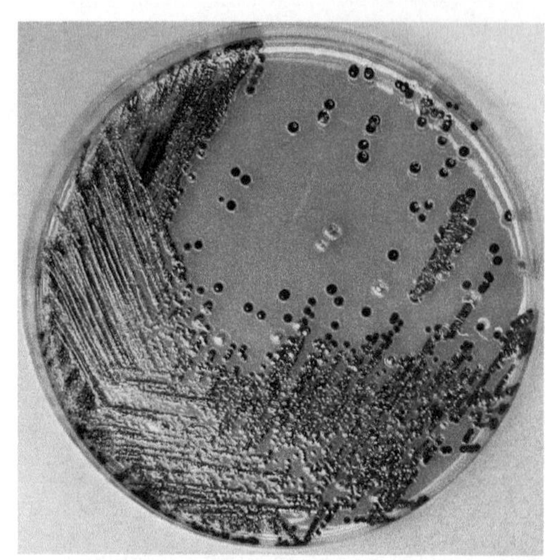
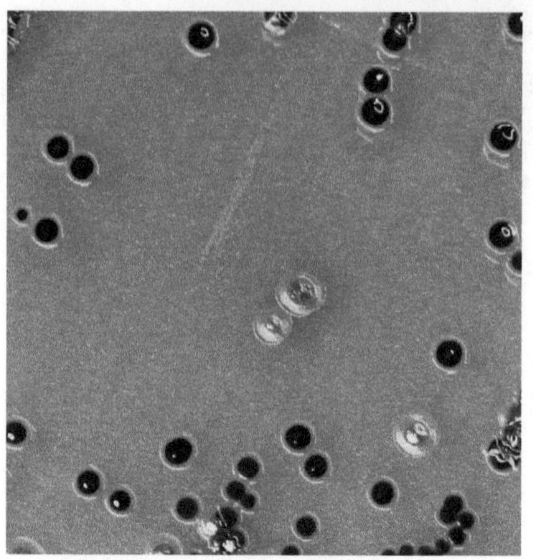

图 8.4.14　沙门氏菌和大肠埃希氏菌在 SS 琼脂平板上的菌落特征

鼠伤寒沙门氏菌 ATCC 14028（黑色菌落）；大肠埃希氏菌 ATCC 25922（粉红色菌落）

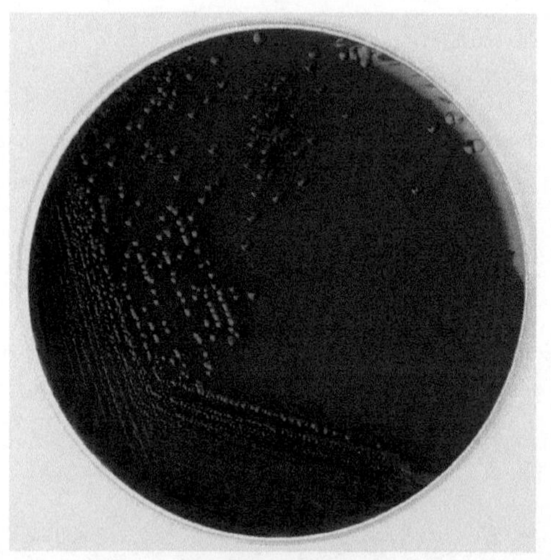

图 8.4.15　肠炎沙门氏菌 ATCC 13076 在 XLD 琼脂平板上的菌落特征（北京陆桥技术股份有限公司供图）

图 8.4.16　鼠伤寒沙门氏菌 ATCC 14028 在 XLD 琼脂平板上的菌落特征（北京陆桥技术股份有限公司供图）

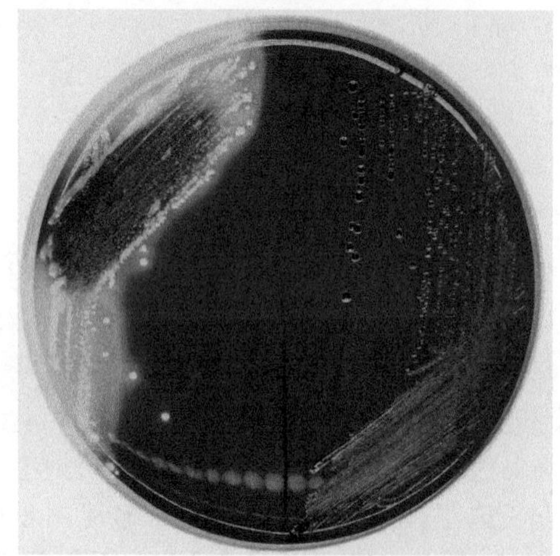

图 8.4.17　大肠埃希氏菌和鼠伤寒沙门氏菌在 XLD 琼脂平板上的菌落特征比较

左侧：大肠埃希氏菌 ATCC 25922；右侧：鼠伤寒沙门氏菌 ATCC 14028

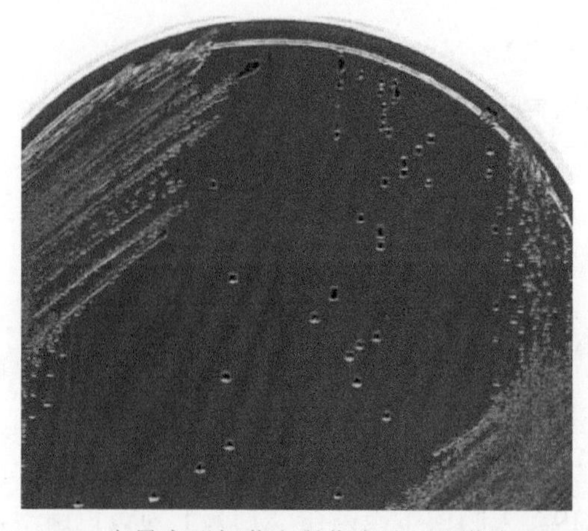

图 8.4.18　奇异变形杆菌和鼠伤寒沙门氏菌在 XLD 琼脂平板上的菌落特征比较

左侧：奇异变形杆菌 ATCC 12453；右侧：鼠伤寒沙门氏菌 ATCC 14028

图 8.4.19　鼠伤寒沙门氏菌和福氏志贺氏菌在 XLD 琼脂平板上的菌落特征比较
左侧：鼠伤寒沙门氏菌 ATCC 14028；右侧：福氏志贺氏菌 CMCC(B) 51572

5. 沙门氏菌显色平板

在沙门氏菌显色平板上，沙门氏菌为淡紫色，大肠埃希氏菌和大肠菌群为蓝色，某些变形杆菌为无色，革兰氏阳性菌被抑制，假单胞菌、气单胞菌大部分被抑制(图 8.4.20)。

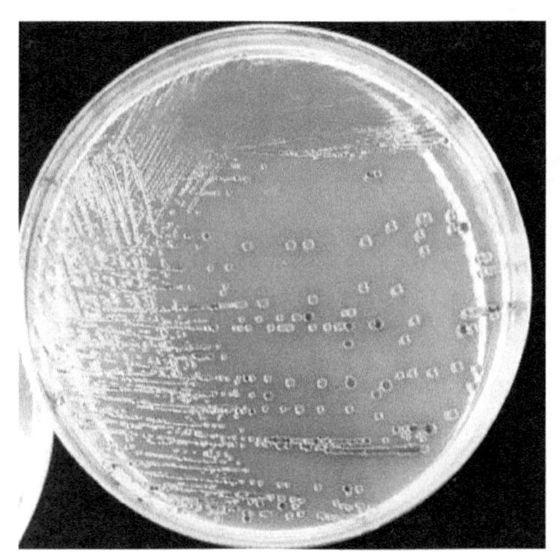
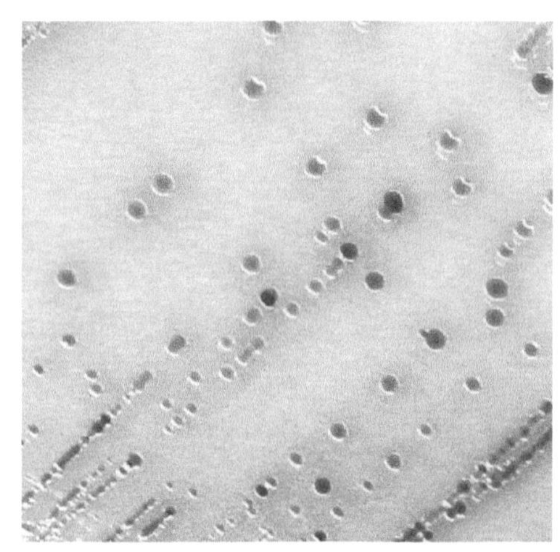

图 8.4.20　鼠伤寒沙门氏菌和大肠杆菌在沙门氏菌显色平板上的菌落特征比较
鼠伤寒沙门氏菌 ATCC 14028(淡紫色)；大肠埃希氏菌 ATCC 25922(蓝色)

6. 亚硫酸铋琼脂平板

沙门氏菌在亚硫酸铋(BS)琼脂平板上培养 24h 后，形成黑色或灰色菌落，具有金属光泽，多数呈现浅灰色菌落，一般较大，直径为 2～4mm，菌落周围培养基开始呈褐色，随培养时间延长而变为黑色(图 8.4.21，图 8.4.22)。有些菌株不产生硫化氢，形成灰绿色菌落，周围培养基不变色。BS 琼脂平板可区分奇异变形杆菌和沙门氏菌(图 8.4.23，图 8.4.24)。

## 三、生化特性

沙门氏菌的生化特征主要有：发酵葡萄糖、麦芽糖、甘露醇和山梨醇产气；不发酵乳糖、蔗糖和侧金盏花醇；不产吲哚，V-P 反应阴性；不水解尿素；对苯丙氨酸不脱氨。伤寒沙门氏菌、鸡伤寒沙门氏菌及一部分鸡白痢沙门氏菌发酵糖不产气，大多数鸡白痢沙门氏菌不发酵麦芽糖；除鸡白痢沙门氏菌、猪伤寒沙门氏菌、甲型副伤寒沙门氏菌、伤寒沙门氏菌和仙台沙门氏菌等外，均能利用柠檬酸盐。

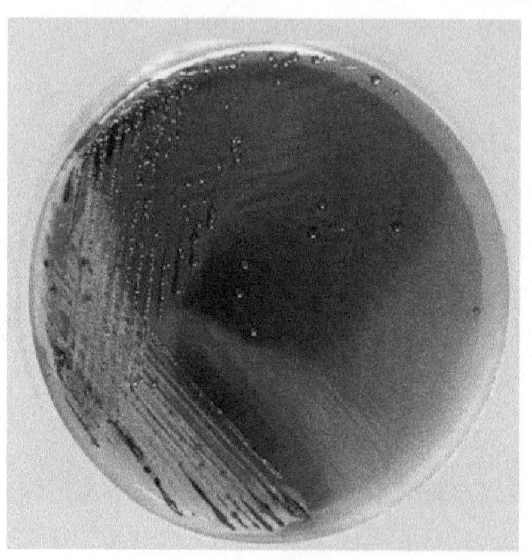

图 8.4.21　鼠伤寒沙门氏菌 CMCC（B）50115 在亚硫酸铋琼脂平板上的菌落特征（北京陆桥技术股份有限公司供图）

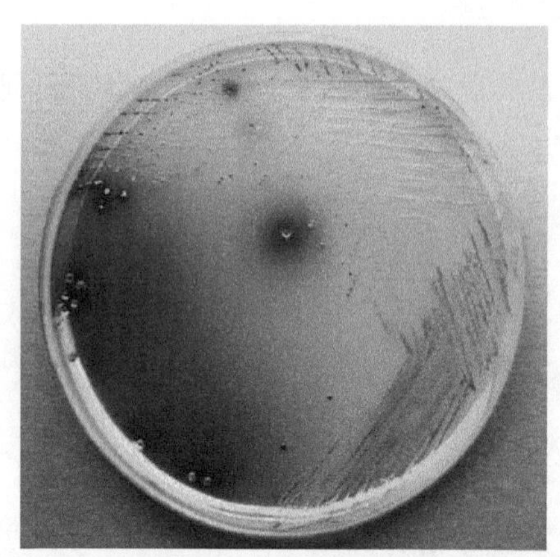

图 8.4.22　肠炎沙门氏菌 ATCC 49214 在亚硫酸铋琼脂平板上的菌落特征

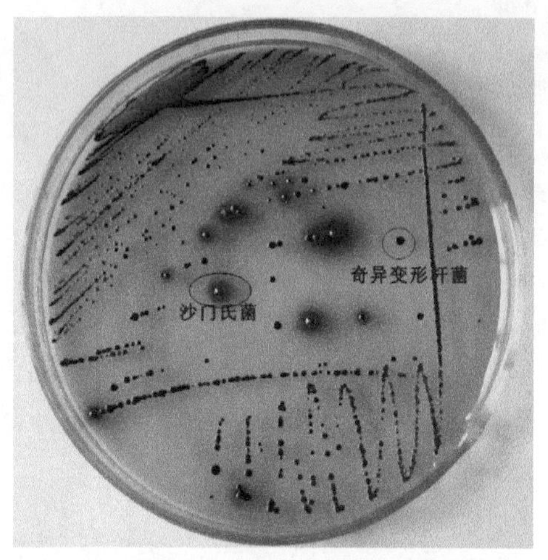


图 8.4.23　沙门氏菌和奇异变形杆菌在 BS 琼脂平板上的特征比较（青岛海博生物技术有限公司供图）

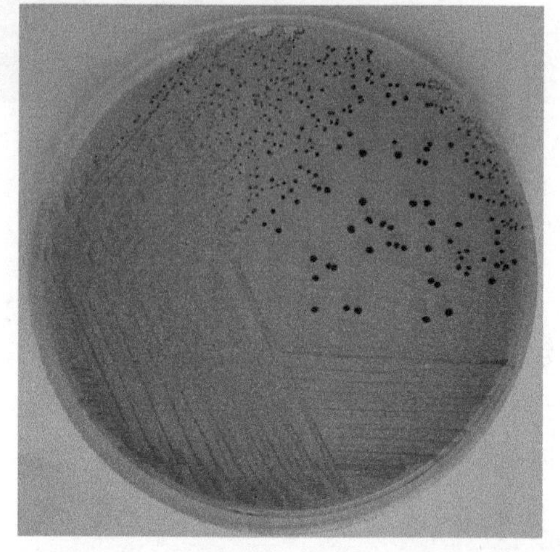

图 8.4.24　奇异变形杆菌 CMCC（B）49005 在 BS 琼脂平板上的菌落特征（北京陆桥技术股份有限公司供图）

（一）三糖铁

沙门氏菌一般斜面产碱呈粉红色，底层产酸呈黄色，多数产气，因产的硫化氢与铁盐结合形成黑色的硫化亚铁，培养基呈黑色。大肠埃希氏菌、沙门氏菌、志贺氏菌和变形杆菌的三糖铁（TSI）培养特征见图 8.4.25。

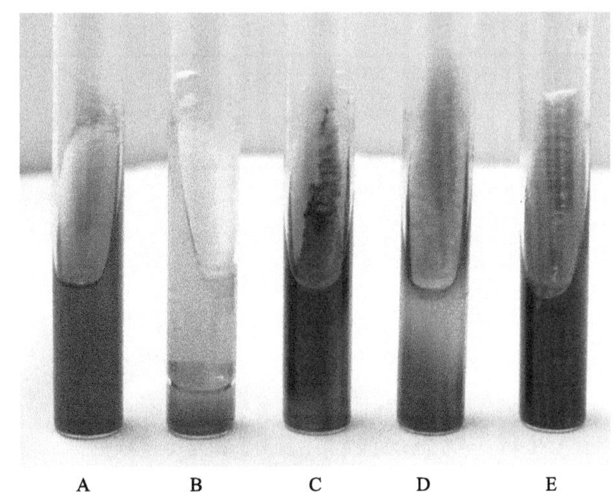

A B C D E

图 8.4.25 三糖铁生化反应结果（北京陆桥技术股份有限公司供图）

A.空白对照；B.大肠埃希氏菌 ATCC 25922；C.鼠伤寒沙门氏菌 CMCC 50115；D.痢疾志贺氏菌 CMCC 51105；E.奇异变形杆菌 CMCC 49005

（二）氨基酸脱羧酶试验

赖氨酸试验管中含有赖氨酸和葡萄糖，酸碱指示剂为溴甲酚紫（中性和碱性时紫色，酸性时黄色），未用时为紫色。如果待测细菌将赖氨酸脱羧，则产生胺，为碱性，溴甲酚紫保持紫色，如果不脱羧，肠杆菌科的细菌都能分解葡萄糖，产酸，溴甲酚紫变为黄色。

氨基酸脱羧的对照管含有葡萄糖，不含氨基酸。由于实验结果阳性为保持紫色不变，阴性结果为黄色，为保证结果的可靠性，须同时接种对照管，如对照管变为黄色，说明细菌接种成功，证实试验管紫色（不变色）确为阳性，而非未接种好细菌。肠炎沙门氏菌赖氨酸脱羧酶试验见图 8.4.26。

A B

图 8.4.26 肠炎沙门氏菌 ATCC 49214 赖氨酸脱羧酶试验

A.肠炎沙门氏菌赖氨酸脱羧酶（+）；B.赖氨酸脱羧酶对照

（三）关键生化试验

肠炎沙门氏菌 ATCC 49214 和鼠伤寒沙门氏菌 ATCC 14028 的关键生化反应见图 8.4.27 和表 8.4.1.

A

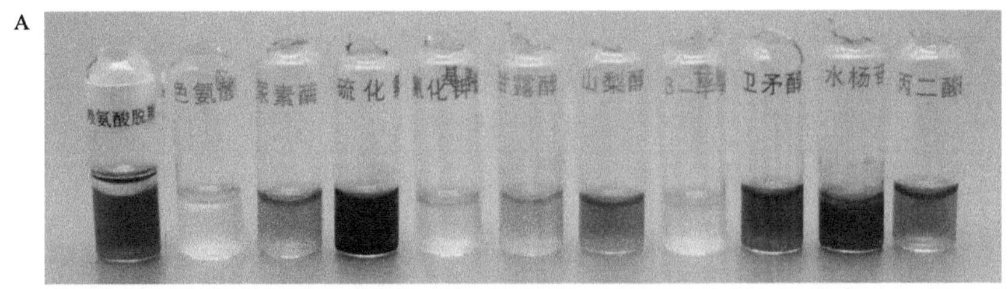


B

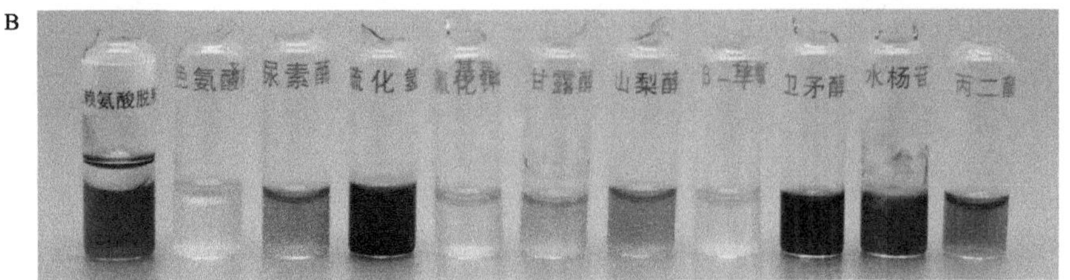


图 8.4.27 沙门氏菌关键生化反应

A.肠炎沙门氏菌 ATCC 49214；B.鼠伤寒沙门氏菌 ATCC 14028；从左至右依次为赖氨酸脱羧酶、靛基质、尿素酶、硫化氢、氰化钾、甘露醇、山梨醇、ONPG、卫矛醇、水杨苷和丙二酸盐

表 8.4.1　两株沙门氏菌关键生化反应结果

| 菌株 | 赖氨酸脱羧酶 | 靛基质 | 尿素酶 | 硫化氢 | 氰化钾 | 甘露醇 | 山梨醇 | ONPG | 卫矛醇 | 水杨苷 | 丙二酸盐 |
|---|---|---|---|---|---|---|---|---|---|---|---|
| A | + | – | – | + | – | + | + | – | +(迟缓) | – | – |
| B | + | – | – | + | – | + | + | – | – | – | – |

注：A.肠炎沙门氏菌 ATCC 49214；B.鼠伤寒沙门氏菌 ATCC 14028

（四）API 20E

API 20E 广泛用于革兰氏阴性杆菌的快速鉴定，是根据快速酶促反应及代谢产物的检测技术发展起来的一种细菌编码鉴定方法。API 20E 试验条由 20 个含干燥底物的小管组成，接种细菌悬浮液于管中培养一定时间后，通过代谢作用或加入试剂产生颜色变化来观察结果。鼠伤寒沙门氏菌的 API 20E 鉴定结果见图 8.4.28 和表 8.4.2。经与 API 微生物系统比对，生化谱为 6 7 0 4 7 5 2 的细菌是沙门氏菌(99.9%)。

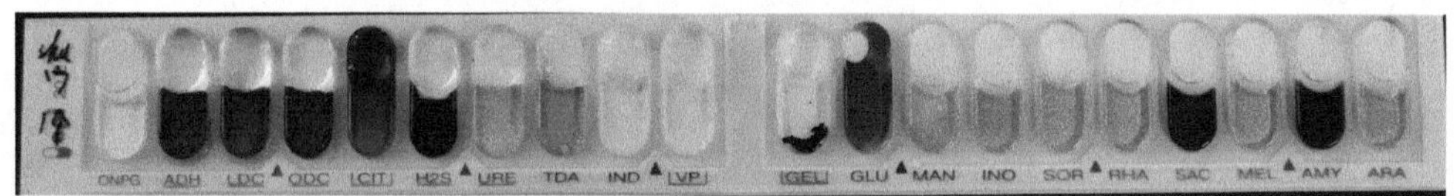


图 8.4.28　鼠伤寒沙门氏菌 ATCC 14028 API 20E 图谱

表 8.4.2　鼠伤寒沙门氏菌 ATCC 14028 API 20E 图谱结果解释

| 位数 | 第 1 位数 | | | 第 2 位数 | | | 第 3 位数 | | | 第 4 位数 | | | 第 5 位数 | | | 第 6 位数 | | | 第 7 位数 | | |
|---|---|---|---|---|---|---|---|---|---|---|---|---|---|---|---|---|---|---|---|---|---|
| 生化反应 | ONPG | ADH | LDC | ODC | CIT | H2S | URE | TDA | IND | VP | GEL | GLU | MAN | INO | SOR | RHA | SAC | MEL | AMY | ARA | OX |
| 生化反应分值 | 1 | 2 | 4 | 1 | 2 | 4 | 1 | 2 | 4 | 1 | 2 | 4 | 1 | 2 | 4 | 1 | 2 | 4 | 1 | 2 | 4 |
| 反应结果 | – | + | + | + | + | + | – | – | – | – | – | + | + | + | + | + | – | + | – | + | – |
| 应得数值 | 0 | 2 | 4 | 1 | 2 | 4 | 0 | 0 | 0 | 0 | 0 | 4 | 1 | 2 | 4 | 1 | 0 | 4 | 0 | 2 | 0 |
| 组合编码 | | 6 | | | 7 | | | 0 | | | 4 | | | 7 | | | 5 | | | 2 | |

适用标准：GB 4789.4—2016 食品安全国家标准 食品微生物学检验 沙门氏菌检验

## 第五节　志 贺 氏 菌

志贺氏菌属是人和其他灵长类动物的肠道致病菌。根据志贺氏菌抗原构造的不同，可分为 4 群 48 个血清型(包括亚型)：A 群，痢疾志贺氏菌(*Shigella dysenteriae*)；B 群，福氏志贺氏菌(*Sh. flexneri*)；C 群，鲍氏志贺氏菌(*Sh. boydii*)；D 群，宋内氏志贺氏菌(*Sh. sonnei*)。志贺氏菌的致病因子有内毒素和外毒素。

《伯杰细菌鉴定手册》将其列为细菌界变形菌门 Y-变形菌纲肠杆菌目肠杆菌科志贺氏菌属。

一般来说，痢疾志贺氏菌所致病情较重；宋内氏志贺氏菌引起的症状较轻；福氏志贺氏菌介于二者之间，但排菌时间长，易转为慢性。本菌的理化性抵抗力较其他肠道杆菌弱，对酸敏感，对化学消毒剂敏感。在外界环境中的抵抗力以宋内氏志贺氏菌最强，福氏志贺氏菌次之，痢疾志贺氏菌最弱。本菌传播途径主要为粪-口传播。

目前检测志贺氏菌的标准有 GB 4789.5—2012(食品安全国家标准 食品微生物学检验 志贺氏菌检验)、FDA BAM 检测方法等。

### 一、形态学特征

志贺氏菌属是一类革兰氏阴性短小杆菌，大小为(0.5～0.7)μm×(2～3)μm，无芽胞，无荚膜，无鞭毛，多数有菌毛(图 8.5.1)。

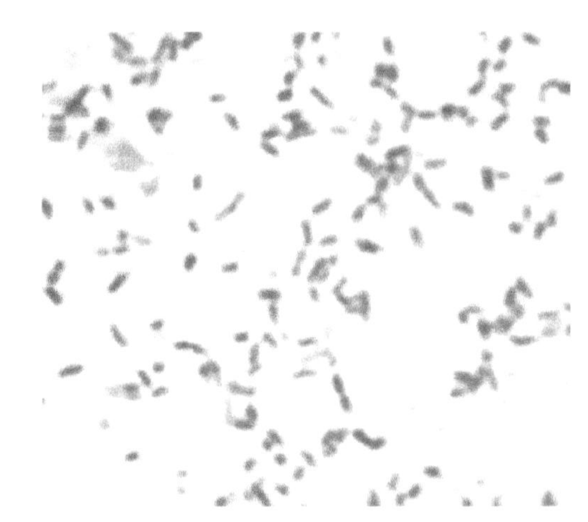

图 8.5.1 福氏志贺氏菌 ATCC 51572 革兰氏染色光学显微镜照片（1000×）

## 二、培养特征

需氧及兼性厌氧菌，10～40℃、pH 6.4～7.8 都可以生长，最适生长温度为(36±1)℃，最适 pH 为 7.2～7.4。

（一）非选择性培养基

1. 普通营养琼脂平板

(36±1)℃培养 24h，形成中等大小、半透明的光滑型菌落（图 8.5.2），宋内氏志贺氏菌常出现扁平、粗糙的菌落。

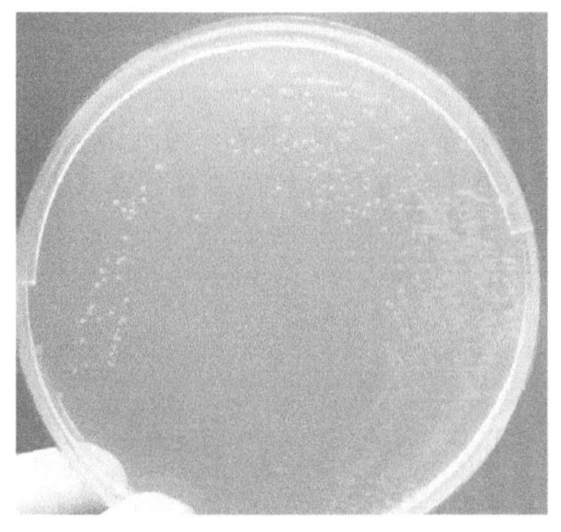

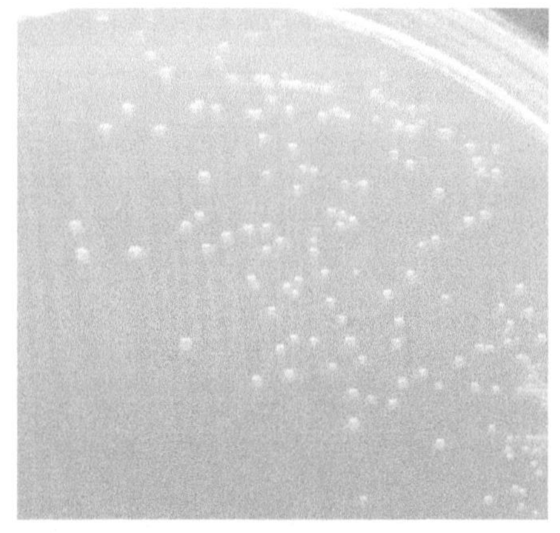

图 8.5.2 福氏志贺氏菌 ATCC 51572 在普通营养琼脂平板上的菌落特征

2. 血平板

(36±1)℃培养 24h，形成中等大小、半透明的光滑型菌落（图 8.5.3）。

（二）选择性培养基

1. 麦康凯琼脂平板

志贺氏菌在 MAC 琼脂平板上为无色至浅粉红色，半透明、光滑、湿润、圆形、边缘整齐或不齐（图 8.5.4）。

2. 木糖赖氨酸脱氧胆盐琼脂平板

志贺氏菌在 XLD 琼脂平板上的菌落呈粉红色至无色，半透明、光滑、湿润、圆形、边缘整齐或不齐（图 8.5.5，图 8.5.6）。

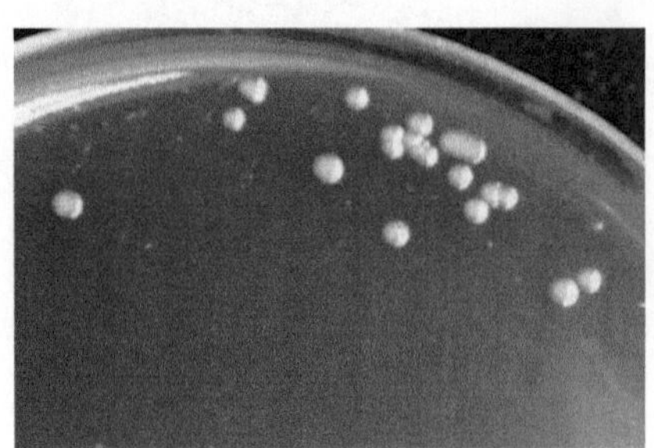

图 8.5.3 福氏志贺氏菌 ATCC 51572 在血平板上的菌落特征

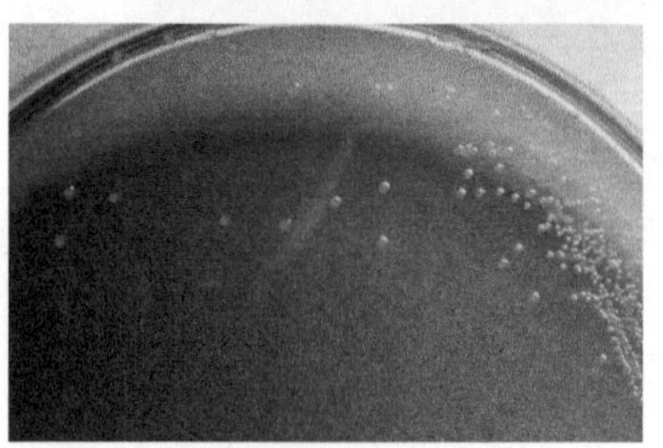

图 8.5.4 福氏志贺氏菌 CMCC(B) 51572 在麦康凯琼脂平板上的菌落特征

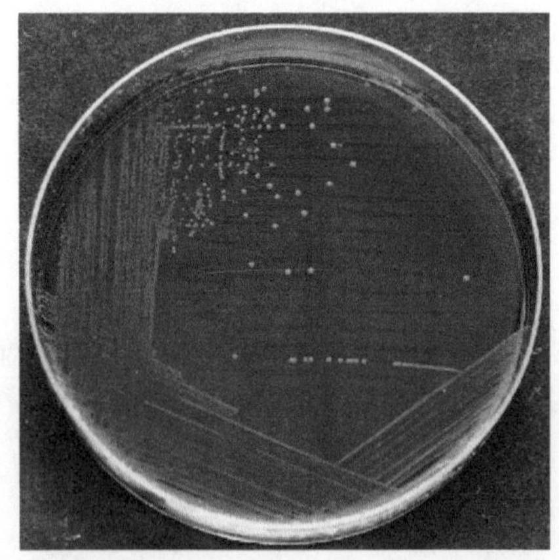

图 8.5.5 痢疾志贺氏菌 CMCC(B) 51105 在 XLD 琼脂平板上的菌落特征(北京陆桥技术股份有限公司供图)

图 8.5.6 福氏志贺氏菌 CMCC(B) 51572 在 XLD 琼脂平板上的菌落特征(北京陆桥技术股份有限公司供图)

3. 志贺氏菌显色培养基

志贺氏菌在志贺氏菌显色培养基上呈白色清晰的菌落，大小为 1～3mm，周围培养基为紫红色(图 8.5.7，图 8.5.8)；沙门氏菌呈黄色菌落，周围培养基变黄；产气肠杆菌呈蓝绿色菌落，周围培养基变黄(图 8.5.9)；大肠埃希氏菌呈黄色菌落，周围培养基变黄；其他菌呈黄色、蓝绿色等其他颜色或被抑制。

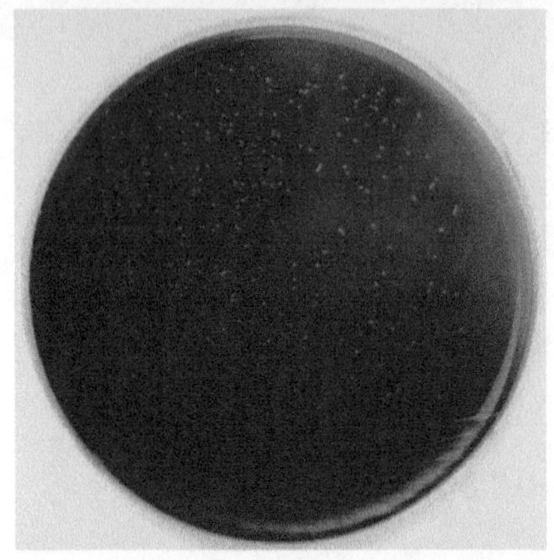

图 8.5.7 福氏志贺氏菌 ATCC 51572 在志贺氏菌显色培养基上的菌落特征(北京陆桥技术股份有限公司供图)

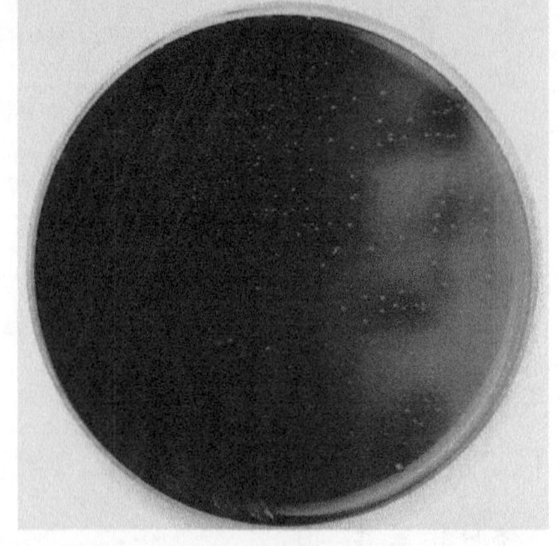

图 8.5.8 痢疾志贺氏菌 ATCC 51105 在志贺氏菌显色培养基上的菌落特征(北京陆桥技术股份有限公司供图)

## 三、生化特性

### (一)半固体培养基

志贺氏菌没有鞭毛，在半固体培养基上沿穿刺线生长(图 8.5.10)。

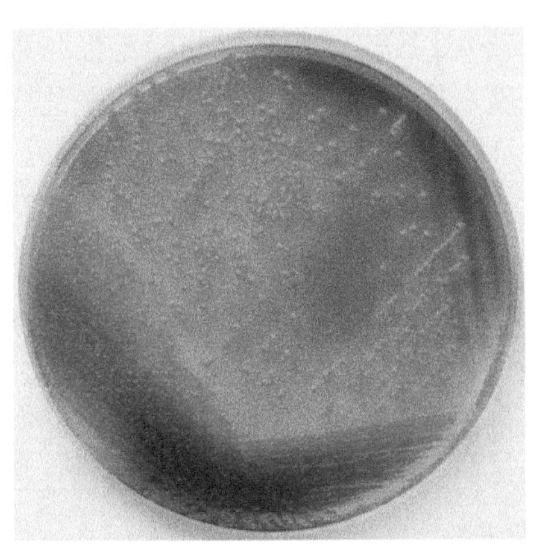

图 8.5.9 产气肠杆菌 ATCC 13048 在志贺氏菌显色培养基上的菌落特征（北京陆桥技术股份有限公司供图）

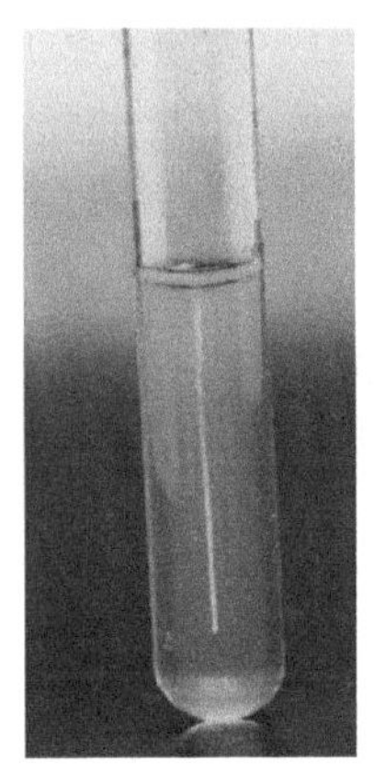

图 8.5.10 福氏志贺氏菌 CMCC（B）51572 在半固体培养基上的穿刺生长特征

（二）API 20E

API 20E 是肠杆菌科和其他非苛养革兰氏阴性杆菌的标准鉴定系统，由 20 个含干燥底物的小管组成。这些测定管用细菌悬浮液接种。培养一定时间后，通过代谢作用产生颜色的变化，或是加入试剂后变色而观察其结果。

福氏志贺氏菌 CMCC（B）51572 的 API 20E 的生化结果见图 8.5.11 和表 8.5.1。经与 API 微生物系统比对，生化谱为 0 0 0 4 1 0 0 的细菌是志贺氏菌。

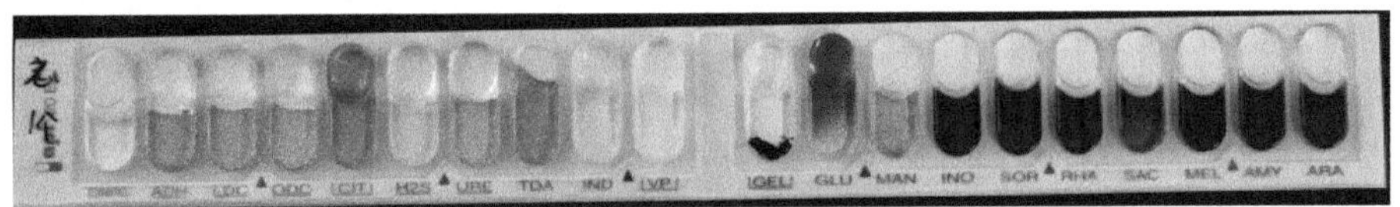

图 8.5.11 福氏志贺氏菌 CMCC（B）51572 API 20E 图谱

**表 8.5.1 福氏志贺氏菌 CMCC（B）51572 API 20E 图谱结果**

| 位数 | 第 1 位数 | | | 第 2 位数 | | | 第 3 位数 | | | 第 4 位数 | | | 第 5 位数 | | | 第 6 位数 | | | 第 7 位数 | | |
|---|---|---|---|---|---|---|---|---|---|---|---|---|---|---|---|---|---|---|---|---|---|
| 生化反应 | ONPG | ADH | LDC | ODC | CIT | H2S | URE | TDA | IND | VP | GEL | GLU | MAN | INO | SOR | RHA | SAC | MEL | AMY | ARA | OX |
| 生化反应分值 | 1 | 2 | 4 | 1 | 2 | 4 | 1 | 2 | 4 | 1 | 2 | 4 | 1 | 2 | 4 | 1 | 2 | 4 | 1 | 2 | 4 |
| 反应结果 | – | – | – | – | – | – | – | – | – | – | – | + | + | – | – | – | – | – | – | – | – |
| 应得数值 | 0 | 0 | 0 | 0 | 0 | 0 | 0 | 0 | 0 | 0 | 0 | 4 | 1 | 0 | 0 | 0 | 0 | 0 | 0 | 0 | 0 |
| 组合编码 | | 0 | | | 0 | | | 0 | | | 4 | | | 1 | | | 0 | | | 0 | |

适用标准：GB 4789.5—2012 食品安全国家标准 食品微生物学检验 志贺氏菌检验

## 第六节 致泻大肠埃希氏菌

致泻大肠埃希氏菌是一类能引起人体以腹泻为主症状的大肠埃希氏菌，经过污染食物引起人类发病。常见的致泻大肠埃希氏菌主要包括肠道致病性大肠埃希氏菌、肠道侵袭性大肠埃希氏菌、产肠毒素大肠埃希氏菌、产志贺毒素大肠埃希氏菌（包括肠道出血性大肠埃希氏菌）和肠道集聚性大肠埃希氏菌。

肠道致病性大肠埃希氏菌（enteropa thogenic *Escherichia coli*）能够引起宿主肠黏膜上皮细胞黏附及擦拭性损伤，且不产生志贺毒素。该菌是导致婴幼儿腹泻的主要病原菌，有高度传染性，严重者可致死。肠道侵袭性大肠埃希氏菌（enteroinvasive *Escherichia coli*）能够侵入肠道上皮细胞而引起痢疾样腹泻。该菌无动力、不发生赖氨酸脱羧反应、不发酵乳糖，生化反应和抗原结构均近似于痢疾志贺氏菌。肠道侵袭性大肠埃希氏菌侵入上皮细胞的关键基因是侵袭性质粒上的抗原编码基因及其调控基因，如 *ipaH* 基因、*ipaR* 基因（又称为

*invE* 基因)。产肠毒素大肠埃希氏菌(enterotoxigenic *Escherichia coli*)能够分泌热稳定性肠毒素或(和)热不稳定性肠毒素。该菌可引起婴幼儿和旅游者腹泻，一般呈轻度水样腹泻，也可呈严重的霍乱样症状，低热或不发热。腹泻常为自限性，一般2～3d。产志贺毒素大肠埃希氏菌(shigatoxin-producing *Escherichia coli*)[包括肠道出血性大肠埃希氏菌(enterohemorrhagic *Escherichia coli*)]能够分泌志贺毒素、引起宿主肠黏膜上皮细胞黏附及擦拭性损伤，在临床上引起人类出血性结肠炎(HC)或血性腹泻，并可进一步发展为溶血性尿毒综合征(HUS)的是肠道出血性大肠埃希氏菌。肠道集聚性大肠埃希氏菌(enteroaggregative *Escherichia coli*)不侵入肠道上皮细胞，但能引起肠道液体蓄积，不产生热稳定性肠毒素或热不稳定性肠毒素，也不产生志贺毒素，唯一的特征是能对Hep-2细胞形成集聚性黏附，也称Hep-2细胞黏附性大肠埃希氏菌。

检测致泻大肠埃希氏菌的现行方法有GB 4789.6—2016(食品安全国家标准 食品微生物学检验 致泻大肠埃希氏菌检验)、US FDA BAM: Diarrheagenic *Escherichia coli* 等。

## 一、形态学特征

大肠埃希氏菌为革兰氏阴性短杆菌，大小为0.5μm×(1～3)μm(图8.6.1)。周生鞭毛，能运动，无芽胞，有普通菌毛与性菌毛，有些菌株有多糖类包膜(图8.6.2)。

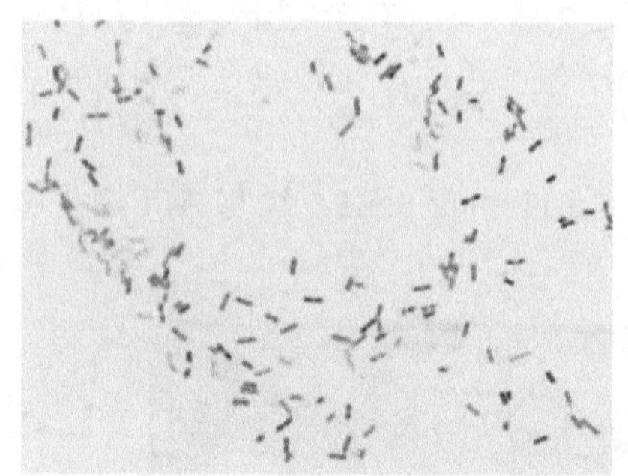

图8.6.1 ETEC菌株革兰氏染色光学显微镜照片(1000×)

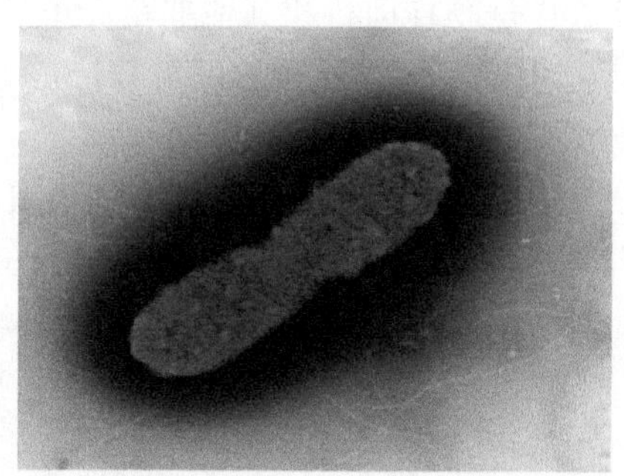

图8.6.2 ETEC菌株电子显微镜照片(13 500×)

## 二、培养特征

本菌为需氧或兼性厌氧菌，适宜培养温度为(36±1)℃，常用的选择性培养基有麦康凯和伊红亚甲蓝(EMB)琼脂培养基等。

图8.6.3 ETEC菌株在肉汤培养液中的特征

### (一)非选择性培养基

1. 肉汤培养液

培养液均匀浑浊，菌体呈云雾状，液面管壁在适宜的培养条件下(温度、湿度)有生物膜形成(图8.6.3)。

2. 血平板

除溶血性大肠埃希氏菌外，大多数大肠埃希氏菌在血平板上的菌落形态并不典型，大多为灰白色或略带棕黄色的菌落，体形较大，多数不透明或者边缘轻微透明，菌落表面湿润，有特殊酸臭味(图8.6.4，图8.6.5)。

### (二)选择性培养基

1. 麦康凯琼脂平板

在MAC琼脂平板上，分解乳糖的典型菌落为砖红色至桃红色，不分解乳糖的菌落为无色或淡粉色(图8.6.6，图8.6.7)。

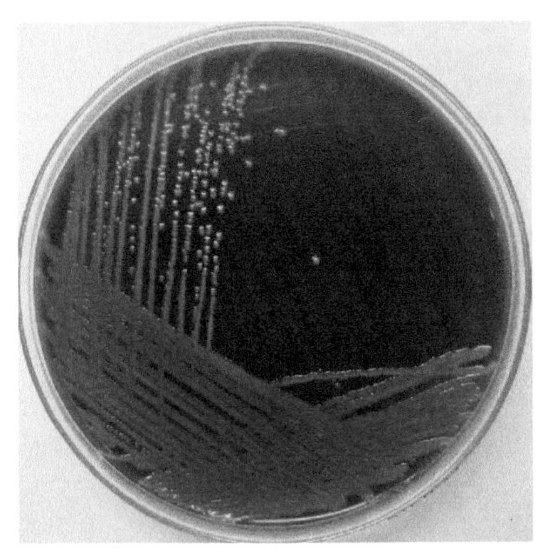

图 8.6.4 人源 ETEC 菌株 H10407 在血平板上的菌落特征

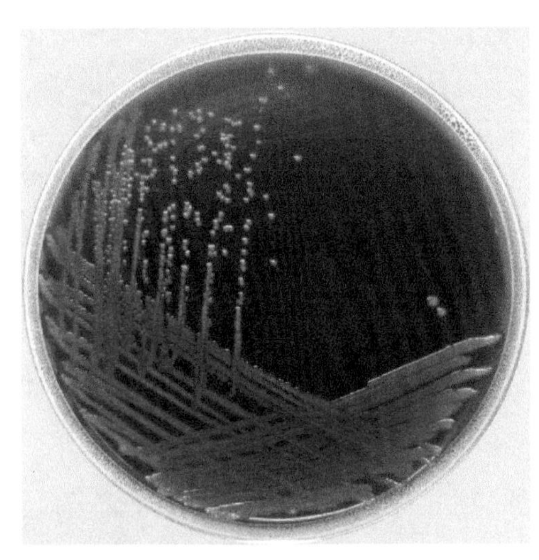

图 8.6.5 猪源 ETEC 菌株 C83902 在血平板上的菌落特征

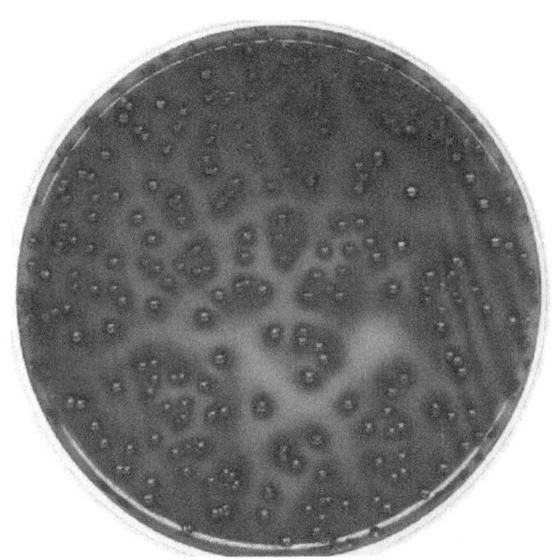

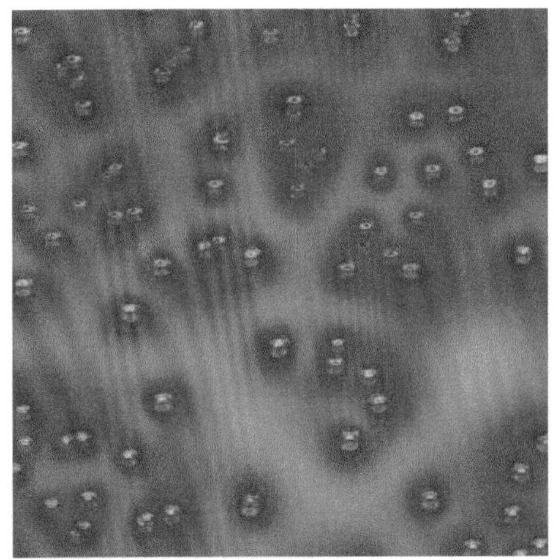

图 8.6.6 大肠埃希氏菌在麦康凯琼脂平板上的菌落特征

图 8.6.7 大肠埃希氏菌和沙门氏菌在麦康凯琼脂平板上的菌落特征比较

左上侧：沙门氏菌；右下侧：大肠埃希氏菌

2. EMB 琼脂平板

在 EMB 琼脂平板上，分解乳糖的典型菌落为中心紫黑色带或不带金属光泽，不分解乳糖的菌落为无色或淡粉色。图 8.6.8A～C 及图 8.6.9 右侧为大肠埃希氏菌，图 8.6.8D～F 和图 8.6.9 左侧为非大肠埃希氏菌。

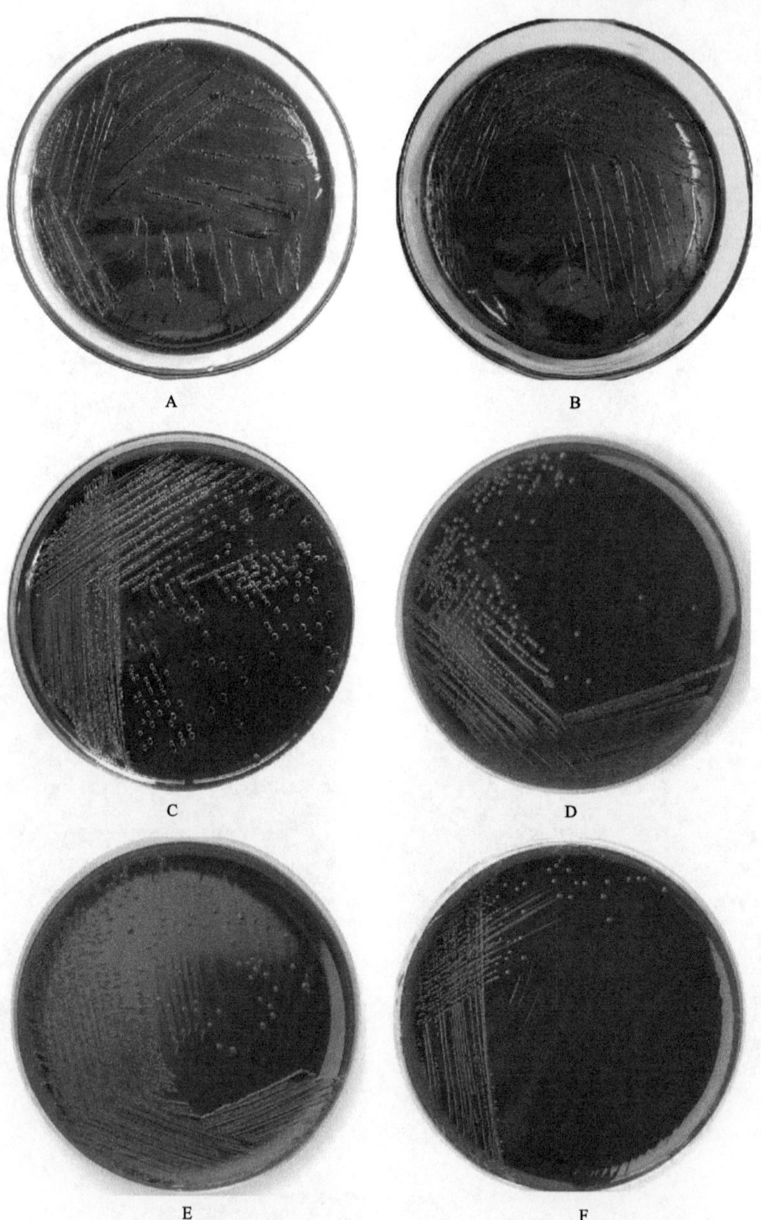


图 8.6.8　大肠埃希氏菌和其他肠道细菌在 EMB 琼脂平板上的菌落特征

A.人源 ETEC 菌株 H10407；B.猪源 ETEC 菌株 C83902；C.大肠埃希氏菌；D.鼠伤寒沙门氏菌；E.产气肠杆菌；F.福氏志贺氏菌

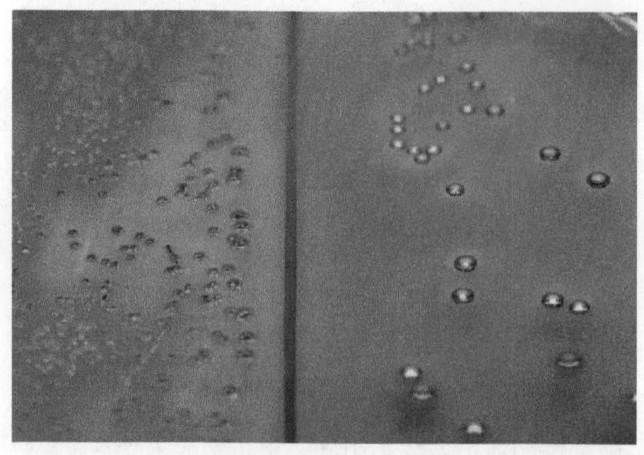

图 8.6.9　阴沟肠杆菌和大肠埃希氏菌在 EMB 琼脂平板上的菌落特征比较

左侧：阴沟肠杆菌；右侧：大肠埃希氏菌

3. 胆硫乳琼脂平板

大肠埃希氏菌在 DHL 琼脂平板上形成红色、半透明的菌落(图 8.6.10，图 8.6.11)。

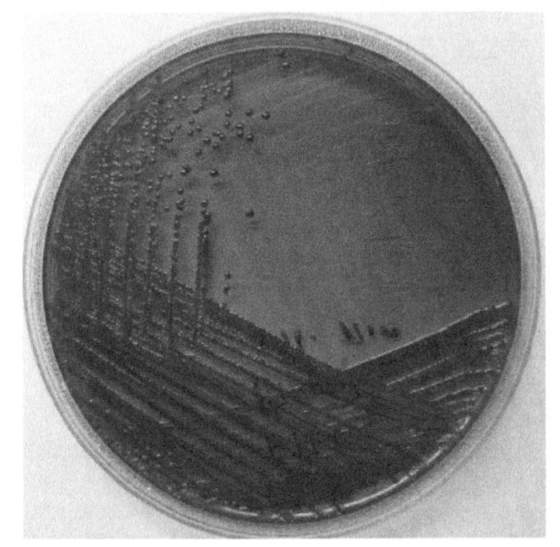

图 8.6.10 人源 ETEC 菌株 H10407 在 DHL 琼脂平板上的菌落特征

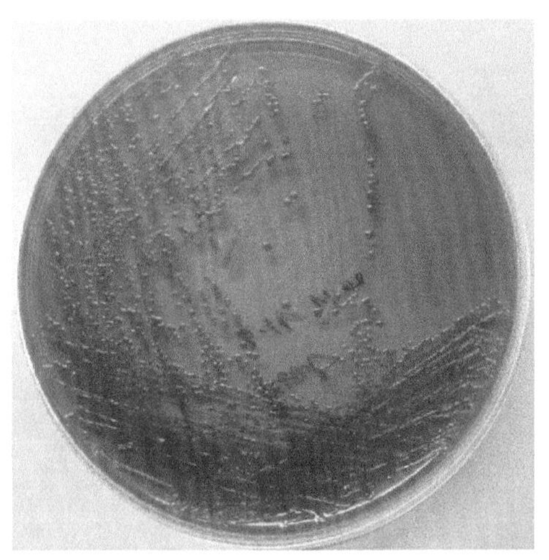

图 8.6.11 猪源 ETEC 菌株 C83902 在 DHL 琼脂平板上的菌落特征

4. SS 琼脂平板

大肠埃希氏菌在 SS 琼脂平板上多不生长，少数生长的细菌因发酵乳糖产酸可形成红色菌落(图 8.6.12，图 8.6.13)。

图 8.6.12 人源 ETEC 菌株 H10407 在 SS 琼脂平板上的菌落特征

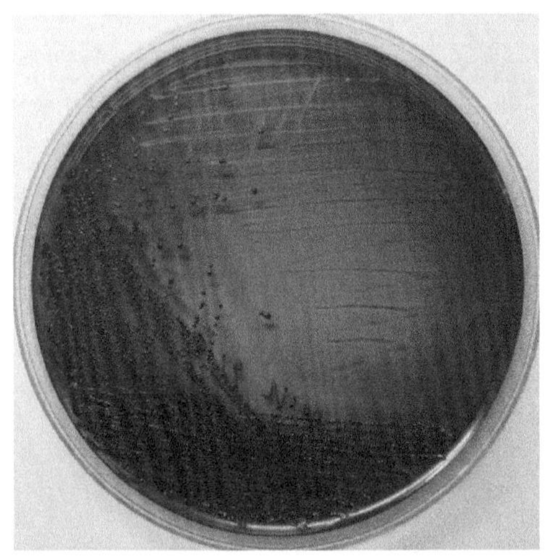

图 8.6.13 猪源 ETEC 菌株 C83902 在 SS 琼脂平板上的菌落特征

## 三、生化特性

大肠埃希氏菌接种三糖铁(TSI)琼脂斜面后，能够导致琼脂底部变黄，通常在底部还会产生气体，但不产生 $H_2S$；吲哚和甲基红试验均为阳性；柠檬酸盐利用试验为阴性。

(一)三糖铁琼脂

用接种针将培养好的细菌穿刺接种于三糖铁琼脂培养基中，(36±1)℃培养 18～24h，能够导致琼脂底部变黄，通常在底部还会产生气体(图 8.6.14，图 8.6.15)。

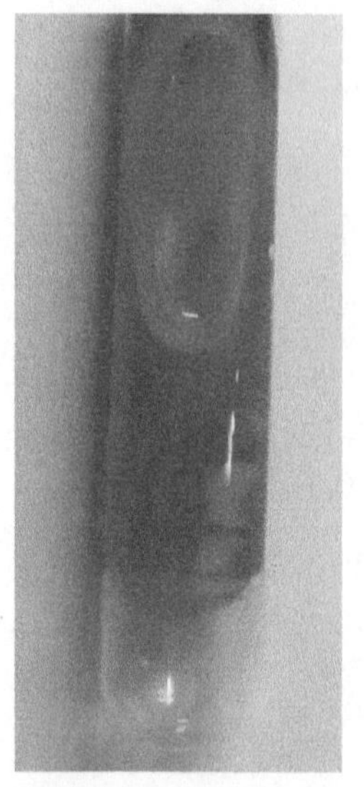

图 8.6.14　人源 ETEC 菌株 H10407 在三糖铁琼脂中的特征

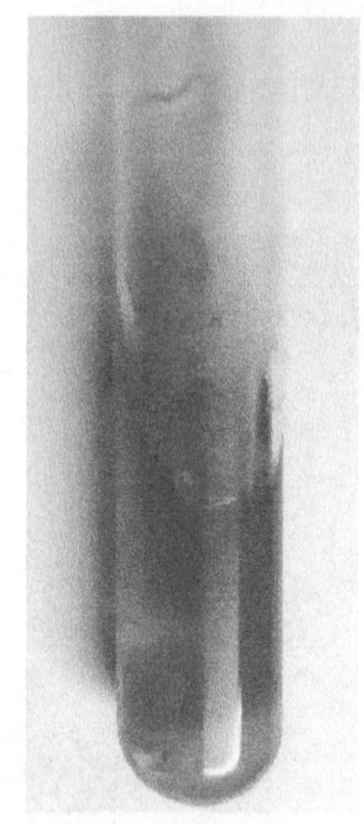

图 8.6.15　猪源 ETEC 菌株 C83902 在三糖铁琼脂中的特征

（二）发酵试验

将细菌用接种针分别接种到葡萄糖、蔗糖、乳糖、麦芽糖、甘露醇等微量发酵管中，开口朝下置于灭菌培养皿中，(36±1)℃培养 24h，可见培养基变黄且发酵管底部有气室的为产酸产气菌。ETEC 菌株发酵试验的结果见图 8.6.16。

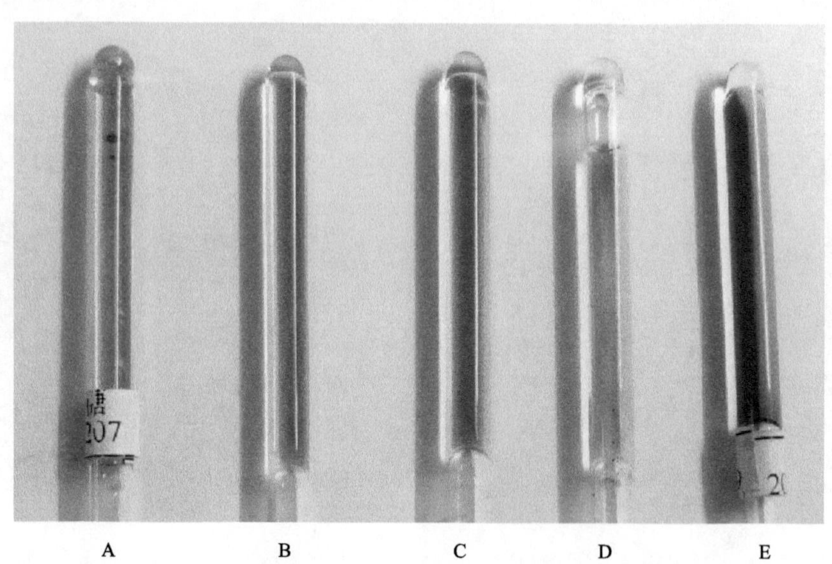


图 8.6.16　ETEC 菌株发酵试验的特征

A.葡萄糖；B.蔗糖；C.乳糖；D.麦芽糖；E.甘露醇

（三）VITEK®2GN 鉴定试验

VITEK®2GN 鉴定卡（REF.21341）是一种即用型一次性密闭系统，借助 VITEK 2 COMPACT 微生物鉴定和药敏分析系统，能够快速、准确地鉴定多种革兰氏阴性肠杆菌科、非肠杆菌科等致病性病原体（表 8.6.1）。图 8.6.17 和图 8.6.18 分别为人源 ETEC 菌株 H10407 和猪源 ETEC 菌株 C83902 的 VITEK 鉴定结果。

表 8.6.1 鉴定卡卡槽成分表

| 孔号 | 缩写 | 英文名称 | 中文名称 | 孔号 | 缩写 | 英文名称 | 中文名称 |
|---|---|---|---|---|---|---|---|
| 2 | APPA | Ala-Phe-Pro-arylamidase | 丙氨酸-苯丙氨酸-脯氨酸芳胺酶 | 33 | SAC | saccharose/sucrose | 蔗糖 |
| 3 | ADO | adonitol | 侧金盏花醇 | 34 | dTAG | D-tagatose | D-塔格糖 |
| 4 | PyrA | L-pyrrolydonyl-arylamidase | 吡咯烷基芳胺酶 | 35 | dTRE | D-trehalose | D-海藻糖 |
| 5 | lARL | L-arabitol | L-阿拉伯醇 | 36 | CIT | citrate (sodium) | 柠檬酸盐(钠) |
| 7 | dCEL | D-cellobiose | D-纤维二糖 | 37 | MNT | malonate | 丙二酸盐 |
| 9 | BGAL | beta-galactosidase | $\beta$-半乳糖苷酶 | 39 | 5KG | 5-keto-D-gluconate | 5-酮-葡萄糖苷 |
| 10 | $H_2S$ | $H_2S$ production | $H_2S$ 产生 | 40 | lLATk | L-lactate alkalinisation | 乳酸盐产碱 |
| 11 | BNAG | beta-*N*-acetyl-glucosaminidase | $\beta$-*N*-乙酰葡萄糖苷酶 | 41 | AGLU | alpha-glucosidase | $\alpha$-葡萄糖苷酶 |
| 12 | AGLTp | glutamyl arylamidase pNA | 谷氨酰芳胺酶 | 42 | SUCT | succinate alkalinisation | 琥珀酸盐产碱 |
| 13 | dGLU | D-glucose | D-葡萄糖 | 43 | NAGA | beta-*N*-acetyl-galactosaminidase | *N*-乙酰-$\beta$-半乳糖胺酶 |
| 14 | GGT | gamma-glutamyl-transferase | $\gamma$-谷氨酰转移酶 | 44 | AGAL | alpha-galactosidase | $\alpha$-半乳糖苷酶 |
| 15 | OFF | fermentation/glucose | 葡萄糖发酵 | 45 | PHOS | phosphatase | 磷酸酶 |
| 17 | BGLU | beta-glucosidase | $\beta$-葡萄糖苷酶 | 46 | GlyA | glycine arylamidase | 氨基乙酸芳胺酶 |
| 18 | dMAL | D-maltose | D-麦芽糖 | 47 | ODC | ornithine decarboxylase | 鸟氨酸脱羧酶 |
| 19 | dMAN | D-mannitol | D-甘露醇 | 48 | LDC | lysine decarboxylase | 赖氨酸脱羧酶 |
| 20 | dMNE | D-mannose | D-甘露糖 | 52 | ODEC | decarboxylase base | 脱羧酶阴性控制 |
| 21 | BXYL | beta-xylosidase | $\beta$-木糖苷酶 | 53 | lHISa | L-histidine assimilation | 组氨酸同化 |
| 22 | BAlap | beta-alanine arylamidase pNA | $\beta$-丙氨酸芳胺酶 | 56 | CMT | courmarate | Courmarate |
| 23 | ProA | L-proline arylamidase | L-脯氨酸芳胺酶 | 57 | BGUR | beta-glucuronidase | $\beta$-葡糖苷酸酶 |
| 26 | LIP | lipase | 脂酶 | 58 | O129R | O/129 resistance (comp.vibrio.) | O/129 耐受 |
| 27 | PLE | palatinose | 古老糖 | 59 | GGAA | Glu-Gly-Arg-arylamidase | 谷氨酸-甘氨酸-精氨酸芳胺酶 |
| 29 | TyrA | tyrosine arylamidase | 酪氨酸芳胺酶 | 61 | lMLTa | L-malate assimilation | L-苹果酸盐同化 |
| 31 | URE | urease | 尿素酶 | 62 | ELLM | ellman | ellman |
| 32 | dSOR | D-sorbitol | D-山梨醇 | 64 | lLATa | L-lactate assimilation | L-乳酸盐同化 |

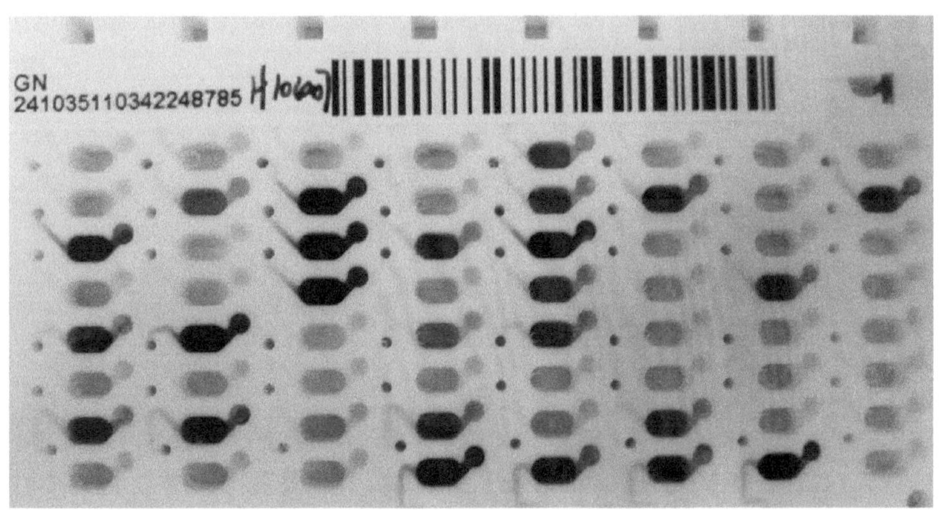

| 生化细目 | | | | | | | | | | | | | | | | | |
|---|---|---|---|---|---|---|---|---|---|---|---|---|---|---|---|---|---|
| 2 | APPA | − | 3 | ADO | + | 4 | PyrA | − | 5 | IARL | − | 7 | dCEL | − | 9 | BGAL | + |
| 10 | H2S | − | 11 | BNAG | − | 12 | AGLTp | − | 13 | dGLU | + | 14 | GGT | − | 15 | OFF | + |
| 17 | BGLU | − | 18 | dMAL | + | 19 | dMAN | + | 20 | dMNE | + | 21 | BXYL | − | 22 | BAlap | − |
| 23 | ProA | − | 26 | LIP | − | 27 | PLE | − | 29 | TyrA | + | 31 | URE | − | 32 | dSOR | + |
| 33 | SAC | + | 34 | dTAG | − | 35 | dTRE | + | 36 | CIT | − | 37 | MNT | − | 39 | 5KG | − |
| 40 | lLATk | + | 41 | AGLU | − | 42 | SUCT | + | 43 | NAGA | − | 44 | AGAL | (−) | 45 | PHOS | − |
| 46 | GlyA | − | 47 | ODC | − | 48 | LDC | + | 53 | lHISa | − | 56 | CMT | + | 57 | BGUR | + |
| 58 | O129R | + | 59 | GGAA | − | 61 | lMLTa | − | 62 | ELLM | − | 64 | lLATa | − | | | |

图 8.6.17　人源 ETEC 菌株 H10407 在革兰氏阴性细菌鉴定卡上的特征

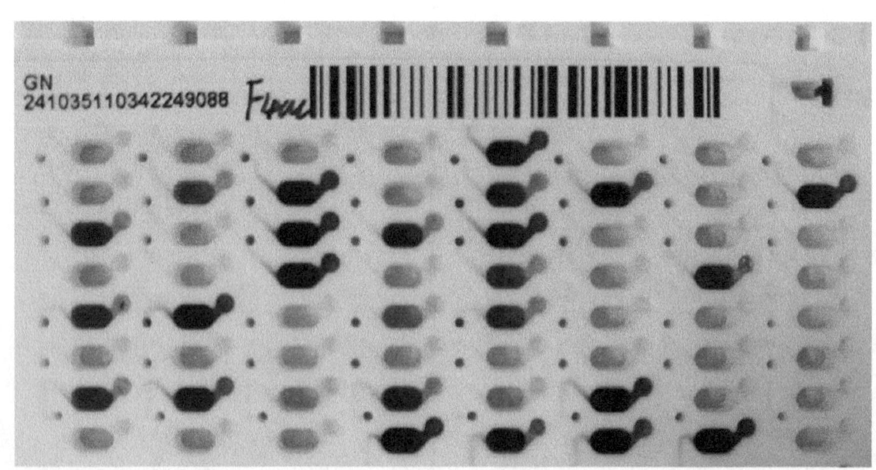


| 生化细目 | | | | | | | | | | | | | | | | | |
|---|---|---|---|---|---|---|---|---|---|---|---|---|---|---|---|---|---|
| 2 | APPA | − | 3 | ADO | − | 4 | PyrA | − | 5 | IARL | − | 7 | dCEL | − | 9 | BGAL | + |
| 10 | H2S | − | 11 | BNAG | − | 12 | AGLTp | − | 13 | dGLU | + | 14 | GGT | − | 15 | OFF | + |
| 17 | BGLU | − | 18 | dMAL | + | 19 | dMAN | + | 20 | dMNE | + | 21 | BXYL | − | 22 | BAlap | − |
| 23 | ProA | − | 26 | LIP | − | 27 | PLE | − | 29 | TyrA | + | 31 | URE | − | 32 | dSOR | + |
| 33 | SAC | + | 34 | dTAG | − | 35 | dTRE | + | 36 | CIT | − | 37 | MNT | − | 39 | 5KG | − |
| 40 | lLATk | + | 41 | AGLU | − | 42 | SUCT | + | 43 | NAGA | − | 44 | AGAL | + | 45 | PHOS | + |
| 46 | GlyA | − | 47 | ODC | + | 48 | LDC | + | 53 | lHISa | − | 56 | CMT | + | 57 | BGUR | + |
| 58 | O129R | + | 59 | GGAA | − | 61 | lMLTa | − | 62 | ELLM | − | 64 | lLATa | − | | | |

图 8.6.18　猪源 ETEC 菌株 C83902 在革兰氏阴性细菌鉴定卡上的特征

## 四、PCR 确认

致泻大肠埃希氏菌的特征性基因见表 5.2.3。五种致泻大肠埃希氏菌中各特征性基因的 PCR 电泳图见图 5.2.16。

适用标准：GB 4789.6—2016 食品安全国家标准 食品微生物学检验 致泻大肠埃希氏菌检验

# 第七节　副溶血性弧菌

副溶血性弧菌(*Vibrio parahaemolyticus*)广泛分布于海水环境中，因此可在鱼、虾、贝类海产品中分离到，特别是在死亡后的鱼、贝类中可大量繁殖。一旦食用被其污染的海产品，轻则会引起肠胃炎、脓毒血症，重则会出现意识不清、血压下降，甚至可能危及生命。副溶血性弧菌已成为我国沿海地区细菌性食物中毒的首要食源性病原菌，此菌对酸敏感，对热的抵抗力也较弱。

《伯杰细菌鉴定手册》将其列为细菌界变形菌门 Y-变形菌纲弧菌目弧菌科弧菌属副溶血性弧菌种。

现行检测方法有 GB 4789.7—2013(食品安全国家标准 食品微生物学检验 副溶血性弧菌检验)、SN/T 2424—2010(进出口食品中副溶血性弧菌快速及鉴定检测方法 实时荧光 PCR 方法)、SN/T 2754.5—

2011[出口食品中致病菌环介导恒温扩增(LAMP)检测方法 第 5 部分：副溶血性弧菌]、SN/T 4603—2016(出口食品及水体中产毒副溶血性弧菌常见致病基因检测方法 多重 PCR 及多重实时荧光 PCR 法)、SN/T 4525.3—2016（出口食品中致病菌的分子分型 MLST 方法 第 3 部分：副溶血性弧菌)、FDA 的检测方法等。

## 一、形态学特征

副溶血性弧菌为革兰氏阴性菌，呈棒状、弧状、卵圆状等多种形态，无芽胞，有鞭毛(图 8.7.1)。

## 二、培养特征

本菌具有嗜盐性，在营养琼脂平板中加入适量 NaCl 即可生长，生长所需最适 NaCl 浓度为 3.5%，在无盐培养基中不能生长。

### (一)非选择性培养基

1. 3.5%氯化钠营养琼脂平板

副溶血性弧菌在 3.5%氯化钠营养琼脂平板中的菌落通常隆起，圆形、半透明，表面光滑、湿润(图 8.7.2)。

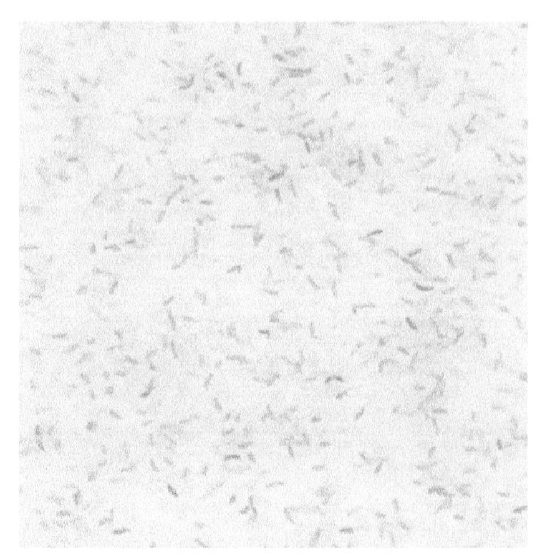

图 8.7.1 副溶血性弧菌 ATCC 17802 革兰氏染色光学显微镜照片(1000×)

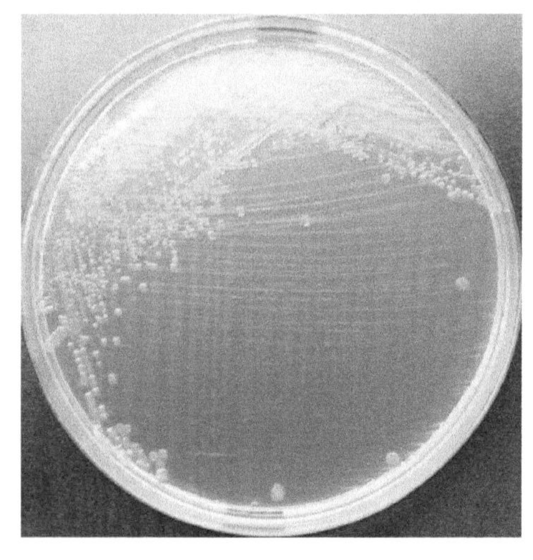

图 8.7.2 副溶血性弧菌 ATCC 17802 在 3.5%氯化钠营养琼脂平板上的菌落特征

2. 3%氯化钠胰蛋白胨大豆琼脂平板

副溶血性弧菌在 3%氯化钠胰蛋白胨大豆琼脂平板上的菌落为无色、半透明(图 8.7.3)。

3. 血平板

(36±1)℃培养 18～24h，副溶血性弧菌呈灰白色菌落(图 8.7.4)。

### (二)选择性培养基

1. 硫代硫酸盐-柠檬酸盐-胆盐-蔗糖琼脂平板

在硫代硫酸盐-柠檬酸盐-胆盐-蔗糖(TCBS)琼脂平板上，(36±1)℃培养 18～24h，副溶血性弧菌不发酵蔗糖，呈圆形、半透明、表面光滑的绿色菌落，用接种环轻触，有类似口香糖的质感，直径 2～3mm (图 8.7.5)。而霍乱弧菌和溶藻弧菌发酵蔗糖，呈黄色菌落(图 8.7.6，图 8.7.7)。

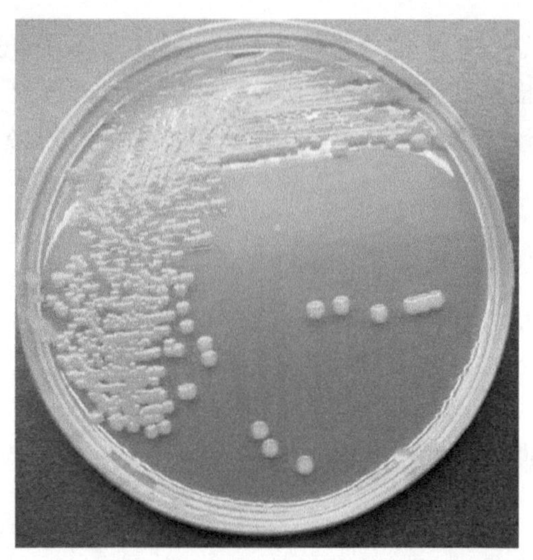

图 8.7.3　副溶血性弧菌 ATCC 17802 在 3%氯化钠胰蛋白胨大豆琼脂平板上的菌落特征

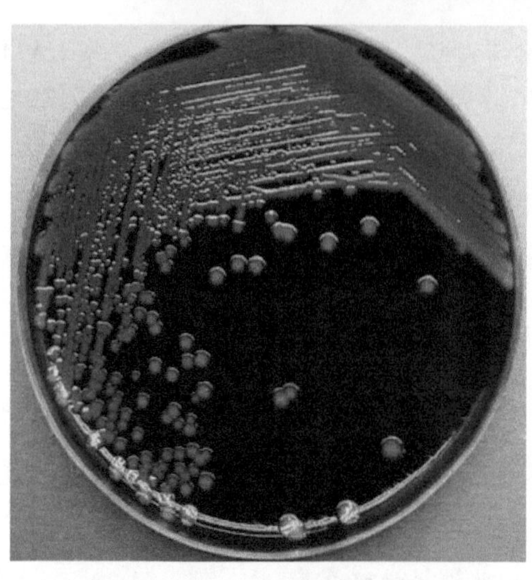

图 8.7.4　副溶血性弧菌 ATCC 17802 在血平板上的菌落特征

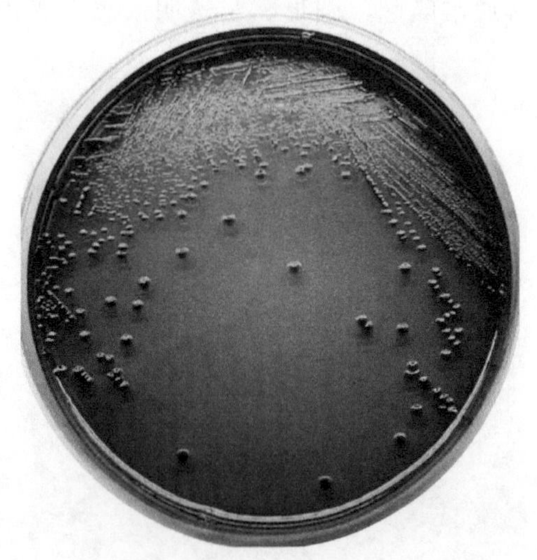

图 8.7.5　副溶血性弧菌在 TCBS 琼脂平板上的菌落特征（北京陆桥技术股份有限公司供图）

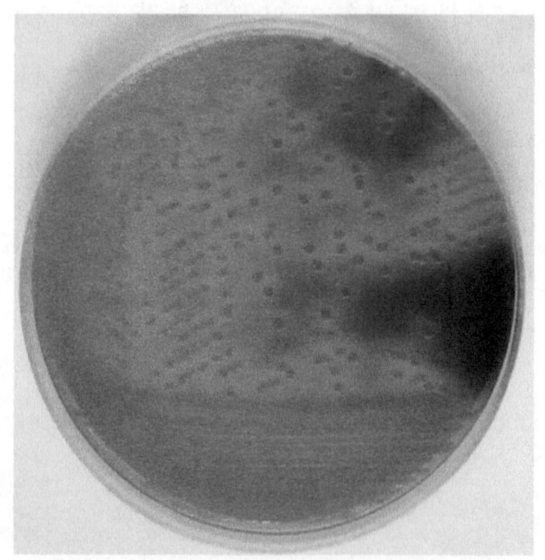

图 8.7.6　霍乱弧菌在 TCBS 琼脂平板上的菌落特征（北京陆桥技术股份有限公司供图）

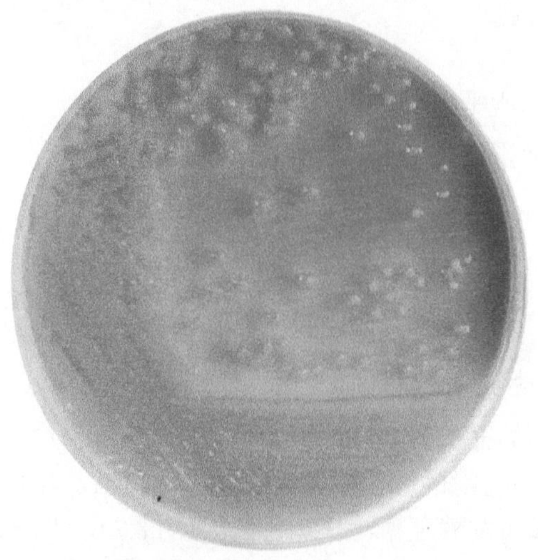

图 8.7.7　溶藻弧菌在 TCBS 琼脂平板上的菌落特征（北京陆桥技术股份有限公司供图）

2. 弧菌显色培养基

在弧菌显色培养基上，(36±1)℃培养 18～24h，呈紫色菌落(图 8.7.8)，而创伤弧菌呈蓝绿色菌落(图 8.7.9)。

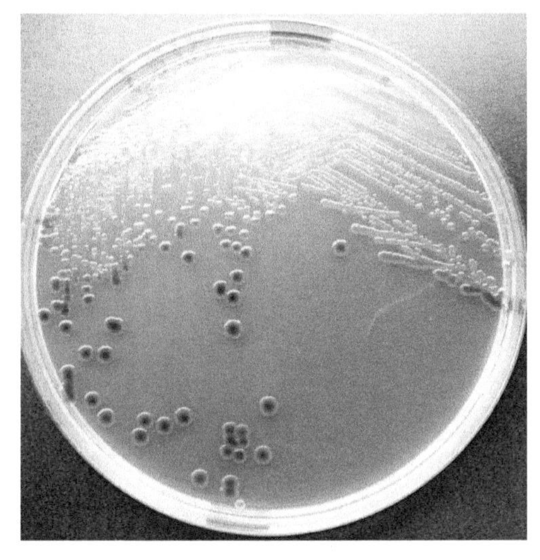

图 8.7.8 副溶血性弧菌 ATCC 17802 在弧菌显色培养基上的菌落特征

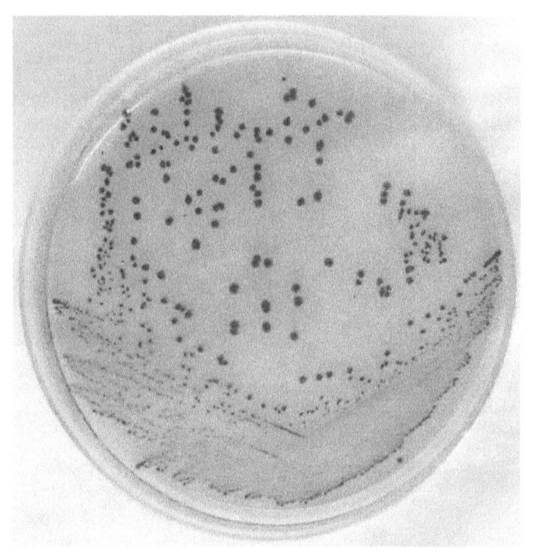

图 8.7.9 创伤弧菌在弧菌显色培养基上的菌落特征

## 三、生化特性

### (一)微量生化管

副溶血性弧菌 ATCC 17802 的生化性状见图 8.7.10。

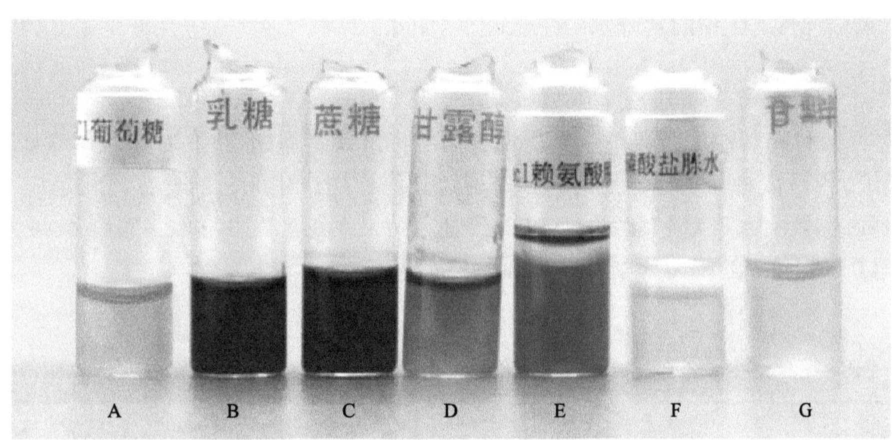


图 8.7.10 副溶血性弧菌 ATCC 17802 的生化结果

A.葡萄糖(+)；B.乳糖(–)；C.蔗糖(–)；D.甘露醇(+)；E.赖氨酸脱羧酶(+)；F.V-P(–)；G.ONPG(–)

### (二)3%氯化钠三糖铁

副溶血性弧菌 ATCC 178023 在 3% NaCl TSI 琼脂上的特征为底层变黄不变黑，无气泡，斜面颜色不变或红色加深(图 8.7.11)。

### (三)动力试验

副溶血性弧菌有动力，沿穿刺线扩散生长(图 8.7.12)。

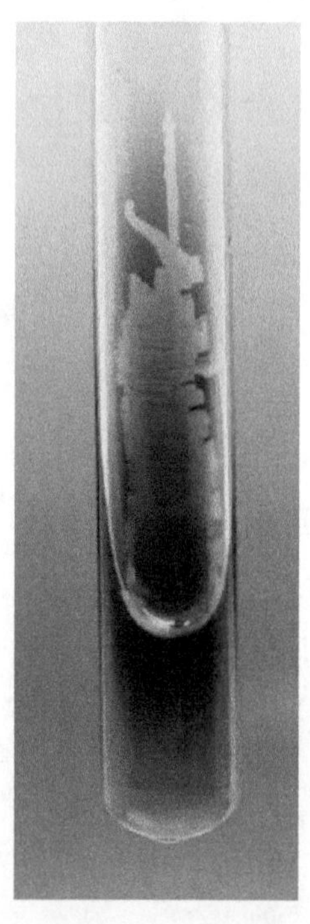

图 8.7.11　副溶血性弧菌 ATCC 178023 在 3% NaCl TSI 琼脂上的穿刺生长特征

图 8.7.12　副溶血性弧菌 ATCC 178023 在 3% NaCl 半固体琼脂上的穿刺生长特征

（四）嗜盐性试验

挑取纯培养的单个可疑菌落，分别接种 0%、3%、6%、8%、10%不同氯化钠浓度的胰胨水，在(36±1)℃条件下培养 24h，观察液体浑浊情况。副溶血性弧菌在无氯化钠和 10%氯化钠的胰胨水中不生长或微弱生长，在 3%、6%、8%氯化钠的胰胨水中生长旺盛(图 4.5.2)。

（五）API 20E

API 20E 是肠杆菌科和其他非苛养革兰氏阴性杆菌的标准鉴定系统，由 20 个含干燥底物的小管组成。这些测定管用细菌悬浮液接种。培养一定时间后，通过代谢作用产生颜色的变化，或是加入试剂后变色而观察其结果。副溶血性弧菌 ATCC 17802 的 API 20E 鉴定结果见图 8.7.13 和表 8.7.1。经与 API 微生物系统比对，生化谱为 4 0 6 6 1 0 4 的细菌为副溶血性弧菌(77.5%)。

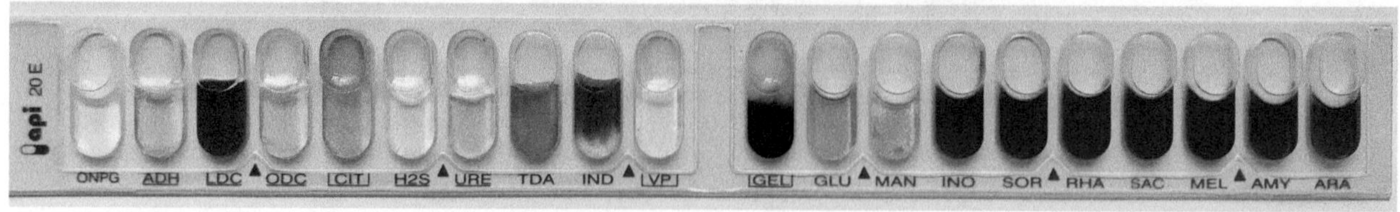


图 8.7.13　副溶血性弧菌 ATCC 17802 API 20E 图谱

**表 8.7.1　副溶血性弧菌 ATCC 17802 API 20E 图谱结果**

| 位数 | 第 1 位数 | | | 第 2 位数 | | | 第 3 位数 | | | 第 4 位数 | | | 第 5 位数 | | | 第 6 位数 | | | 第 7 位数 | | |
|---|---|---|---|---|---|---|---|---|---|---|---|---|---|---|---|---|---|---|---|---|---|
| 生化反应 | ONPG | ADH | LDC | ODC | CIT | H2S | URE | TDA | IND | VP | GEL | GLU | MAN | INO | SOR | RHA | SAC | MEL | AMY | ARA | OX |
| 生化反应分值 | 1 | 2 | 4 | 1 | 2 | 4 | 1 | 2 | 4 | 1 | 2 | 4 | 1 | 2 | 4 | 1 | 2 | 4 | 1 | 2 | 4 |
| 反应结果 | – | – | + | – | – | – | – | + | + | – | + | + | + | – | – | – | – | – | – | – | + |
| 应得数值 | 0 | 0 | 4 | 0 | 0 | 0 | 0 | 2 | 4 | 0 | 2 | 4 | 1 | 0 | 0 | 0 | 0 | 0 | 0 | 0 | 4 |
| 组合编码 | | 4 | | | 0 | | | 6 | | | 6 | | | 1 | | | 0 | | | 4 | |

适用标准：GB 4789.7—2013 食品安全国家标准 食品微生物学检验 副溶血性弧菌检验

## 第八节 小肠结肠炎耶尔森氏菌

小肠结肠炎耶尔森氏菌(*Yersinia enterocolitica*)是一种人畜共患食源性病菌，广泛分布于自然界。人类经口感染引起肠道感染性疾病，潜伏期为摄食后3～7d，病程一般为1～3d，主要症状表现为发热、腹痛、呕吐、腹泻、关节炎、败血症等。该菌是一种嗜冷菌，0～4℃仍可繁殖并产生毒素，引起急性肠胃炎型食物中毒，又称“冰箱病”，在寒冷的季节较为常见，属于全球性疾病。因此，放在冰箱中的食物需加热后再食用。

《伯杰细菌鉴定手册》将其列为细菌界变形菌门Y-变形菌纲肠杆菌目肠杆菌科耶尔森氏菌属小肠结肠炎耶尔森氏菌种。

现行检测方法有 GB 4789.8—2016(食品安全国家标准 食品微生物学检验 小肠结肠炎耶尔森氏菌检验)、SN/T 2754.6—2011[出口食品中致病菌环介导恒温扩增(LAMP)检测方法 第6部分：小肠结肠炎耶尔森氏菌]、SN/T 4525.10—2016(出口食品中致病菌的分子分型 MLST 方法 第10部分：小肠结肠炎耶尔森氏菌)。

### 一、形态学特征

小肠结肠炎耶尔森氏菌为革兰氏阴性球杆菌，有时呈椭圆形或杆状，无芽胞，无荚膜，大小为(0.8～3.0)μm×0.8μm，有周鞭毛，但其鞭毛在(30±1)℃以下培养条件下才形成，温度较高时即丧失，因此表现为(30±1)℃以下有动力，而(35±1)℃以上无动力。小肠结肠炎耶尔森氏菌革兰氏染色光学显微镜照片见图8.8.1。

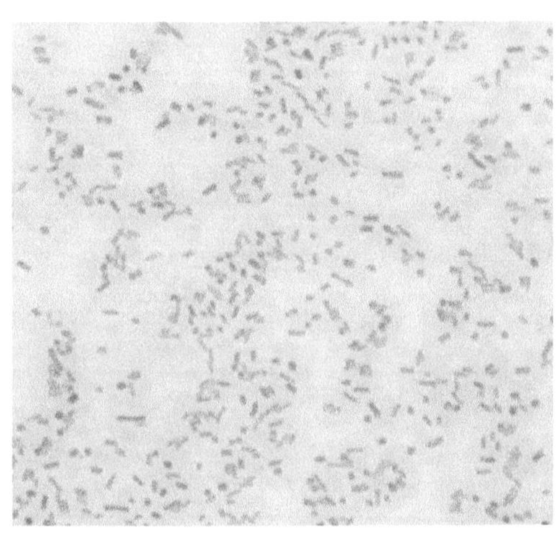

图8.8.1 小肠结肠炎耶尔森氏菌革兰氏染色光学显微镜照片(1000×)

### 二、培养特征

(一)非选择性培养基

1. 普通营养琼脂平板

小肠结肠炎耶尔森氏菌在普通营养琼脂平板上，(26±1)℃培养48h，呈无色、透明的小菌落(图8.8.2)。

2. 血平板

小肠结肠炎耶尔森氏菌在血平板上，(26±1)℃培养48h，呈圆形、湿润、凸起的灰白色菌落(图8.8.3)。

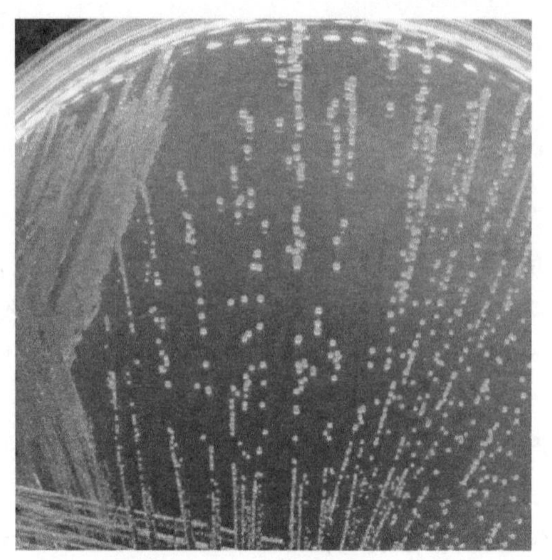

图 8.8.2 小肠结肠炎耶尔森氏菌 ATCC 23715 在普通营养琼脂平板上的菌落特征

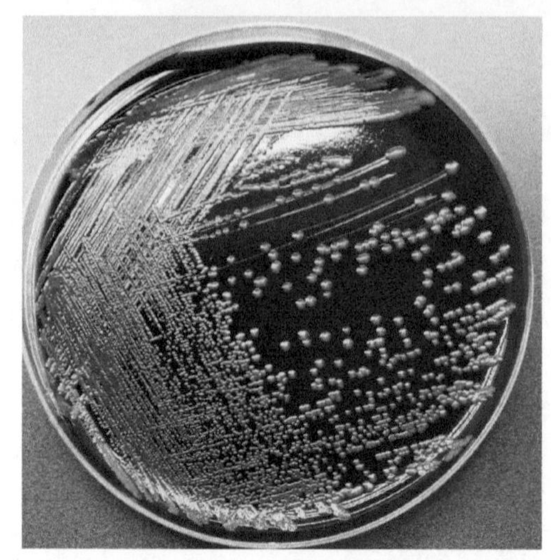

图 8.8.3 小肠结肠炎耶尔森氏菌 ATCC 23715 在血平板上的菌落特征

（二）选择性培养基

1. Cepulodin Irgasan Novobiocin-1 琼脂平板

小肠结肠炎耶尔森氏菌在 Cepulodin Irgasan Novobiocin（CIN）-1 琼脂平板上，(26±1)℃培养 48h，形成深红色中心、周围具有无色透明圈（红色牛眼状）菌落，菌落大小为 1～2mm（图 8.8.4）。

2. 改良 Y 琼脂平板

小肠结肠炎耶尔森氏菌在改良 Y 琼脂平板上，(26±1)℃培养 48h，呈无色透明、不黏稠的菌落，大肠埃希氏菌呈圆形、粉色菌落（图 8.8.5）。

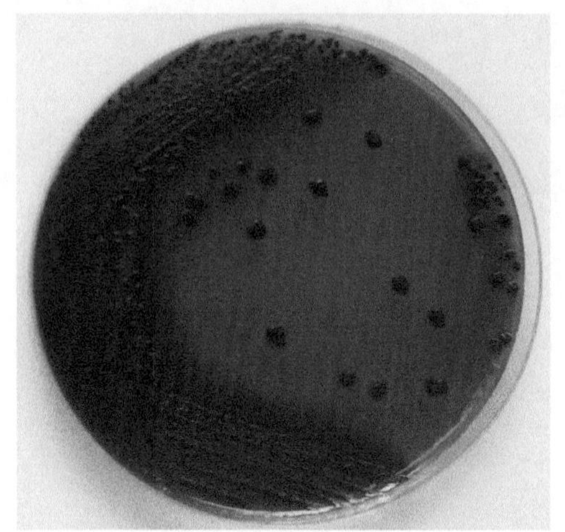

图 8.8.4 小肠结肠炎耶尔森氏菌 ATCC 52204 在 CIN-1 琼脂平板上的菌落特征（北京陆桥技术股份有限公司供图）

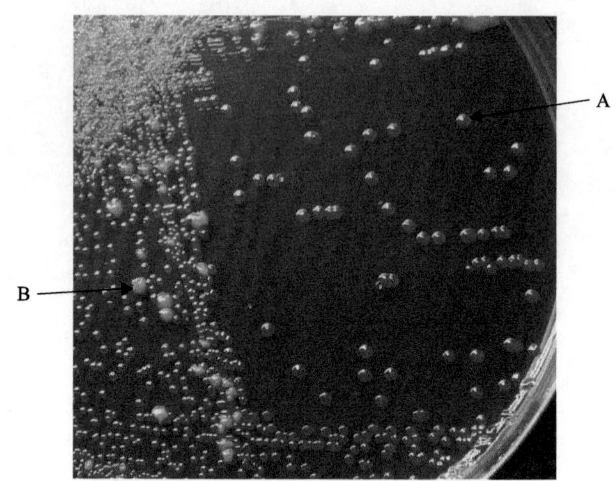


图 8.8.5 改良 Y 琼脂平板上的菌落特征
A.小肠结肠炎耶尔森氏菌 ATCC 17802；B.大肠埃希氏菌 ATCC 25922

## 三、生化特性

（一）改良克氏双糖试验

在(26±1)℃条件下培养 24h，斜面和底部皆变黄且不产气（图 8.8.6）。

（二）动力试验

将菌种分别接种于两管半固体培养基中，于(26±1)℃和(36±1)℃培养 24h。该菌在(26±1)℃有动力，沿穿刺线扩散生长，而在(36±1)℃无动力，沿穿刺线生长(图 8.8.7)。

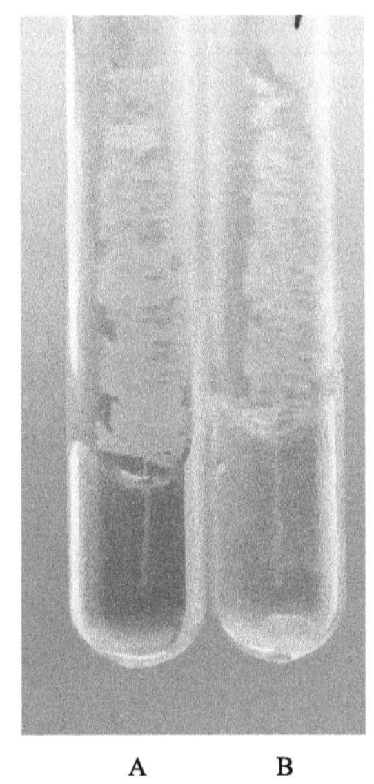

A B

图 8.8.6 小肠结肠炎耶尔森氏菌 ATCC 23715 改良克氏双糖试验结果

A.(26±1)℃培养；B.(36±1)℃培养

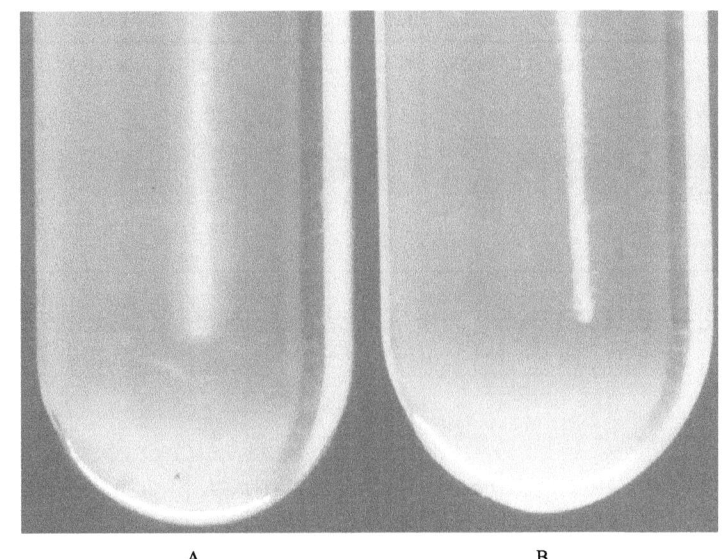

A B

图 8.8.7 小肠结肠炎耶尔森氏菌 ATCC 23715 动力试验结果

A.(26±1)℃培养；B.(36±1)℃培养

(三)微量生化鉴定管

小肠结肠炎耶尔森氏菌的生化试验结果见图 8.8.8。

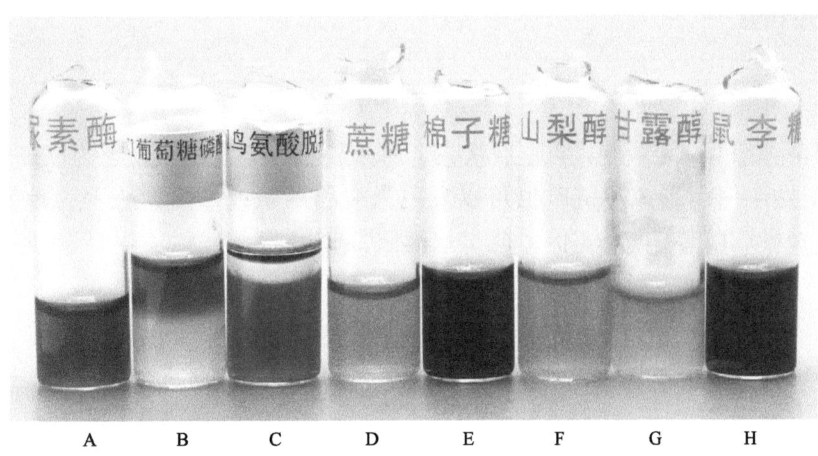


A B C D E F G H

图 8.8.8 小肠结肠炎耶尔森氏菌 ATCC 23715 的生化试验结果

A.尿素酶(+)；B.V-P(+)；C.鸟氨酸脱羧酶(+)；D.蔗糖(+)；E.棉子糖(–)；F.山梨醇(+)；G.甘露醇(+)；H.鼠李糖(–)

(四)API 20E

小肠结肠炎耶尔森氏菌 ATCC 23715 的 API 20E 鉴定结果见图 8.8.9 和表 8.8.1。经与 API 微生物系统比对，生化谱为 1 1 5 4 7 2 3 的细菌为小肠结肠炎耶尔森氏菌(92.5%)。

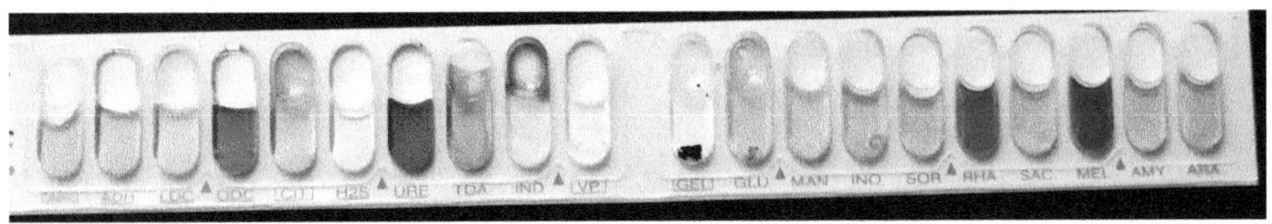

图 8.8.9 小肠结肠炎耶尔森氏菌 ATCC 23715 API 20E 图谱

GLU(硝酸盐还原试验)添加了锌粒

表 8.8.1　小肠结肠炎耶尔森氏菌 ATCC 23715 API 20E 图谱结果

| 位数 | 第 1 位数 | | | 第 2 位数 | | | 第 3 位数 | | | 第 4 位数 | | | 第 5 位数 | | | 第 6 位数 | | | 第 7 位数 | | |
|---|---|---|---|---|---|---|---|---|---|---|---|---|---|---|---|---|---|---|---|---|---|
| 生化反应 | ONPG | ADH | LDC | ODC | CIT | H2S | URE | TDA | IND | VP | GEL | GLU | MAN | INO | SOR | RHA | SAC | MEL | AMY | ARA | OX |
| 生化反应分值 | 1 | 2 | 4 | 1 | 2 | 4 | 1 | 2 | 4 | 1 | 2 | 4 | 1 | 2 | 4 | 1 | 2 | 4 | 1 | 2 | 4 |
| 反应结果 | + | − | − | + | − | − | + | − | + | − | − | + | + | + | + | − | + | − | + | + | − |
| 应得数值 | 1 | 0 | 0 | 1 | 0 | 0 | 1 | 0 | 4 | 0 | 0 | 4 | 1 | 2 | 4 | 0 | 2 | 0 | 1 | 2 | 0 |
| 组合编码 | | 1 | | | 1 | | | 5 | | | 4 | | | 7 | | | 2 | | | 3 | |

适用标准：GB 4789.8—2016 食品安全国家标准 食品微生物学检验 小肠结肠炎耶尔森氏菌检验

## 第九节　空肠弯曲菌

空肠弯曲菌(*Campylobacter jejuni*)是可引起人和动物急性肠道传染病的一种微需氧革兰氏阴性弯曲菌，为近十多年来引起人们广泛注意的一种食源性病原菌，被认为是引起全世界人类细菌性腹泻的主要原因。

《伯杰细菌鉴定手册》(第九版)(英文版)中将其列为变形菌纲弯曲菌目弯曲菌科弯曲菌属的一个种。

弯曲菌属广泛散布在各种动物体内，其中以家禽、野禽和家畜带菌最多，在啮齿类动物中也分离出了弯曲菌，污染水源或食物后可引起腹泻的暴发流行。

检测空肠弯曲菌的现行方法有 ISO 10272—2017 的检测和计数两个部分、FDA 的检测方法、美国农业部食品安全检验局(FSIS)的检测方法、GB 4789.9—2014(食品安全国家标准 食品微生物学检验 空肠弯曲菌检验)和 SN 0175—1992。

### 一、形态学特征

空肠弯曲菌的菌体细长，无芽胞，呈逗点状、弧形、螺旋形，有荚膜，大小为(0.2～0.8)μm×(0.5～5)μm(图 8.9.1)。当两个细菌形成短链时也可以表现为海鸥翼状或 S 形。鞭毛为单极生，附着于菌体一端或两端，鞭毛长可达菌体的 2～3 倍，能呈快速直线或螺旋体状运动，具有特征性的螺旋状运动方式。

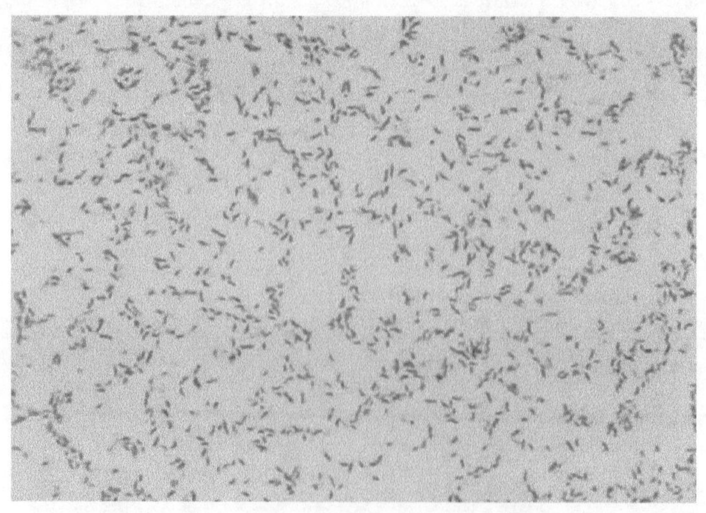

图 8.9.1　空肠弯曲菌 ATCC BAA-1153 革兰氏染色光学显微镜照片(1000×)

（一）光学显微镜照片（图 8.9.1，图 8.9.2）

图 8.9.2 空肠弯曲菌培养时间过长革兰氏染色光学显微镜照片（1000×）
当空肠弯曲菌培养时间过长或长时间暴露于空气中时，菌体会变成球状或球菌状

（二）电子显微镜照片（图 8.9.3，图 8.9.4）

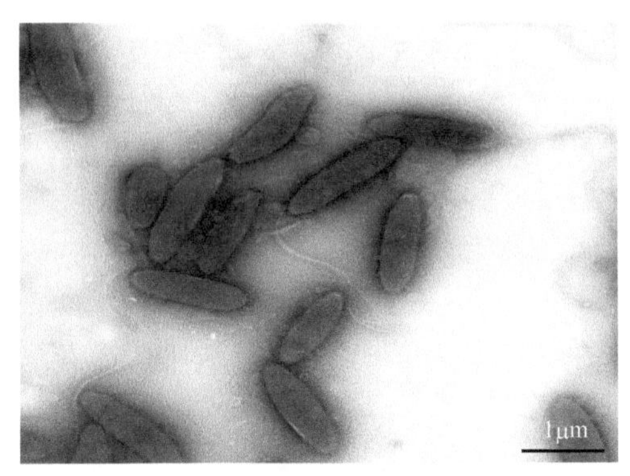


图 8.9.3 空肠弯曲菌电子显微镜照片(13 500×)

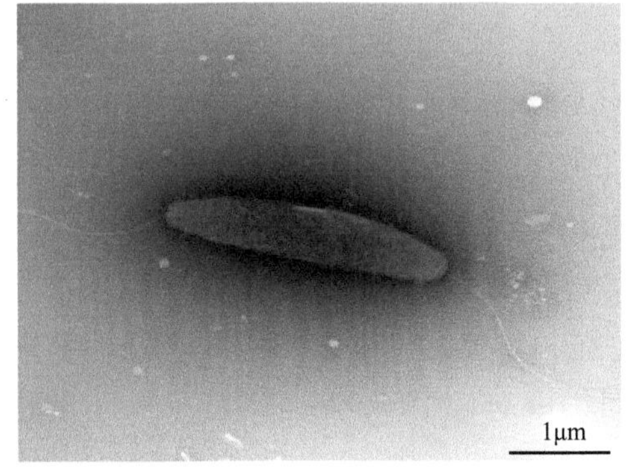


图 8.9.4 空肠弯曲菌电子显微镜照片（46 000×）

## 二、培养特征

本菌为微需氧菌，在大气或厌氧环境中均不生长，在 5% $O_2$、10% $CO_2$ 和 85 %$N_2$ 的环境中生长最为适宜。适宜培养温度为 25～45℃，最适宜温度为（42±1）℃。对营养要求较高，在含有裂解血的培养基内生长良好，常用的培养基有改良 CCD 琼脂（modified charcoal cefoperazone deoxycholate agar，mCCDA）培养基、Campy-Cefex 培养基、Skirrow 琼脂培养基、哥伦比亚血琼脂培养基、科玛嘉显色培养基等。

以下为空肠弯曲菌培养物划线接种于各种琼脂培养基表面，于微需氧条件下（42±1）℃培养 48h 后的菌落特征。

（一）mCCDA 平板

在 mCCDA 平板上，典型菌落带有金属光泽、扁平、湿润，并具有扩散趋势（图 8.9.5）。菌落在较干燥的平板表面扩散相对较弱。也可能出现其他形态的菌落（图 8.9.6）。

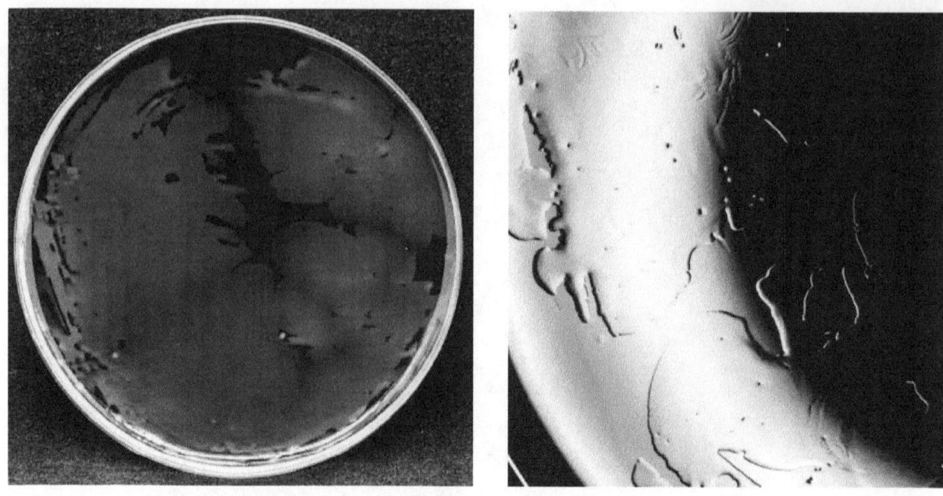

图 8.9.5　空肠弯曲菌 NCTC 11351 在 mCCDA 平板上的菌落特征

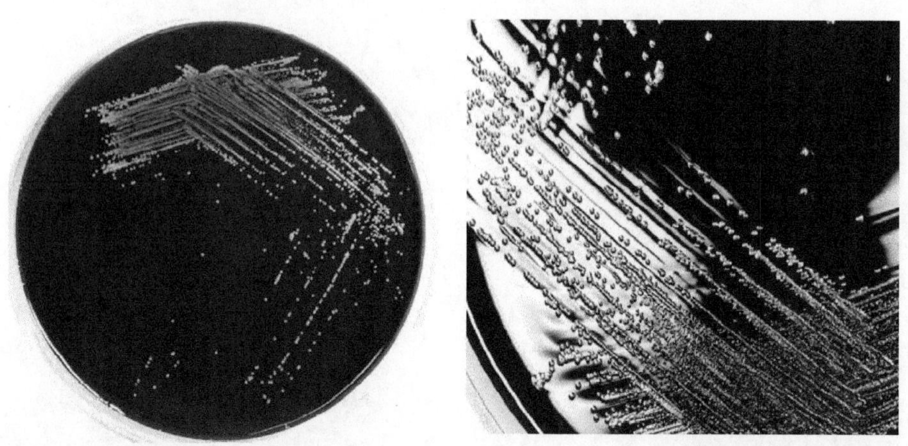

图 8.9.6　空肠弯曲菌 NCTC 13367 在 mCCDA 平板上的菌落特征

（二）Campy-Cefex 培养基

在 Campy-Cefex 平板上，典型菌落呈半透明或黏液样，有反射亮光并呈粉红色，扁平或微微凸起，大小可不同（图 8.9.7，图 8.9.8）。

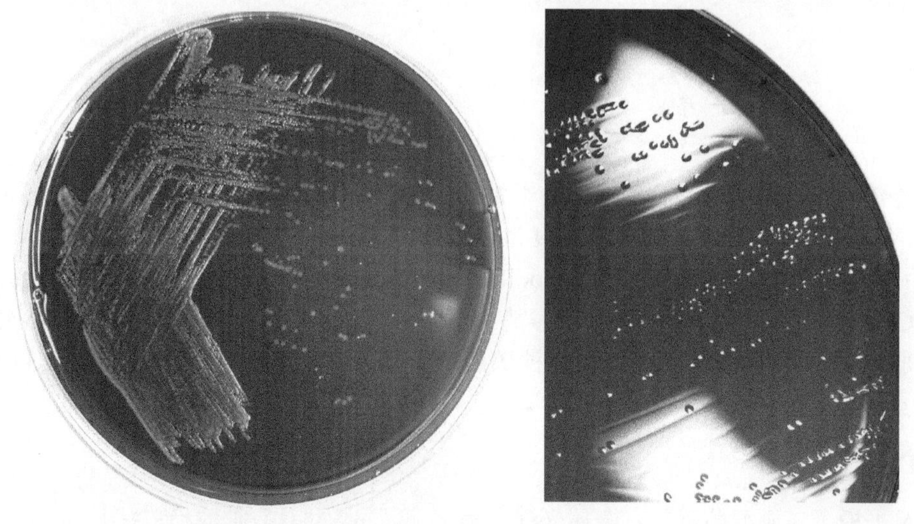

图 8.9.7　空肠弯曲菌 NCTC 11322 在 Campy-Cefex 平板上的菌落特征

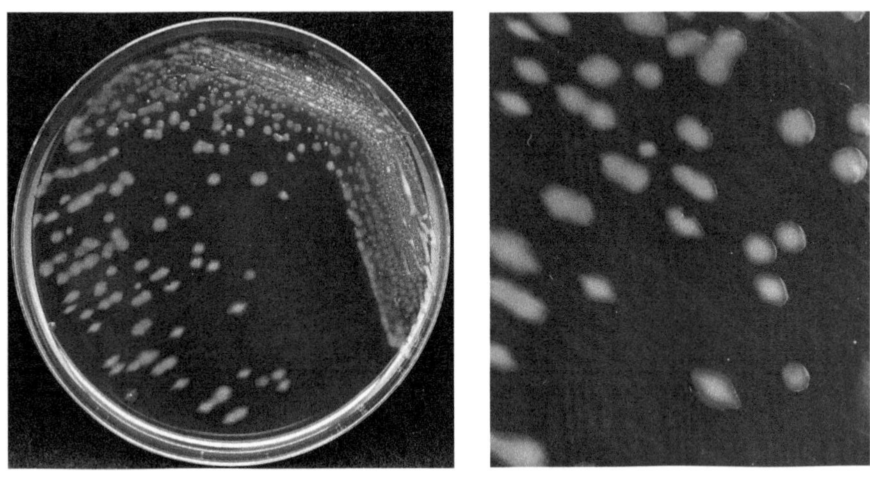

图 8.9.8　空肠弯曲菌 NCTC 11351 在 Campy-Cefex 平板上的菌落特征

(三) Skirrow 琼脂培养基

空肠弯曲菌第一型可疑菌落为灰色、扁平、湿润、有光泽，呈沿接种线向外扩散的倾向；第二型可疑菌落常呈分散凸起的单个菌落，边缘整齐、发亮(图 8.9.9)。

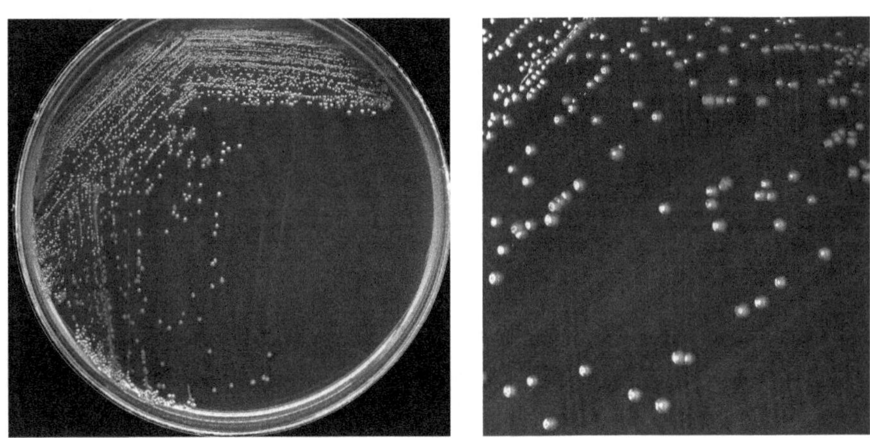

图 8.9.9　空肠弯曲菌 NCTC 11351 在 Skirrow 琼脂平板上的菌落特征

(四) 哥伦比亚血琼脂培养基

在哥伦比亚血琼脂培养基上，典型菌落为半透明、水滴状、有光泽、边缘整齐(图 8.9.10～图 8.9.12)。

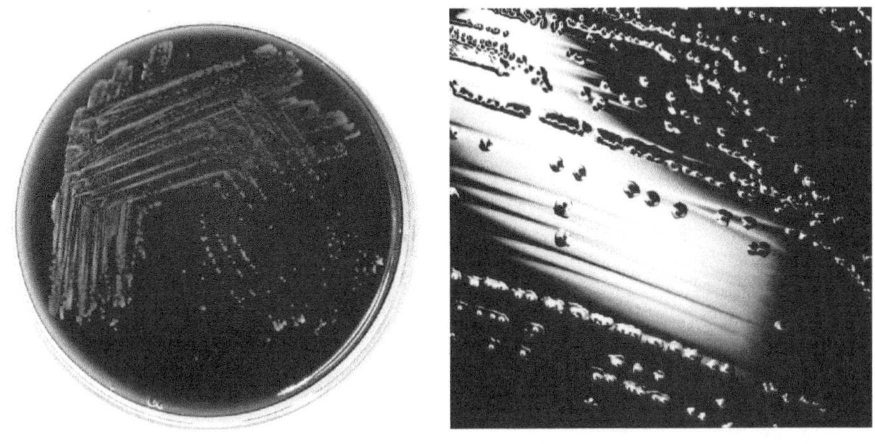

图 8.9.10　空肠弯曲菌 ATCC 49943 在哥伦比亚血琼脂培养基上的菌落特征

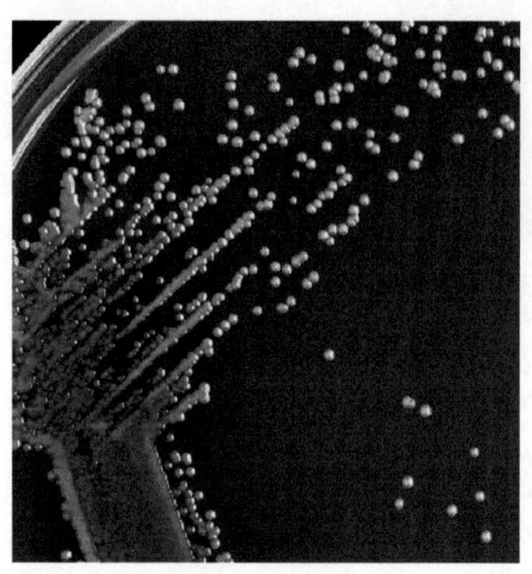
图 8.9.11　空肠弯曲菌 NCTC 11322 在哥伦比亚血琼脂培养基上的菌落特征

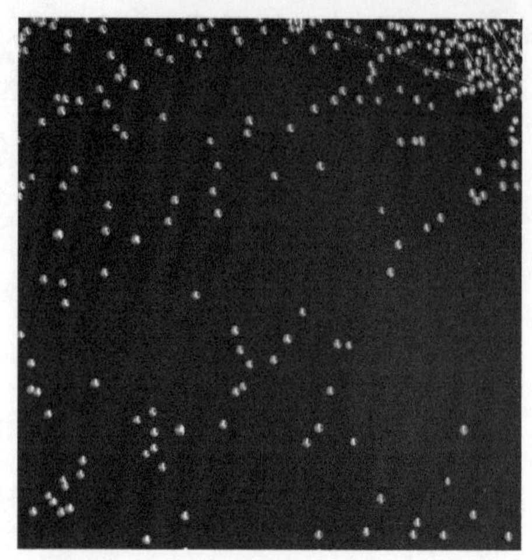
图 8.9.12　空肠弯曲菌 ATCC 43430 在哥伦比亚血琼脂培养基上的菌落特征

(五)科玛嘉显色培养基

在科玛嘉显色培养基上，典型菌落呈玫红色(图 8.9.13)。

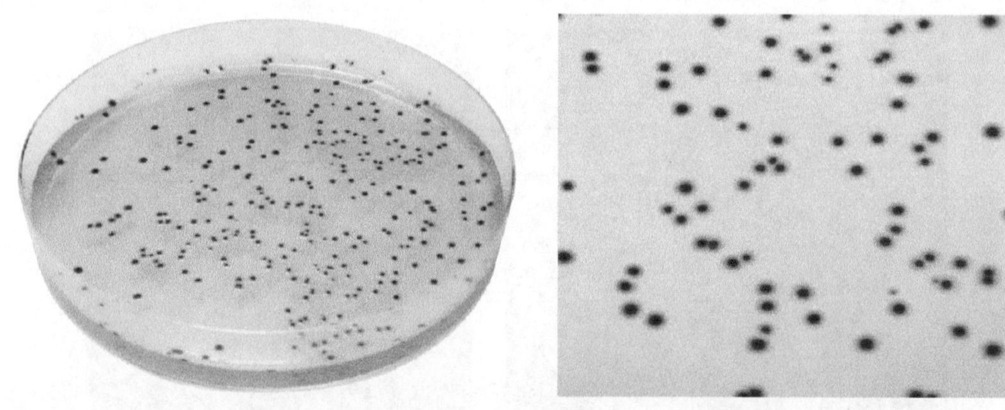
图 8.9.13　空肠弯曲菌在科玛嘉显色培养基上的菌落特征

## 三、生化特性

(一)关键生化特性

空肠弯曲菌的关键生化特性如表 8.9.1 和图 8.9.14 所示。

**表 8.9.1　空肠弯曲菌的关键生化特性**

| 生化指标 | 反应结果 |
| --- | --- |
| 氧化酶试验 | + |
| 过氧化氢酶试验 | + |
| 微需氧条件下(25±1)℃生长试验 | − |
| 有氧条件下(42±1)℃生长试验 | − |
| 马尿酸钠水解试验 | + |
| 吲哚乙酸酯水解试验 | + |

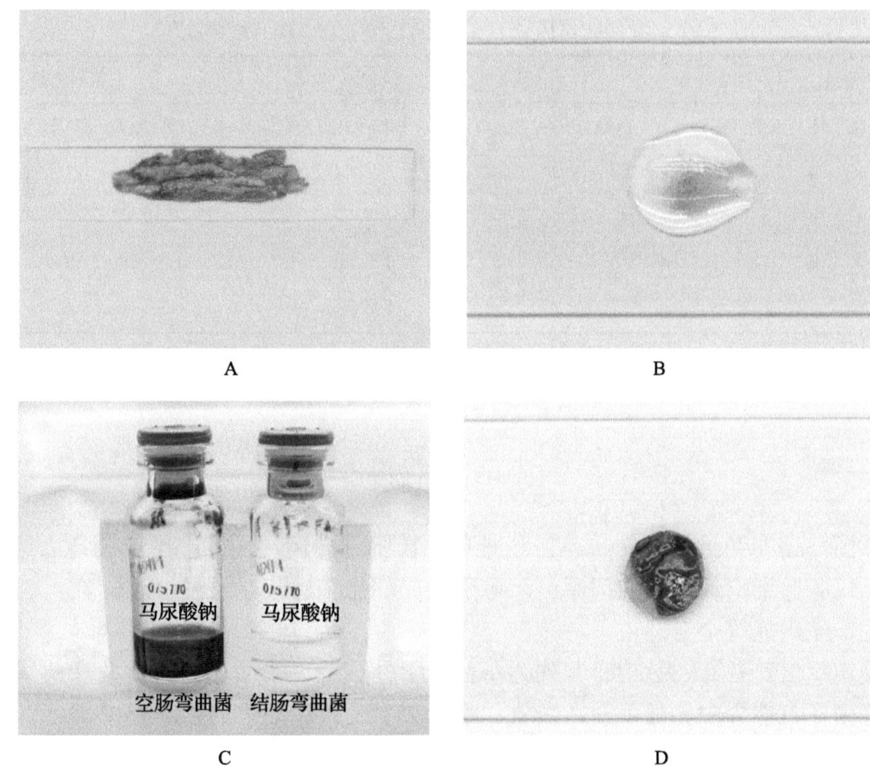


图 8.9.14　空肠弯曲菌的关键生化特性

A.氧化酶试验；B.过氧化氢酶试验；C.马尿酸钠水解试验(对比)；D.吲哚乙酸酯水解试验

(二) API CAMPY

API CAMPY 是弯曲菌(*Campylobacter*)的鉴定系统。API CAMPY 试验条是由 20 个含干粉底物的小管组成的。分两部分：第一部分(酶和常规的测定)用浓度高的悬浮液接种，在培养期间(好氧情况)所产生的代谢最终产物通过直接颜色反应表现或加入试剂后呈现出来。第二部分的试验条(同化或抑制测定)用最低量的培养基接种，培养于微好氧的条件下。在 35～36℃条件下培养 24h，如果它们能利用相应的底物或能抗所测定的抗生素，则细菌能生长。空肠弯曲菌 ATCC 49943 的 API CAMPY 鉴定结果见图 8.9.15 和表 8.9.2。经与 API 微生物系统比对，生化谱为 6 7 1 1 5 4 4 的细菌为空肠弯曲菌(99.9%)。

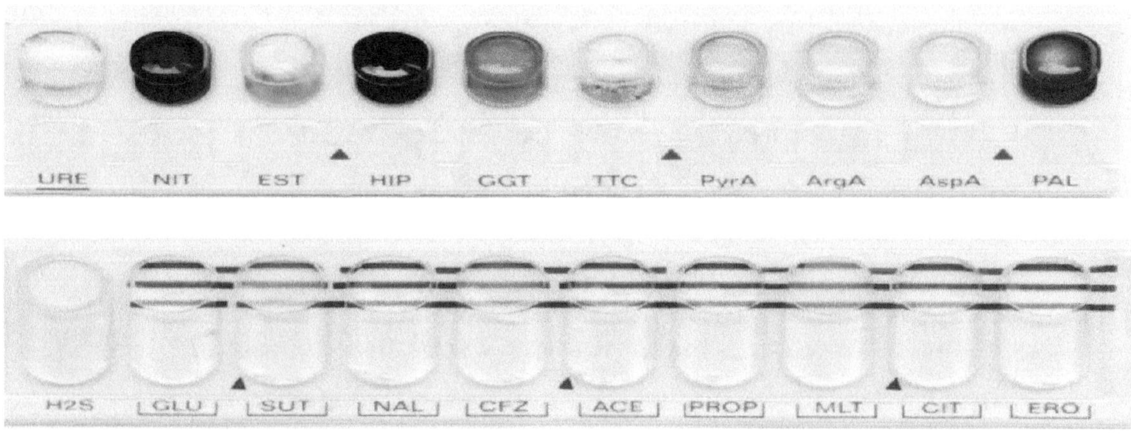


图 8.9.15　空肠弯曲菌 ATCC 49943 API CAMPY 图谱

表 8.9.2　空肠弯曲菌 ATCC 49943 API CAMPY 图谱结果

| 位数 | 第 1 位数 | | | 第 2 位数 | | | 第 3 位数 | | | 第 4 位数 | | | 第 5 位数 | | | 第 6 位数 | | | 第 7 位数 | | |
|---|---|---|---|---|---|---|---|---|---|---|---|---|---|---|---|---|---|---|---|---|---|
| 生化反应 | URE | NIT | EST | HIP | GGT | TTC | PyrA | ArgA | AspA | PAL | H2S | GLU | SUT | NAL | CFZ | ACE | PROP | MLT | CIT | ERO | CAT |
| 生化反应分值 | 1 | 2 | 4 | 1 | 2 | 4 | 1 | 2 | 4 | 1 | 2 | 4 | 1 | 2 | 4 | 1 | 2 | 4 | 1 | 2 | 4 |
| 反应结果 | – | + | + | + | + | + | + | – | – | + | – | – | + | – | + | – | – | + | – | – | + |
| 应得数值 | 0 | 2 | 4 | 1 | 2 | 4 | 1 | 0 | 0 | 1 | 0 | 0 | 1 | 0 | 4 | 0 | 0 | 4 | 0 | 0 | 4 |
| 组合编码 | | 6 | | | 7 | | | 1 | | | 1 | | | 5 | | | 4 | | | 4 | |

适用标准：GB 4789.9—2014 食品安全国家标准 食品微生物学检验 空肠弯曲菌检验

## 第十节　金黄色葡萄球菌

金黄色葡萄球菌(*Staphylococcus aureus*)是一种革兰氏阳性球菌，由其产生的肠毒素可引起食物中毒。另外，其也是人类化脓感染中最常见的病原菌，可引起局部化脓感染，还可引起肺炎、伪膜性肠炎、心包炎等，甚至败血症、脓毒症等全身感染。

《伯杰细菌鉴定手册》(第八版)中将其列为革兰氏阳性球菌，为微球菌科葡萄球菌属的一个种。

金黄色葡萄球菌在自然界中无处不在，空气、水、灰尘及人和动物的排泄物中都可以找到。其引起的食物中毒在世界各地均有发现，常发生于夏秋季节。金黄色葡萄球菌在空气中氧分低时较易产生肠毒素，引起肠毒素的食品主要为肉、奶、鱼、蛋类及其制品等动物源性食品。

检测金黄色葡萄球菌的现行方法有 ISO 6888—2003、FDA(BAM)、GB 4789.10—2016(食品安全国家标准 食品微生物学检验 金黄色葡萄球菌检验)等。

### 一、形态学特征

金黄色葡萄球菌的菌体呈球形，无芽胞、无鞭毛、大多无荚膜，直径 0.8μm 左右，细菌排列呈葡萄串状(图 8.10.1)。

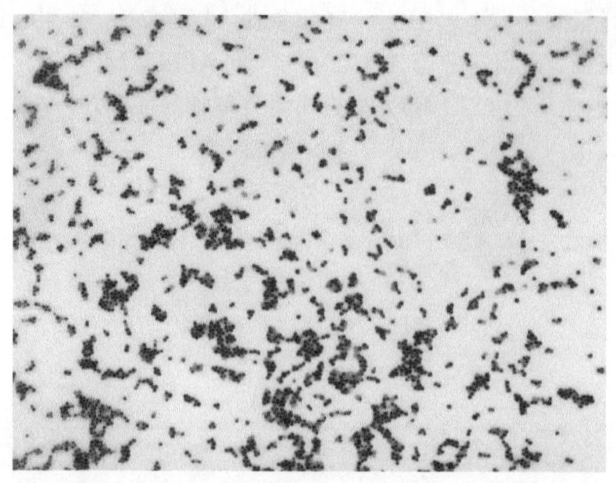

图 8.10.1　金黄色葡萄球菌 ATCC 6538 革兰氏染色光学显微镜照片(1000×)

### 二、培养特征

本菌为需氧或兼性厌氧菌，适宜培养温度为(36±1)℃，有较高的耐盐度，可在 10%～15% NaCl 肉汤中生长。对营养要求较低，在普通营养琼脂培养基上生长良好，常用的培养基有血平板、Baird-Parker(BP)

琼脂培养基、Baird-Parker RPF(BPR)琼脂培养基等。

以下为金黄色葡萄球菌培养物接种于各种琼脂培养基表面，于需氧条件下(36±1)℃培养 48h 后的菌落特征。

(一)血平板

在血平板上，典型菌落较大、较厚，表面光滑、湿润，圆形凸起，金黄色(有时为白色)，直径 1～2mm，菌落周围可见完全透明的β-溶血环(图 8.10.2，图 8.10.3)。

图 8.10.2 金黄色葡萄球菌 ATCC 6538 在血平板上的菌落特征

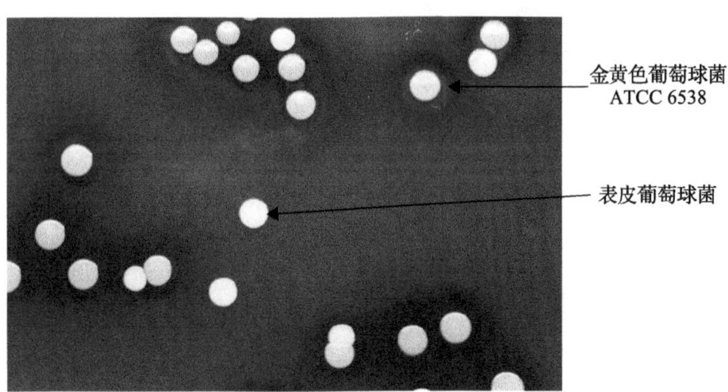


图 8.10.3 金黄色葡萄球菌 ATCC 6538 与其他非溶血性葡萄球菌在血平板上的菌落特征差异

(二)BP 琼脂培养基

在 BP 琼脂培养基上呈圆形凸起，表面光滑、湿润，菌落直径为 2～3mm，颜色呈有光泽的灰黑色至黑色，常有浅色(非白色)的边缘，周围绕有不透明圈(沉淀)，其外常有一条清晰带(图 8.10.4)。

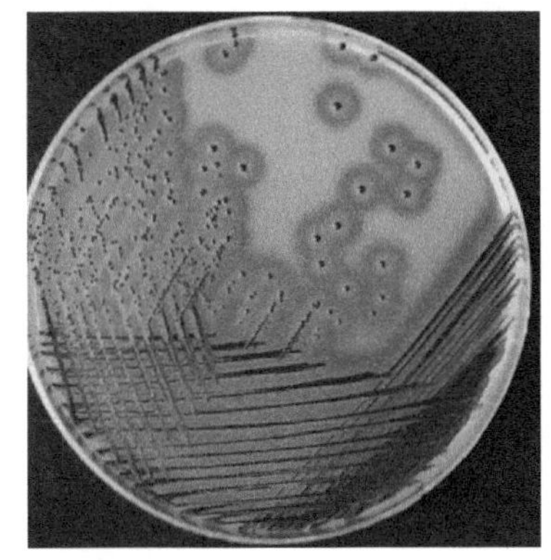

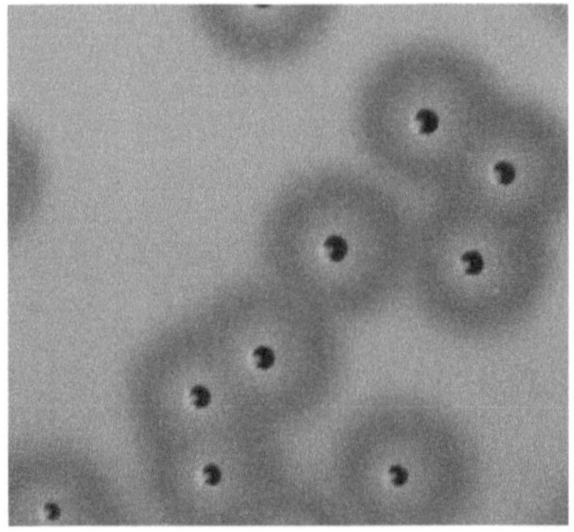

图 8.10.4 金黄色葡萄球菌 ATCC 6538 在 BP 琼脂培养基上的菌落特征(北京陆桥技术股份有限公司供图)

（三）BPR 琼脂培养基

在 BPR 琼脂培养基上呈圆形凸起，表面光滑、湿润，菌落直径为 2～3mm，菌落中心呈有光泽的灰黑色至黑色，周围绕有直径 5～7mm 的不透明圈（沉淀）（图 8.10.5，图 8.10.6）。

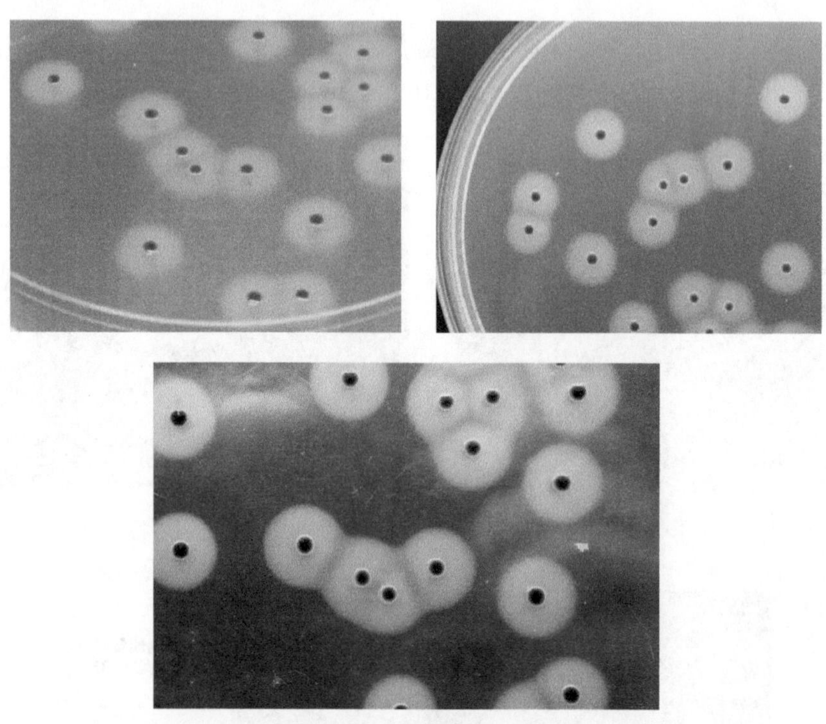

图 8.10.5　金黄色葡萄球菌 ATCC 6538 在 BPR 琼脂培养基上的菌落特征

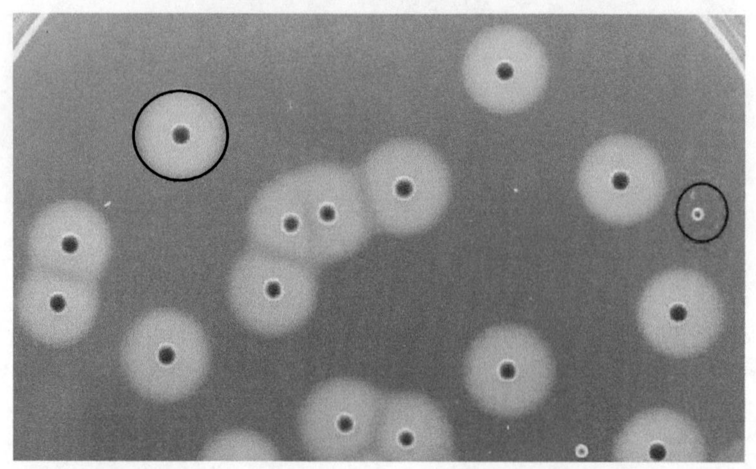

图 8.10.6　金黄色葡萄球菌 ATCC 6538 与其他非溶血性葡萄球菌在 BPR 琼脂培养基上的菌落特征差异
黑色圆圈为血浆凝固酶阳性葡萄球菌（金黄色葡萄球菌），红色圆圈为血浆凝固酶阴性葡萄球菌

## 三、生化特性

（一）血浆凝固酶试验

金黄色葡萄球菌产生的凝固酶可以凝固兔血浆（图 8.10.7）。

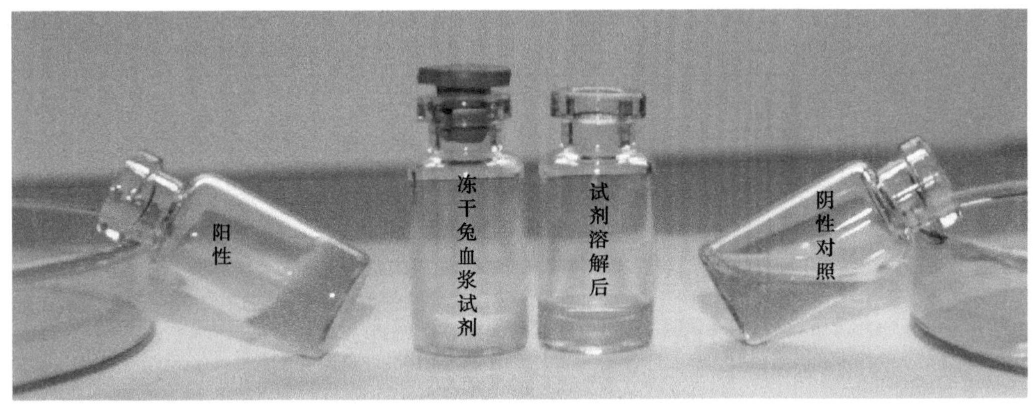


图 8.10.7 金黄色葡萄球菌血浆凝固酶试验（北京陆桥技术股份有限公司供图）

（二）API STAPH

API STAPH 是葡萄球菌属（*Staphylococcus*）和微球菌属（*Micrococcus*）的鉴定系统，由标准化和微型化的生化测定和专门的数据库组成。API STAPH 是由含干燥底物小管的试验条组成的。测定时，每管用由 API STAPH 培养基制成的菌悬液接种试验条。然后，将试验条于（36±1）℃培养 18～24h。

金黄色葡萄球菌 CMCC 26003 API STAPH 鉴定结果见图 8.10.8 和表 8.10.1。鉴定结果应用 API STAPH 分析图谱索引或鉴定软件包。经与 API 微生物系统比对，生化谱为 6 7 3 6 1 5 1 的细菌为金黄色葡萄球菌（98.1%）。

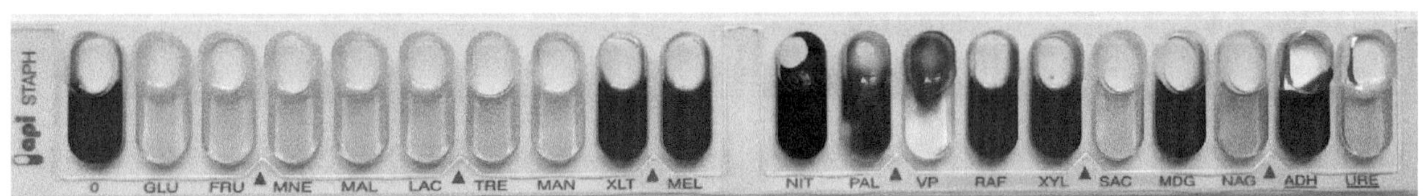


图 8.10.8 金黄色葡萄球菌 CMCC 26003 API STAPH 图谱

**表 8.10.1 金黄色葡萄球菌 CMCC 26003 API STAPH 图谱结果**

| 位数 | 第 1 位数 | | | 第 2 位数 | | | 第 3 位数 | | | 第 4 位数 | | | 第 5 位数 | | | 第 6 位数 | | | 第 7 位数 | | |
|---|---|---|---|---|---|---|---|---|---|---|---|---|---|---|---|---|---|---|---|---|---|
| 生化反应 | 0 | GLU | FRU | MNE | MAL | LAC | TRE | MAN | XLT | MEL | NIT | PAL | VP | RAF | XYL | SAC | MDG | NAG | ADH | URE | LSTR |
| 生化反应分值 | 1 | 2 | 4 | 1 | 2 | 4 | 1 | 2 | 4 | 1 | 2 | 4 | 1 | 2 | 4 | 1 | 2 | 4 | 1 | 2 | 4 |
| 反应结果 | – | + | + | + | + | + | + | + | – | – | + | + | + | – | – | + | – | + | + | – | – |
| 应得数值 | 0 | 2 | 4 | 1 | 2 | 4 | 1 | 2 | 0 | 0 | 2 | 4 | 1 | 0 | 0 | 1 | 0 | 4 | 1 | 0 | 0 |
| 组合编码 | | 6 | | | 7 | | | 3 | | | 6 | | | 1 | | | 5 | | | 1 | |

适用标准：GB 4789.10—2016 食品安全国家标准 食品微生物学检验 金黄色葡萄球菌检验

## 第十一节 β 型溶血性链球菌

链球菌属（*Streptococcus*）细菌广泛存在于自然界，大多数不致病，某些可引起人类严重疾病，如化脓性炎症、毒素性疾病和超敏反应性疾病等。根据链球菌在血琼脂培养基上的溶血特征可分为三种不同类型：有草绿色溶血环的称为 α(甲)型溶血性链球菌，为条件致病菌；呈透明溶血环的称为 β(乙)型溶血性链球菌，致病力强，可引起多种疾病；不溶血的称为 γ(丙)型链球菌，一般不致病。其中 β 型溶血性链球菌存在于水、空气、尘埃、粪便及健康人和动物的口腔、鼻腔、咽喉中，可通过直接接触、空气飞沫传播或通过皮肤、黏膜伤口感染，被污染的食品如奶、肉、蛋及其制品也会对人类进行感染。上呼吸道感染患者、人畜化脓性感染部位常成为食品污染的来源。食品中 β 型溶血性链球菌的现行检测方法主要依据 GB 4789.11—2014(食品安全国家标准 食品微生物学检验 β 型溶血性链球菌检验)。

## 一、形态学特征

链球菌呈球形或卵圆形，直径为 0.6～1.0μm，呈链状排列，长短不一，短者由 4～8 个菌细胞组成，长者由 20～30 个菌细胞组成，链的长短与细菌的种类及生长环境有关，革兰氏染色阳性(图 8.11.1)。在液体培养基中易成长链，固体培养基中常成短链，由于链球菌能产生脱链酶，因此正常情况下链球菌的链不能无限制地延长。按照 GB 4789.11—2014 所规定的检测方法，β 型溶血性链球菌包括能够产生 β 型溶血的化脓(或 A 群)链球菌(*Streptococcus pyogenes*)和无乳(或 B 群)链球菌(*Streptococcus agalactiae*)。

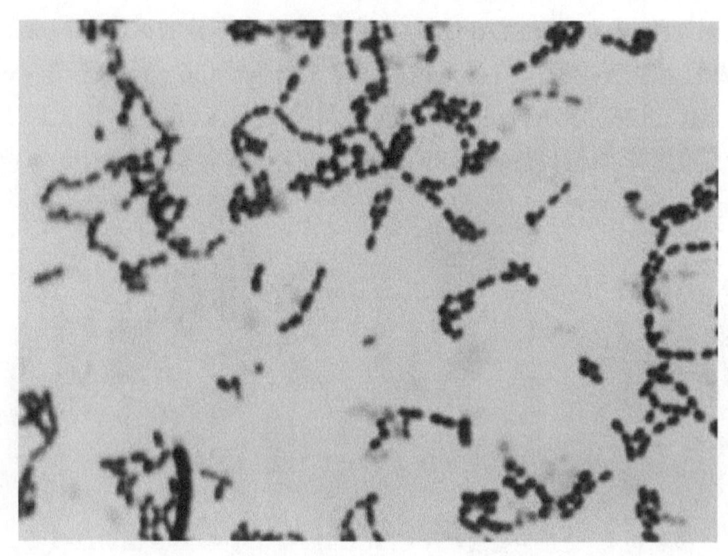

图 8.11.1 链球菌革兰氏染色光学显微镜照片(1000×)

## 二、培养特征

溶血性链球菌兼性厌氧，营养要求较高，在普通营养琼脂培养基上生长不良，需补充血清、血液或腹水，大多数菌株需核黄素、维生素 $B_6$、烟酸等生长因子。最适生长温度为(36±1)℃，在 20～42℃能生长，最适 pH 为 7.4～7.6。在血平板上形成灰白色、半透明、表面光滑、边缘整齐、直径 0.5～0.75mm 的细小菌落，菌落周围形成 2～4mm 宽、界限分明、完全透明的溶血环。常用的培养基包括改良胰蛋白胨大豆肉汤(mTSB)、哥伦比亚 CNA 血琼脂、哥伦比亚血琼脂等。

以下为化脓链球菌和无乳链球菌培养物接种于各种培养基后，于(36±1)℃培养 18～24h 后的特征。

### (一)mTSB

链球菌在 mTSB 培养基中易成长链，管底呈絮状或颗粒状沉淀生长(图 8.11.2)。

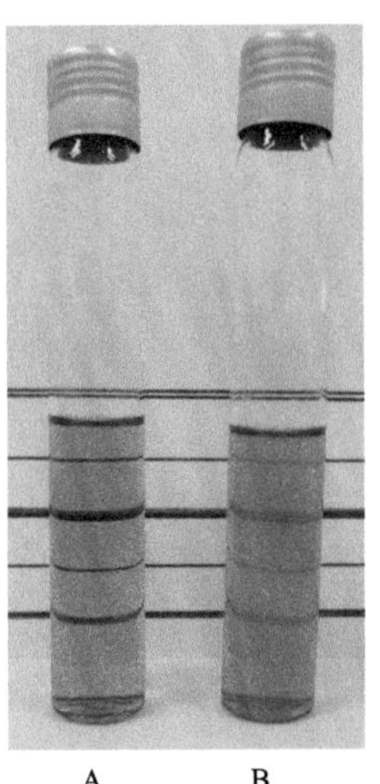


图 8.11.2 mTSB 培养基的菌种生长情况
（北京陆桥技术股份有限公司供图）
A.空白对照；B.化脓链球菌

（二）哥伦比亚 CNA 血琼脂

将 mTSB 增菌液划线接种于哥伦比亚 CNA 血琼脂平板，于(36±1)℃厌氧培养 18～24h，溶血性链球菌的典型菌落直径为 2～3mm，灰白色、半透明、光滑、表面凸起、圆形、边缘整齐，并产生 β 型溶血，无乳链球菌部分菌株无 β 溶血环（图 8.11.3）。

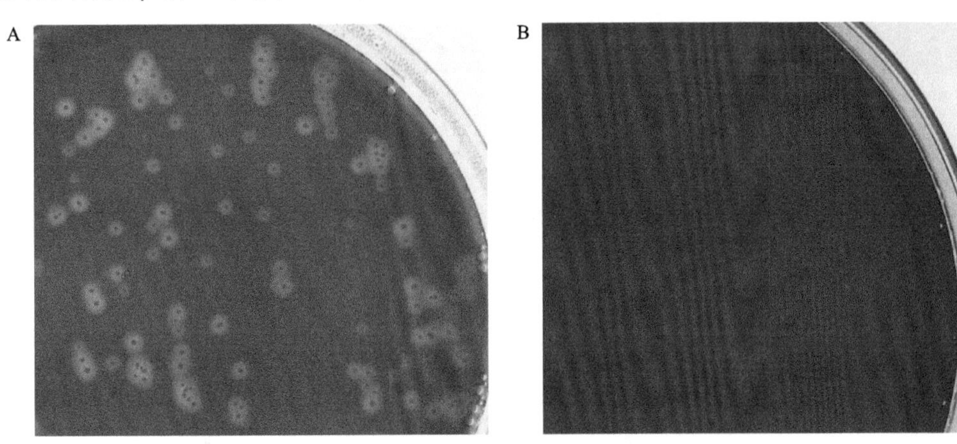


图 8.11.3 化脓链球菌（A）和无乳链球菌不溶血菌株（B）在哥伦比亚 CNA 血琼脂上的菌落特征
（北京陆桥技术股份有限公司供图）

（三）哥伦比亚血琼脂

与哥伦比亚 CNA 血琼脂相似，溶血性链球菌在哥伦比亚血琼脂上形成灰白色、圆形、表面光滑的菌落，有无色透明的溶血圈，无乳链球菌部分菌株无 β 溶血环（图 8.11.4）。

## 三、生化特性

（一）关键生化特性

除 β 型溶血外，溶血性链球菌的其他关键生化特性为触酶试验阴性（图 8.11.5），链激酶试验阳性（图 8.11.6）。

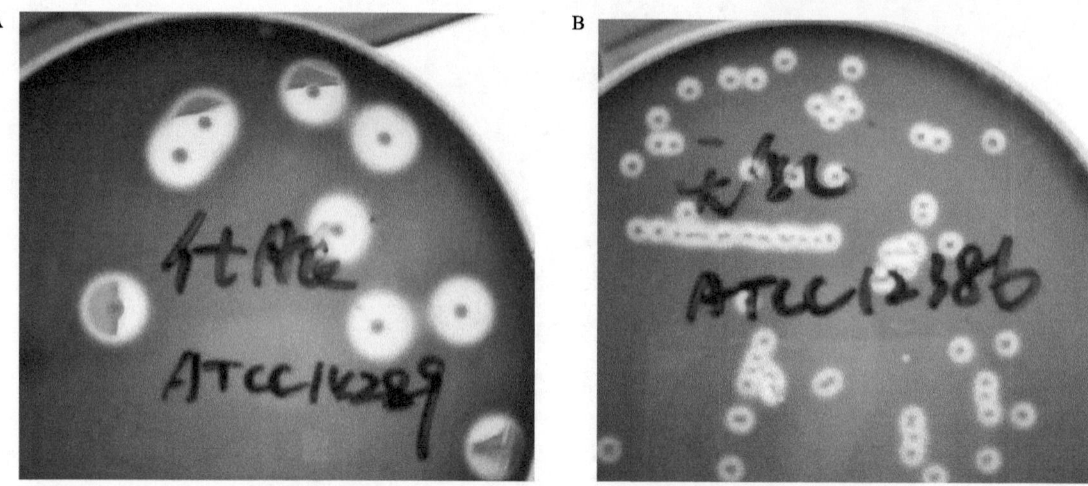


图 8.11.4 化脓链球菌(A)和无乳链球菌(B)在哥伦比亚血琼脂上的菌落特征

图 8.11.5 化脓链球菌(A)和金黄色葡萄球菌(B)的触酶对比试验
(北京陆桥技术股份有限公司供图)

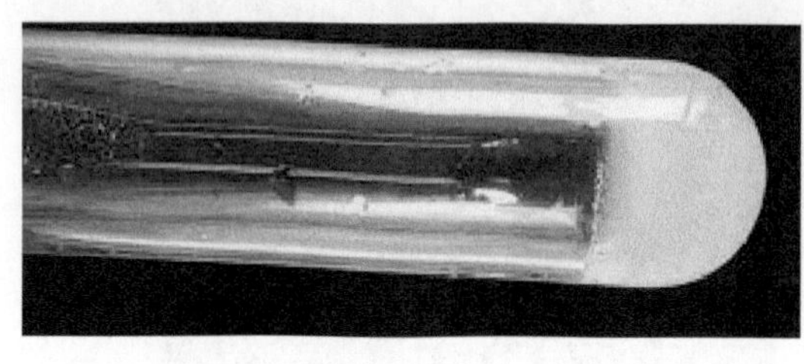
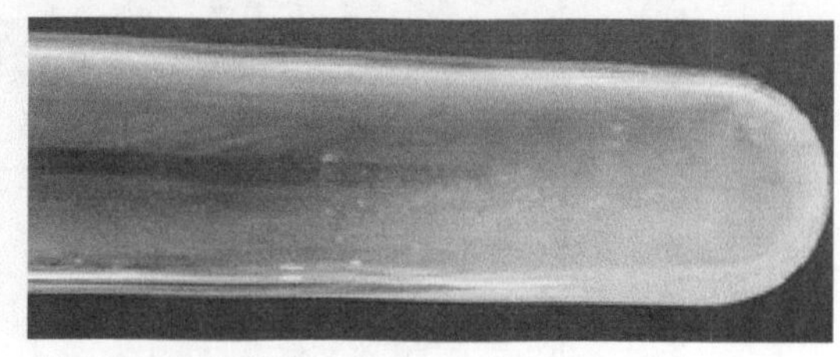

A B

图 8.11.6 化脓链球菌链激酶试验
(图片来自食品伙伴网食品论坛 http://bbs.foodmate.net)
A.(36±1)℃水浴 10min，凝固；B.(36±1)℃水浴 24h，溶解

(二)API 20 STREP

API 20 STREP 试验条由含干燥底物的 20 个小管组成，可测定酶活性或糖发酵。酶活性测定是以浓、纯菌悬液接种于干燥的酶底物，在培养期间，所产生的最终代谢产物通过自然变色或加入试剂而产生颜色变化。发酵试验是接种于由糖底物组成的培养基，发酵的碳水化合物以 pH 指示剂来显示。结果可从说明书的读表中读出，也可参照分析图索引或应用鉴定软件包，得到鉴定结果。

化脓链球菌 ATCC 12384 的 API 20 STREP 图谱结果分别见图 8.11.7 和表 8.11.1。经与 API 微生物系统比对，生化谱为 0 1 6 1 0 1 4 的细菌为化脓链球菌。

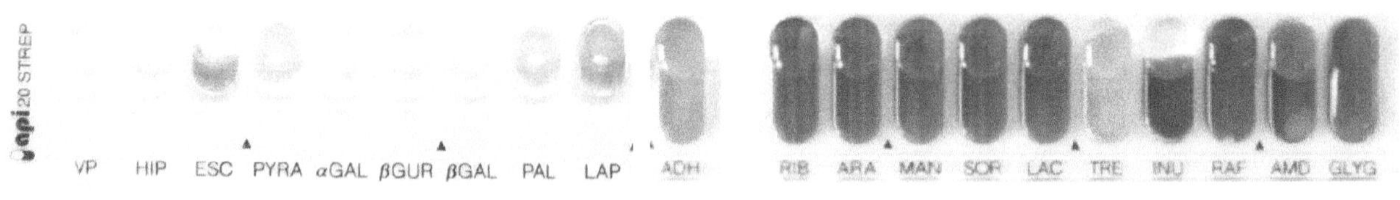


A　　　　B

图 8.11.7　化脓链球菌 ATCC 12384 的 API 20 STREP 图谱结果

A. 4h 判读部分；B. 24h 判读部分（与 4h 判读结果相同）

**表 8.11.1　化脓链球菌 ATCC 12384 的 API 20 STREP 图谱结果**

| 位数 | 第 1 位数 | | | 第 2 位数 | | | 第 3 位数 | | | 第 4 位数 | | | 第 5 位数 | | | 第 6 位数 | | | 第 7 位数 | | |
|---|---|---|---|---|---|---|---|---|---|---|---|---|---|---|---|---|---|---|---|---|---|
| 生化反应 | VP | HIP | ESC | PYRA | αGAL | βGUR | βGAL | PAL | LAP | ADH | RIB | ARA | MAN | SOR | LAC | TRE | INU | RAF | AMD | GLYG | βHEM |
| 生化反应分值 | 1 | 2 | 4 | 1 | 2 | 4 | 1 | 2 | 4 | 1 | 2 | 4 | 1 | 2 | 4 | 1 | 2 | 4 | 1 | 2 | 4 |
| 反应结果 | – | – | – | + | – | – | – | + | + | + | – | – | – | – | – | + | – | – | – | – | + |
| 应得数值 | 0 | 0 | 0 | 1 | 0 | 0 | 0 | 2 | 4 | 1 | 0 | 0 | 0 | 0 | 0 | 1 | 0 | 0 | 0 | 0 | 4 |
| 组合编码 | | 0 | | | 1 | | | 6 | | | 1 | | | 0 | | | 1 | | | 4 | |

无乳链球菌 ATCC12386 的 API 20 STREP 图谱结果见图 8.11.8 和表 8.11.2。经与 API 微生物系统比对，生化谱为 3 0 6 3 4 1 5 的细菌为无乳链球菌。

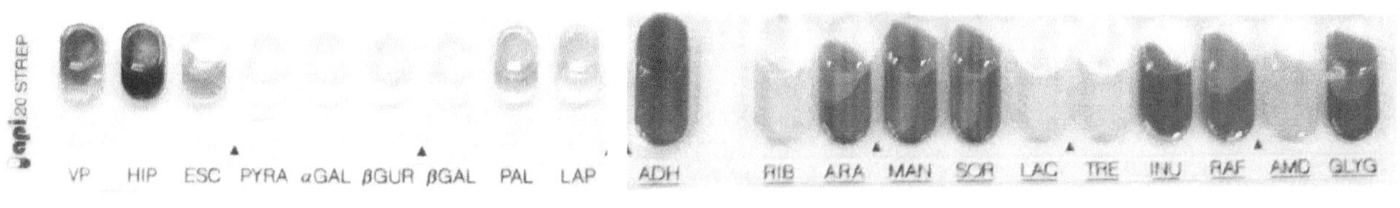


A　　　　B

图 8.11.8　无乳链球菌 ATCC 12386 的 API 20 STREP 图谱结果

A. 4h 判读部分；B. 24h 判读部分（与 4h 判读结果相同）

**表 8.11.2　无乳链球菌 ATCC 12386 的 API 20 STREP 图谱结果**

| 位数 | 第 1 位数 | | | 第 2 位数 | | | 第 3 位数 | | | 第 4 位数 | | | 第 5 位数 | | | 第 6 位数 | | | 第 7 位数 | | |
|---|---|---|---|---|---|---|---|---|---|---|---|---|---|---|---|---|---|---|---|---|---|
| 生化反应 | VP | HIP | ESC | PYRA | αGAL | βGUR | βGAL | PAL | LAP | ADH | RIB | ARA | MAN | SOR | LAC | TRE | INU | RAF | AMD | GLYG | βHEM |
| 生化反应分值 | 1 | 2 | 4 | 1 | 2 | 4 | 1 | 2 | 4 | 1 | 2 | 4 | 1 | 2 | 4 | 1 | 2 | 4 | 1 | 2 | 4 |
| 反应结果 | + | + | – | – | – | – | – | + | + | + | + | – | – | – | + | + | – | – | + | – | + |
| 应得数值 | 1 | 2 | 0 | 0 | 0 | 0 | 0 | 2 | 4 | 1 | 2 | 0 | 0 | 0 | 4 | 1 | 0 | 0 | 1 | 0 | 4 |
| 组合编码 | | 3 | | | 0 | | | 6 | | | 3 | | | 4 | | | 1 | | | 5 | |

适用标准：GB 4789.11——2014 食品安全国家标准　食品微生物学检验　β 型溶血性链球菌检验　本节中部分图片来源于北京陆桥技术股份有限公司及食品论坛（http://bbs.foodmate.net/forum.php）

# 第十二节　产气荚膜梭菌

产气荚膜梭菌(*Clostridium perfringens*)是一种可引起食源性胃肠炎的厌氧革兰氏阳性芽胞杆菌，可引起典型的食物中毒暴发。

《伯杰细菌鉴定手册》(第八版)中将其列为芽胞杆菌和球菌，为芽胞杆菌科梭菌属的一个种。

产气荚膜梭菌广泛分布于环境中，经常在人和许多家养及野生动物的肠道中被发现，该细菌的芽胞长期存在于土壤和沉淀物中。产气荚膜梭菌食物中毒主要是由含蛋白质的食品引起，大多是畜禽肉类和鱼类食物。

检测产气荚膜梭菌的现行方法有 ISO 7937—2004、FDA(BAM)、GB/T 26425—2010、GB 4789.13—2012(食品安全国家标准 食品微生物学检验 产气荚膜梭菌检验)和 SN/T 0177—2011。

## 一、形态学特征

革兰氏阳性直杆菌，两端钝圆，大小为(0.9～1.3)μm×(3.0～9.0)μm，卵圆形芽胞位于菌体中央或近端，不比菌体明显膨大，但有些菌株在一般的培养条件下很难形成芽胞，无鞭毛，无外孢子壁，在人和动物活体组织内或在含血清的培养基内生长时有可能形成荚膜(图 8.12.1)。

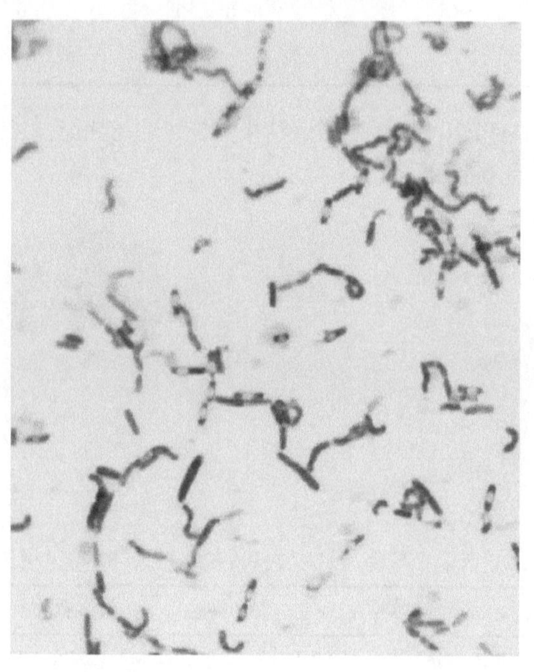

图 8.12.1　产气荚膜梭菌 ATCC 13124 革兰氏染色光学显微镜照片(1000×)

## 二、培养特征

本菌虽属厌氧性细菌，但对厌氧程度的要求并不严格。最适生长温度为(45±1)℃，可于 20～50℃生长。在普通营养琼脂培养基上能生长，若加上葡萄糖、血液则生长得更好。常用的培养基有胰胨-亚硫酸盐-环丝氨酸(TSC)琼脂培养基。

在 TSC 琼脂培养基上，典型菌落为灰黑色圆形或针尖状三角形。生长于培养基表面的菌落会有半透明晕圈，生长于培养基下方的菌落有时会产气顶开培养基，在平皿与培养基间形成气泡(图 8.12.2)。

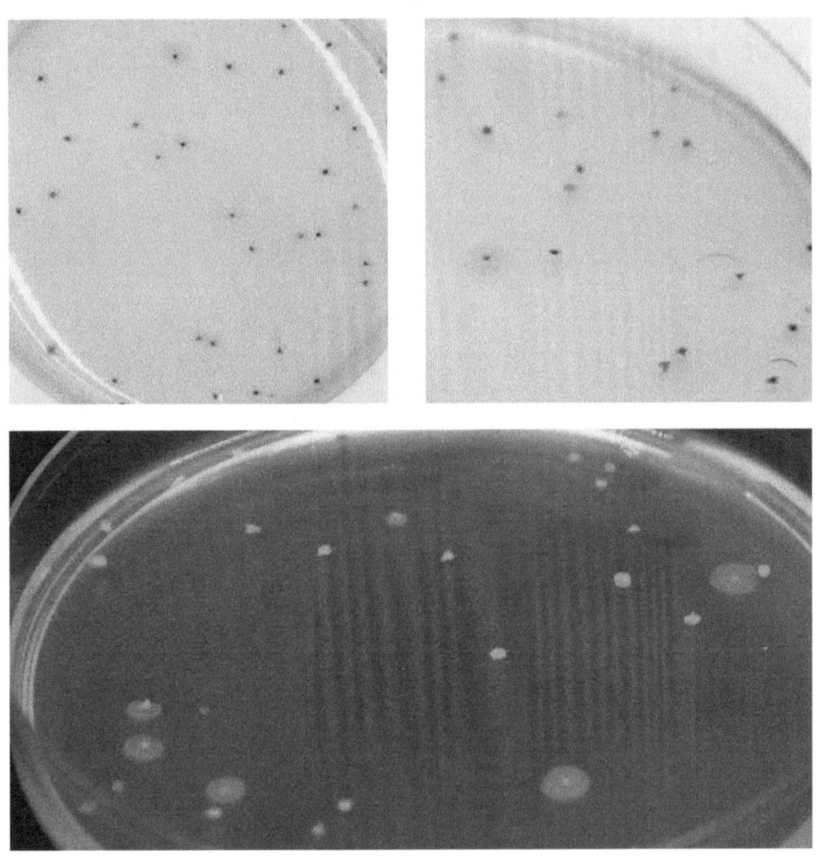

图 8.12.2　产气荚膜梭菌 ATCC 13124 在 TSC 琼脂培养基上的菌落特征

## 三、生化特性

### (一)含铁牛乳培养基

产气荚膜梭菌能产酸将含铁牛乳培养基中的酪蛋白凝固，同时产生大量的气体，将凝固的酪蛋白冲散，形成海绵样物质，通常会上升到培养基表面(图 8.12.3)。

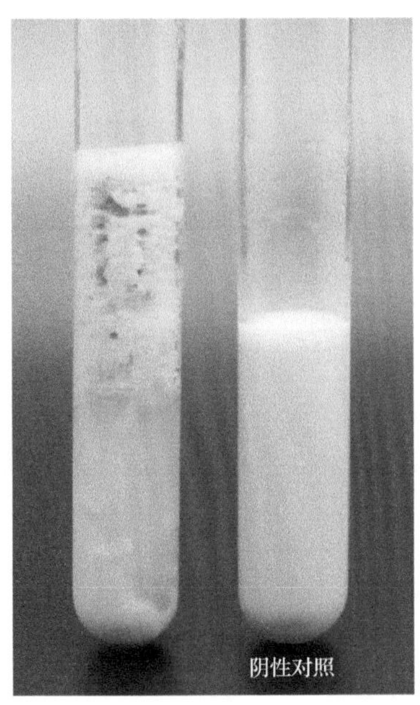


图 8.12.3　产气荚膜梭菌 ATCC 13124 在含铁牛乳培养基中呈“暴烈发酵”现象

（二）缓冲动力-硝酸盐培养基

产气荚膜梭菌无动力，只沿穿刺线生长（图 8.12.4）。滴加硝酸盐还原试剂（对氨基苯磺酸溶液和 $\alpha$-萘酚乙醇溶液），15min 内出现红色（图 8.12.5）。

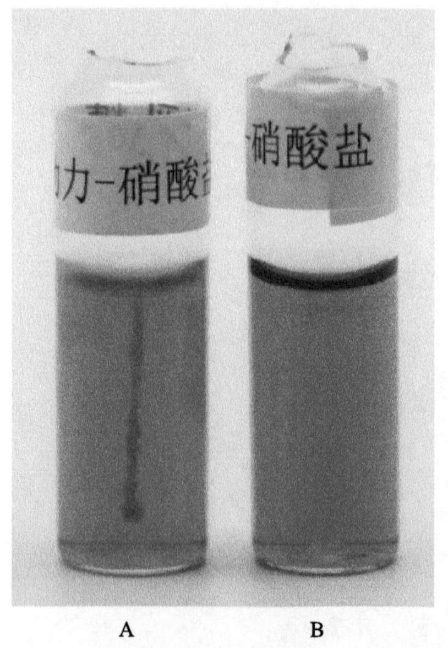


A B

图 8.12.4 产气荚膜梭菌 ATCC 13124 动力试验

A. 产气荚膜梭菌无动力；B. 空白对照

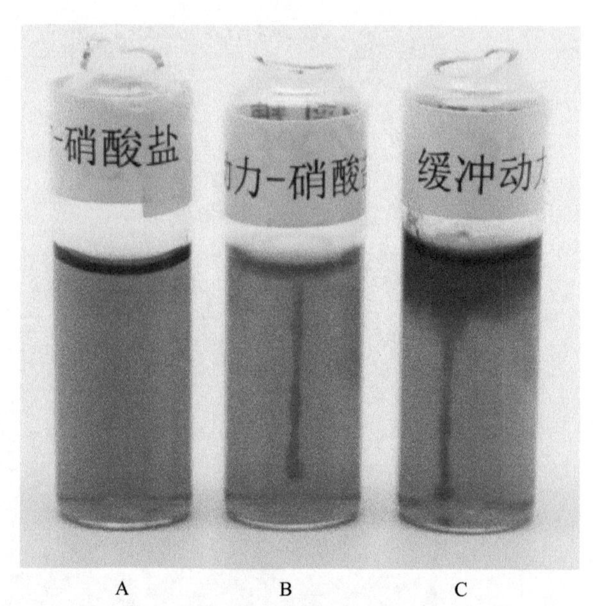


A B C

图 8.12.5 产气荚膜梭菌 ATCC 13124 硝酸盐还原试验

A. 空白对照；B. 未加还原试剂；C. 加入还原试剂后

（三）乳糖-明胶培养基

产气荚膜梭菌能发酵乳糖产酸产气，使乳糖-明胶培养基由红变黄。将接种产气荚膜梭菌（36±1）℃厌氧培养 24h 后的乳糖-明胶培养基置于（5±1）℃左右 1h，能使明胶液化（图 8.12.6）。

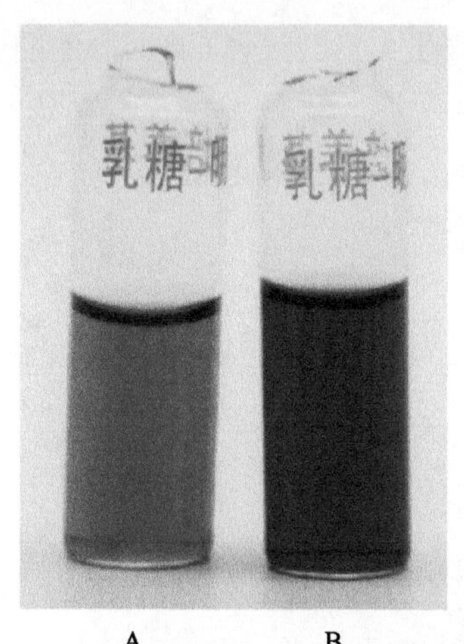

A B C D

图 8.12.6 产气荚膜梭菌 ATCC 13124 接种乳糖-明胶培养基的生化特征

A. 阳性；B. 空白对照；C. 明胶液化；D. 空白对照

适用标准：GB 4789.13—2012 食品安全国家标准 食品微生物学检验 产气荚膜梭菌检验

# 第十三节 蜡样芽胞杆菌

蜡样芽胞杆菌(*Bacillus cereus*)，又称仙人掌杆菌，是一种需氧型、革兰氏阳性、β 溶血性的杆状细菌，会产生防御性的内芽胞。

在《伯杰细菌鉴定手册》(第八版)中，蜡样芽胞杆菌的分类为芽胞杆菌属的第 I 群，该群有 22 个种。根据营养型菌细胞的宽度分为大小两类，蜡样芽胞杆菌、蕈状芽胞杆菌、苏云金芽胞杆菌、炭疽芽胞杆菌和巨大芽胞杆菌属“大细胞菌种”。蜡样芽胞杆菌分布比较广泛，土壤、水、空气、动物肠道及许多食物上都能分离到。夏季室温保存下的米饭类食物最容易受蜡样芽胞杆菌污染，导致误食的人中毒，因为 20～30℃的室温最有利于蜡样芽胞杆菌的生长繁殖和产生毒素。被蜡样芽胞杆菌污染的食物在高温加热后，即使蜡样芽胞杆菌被杀死，但该菌产生的毒素是耐热的，可保持毒性，仍然可以引起人类食物中毒。

现行检测方法有 GB 4789.14—2014(食品安全国家标准 食品卫生微生物学检验 蜡样芽胞杆菌检验)、GB/T 26427—2010(饲料中蜡样芽胞杆菌的检测)、SN/T 2206.2—2009(化妆品微生物检验方法 第 2 部分：需氧芽胞杆菌和蜡样芽胞杆菌)、SN/T 3932—2014(出口食品中蜡样芽胞杆菌快速检测方法 实时荧光定量 PCR 法)、FDA 的检测方法等。

## 一、形态学特征

蜡样芽胞杆菌为革兰氏阳性大杆菌，大小为(1～1.3)μm×(3～5)μm，兼性需氧，形成芽胞，芽胞呈椭圆形，位于菌体中央或偏端，不膨大于菌体，菌体两端较平整，多呈短链或长链状排列(图 8.13.1)。引起食物中毒的菌株多为周鞭毛，有动力。

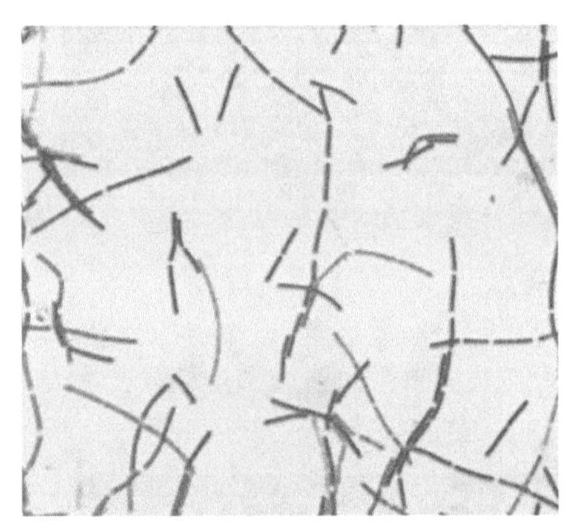

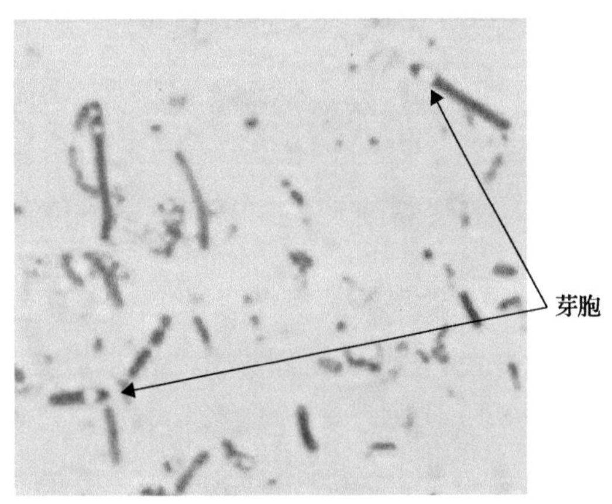


图 8.13.1 蜡样芽胞杆菌革兰氏染色光学显微镜照片(1000×)

## 二、培养特征

### (一)普通营养琼脂平板

(30±1)℃培养 24h，典型菌落为灰白色、偶有黄绿色，不透明，表面粗糙似毛玻璃状或融蜡状，边缘常呈扩展状，直径为 4～10mm(图 8.13.2)。

### (二)血平板

(36±1)℃培养 18～24h，形成浅灰色、似毛玻璃状菌落，有溶血(图 8.13.3)。

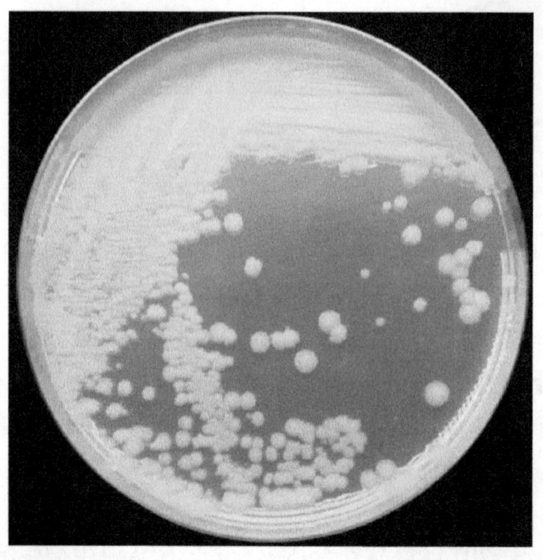

图 8.13.2　蜡样芽胞杆菌 ATCC 11778 在普通营养琼脂平板上的菌落特征

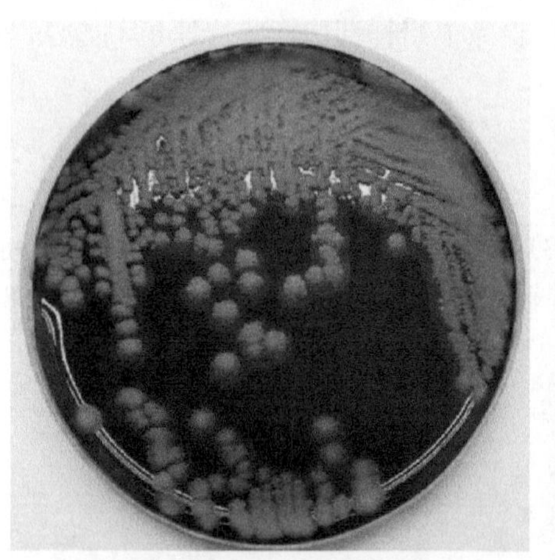

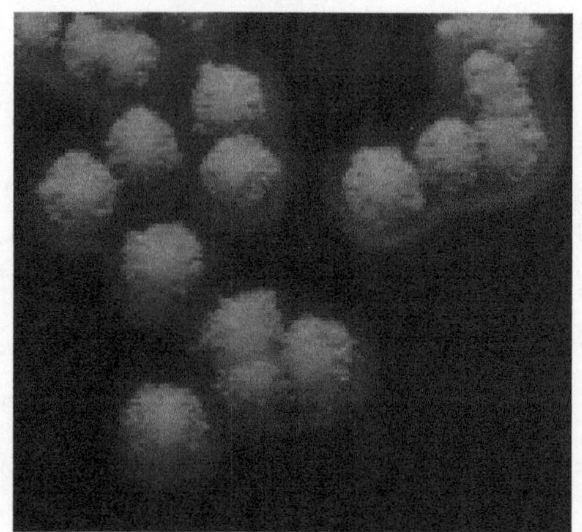

图 8.13.3　蜡样芽胞杆菌 ATCC 11778 在血平板上的菌落特征

（三）胰酪胨大豆羊血琼脂平板

(30±1)℃培养(24±2)h，蜡样芽胞杆菌菌落为浅灰色，不透明，似白色毛玻璃状，有草绿色溶血环或完全溶血环(图 8.13.4)。

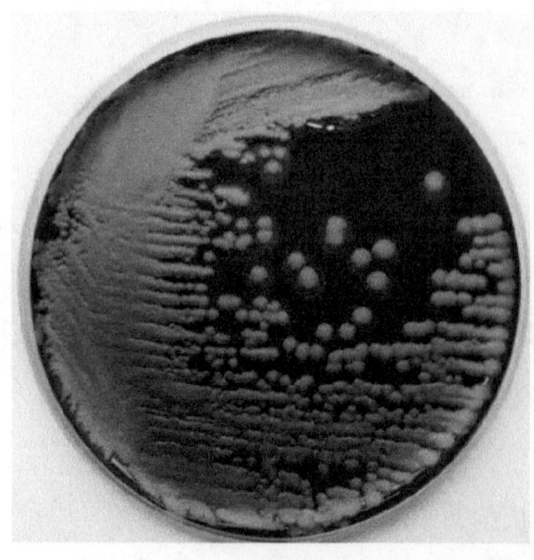

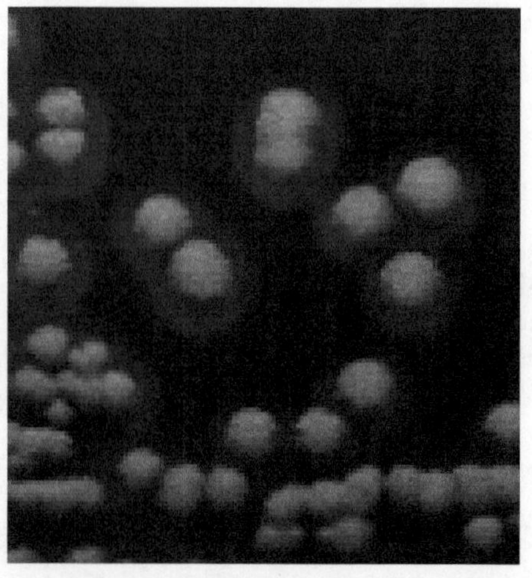

图 8.13.4　蜡样芽胞杆菌 ATCC 11778 在胰酪胨大豆羊血(TSSB)琼脂平板上的菌落特征

### (四)甘露醇卵黄多黏菌素琼脂平板

(30±1)℃培养 24～48h，典型菌落为微粉红色(表示不发酵甘露醇)，周围有白色至淡粉红色沉淀环(表示产卵磷脂酶)(图 8.13.5)。

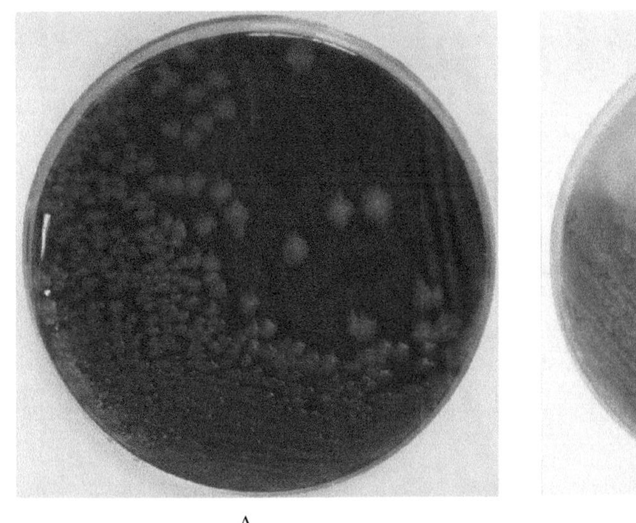

A

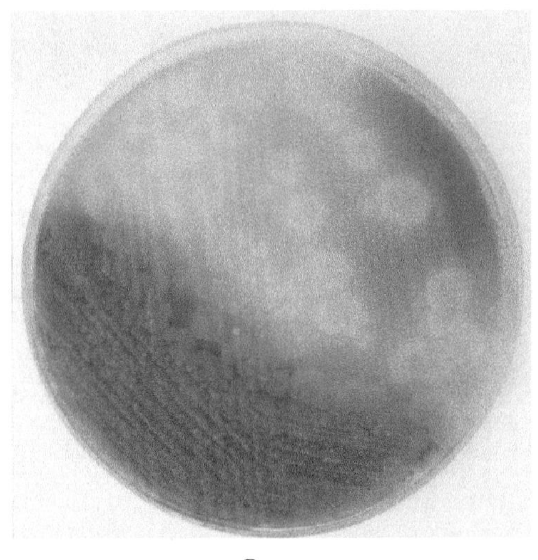

B

图 8.13.5 蜡样芽胞杆菌 ATCC 11778(A)和枯草芽胞杆菌 ATCC 11774(B)在甘露醇卵黄多黏菌素(MYP)琼脂平板上的菌落特征(北京陆桥技术股份有限公司供图)

### (五)科玛嘉显色平板

菌落为白色，菌落中心呈天蓝色，圆形，扁平，边缘整齐，表面光滑、湿润(图 8.13.6)。

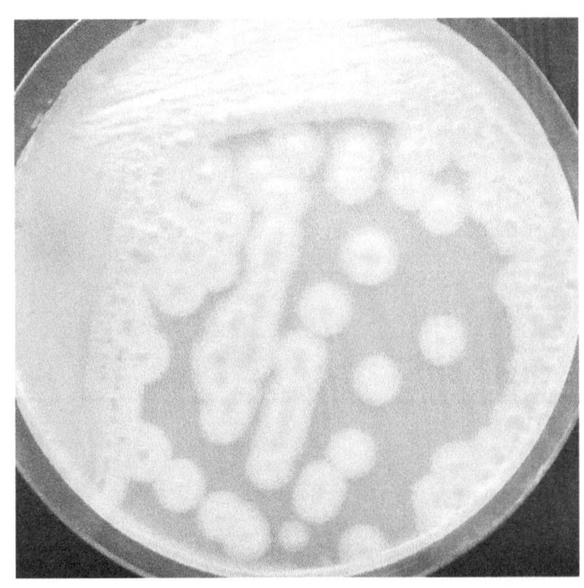

图 8.13.6 蜡样芽胞杆菌 ATCC 11778 在科玛嘉显色平板上的菌落特征(科玛嘉公司供图)

## 三、生化特性

### (一)根状生长试验

(30±1)℃培养 24～48h，不能超过 72h。用蜡样芽胞杆菌和蕈状芽胞杆菌标准株作为对照进行同步试验。蕈状芽胞杆菌呈根状生长的特征，蜡样芽胞杆菌菌株呈粗糙山谷状生长的特征（图 8.13.7）。

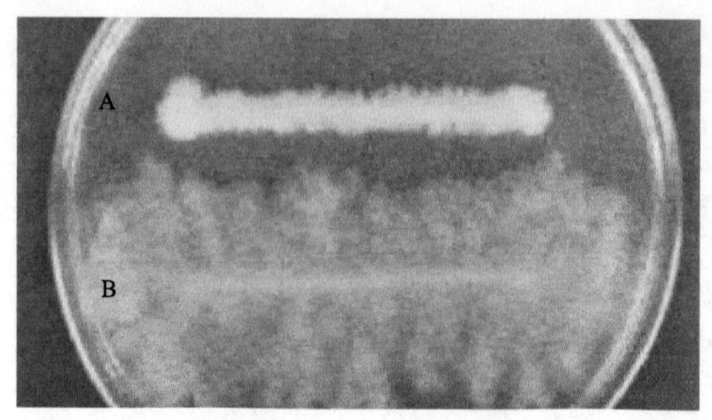


图 8.13.7　根状生长试验

A. 蜡样芽胞杆菌 CICC 21261 山谷状生长；B. 蕈状芽胞杆菌 CICC 21473 根状生长

（二）溶菌酶耐性试验

(36±1)℃培养 24h，蜡样芽胞杆菌在培养基（含 0.001%溶菌酶）中能生长（图 8.13.8）。如出现阴性反应，应继续培养 24h。巨大芽胞杆菌不生长。

（三）酪蛋白分解试验

用接种环挑取可疑菌落，点种于酪蛋白琼脂培养基上，于(36±1)℃培养(48±2)h，阳性反应菌落周围培养基出现澄清透明区（表示产生酪蛋白酶）（图 8.13.9）。阴性反应时应继续培养 72h 再观察。

图 8.13.8　溶菌酶耐性试验

A. 蜡样芽胞杆菌（阳性）；B. 空白对照

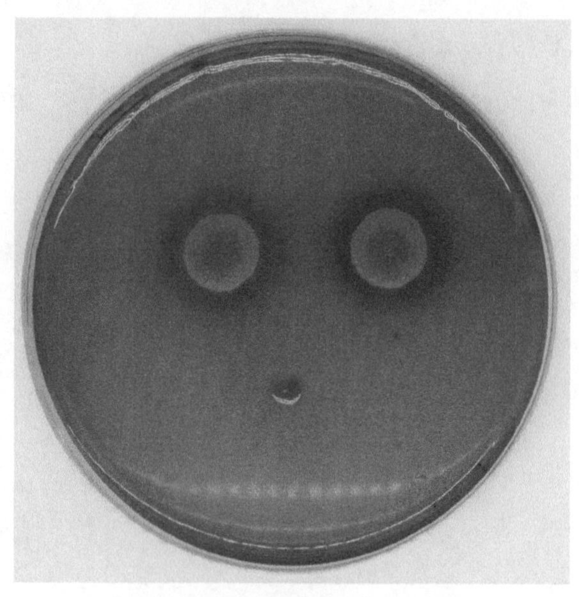

图 8.13.9　蜡样芽胞杆菌（上）和大肠埃希氏菌（下）

（四）其他生化试验

蜡样芽胞杆菌触酶试验阳性、硝酸盐还原试验阳性、葡萄糖利用试验（厌氧）阳性、V-P 试验阳性，结果见图 8.13.10～图 8.13.13。

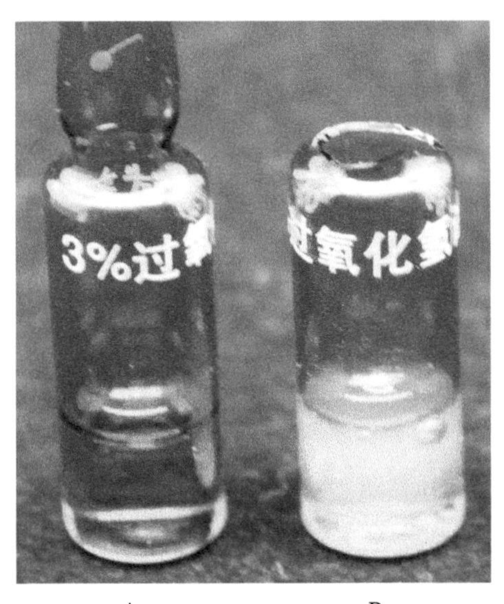


A B

图 8.13.10 触酶试验(+)

A. 空白对照；B. 蜡样芽胞杆菌

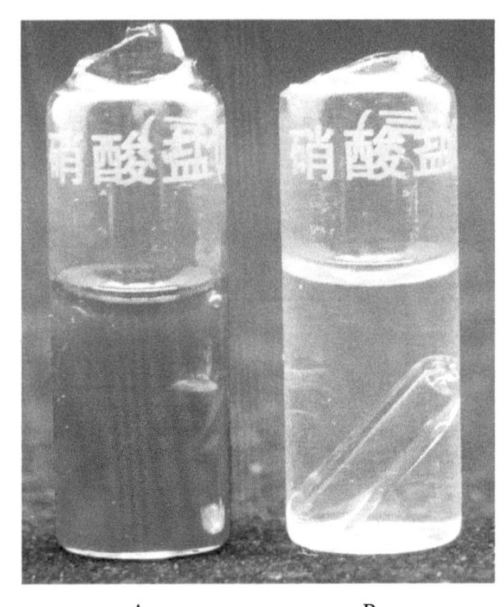


A B

图 8.13.11 硝酸盐还原试验(+)

A. 蜡样芽胞杆菌；B. 单增李斯特氏菌

A B

图 8.13.12 葡萄糖利用试验(厌氧)(+)

A. 蜡样芽胞杆菌；B. 空白对照

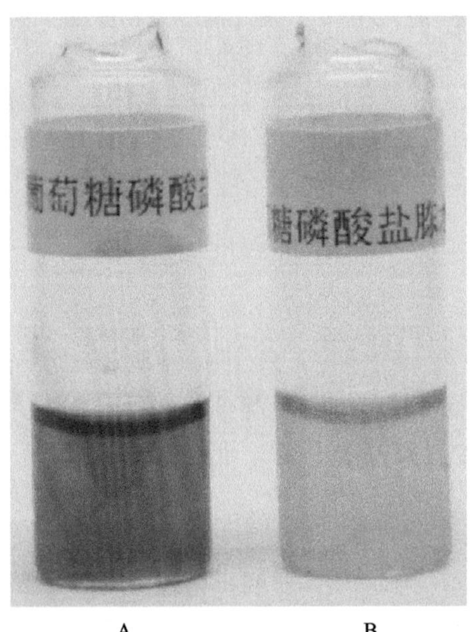


A B

图 8.13.13 V-P 试验(+)

A. 蜡样芽胞杆菌；B. 大肠埃希氏菌

适用标准：GB 4789.14—2014 食品安全国家标准 食品微生物学检验 蜡样芽胞杆菌检验

## 第十四节 单核细胞增生李斯特氏菌

单核细胞增生李斯特氏菌(*Listeria monocytogenes*，简称单增李斯特氏菌)是一种重要的食源性病原菌，属于李斯特氏菌属(*Listeria*)，1891 年法国学者 Hayen 最早在人体组织中观察到该菌，1940 年 Pirie 提出将此菌命名为李斯特氏菌。该菌广泛分布于自然界中，不易被冻融，能耐受较高的渗透压，在土壤、地表水、污水、植物、青贮饲料中均有该菌存在。单增李斯特氏菌可通过被污染的食物，如乳及乳制品、肉类制品、水产品及蔬菜、水果等，经消化道进入人体内，并可通过眼及破损皮肤、黏膜进入体内而造成感染。该菌是一种人畜共患病的病原菌，致病性强，感染后可表现为呼吸急促、呕吐、出血性皮疹、化脓性结膜炎、发热、抽搐、昏迷、自然流产、脑膜炎、败血症直至死亡。

单增李斯特氏菌的现行检测方法主要有 ISO 11290-1—1996（定性检测）、ISO 11290-2—1998（定量检测）、GB 4789.30—2016（食品安全国家标准 食品微生物学检验 单核细胞增生李斯特氏菌检验）等。

## 一、形态学特征

单增李斯特氏菌为革兰氏阳性短杆菌，大小为（0.4～0.5）μm×（1.0～2.0）μm，直或稍弯，两端钝圆，常呈“V”字形排列，偶有球状、双球状，在染色过重的玻片上菌体有栅栏状排列的趋势，易被误认为白喉菌而错判。兼性厌氧、无芽胞，一般不形成荚膜，但在营养丰富的环境中可形成黏多糖荚膜。单增李斯特氏菌革兰氏染色光学显微镜照片见图 8.14.1。

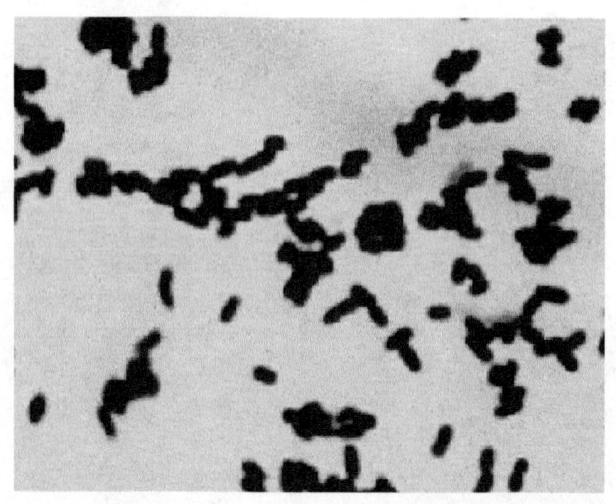

图 8.14.1 单增李斯特氏菌革兰氏染色光学显微镜照片（1000×）

## 二、培养特征

该菌为兼性厌氧菌，对营养要求不高，其生长温度为 2～42℃，最适的培养温度为 30～36℃，该菌在 pH 中性至弱碱性（pH9.6）、氧分压略低、二氧化碳张力略高的条件下生长良好，在 pH3.8 能缓慢生长，在 6.5% NaCl 肉汤中生长较好。在 20～25℃培养 24h 可形成 4 根小鞭毛，有动力，（36±1）℃培养时无鞭毛，动力消失。穿刺培养 2～5d 可见倒立伞状生长，肉汤培养物在显微镜下可见翻跟斗运动。在固体培养基上菌落初始很小，透明，边缘整齐，呈露滴状，但随着菌落增大变得不透明。常用的培养基包括含 0.6%酵母浸膏的胰酪胨大豆（TSA-YE）琼脂培养基、PALCAM 琼脂培养基、科玛嘉显色培养基、哥伦比亚血琼脂培养基等。

以下为单增李斯特氏菌培养物接种于各种琼脂培养基表面，于有氧条件下培养一定时间后的菌落特征。

### （一）TSA-YE 琼脂平板

取肉汤增菌液划线接种于 TSA-YE 琼脂平板，于（36±1）℃培养 24～48h，单增李斯特氏菌的典型菌落为灰白色，菌落较小，圆形，表面光滑，边缘整齐（图 8.14.2）。

### （二）科玛嘉显色平板

取 TSA-YE 琼脂平板纯化的单增李斯特氏菌划线接种于科玛嘉显色平板，于（36±1）℃培养 24～48h，单增李斯特氏菌典型菌落为蓝绿色，圆形，表面光滑、湿润，边缘整齐，周围带有明显白色晕圈，而英诺克李斯特氏菌（对照菌）无晕圈（图 8.14.3）。

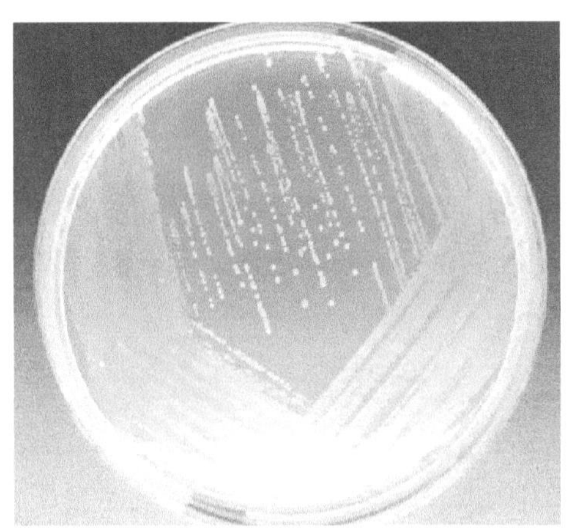
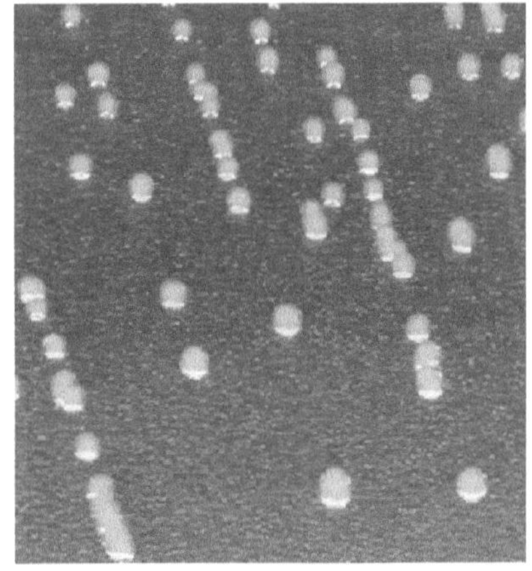

图 8.14.2 单增李斯特氏菌在 TSA-YE 琼脂平板上的菌落特征

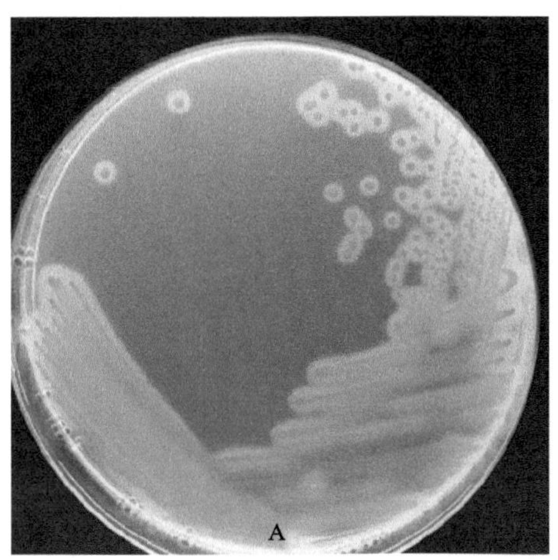

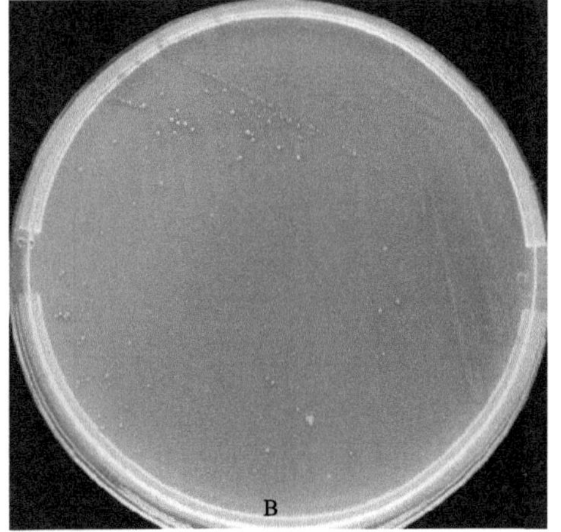


图 8.14.3 单增李斯特氏菌(A)和英诺克李斯特氏菌(B)在科玛嘉显色平板上的菌落特征

(三)PALCAM 琼脂平板

取 TSA-YE 琼脂平板纯化的单增李斯特氏菌划线接种于 PALCAM 琼脂平板，于(36±1)℃培养 24～48h。单增李斯特氏菌典型菌落在 PALCAM 琼脂平板上表现为较小，圆形，灰绿色，周围有棕黑色水解圈，菌落微凸，表面光滑、湿润，边缘整齐，有些菌落有黑色凹陷(图 8.14.4)。

图 8.14.4 单增李斯特氏菌在 PALCAM 琼脂平板上的菌落特征(北京陆桥技术股份有限公司供图)

## 三、生化特性

单增李斯特氏菌触酶试验阳性，氧化酶试验阴性，能发酵多种糖类，产酸不产气，如发酵葡萄糖、鼠李糖、乳糖、麦芽糖、果糖等，不发酵木糖、阿拉伯糖、甘露醇、肌醇、侧金盏花醇、棉子糖等，不利用柠檬酸盐，40%胆汁不溶解，吲哚、硫化氢、尿素、明胶液化、硝酸盐还原、赖氨酸、鸟氨酸试验均呈阴性，V-P、甲基红（MR）试验和精氨酸水解呈阳性。

### （一）动力试验

挑取 TSA-YE 琼脂平板上纯培养的单增李斯特氏菌单菌落，垂直中心穿刺接种到半固体动力培养基，于 25～30℃培养 2～5d 后观察。单增李斯特氏菌在半固体培养基中可以呈现典型的伞状生长形态，表明该菌有动力（图 8.14.5）。

图 8.14.5　单增李斯特氏菌在半固体动力培养基上的生长特征
（两者均为单增李斯特氏菌）

### （二）过氧化氢酶试验

挑取 TSA-YE 琼脂平板上的单增李斯特氏菌纯化菌落置于洁净的载玻片上，滴加两滴 3%的过氧化氢溶液，30s 内产生气泡者为过氧化氢酶阳性（图 8.14.6）。

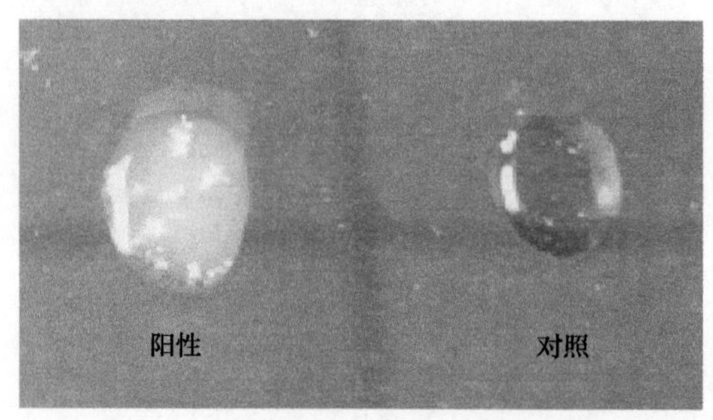


图 8.14.6　单增李斯特氏菌过氧化氢酶试验阳性结果

（三）糖发酵试验

挑取 TSA-YE 琼脂平板上纯培养的单增李斯特氏菌单菌落，分别接种于葡萄糖、木糖、鼠李糖、七叶苷、甘露醇等各种糖发酵管中，于(36±1)℃培养 2～5d。阳性者发酵糖类产酸使培养基变黄；阴性者需继续培养到第 5 天再观察。结果显示，单增李斯特氏菌可发酵葡萄糖、鼠李糖、果糖、七叶苷、木糖醇、甘露糖等，不发酵木糖、肌醇、阿拉伯醇、侧金盏花醇、卫矛醇、赤藓醇、阿拉伯糖、棉子糖、松三糖等(图 8.14.7)。

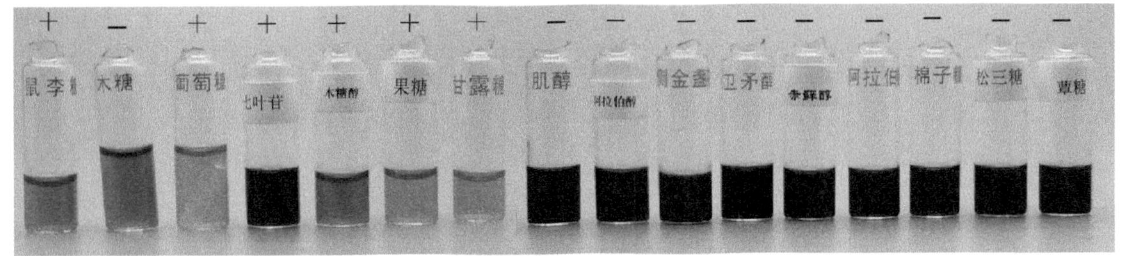


图 8.14.7 单增李斯特氏菌糖发酵试验结果

（四）MR-V-P 试验

适量挑取 TSA-YE 琼脂平板上单增李斯特氏菌纯培养物分别接种于 MR 和 V-P 生化鉴定管中，于(36±1)℃培养 24～48h 后充分振摇混匀，若 MR 和 V-P 生化鉴定管均出现红色，则可以判定为 MR 和 V-P 反应阳性，黄色则为阴性(图 8.14.8)。

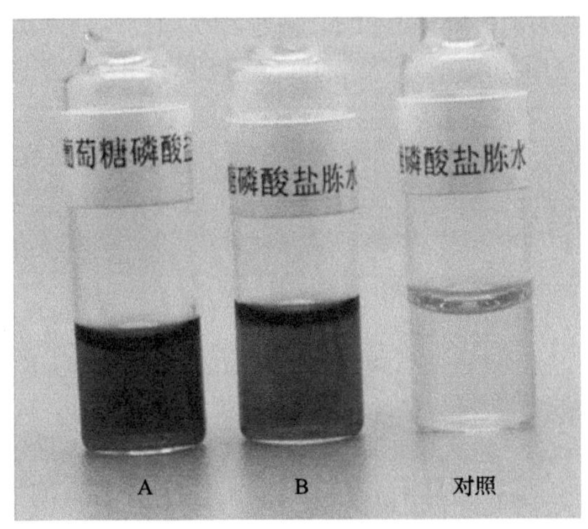


图 8.14.8 单增李斯特氏菌的 MR(A)和 V-P(B)生化反应特性

（五）溶血试验

将血琼脂平板底面划分为多个小方格，挑取单增李斯特氏菌纯培养菌落刺种到每格血平板上，并刺种阳性对照菌(伊氏李斯特氏菌与斯氏李斯特氏菌)和阴性对照菌(英诺克李斯特氏菌)。于(36±1)℃培养 24～48h，在明亮处观察，单增李斯特氏菌在刺种点周围产生狭窄、清晰、明亮的溶血圈，斯氏李斯特氏菌在刺种点周围产生弱的透明溶血圈，英诺克李斯特氏菌无溶血圈，伊氏李斯特氏菌产生宽的、轮廓清晰的 β 溶血区域(图 8.14.9)。

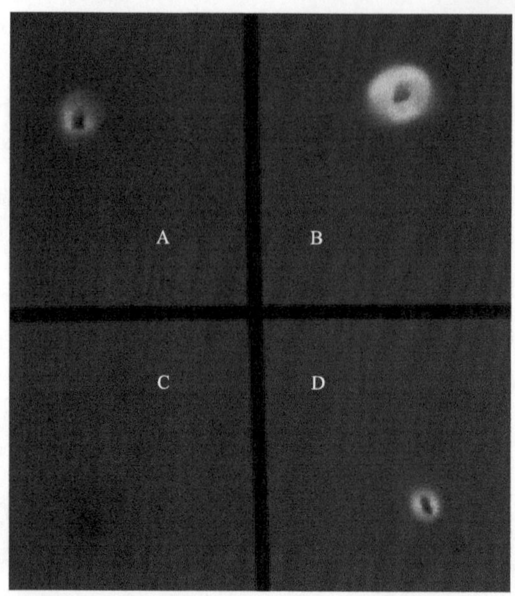


图 8.14.9　单增李斯特氏菌(A)、伊氏李斯特氏菌(B)、英诺克李斯特氏菌(C)和斯氏李斯特氏菌(D)在血琼脂平板上的特征

（六）API LISTERIA

API LISTERIA 是李斯特氏菌属(*Listeria*)鉴定系统。该系统使用标准化和微型化的测定方法，并有专门的数据库。API LISTERIA 是由含能进行酶测定和糖发酵的干燥底物的 10 个小管所组成的。于 35～36℃培养 24h，结果通过不加试剂自然产生变色或加试剂后变色而显示。单增李斯特氏菌 ATCC 7644 API LISTERIA 结果分别见图 8.14.10 和表 8.14.1，英诺克李斯特氏菌 ATCC 33090 API LISTERIA 结果分别见图 8.14.11 和表 8.14.2。

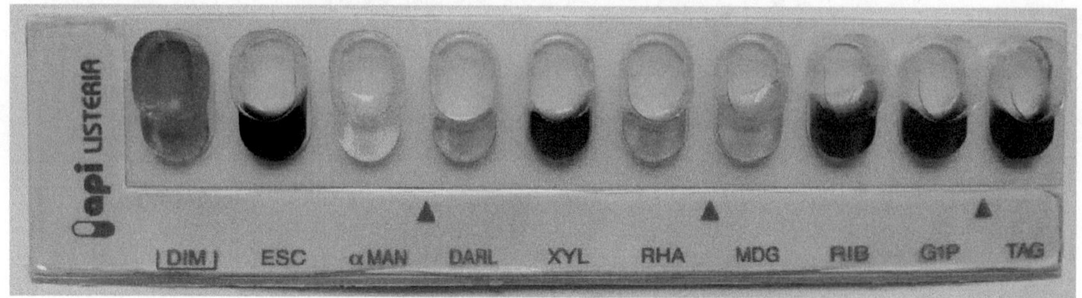


图 8.14.10　单增李斯特氏菌 ATCC 7644 API LISTERIA 图谱

**表 8.14.1　单增李斯特氏菌 ATCC 7644 API LISTERIA 图谱结果**

| DIM | ESC | αMAN | DARL | XYL | RHA | MDG | RIB | GIP | TAG |
|---|---|---|---|---|---|---|---|---|---|
| – | + | + | + | – | + | + | – | – | – |

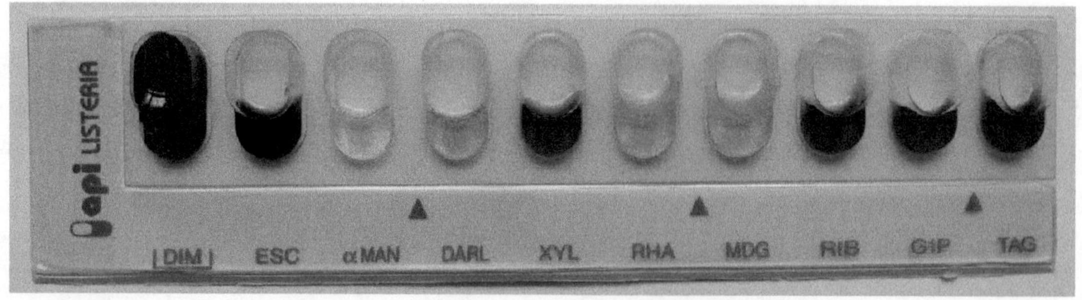


图 8.14.11　英诺克李斯特氏菌 ATCC 33090 API LISTERIA 图谱

表 8.14.2 英诺克李斯特氏菌 ATCC 33090 API LISTERIA 图谱结果

| DIM | ESC | αMAN | DARL | XYL | RHA | MDG | RIB | GIP | TAG |
|---|---|---|---|---|---|---|---|---|---|
| + | + | + | + | − | + | + | − | − | − |

适用标准：GB 4789.30—2016 食品安全国家标准 食品微生物学检验 单核细胞增生李斯特氏菌检验

## 第十五节 双歧杆菌

双歧杆菌属(*Bifidobacterium*)是一种革兰氏阳性、不运动、细胞呈杆状、一端有时呈分叉状、严格厌氧的细菌属，广泛存在于人和动物的消化道、阴道和口腔等生境中。双歧杆菌属的细菌是人和动物肠道菌群的重要组成成员之一。

《伯杰细菌鉴定手册》(第八版)将其列为放线菌目放线菌科双歧杆菌属。

双歧杆菌革兰氏染色呈阳性，细胞形态多样，包括短杆状、近球状、长弯杆状、分叉杆状、棍棒状或匙状。细胞单个或排列成 V 形、栅栏状、星状。不形成芽胞，不运动。专性厌氧。菌落较小、光滑、凸圆、边缘完整，呈乳脂色至白色。最低生长温度为 25～28℃，最高为 43～45℃。初始生长最适 pH 为 6.5～7.0，生长 pH 一般为 4.5～8.5。糖代谢经特异型乳酸发酵的双歧杆菌途径进行，特点是利用葡萄糖产乙酸和乳酸(摩尔比为 3∶2)，不产生二氧化碳，其中果糖-6-磷酸盐磷酸转酮酶是关键酶，在分类鉴定中，可用于区分与双歧杆菌近似的几个属。过氧化氢酶阴性(少数例外)；不还原硝酸盐。氮源则通常为铵盐，少数为有机氮。对氯霉素、林肯霉素、四环素、青霉素、万古霉素、红霉素和杆菌肽等抗生素敏感，对多黏菌素 B、卡那霉素、庆大霉素、链霉素和新霉素不敏感。G+C(摩尔分数，%)值为 55～67。模式种是两歧双歧杆菌(*B. bifidus*)。两歧双歧杆菌、青春双歧杆菌(*B. adolescentis*)、婴儿双歧杆菌(*B. infantis*)、长双歧杆菌(*B. longum*)和短双歧杆菌(*B. breve*)是人体肠道中常见的双歧杆菌。

双歧杆菌是一种重要的肠道有益微生物。双歧杆菌作为一种生理性有益菌，对人体健康具有生物屏障、营养作用、抗肿瘤作用、免疫增强作用、改善胃肠道功能、抗衰老等多种重要的生理功能。

目前，我国的双歧杆菌检测的标准主要有 GB 4789.34—2016(食品安全国家标准 食品微生物学检验 双歧杆菌检验)。国际上双歧杆菌检测的标准主要有：法国标准化协会制定的关于乳酸菌的检测标准 NF V18-238—2009；国际标准化组织制定的关于乳酸菌的检测标准 ISO 29981—2010 和 ISO 10932—2010。

### 一、形态学特征

双歧杆菌革兰氏染色呈阳性，细胞形态多样，包括短杆状、近球状、长弯杆状、分叉杆状、棍棒状或匙状。细胞单个或排列成 V 形、栅栏状、星状。不抗酸，不形成芽胞，不运动，专性厌氧。婴儿双歧杆菌革兰氏染色光学显微镜照片见图 8.15.1。

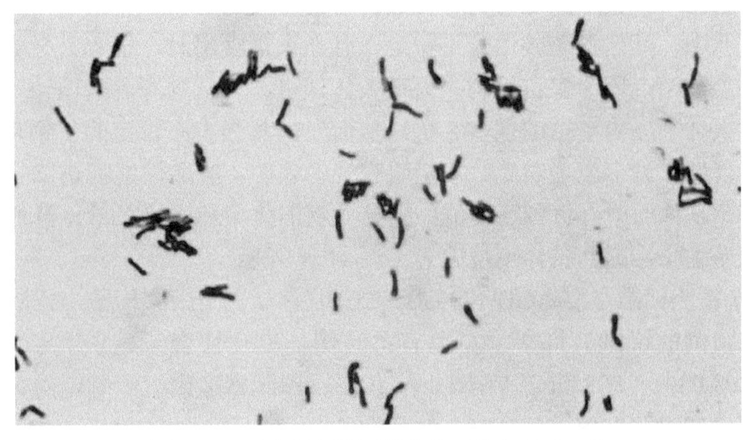

图 8.15.1 婴儿双歧杆菌革兰氏染色(1000×)

## 二、培养特征

分叉双歧杆菌在MRS琼脂平板上的菌落呈圆形，乳白色或黄色，边缘整齐，表面较湿润，略带酸味，需严格厌氧培养，适宜生长温度为30～36℃，最佳培养温度为(36±1)℃(图8.15.2)。

婴儿双歧杆菌在MRS琼脂平板上的菌落较小，光滑，凸圆，呈乳脂色至白色，边缘整齐，表面较湿润，略带酸味，需严格厌氧培养，适宜生长温度为30～36℃，最佳培养温度为(36±1)℃(图8.15.3)。

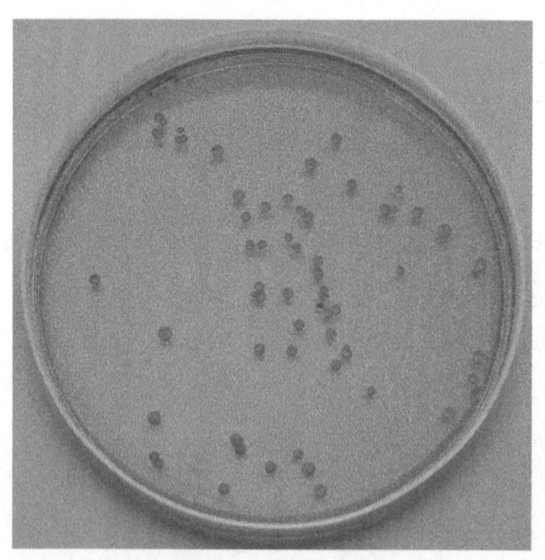

图8.15.2 分叉双歧杆菌在MRS琼脂平板上的菌落特征（北京陆桥技术股份有限公司供图）

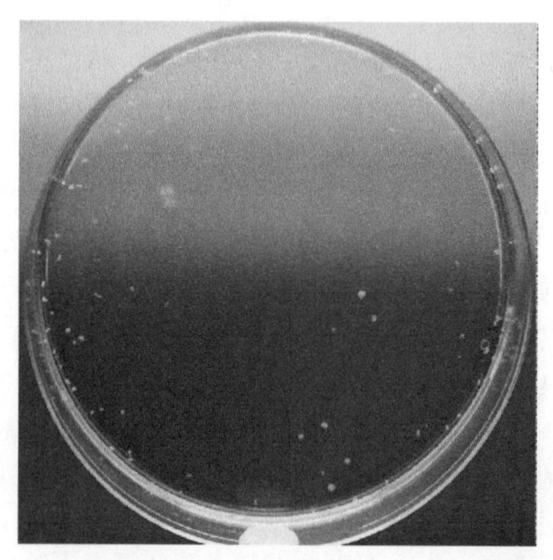

图8.15.3 婴儿双歧杆菌在MRS琼脂平板上的菌落特征

适用标准：GB 4789.34—2016 食品安全国家标准 食品微生物学检验 双歧杆菌检验

# 第十六节 乳 酸 菌

乳酸菌(lactic acid bacteria，LAB)是指发酵糖类的主要产物为乳酸的一类无芽胞、革兰氏染色阳性细菌(包括球菌和杆菌)的总称。这类细菌在自然界分布极为广泛，具有丰富的物种多样性。它们不仅是研究分类、生化、遗传、分子生物学和基因工程的理想材料，在理论上具有重要的学术价值，在工业、农牧业、食品和医药等与人类生活密切相关的重要领域的应用价值也极高。

乳酸菌是一群相当庞杂的细菌，目前至少可分为18属，共有200多种。除极少数外，其中绝大部分都是人体内必不可少的且具有重要生理功能的菌群，其广泛存在于人体的肠道中。

乳酸菌大体上可分为两大类：一类是动物源乳酸菌，另一类是植物源乳酸菌。因为动物源取自动物，菌种常处于相对不稳定状态，其生物功效也较不稳定，且在大量食用时，很容易导致人体动物蛋白过敏，即排斥反应。而植物源乳酸菌，因为取自植物，易被人体认可，且植物源乳酸菌比动物源者更具有活力，能比动物源乳酸菌到达人体小肠内定植的量多8倍，从而发挥其强大而稳定的生物功效。

乳酸菌在动物体内能发挥许多生理功能。大量研究资料表明，乳酸菌能促进动物生长，调节胃肠道正常菌群、维持微生态平衡，从而改善胃肠道功能；提高食物消化率和生物效价；降低血清胆固醇，控制内毒素；抑制肠道内腐败菌生长；提高机体免疫力等。

目前，我国的乳酸菌检测标准主要有GB 4789.35—2010(食品安全国家标准 食品微生物学检验 乳酸菌检验)。国际上乳酸菌检测的标准有许多，主要有：法国标准化协会制定的关于乳酸菌的检测标准NF V04-397—2016、NF V08-030—1998和NF V04-503—1988；国际标准化组织制定的关于乳酸菌的检测标准ISO 10932—2010、ISO 17792—2006、ISO 20128—2006、ISO 15214—1998、ISO 13721 CORR 1—1996

和ISO 13721—1995；韩国制定的关于乳酸菌的检测标准KS J ISO 15214—2007。

## 一、形态学特征

乳酸菌种类较多，其形态主要包括杆菌和球菌两种。球菌中较为常见的为嗜热链球菌，它是一种耗氧的革兰氏阳性菌，以两个卵圆形菌体为一对的球菌连成0.7～0.9μm的长链。嗜热链球菌个体中多为2球体连接、3或4球体连接、5或6球体连接的，8球体以上连接的和单球体的少见。所以个体大小差距较大，多在(0.4～0.7)μm×(1.0～6)μm。嗜热链球菌革兰氏染色结果见图8.16.1。

乳酸菌中的杆菌种类也繁多，其中德氏乳杆菌是一种革兰氏阳性、长杆、无鞭毛、无芽胞杆菌。菌体长为2～9μm，宽为0.5～0.8μm，单个菌体为长杆状或成链，两端钝圆，不具有运动性，也不产生孢子。德氏乳杆菌革兰氏染色结果见图8.16.2。

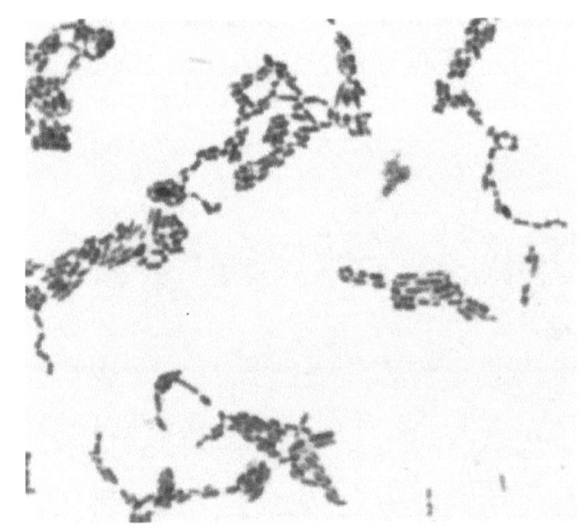

图8.16.1 嗜热链球菌革兰氏染色(1000×)

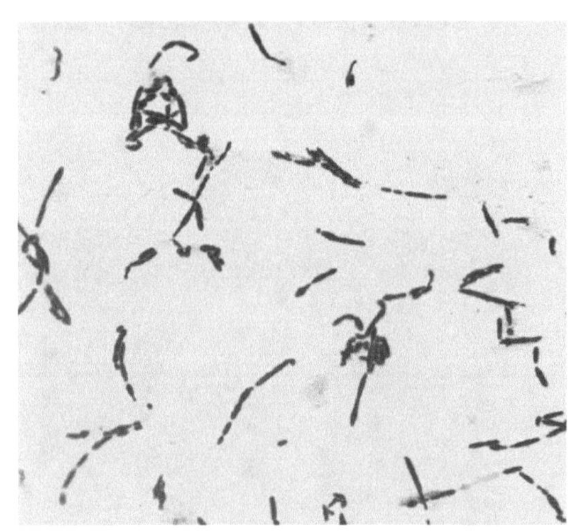

图8.16.2 德氏乳杆菌革兰氏染色结果(1000×)

## 二、培养特征

### (一)MRS琼脂平板

分叉双歧杆菌在MRS琼脂平板上的菌落呈圆形，乳白色或黄色，边缘整齐，表面较湿润，略带酸味，需严格厌氧培养，适宜生长温度为30～36℃，最佳培养温度为(36±1)℃，培养时间为(72±2)h(图8.16.3)。

德氏乳杆菌在MRS琼脂平板上的菌落呈圆形，乳白色，边缘整齐，表面较湿润，略带酸味，兼性厌氧，适宜生长温度为30～40℃，最佳培养温度为(36±1)℃，培养时间为(72±2)h(图8.16.4)。

### (二)BBL琼脂平板

乳酸菌中的嗜热链球菌、干酪乳杆菌、短双歧杆菌、德氏乳杆菌在BBL琼脂平板上的菌落均呈圆形凸起，乳白色、黄色或奶油色，边缘整齐，表面光滑、湿润。嗜热链球菌、干酪乳杆菌及德氏乳杆菌菌落的直径较为接近，相比之下，短双歧杆菌菌落的直径较大一些。其中，嗜热链球菌需氧培养，干酪乳杆菌与德氏乳杆菌兼性厌氧培养，短双歧杆菌严格厌氧培养。干酪乳杆菌、短双歧杆菌、德氏乳杆菌的适宜生长温度为30～40℃，最佳培养温度为(36±1)℃；嗜热链球菌的适宜生长温度为30～45℃，最佳培养温度为(42±1)℃；培养时间均为(72±2)h。嗜热链球菌、干酪乳杆菌、短双歧杆菌和德氏乳杆菌在BBL琼脂平板上的菌落特征见图8.16.5～图8.16.8。

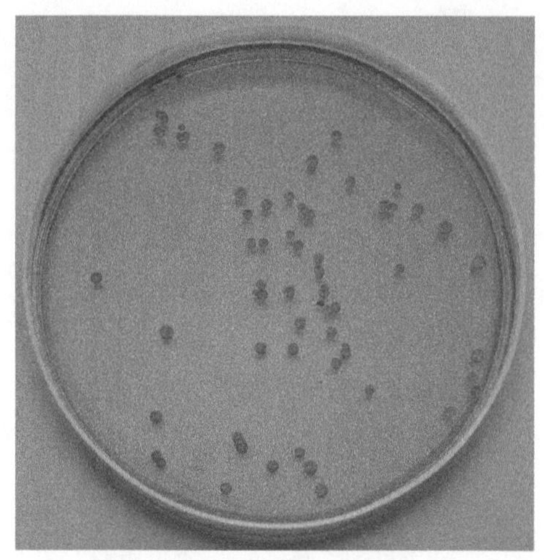

图 8.16.3　分叉双歧杆菌在 MRS 琼脂平板上的菌落特征
（北京陆桥技术股份有限公司供图）

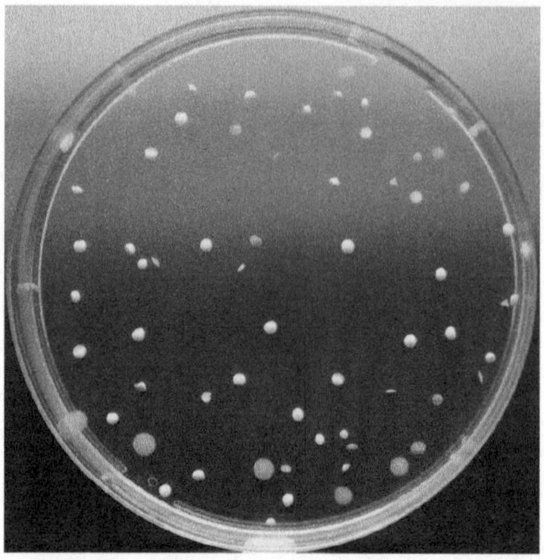

图 8.16.4　德氏乳杆菌在 MRS 琼脂平板上的菌落特征

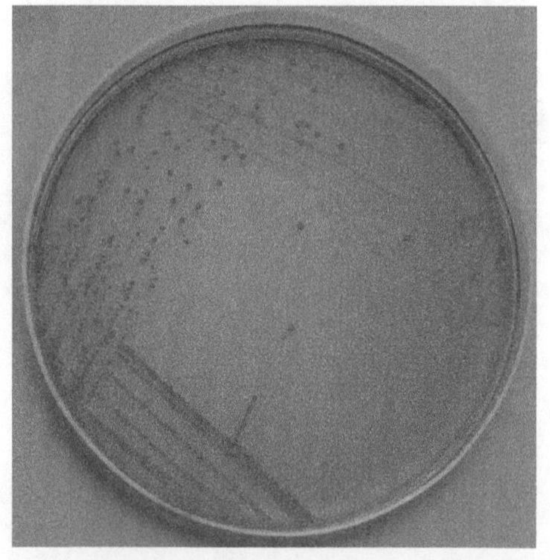

图 8.16.5　嗜热链球菌在 BBL 琼脂平板上的菌落特征
（北京陆桥技术股份有限公司供图）

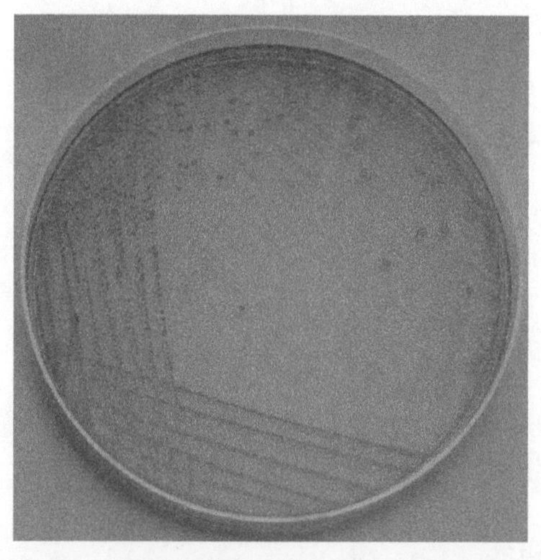

图 8.16.6　干酪乳杆菌在 BBL 琼脂平板上的菌落特征
（北京陆桥技术股份有限公司供图）

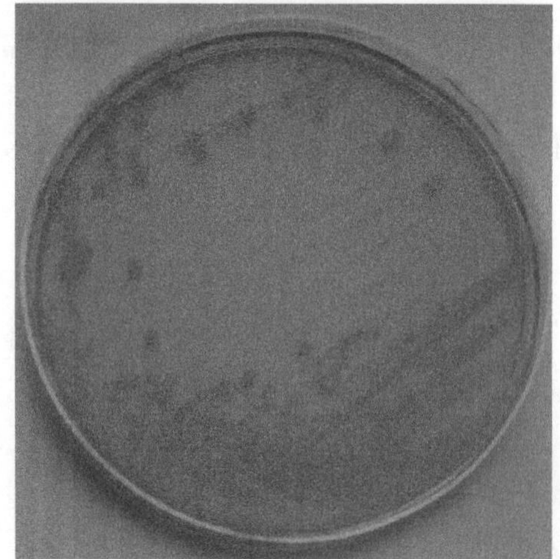

图 8.16.7　短双歧杆菌在 BBL 琼脂平板上的菌落特征
（北京陆桥技术股份有限公司供图）

图 8.16.8　德氏乳杆菌在 BBL 琼脂平板上的菌落特征
（北京陆桥技术股份有限公司供图）

### （三）MC 琼脂平板

植物乳杆菌在 MC 琼脂平板上的菌落较小，呈圆形凸起，红色或橙色，边缘整齐，表面较湿润，兼性厌氧培养，适宜生长温度为30～36℃，最佳培养温度为(36±1)℃，培养时间为(72±2)h(图8.16.9)。

嗜热链球菌在MC琼脂平板上的菌落较小，呈圆形凸起，红色，边缘整齐，表面较湿润，菌落周围常见有一圈淡淡的晕圈(这是嗜热链球菌产酸溶解碳酸钙形成的溶解环)，需氧培养，适宜生长温度为30～45℃，最佳培养温度为(42±1)℃，培养时间为(72±2)h(图8.16.10)。

图8.16.9 植物乳杆菌在MC琼脂平板上的菌落特征(北京陆桥技术股份有限公司供图)

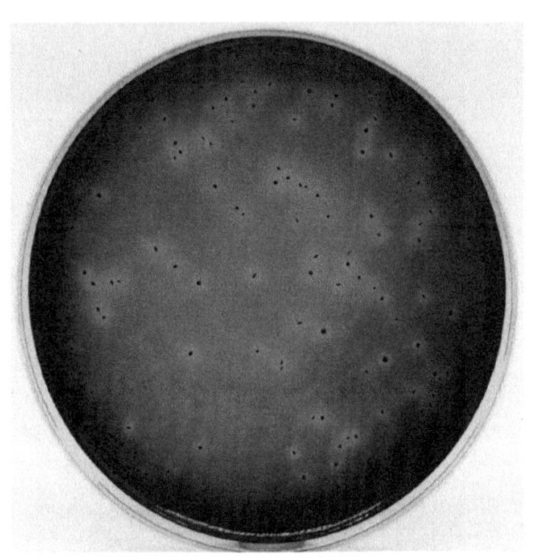

图8.16.10 嗜热链球菌在MC琼脂平板上的菌落特征(涂布法)

## 三、生化特性

德氏乳杆菌(*L. casei* subsp. *casei*)ATCC 7830的主要生化特征见表8.16.1和图8.16.11。

表8.16.1 德氏乳杆菌ATCC 7830的碳水化合物反应结果

| 类型 | 结果 |
| --- | --- |
| 七叶苷 | − |
| 纤维二糖 | − |
| 麦芽糖 | − |
| 甘露醇 | − |
| 水杨苷 | − |
| 山梨醇 | − |
| 蔗糖 | − |
| 棉子糖 | − |

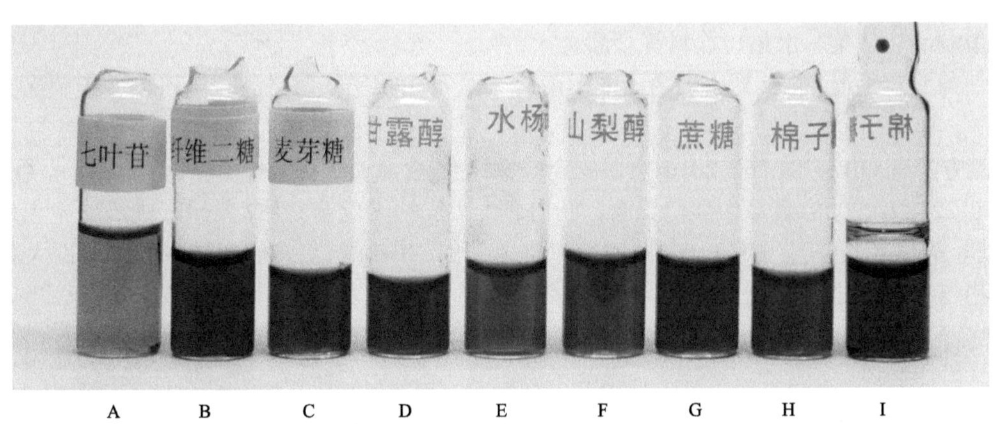


图8.16.11 德氏乳杆菌ATCC 7830的碳水化合物反应试验

A. 七叶苷(阴性)，黄色；B. 纤维二糖(阴性)，紫色；C. 麦芽糖(阴性)，紫色；D. 甘露醇(阴性)，紫色；E. 水杨苷(阴性)，紫色；F. 山梨醇(阴性)，紫色；G. 蔗糖(阴性)，紫色；H. 棉子糖(阴性)，紫色；I. 棉子糖(阴性对照)，紫色

嗜热链球菌的主要生化特征见表 8.16.2 和图 8.16.12。

**表 8.16.2 嗜热链球菌 ATCC 14485 的碳水化合物反应结果**

| 类型 | 结果 |
|---|---|
| 菊糖 | - |
| 乳糖 | + |
| 甘露醇 | - |
| 水杨苷 | - |
| 山梨醇 | - |
| 马尿酸 | - |
| 七叶苷 | - |

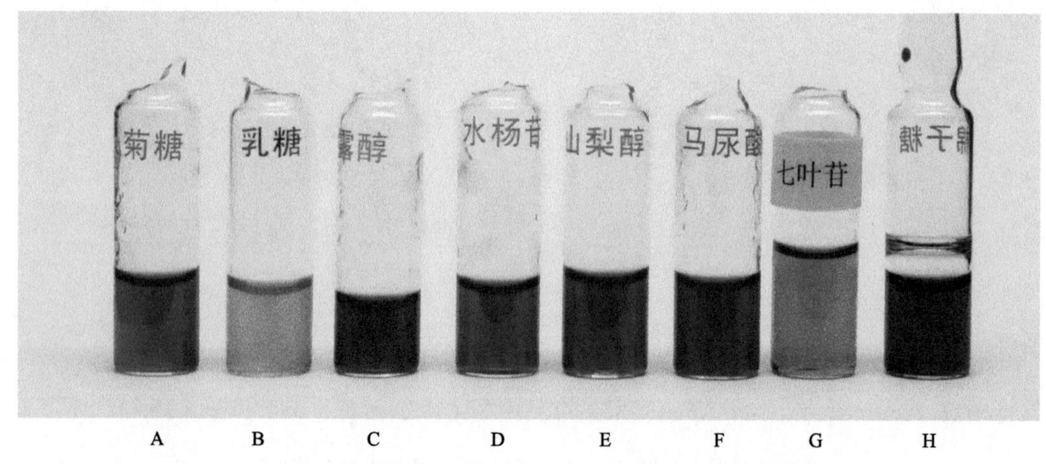


图 8.16.12 嗜热链球菌 ATCC 14485 的碳水化合物反应试验

A. 菊糖(阴性)，紫色；B. 乳糖(阳性)，黄色；C. 甘露醇(阴性)，紫色；D. 水杨苷(阴性)，紫色；E. 山梨醇(阴性)，紫色；F. 马尿酸(阴性)，紫色；G. 七叶苷(阴性)，黄色；H. 棉子糖(阴性对照)，紫色

适用标准：GB 4789.35—2010 食品安全国家标准 食品微生物学检验 乳酸菌检验

## 第十七节 大肠埃希氏菌 O157:H7/NM

肠出血性大肠埃希氏菌 O157:H7/NM 是出血性大肠埃希氏菌中的致病性血清型，主要侵犯小肠远端和结肠。中毒原因主要是受污染的食品食用前未经彻底加热。常见中毒食品为各类肉制品、冷荤、生牛奶，其次为蛋及蛋制品、蔬菜、水果、饮料等食品。

《伯杰细菌鉴定手册》将其列为细菌界变形菌门 Y-变形菌纲肠杆菌目肠杆菌科埃希氏菌属大肠埃希氏菌种。

现行检测方法有 GB 4789.36—2016(食品安全国家标准 食品微生物学检验 大肠埃希氏菌 O157:H7/NM 检验)、GB/T 22429—2008(食品中沙门氏菌、肠出血性大肠埃希氏菌 O157 及单核细胞增生李斯特氏菌的快速筛选检验 酶联免疫法)、SN/T 0973—2010(进出口肉、肉制品及其他食品中肠出血性大肠埃希氏菌 O157:H7 检测方法)、AOAC 方法等。

### 一、形态学特征

革兰氏阴性杆菌，大小为(1.1～1.5)μm×(2.0～6.0)μm。具有周生鞭毛，能运动，有菌毛，无芽胞，革兰氏染色光学显微镜照片见图 8.17.1。

## 二、培养特征

### (一)改良山梨醇麦康凯平板

改良山梨醇麦康凯平板(CT-SMAC)比山梨醇麦康凯平板增加了亚碲酸钾和头孢克肟，提高了选择性。典型菌落为圆形、光滑、较小的无色菌落，中心呈现较暗的灰褐色(图 8.17.2)。

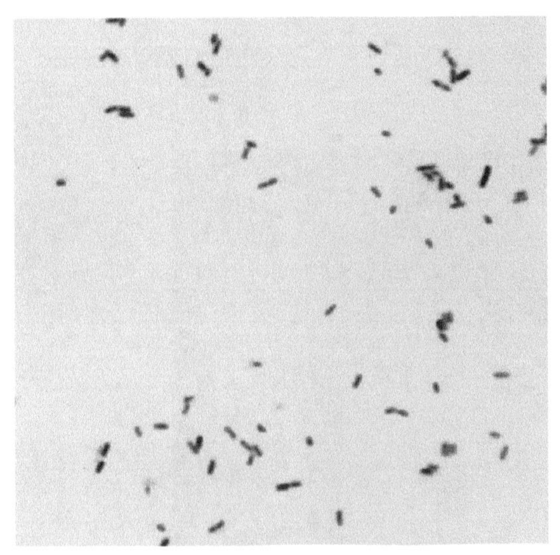

图 8.17.1　大肠埃希氏菌 O157:H7/NM 革兰氏染色光学显微镜照片(1000×)

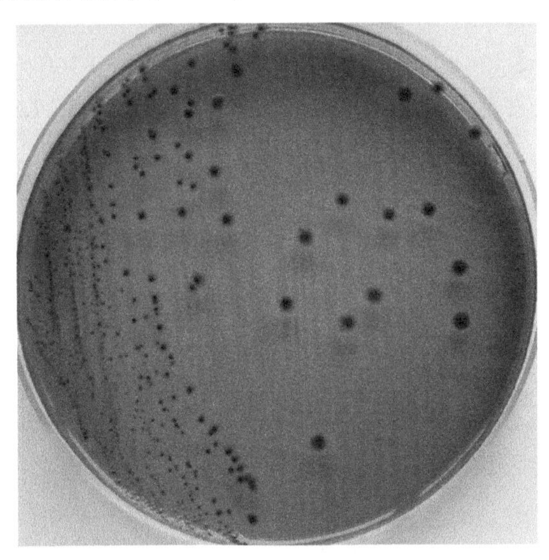

图 8.17.2　大肠埃希氏菌 O157:H7/NM NCTC12900 在 CT-SMAC 平板上的菌落特征(北京陆桥技术股份有限公司供图)

### (二)科玛嘉 O157 显色平板

肠出血性大肠埃希氏菌(EHEC)O157:H7/NM 呈紫红色菌落(图 8.17.3)，非 O157:H7/NM EHEC 呈蓝色菌落。

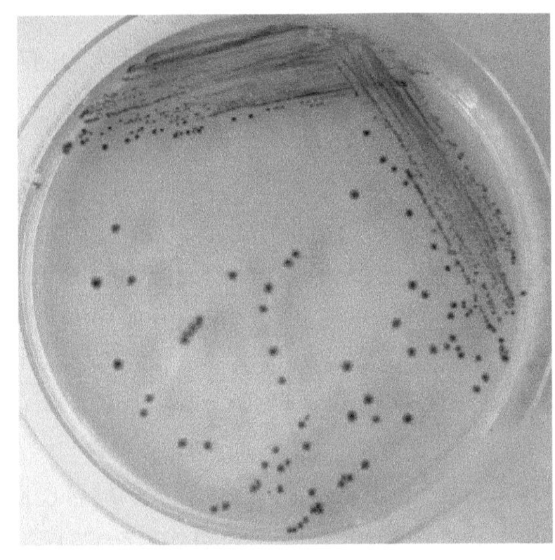

图 8.17.3　大肠埃希氏菌 O157:H7/NM NCTC 12900 在科玛嘉 O157 显色平板上的菌落特征(北京陆桥技术股份有限公司供图)

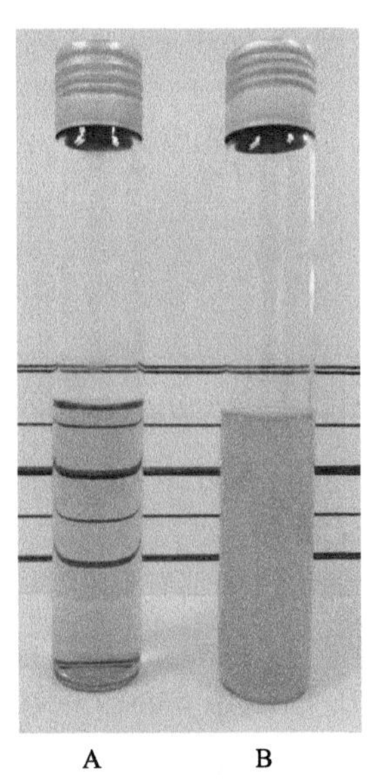


图 8.17.4　改良 EC 肉汤培养(北京陆桥技术股份有限公司供图)

A. 空白对照；B. 大肠埃希氏菌 O157:H7/NM NCTC 12900

## 三、生化特性

### (一)改良 EC 肉汤

于(36±1)℃培养 18～24h，大肠埃希氏菌 O157:H7/NM 发酵乳糖使肉汤浑浊(图 8.17.4)。

### (二)MUG-LST 肉汤

于(36±1)℃培养 18～24h，在暗室中 360～366nm 波长紫外线灯照射下，非 O157:H7/NM EHEC 发浅蓝色荧光。EHEC O157:H7/NM 无荧光(图 8.17.5)。

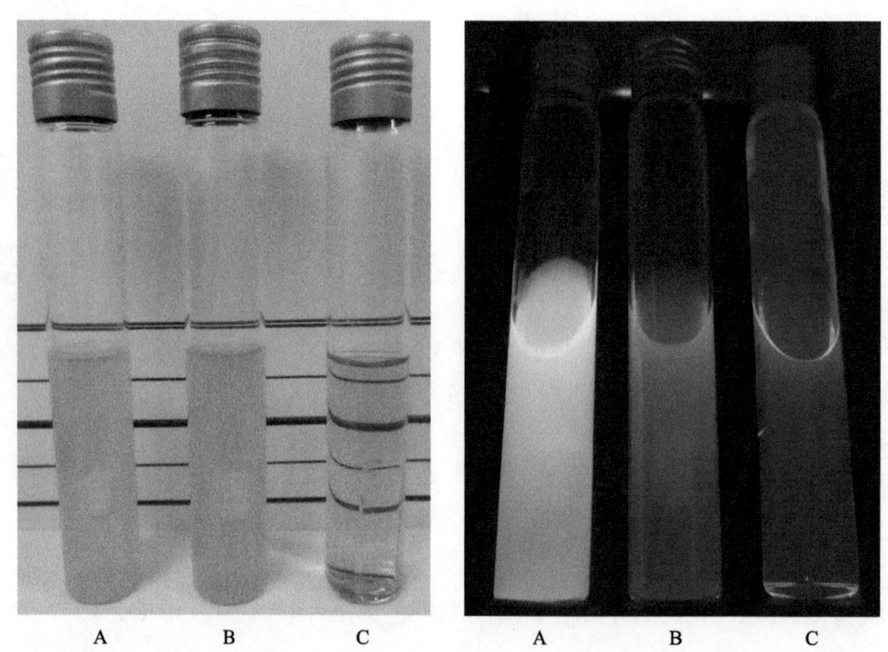


图 8.17.5 MUG-LST 肉汤培养及紫外照射图(北京陆桥技术股份有限公司供图)

A. 大肠埃希氏菌 ATCC 25922；B. 大肠埃希氏菌 O157:H7/NM NCTC 12900；C. 空白对照

适用标准：GB 4789.36—2016 食品安全国家标准 食品微生物学检验 大肠埃希氏菌 O157:H7/NM 检验

# 第十八节 大肠埃希氏菌

大肠埃希氏菌(*Escherichia coli*)广泛存在于人和温血动物的肠道中，是肠道中的正常栖居菌，几乎占粪便干重的 1/3，一般不致病，还能竞争性抵御致病菌的进攻，同时能帮助合成维生素 B 和维生素 K，与人体是互利互生的关系。大肠埃希氏菌比其他肠道杆菌耐热，(55±1)℃经 60min 或(60±1)℃加热 15min 仍有部分细菌存活。

《伯杰细菌鉴定手册》将其列为细菌界变形菌门 Y-变形菌纲肠杆菌目肠杆菌科埃希氏菌属大肠杆菌种。

现行检测方法有 GB 4789.38—2012(食品安全国家标准 食品微生物学检验 大肠埃希氏菌计数)、SN/T 0169—2010(进出口食品中大肠菌群、粪大肠菌群和大肠杆菌检测方法)、SN/T 1607—2017(出口饮料中菌落总数、大肠菌群、粪大肠菌群、大肠杆菌计数方法 疏水栅格滤膜法)、FDA 的检测方法、AOAC 991.14(食品中的大肠菌群和大肠埃希氏菌的检测 再水化干膜法)等。

## 一、形态学特征

大肠埃希氏菌为革兰氏阴性短杆菌，大小为0.5μm×(1～3)μm。周生鞭毛，能运动，无芽胞，有普通菌毛与性菌毛，有些菌株有多糖类包膜(图8.18.1)。

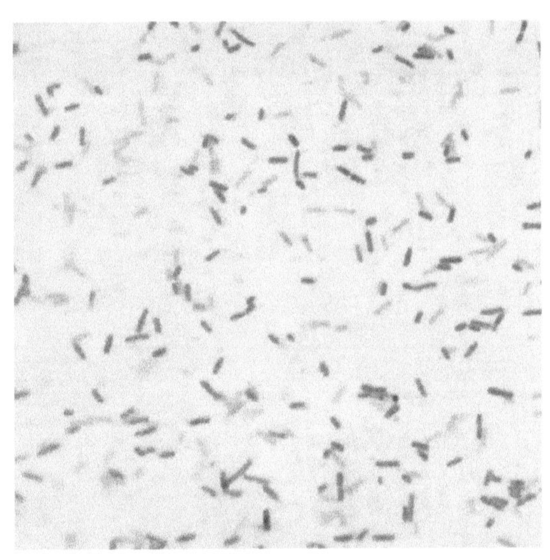

图8.18.1　大肠埃希氏菌ATCC 25922革兰氏染色光学显微镜照片(1000×)

## 二、培养特征

本菌为兼性厌氧菌，能发酵多种糖类，最适生长温度为(36±1)℃，在42～44℃条件下仍能生长，生长温度为15～46℃，最适宜生长pH为7.2～7.4。

### (一)LST肉汤

于(36±1)℃培养，大肠埃希氏菌能分解乳糖产气(图8.18.2)。

### (二)EC肉汤

于(44.5±0.2)℃培养，大肠埃希氏菌试管变浑浊，产气(图8.18.3)。

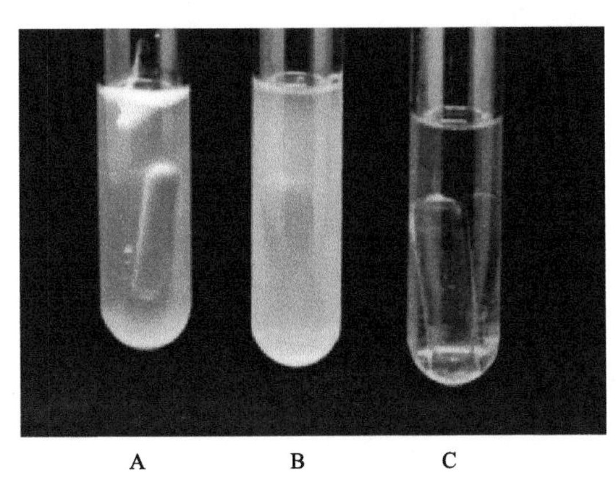


图8.18.2　LST肉汤培养

A. 大肠埃希氏菌ATCC 25922；B. 沙门氏菌ATCC 14028；C. 空白对照

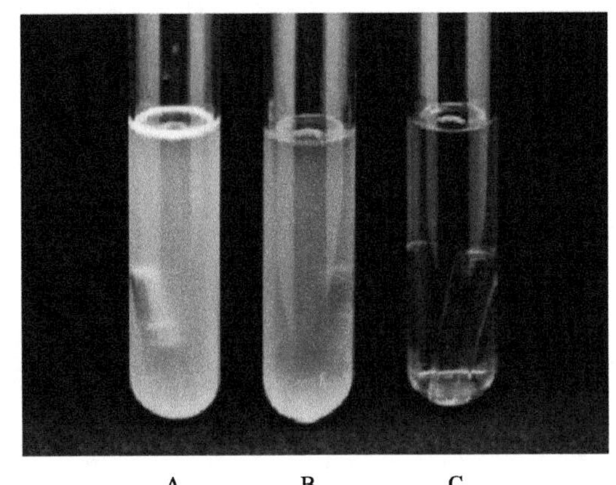


图8.18.3　EC肉汤培养

A. 大肠埃希氏菌ATCC 25922；B. 沙门氏菌ATCC 14028；C. 空白对照

(三)伊红亚甲蓝琼脂平板

在伊红亚甲蓝(EMB)琼脂平板上呈黑色、中心有光泽或无光泽的典型菌落(图 8.18.4，图 8.18.5)。

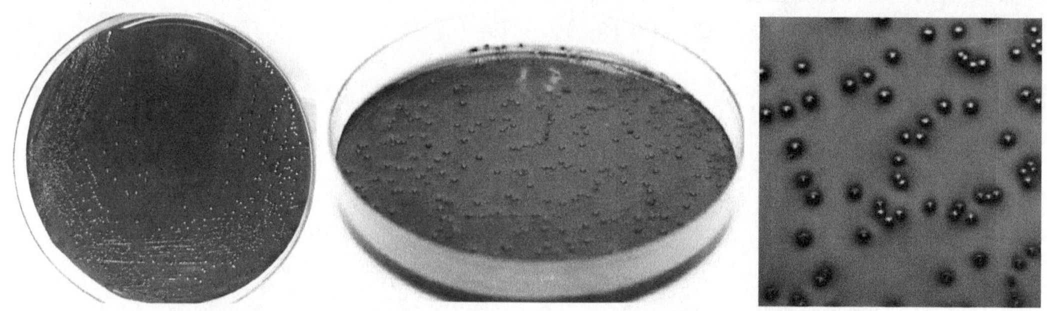

图 8.18.4　大肠埃希氏菌 ATCC 25922 在 EMB 琼脂平板上的菌落特征

图 8.18.5　部分细菌在 EMB 琼脂平板上的菌落特征(北京陆桥技术股份有限公司供图)

A. 产气肠杆菌 ATCC 13048；B. 大肠埃希氏菌 ATCC 25922；
C. 福氏志贺氏菌 ATCC 51572；D. 鼠伤寒沙门氏菌 ATCC 13311

(四)麦康凯琼脂平板

大肠埃希氏菌在麦康凯琼脂平板上呈鲜桃红色或微红色，菌落中心呈深桃红色，圆形，扁平，边缘整齐，表面光滑、湿润。沙门氏菌在麦康凯琼脂平板上无色，透明或半透明，菌落中心有时为暗色(图 8.18.6)。

(五)普通营养琼脂平板

大肠埃希氏菌在普通营养琼脂平板上表现为3种菌落形态：①光滑型，菌落边缘整齐，表面有光泽、湿润、光滑、呈灰色，在生理盐水中容易分散(图 8.18.7)；②粗糙型，菌落扁平、干涩、边缘不整齐，容易在生理盐水中自凝；③黏液型，常为含有荚膜的菌株。

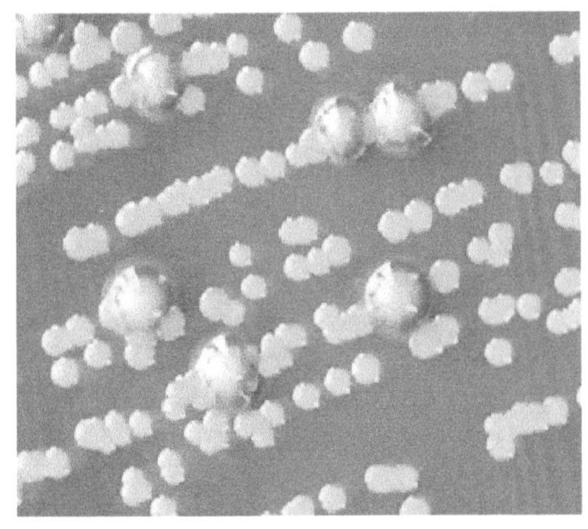

图 8.18.6 大肠埃希氏菌 ATCC 25922(红色)和鼠伤寒沙门氏菌 ATCC 14028(白色)在麦康凯琼脂平板上的菌落特征

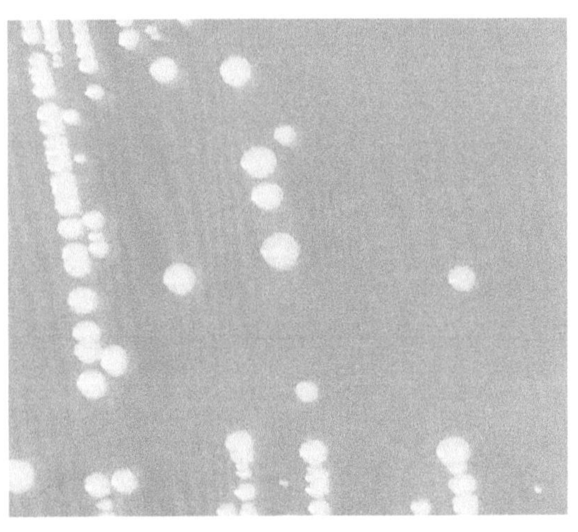

图 8.18.7 大肠埃希氏菌 ATCC 25922 在普通营养琼脂平板上的菌落特征

(六)血平板

在血平板上，为较大的白色或略带一些棕黄色的菌落，多数不透明或边缘轻微透明，表面湿润，有特殊酸臭味(图 8.18.8)。

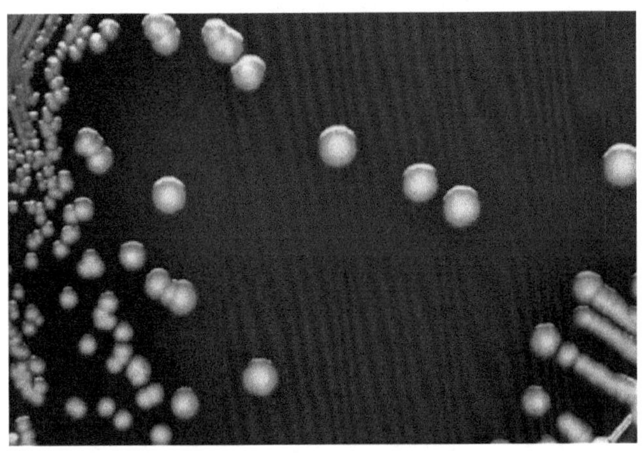

图 8.18.8 大肠埃希氏菌 ATCC 25922 在血平板上的菌落特征

(七)大肠埃希氏菌显色平板

大肠埃希氏菌在显色培养基上显示蓝绿色菌落，圆形凸起，其他为无色菌落或不生长(图 8.18.9)。

(八)结晶紫中性红胆盐-4-甲基伞形酮-$\beta$-D-葡萄糖苷琼脂平板

在结晶紫中性红胆盐-4-甲基伞形酮-$\beta$-D-葡萄糖苷(VRBA-MUG)琼脂平板上培养，于暗室中在 360～366nm 波长紫外线灯照射下，菌落发浅蓝色荧光(图 8.18.10，图 8.18.11)。

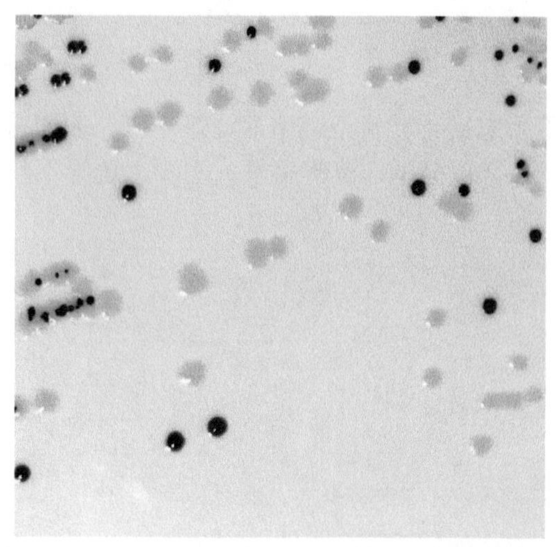

图 8.18.9　大肠埃希氏菌 ATCC 25922 在显色平板上的菌落特征(白色菌落为阴沟肠杆菌 ATCC 13047)

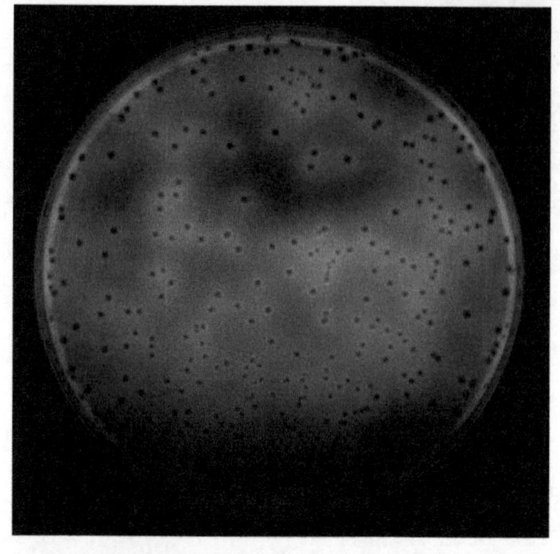

图 8.18.10　大肠埃希氏菌 ATCC 25922 在 VRBA-MUG 琼脂平板上的菌落特征

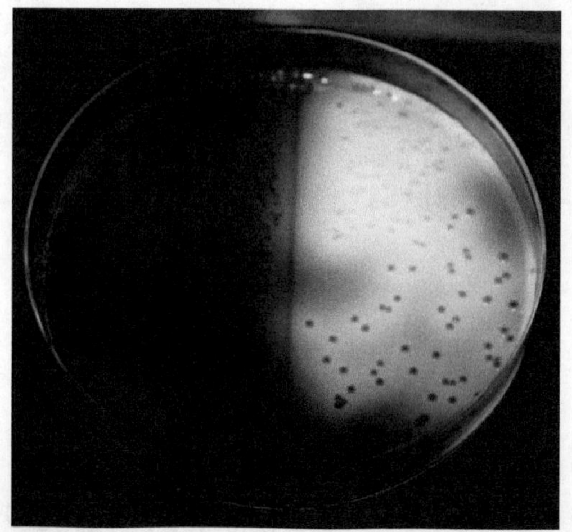

图 8.18.11　阴沟肠杆菌 ATCC 13047(左，无荧光)和大肠埃希氏菌 ATCC 25922(右，有荧光)在 VRBA-MUG 琼脂平板上的菌落特征

## 三、生化特性

### (一) IMViC 试验

IMViC 试验见图 8.18.12 和表 8.18.1。

图 8.18.12　大肠埃希氏菌 ATCC 25922 IMViC 试验(++−−)

**表 8.18.1 IMViC 试验结果说明**

| 结果 | 生化反应 | | | |
|---|---|---|---|---|
| | 靛基质(I) | 甲基红(M) | V-P(V) | 西蒙氏柠檬酸盐(C) |
| 阴性 | 黄色 | 不变色 | 不变色 | 绿色 |
| 阳性 | 玫瑰红色 | 红色 | 红色 | 蓝色 |

（二）API 20E

API 20E 是肠杆菌科和其他非苛养革兰氏阴性杆菌的标准鉴定系统，由 20 个含干燥底物的小管组成。这些测定管用细菌悬浮液接种。培养一定时间后，通过代谢作用产生颜色的变化，或是加入试剂后变色而观察结果。大肠埃希氏菌 ATCC 25922 和 FSCC 149015 的 API 20E 生化图谱分别见图 8.18.13、图 8.18.14、表 8.18.2 和表 8.18.3。与 API 微生物系统比对后，生化谱为 5 1 4 4 5 5 2 和 5 1 4 4 1 5 2 的细菌均为大肠埃希氏菌。

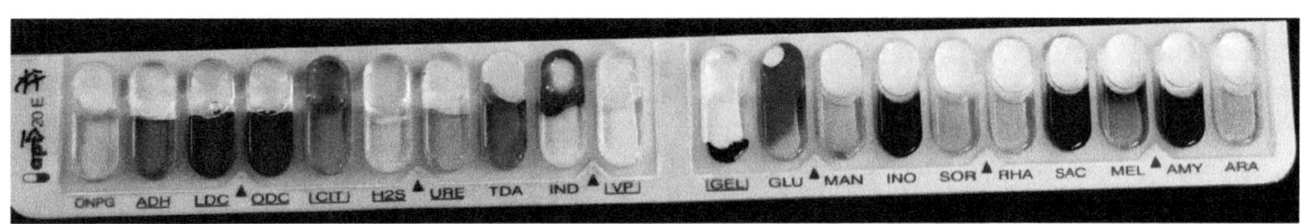


图 8.18.13 大肠埃希氏菌 ATCC 25922 API 20E 图谱

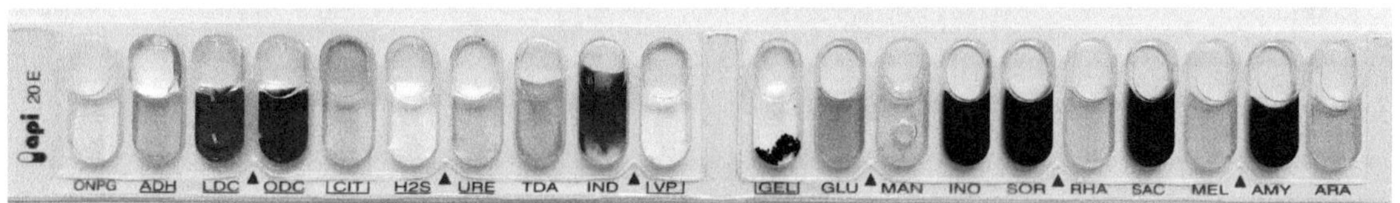


图 8.18.14 大肠埃希氏菌 FSCC 149015 API 20E 图谱

**表 8.18.2 大肠埃希氏菌 ATCC 25922 API 20E 图谱结果**

| 位数 | 第 1 位数 | | | 第 2 位数 | | | 第 3 位数 | | | 第 4 位数 | | | 第 5 位数 | | | 第 6 位数 | | | 第 7 位数 | | |
|---|---|---|---|---|---|---|---|---|---|---|---|---|---|---|---|---|---|---|---|---|---|
| 生化反应 | ONPG | ADH | LDC | ODC | CIT | H2S | URE | TDA | IND | VP | GEL | GLU | MAN | INO | SOR | RHA | SAC | MEL | AMY | ARA | OX |
| 生化反应分值 | 1 | 2 | 4 | 1 | 2 | 4 | 1 | 2 | 4 | 1 | 2 | 4 | 1 | 2 | 4 | 1 | 2 | 4 | 1 | 2 | 4 |
| 反应结果 | + | – | + | + | – | – | – | – | + | – | – | + | + | – | + | + | – | + | – | + | – |
| 应得数值 | 1 | 0 | 4 | 1 | 0 | 0 | 0 | 0 | 4 | 0 | 0 | 4 | 1 | 0 | 4 | 1 | 0 | 4 | 0 | 2 | 0 |
| 组合编码 | | 5 | | | 1 | | | 4 | | | 4 | | | 5 | | | 5 | | | 2 | |

**表 8.18.3 大肠埃希氏菌 FSCC 149015 API 20E 图谱结果**

| 位数 | 第 1 位数 | | | 第 2 位数 | | | 第 3 位数 | | | 第 4 位数 | | | 第 5 位数 | | | 第 6 位数 | | | 第 7 位数 | | |
|---|---|---|---|---|---|---|---|---|---|---|---|---|---|---|---|---|---|---|---|---|---|
| 生化反应 | ONPG | ADH | LDC | ODC | CIT | H2S | URE | TDA | IND | VP | GEL | GLU | MAN | INO | SOR | RHA | SAC | MEL | AMY | ARA | OX |
| 生化反应分值 | 1 | 2 | 4 | 1 | 2 | 4 | 1 | 2 | 4 | 1 | 2 | 4 | 1 | 2 | 4 | 1 | 2 | 4 | 1 | 2 | 4 |
| 反应结果 | + | – | + | + | – | – | – | – | + | – | – | + | + | – | – | + | – | + | – | + | – |
| 应得数值 | 1 | 0 | 4 | 1 | 0 | 0 | 0 | 0 | 4 | 0 | 0 | 4 | 1 | 0 | 4 | 1 | 0 | 4 | 0 | 2 | 0 |
| 组合编码 | | 5 | | | 1 | | | 4 | | | 4 | | | 1 | | | 5 | | | 2 | |

适用标准：GB 4789.38—2012 食品安全国家标准 食品微生物学检验 大肠埃希氏菌计数

## 第十九节　粪大肠菌群计数

粪大肠菌群是一群在(44.5±0.2)℃培养 24～48h，能发酵乳糖、产酸产气的兼性厌氧革兰氏阴性无芽胞杆菌。该菌群来自人和温血动物的粪便，作为粪便污染指标评价食品的卫生状况。

其检验流程与大肠菌群检验流程相似，不同之处在于粪大肠菌群的复发酵培养基为 EC 肉汤，培养温度为(44.5±0.2)℃。

大肠埃希氏菌和阴沟肠杆菌浑浊产气，鼠伤寒沙门氏菌浑浊不产气(图 8.19.1，图 8.19.2)。

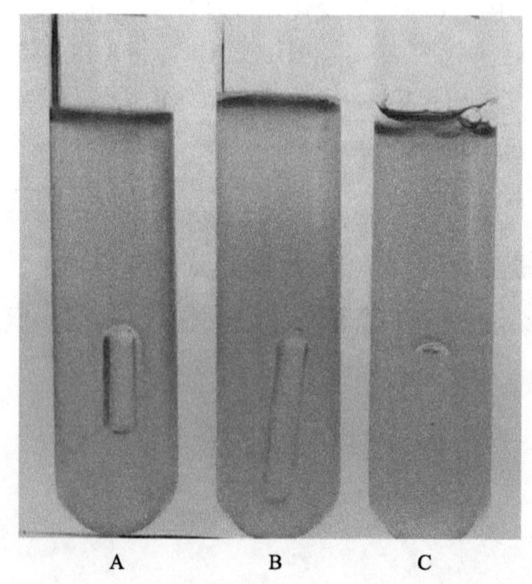

A　B　C

图 8.19.1　粪大肠菌群 36℃初发酵(LST 肉汤)试验

A. 大肠埃希氏菌；B. 阴沟肠杆菌；C. 鼠伤寒沙门氏菌

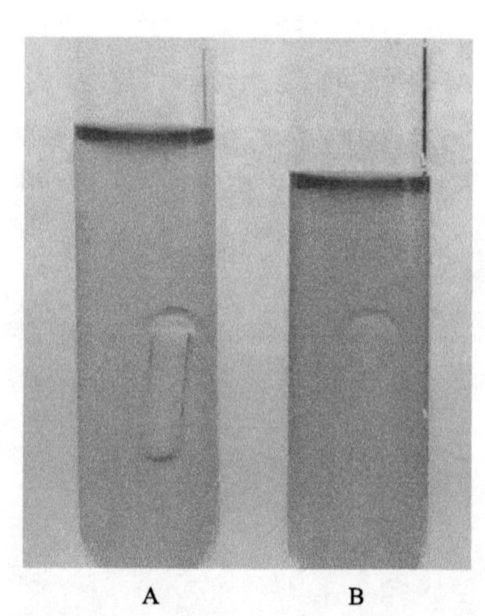

A　B

图 8.19.2　粪大肠菌群 44.5℃复发酵(EC 肉汤)试验

A. 大肠埃希氏菌；B. 鼠伤寒沙门氏菌

适用标准：GB 4789.39—2013 食品安全国家标准 食品微生物学检验 粪大肠菌群计数

## 第二十节　克罗诺杆菌属(阪崎肠杆菌)

克罗诺杆菌属能引起严重的新生儿脑膜炎、坏死性小肠结肠炎和败血症，死亡率高达 50%以上，并且伴有严重的后遗症。

克罗诺杆菌从奶粉、谷类、巧克力、马铃薯粉、意大利面食加工厂和家庭环境中有检出，为该菌在环境中的广泛分布提供了强有力的证据。

检测克罗诺杆菌的现行方法有 ISO 22964—2017(食物链微生物学——克罗诺杆菌属的基准检测方法)、FDA 的检测方法、FSIS 的检测方法、GB 4789.40—2016[食品安全国家标准 食品微生物学检验 克罗诺杆菌属(阪崎肠杆菌)检验]、SN/T 1632—2013[出口奶粉中阪崎肠杆菌(克罗诺杆菌属)检验方法]等。

### 一、形态学特征

克罗诺杆菌为革兰氏阴性无芽胞杆菌，具有周生鞭毛、有动力，兼性厌氧，大多数产黄色素，具有 $\alpha$-葡萄糖苷酶活性。具有耐热及耐寒性，在外界环境中比其他肠道杆菌生存率强，最佳培养温度为 25～36℃，在 6～45℃条件下都能生长，某些菌株可在(47±1)℃条件下生长。阪崎克罗诺杆菌 ATCC 29544 革兰氏染色光学显微镜照片见图 8.20.1。

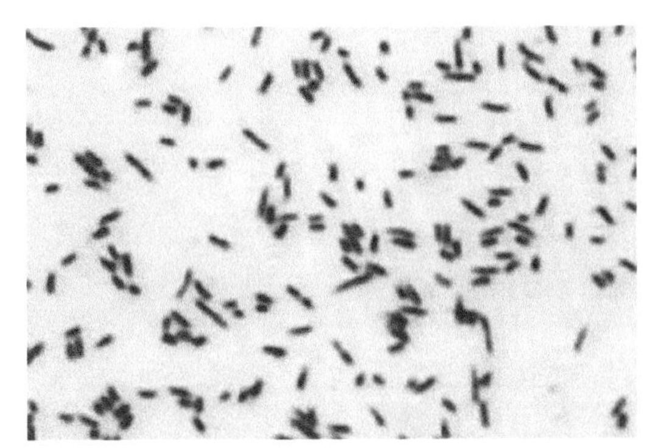
图 8.20.1 阪崎克罗诺杆菌 ATCC 29544 革兰氏染色光学显微镜照片(1000×)

## 二、培养特征

克罗诺杆菌兼性厌氧，对营养要求不高，能在营养琼脂、血平板、麦康凯琼脂、伊红亚甲蓝琼脂、脱氧胆酸琼脂等多种培养基上生长繁殖。

所有的克罗诺杆菌都能在胰蛋白酶大豆琼脂上快速生长，(36±1)℃培养 24h 后形成直径 2～3mm 的菌落；(25±1)℃培养 24h 后形成直径 1～1.5mm 的菌落，48h 后形成直径 2～3mm 的菌落。

常用的培养基有改良月桂基硫酸盐胰蛋白胨肉汤-万古霉素(mLST-Vm)、阪崎肠杆菌显色培养基(DFI)、胰蛋白胨大豆琼脂培养基(TSA)。

以下为克罗诺杆菌培养物接种于各种增菌肉汤和琼脂培养基表面，于需氧条件下(42.5±1)℃培养 24h、(36±1)℃培养 24h、(25±1)℃培养 48h 后的生长情况和菌落特征。

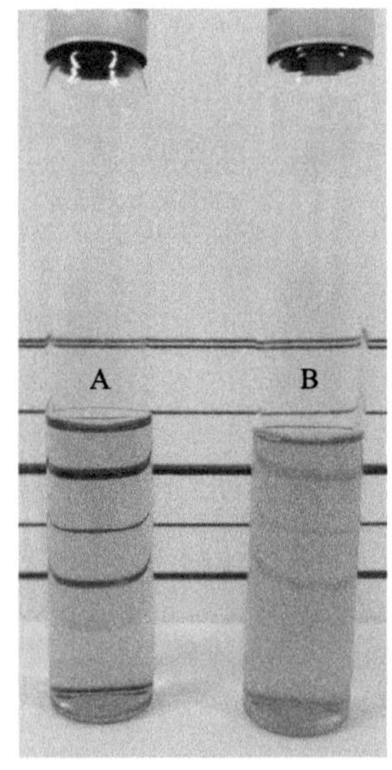

图 8.20.2 阪崎克罗诺杆菌 ATCC 29544 在 mLST-Vm 中的生长情况(北京陆桥技术股份有限公司供图)

A. 空白管；B.阪崎克罗诺杆菌 ATCC 29544(阳性)

### (一)改良月桂基硫酸盐胰蛋白胨肉汤-万古霉素

在 mLST-Vm 中，肉汤变浑浊(图 8.20.2)。

### (二)阪崎肠杆菌显色培养基

在 DFI 平板上，典型菌落呈蓝绿色，表面光滑，直径 2～3mm(图 8.20.3～图 8.20.8)。

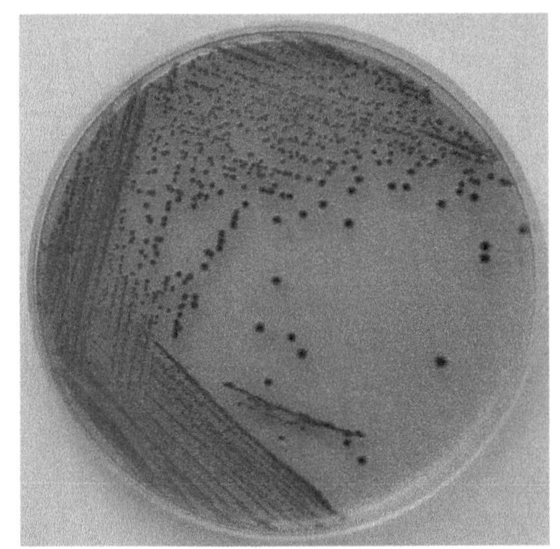
图 8.20.3 阪崎克罗诺杆菌 ATCC 29544 在 DFI 平板上的菌落特征(北京陆桥技术股份有限公司供图)

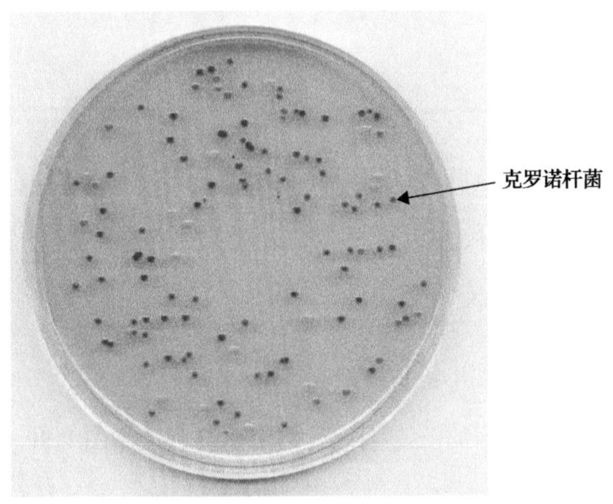

图 8.20.4 阪崎克罗诺杆菌 ATCC 29544(蓝绿色)在 DFI 平板上的菌落特征(Thermo Fisher 供图)

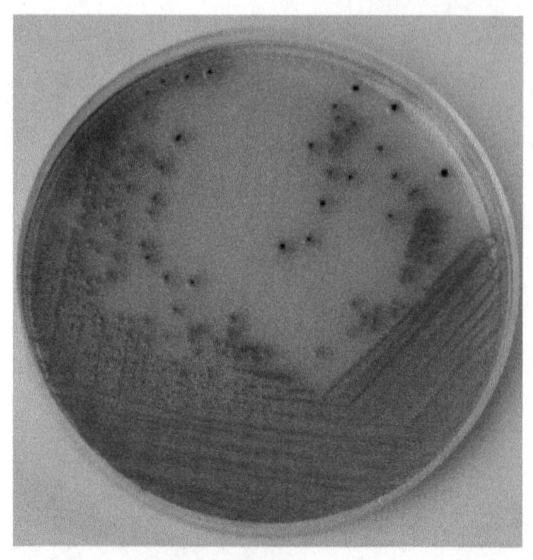

图 8.20.5　奇异变形杆菌 ATCC 49005 在 DFI 平板上的菌落特征(北京陆桥技术股份有限公司供图)

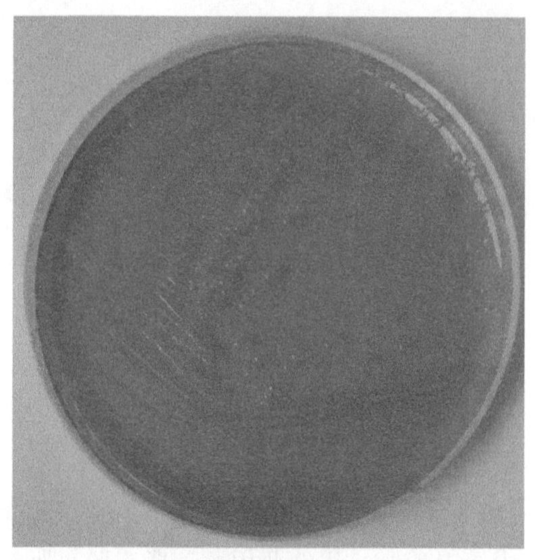

图 8.20.6　大肠埃希氏菌 ATCC 25922 在 DFI 平板上的菌落特征(北京陆桥技术股份有限公司供图)

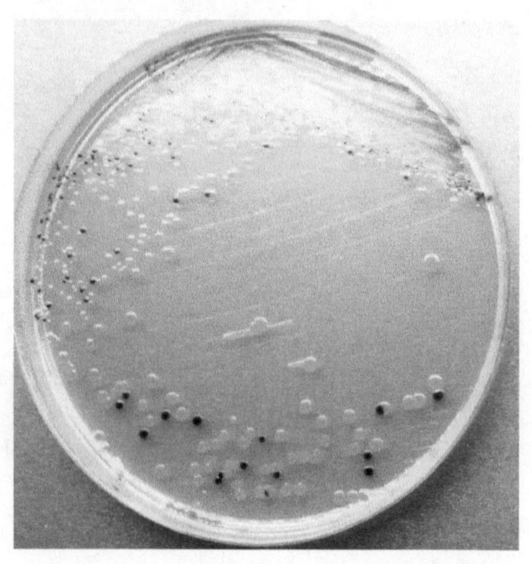

图 8.20.7　克罗诺杆菌和大肠埃希氏菌在科玛嘉阪崎显色培养基上的菌落特征
阪崎克罗诺杆菌 ATCC 29544 为蓝绿色；
大肠埃希氏菌 ATCC 25922 为乳白色

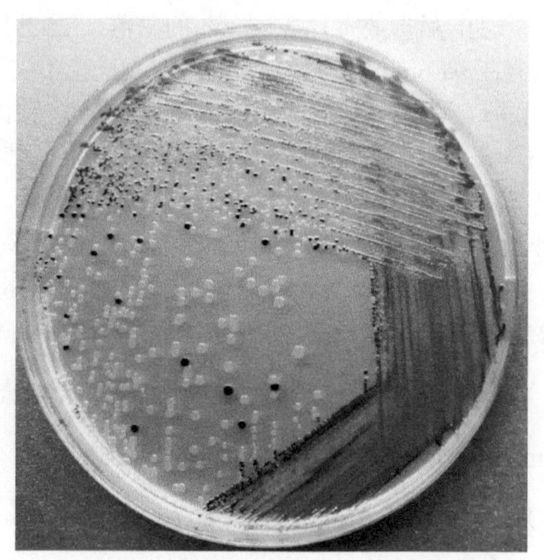

图 8.20.8　克罗诺杆菌和奇异变形杆菌在科玛嘉阪崎显色培养基上的菌落特征
阪崎克罗诺杆菌 ATCC 29544 为蓝绿色；
奇异变形杆菌 ATCC 12453 为乳白色

### (三)胰蛋白胨大豆琼脂培养基

在 TSA 平板上，克罗诺杆菌形成 1.5～2.5mm 的黄色菌落(图 8.20.9，图 8.20.10)。

## 三、生化特性

### (一)关键生化特性

克罗诺杆菌的关键生化特性见表 8.20.1、图 8.20.11 和图 8.20.12。

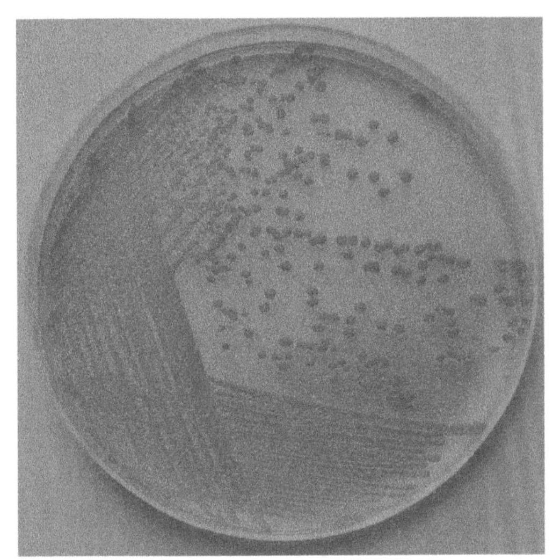

图 8.20.9　阪崎克罗诺杆菌 ATCC 29544 在 TSA 平板上的菌落特征（北京陆桥技术股份有限公司供图）

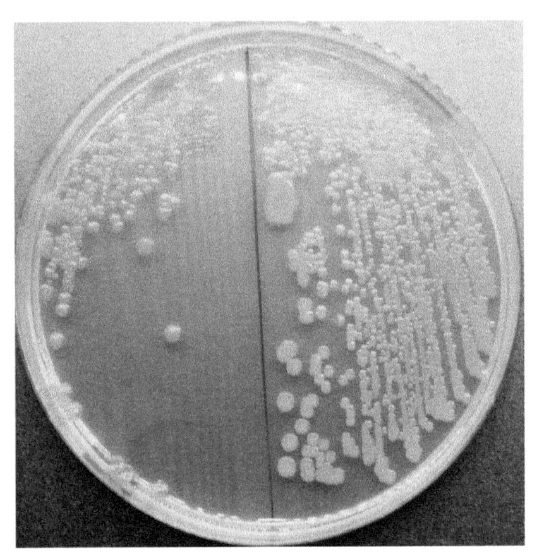

图 8.20.10　阪崎克罗诺杆菌 ATCC 29544（左）和大肠杆菌 ATCC 25922（右）在 TSA 平板上的菌落特征

**表 8.20.1　阪崎克罗诺杆菌 ATCC 29544 生化反应结果**

| 生化指标 | 反应结果 |
|---|---|
| 黄色素产生 | + |
| 氧化酶试验 | – |
| L-赖氨酸脱羧酶 | – |
| L-鸟氨酸脱羧酶 | (+) |
| L-精氨酸双水解酶 | + |
| 柠檬酸水解 | (+) |
| D-山梨醇 | (–) |
| L-鼠李糖 | + |
| D-蔗糖 | + |
| D-蜜二糖 | + |
| 苦杏仁苷 | + |

注：+、–加括号指 90%～99%是阳性或阴性

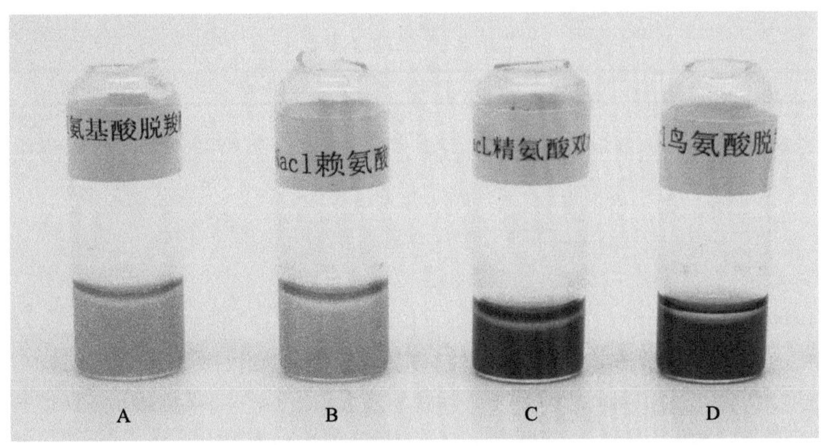


图 8.20.11　阪崎克罗诺杆菌 ATCC 29544 氨基酸脱羧酶试验

A. 氨基酸脱羧酶阴性对照，黄色；B. 赖氨酸脱羧酶（阴性），黄色；C. 精氨酸双水解酶（阳性），紫色；D. 鸟氨酸脱羧酶（阳性），紫色

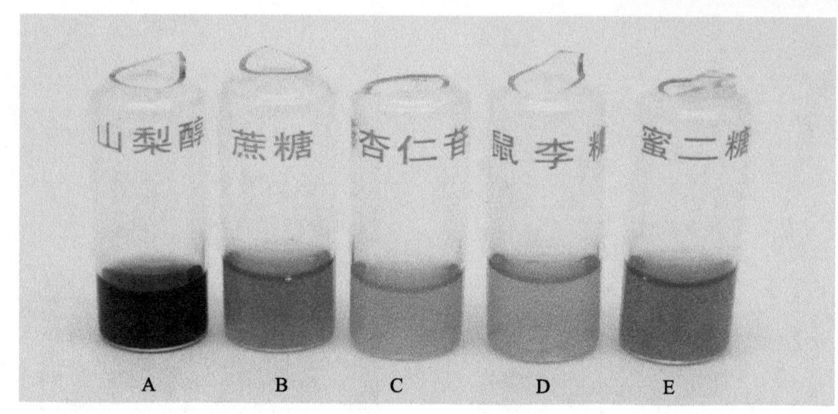


图 8.20.12 阪崎克罗诺杆菌 ATCC 29544 糖发酵试验

A. 山梨醇(阴性)，紫色；B. 蔗糖(阳性)，黄色；C. 苦杏仁苷(阳性)，黄色；D. 鼠李糖(阳性)，黄色；E. 蜜二糖(阳性)，黄色

(二) API 20E

API 20E 是肠杆菌科和其他非苛养革兰氏阴性杆菌的标准鉴定系统，由 20 个含干燥底物的小管所组成。这些测定管用细菌悬浮液接种。培养一定时间后，通过代谢作用产生颜色的变化，或是加入试剂后变色而观察其结果。

阪崎克罗诺杆菌 ATCC 29544 API 20E 生化结果见图 8.20.13 和表 8.20.2，经与 API 微生物系统比对，生化谱为 3 3 0 5 3 7 3 的细菌为克罗诺杆菌。

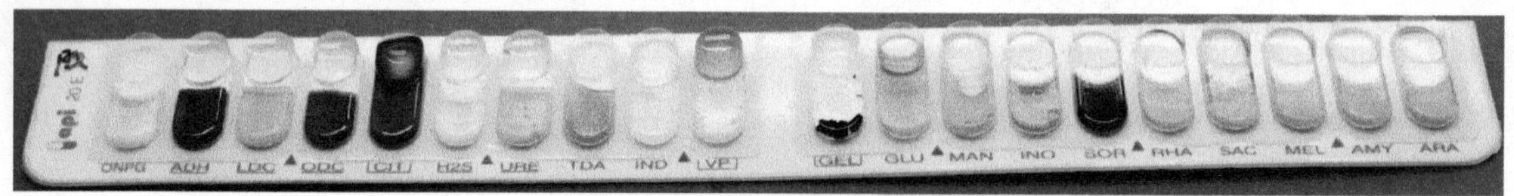


图 8.20.13 阪崎克罗诺杆菌 ATCC 29544 API 20E 图谱

**表 8.20.2 阪崎克罗诺杆菌 ATCC 29544 API 20E 图谱结果**

| 位数 | 第 1 位数 | | | 第 2 位数 | | | 第 3 位数 | | | 第 4 位数 | | | 第 5 位数 | | | 第 6 位数 | | | 第 7 位数 | | |
|---|---|---|---|---|---|---|---|---|---|---|---|---|---|---|---|---|---|---|---|---|---|
| 生化反应 | ONPG | ADH | LDC | ODC | CIT | H2S | URE | TDA | IND | VP | GEL | GLU | MAN | INO | SOR | RHA | SAC | MEL | AMY | ARA | OX |
| 生化反应分值 | 1 | 2 | 4 | 1 | 2 | 4 | 1 | 2 | 4 | 1 | 2 | 4 | 1 | 2 | 4 | 1 | 2 | 4 | 1 | 2 | 4 |
| 反应结果 | + | + | − | + | + | − | − | − | − | + | − | + | + | + | − | + | + | + | + | + | − |
| 应得数值 | 1 | 2 | 0 | 1 | 2 | 0 | 0 | 0 | 0 | 1 | 0 | 4 | 1 | 2 | 0 | 1 | 2 | 4 | 1 | 2 | 0 |
| 组合编码 | | 3 | | | 3 | | | 0 | | | 5 | | | 3 | | | 7 | | | 3 | |

适用标准：GB 4789.40—2016 食品安全国家标准 食品微生物学检验 克罗诺杆菌属(阪崎肠杆菌)检验

## 第二十一节 肠 杆 菌 科

肠杆菌科(Enterobacteriaceae)是一群在给定条件下发酵葡萄糖产酸、氧化酶阴性的需氧或兼性厌氧革兰氏阴性无芽胞杆菌。肠杆菌科种类繁多，其中与食品卫生学有关的包括埃希氏菌属(*Escherichia*)、志贺氏菌属(*Shigella*)、沙门氏菌属(*Salmonella*)、肠杆菌属(*Enterbacter*)、耶尔森氏菌属(*Yersinia*)、克罗诺杆菌属(*Cronobacter*)等 42 属 150 多个种，可根据基本生化反应进行初步鉴定。

《伯杰细菌鉴定手册》将其列为细菌界变形菌门Y-变形菌纲肠杆菌目肠杆菌科。

现行检测方法有 GB 4789.41—2016(食品安全国家标准 食品微生物学检验 肠杆菌科检验)、SN/T 0738—1997(出口食品中肠杆菌科检验方法)、AOAC 方法等。

## 一、形态学特征

肠杆菌科均为无芽胞的革兰氏阴性杆菌。图 8.21.1 为几种肠杆菌科细菌的革兰氏染色光学显微镜照片。

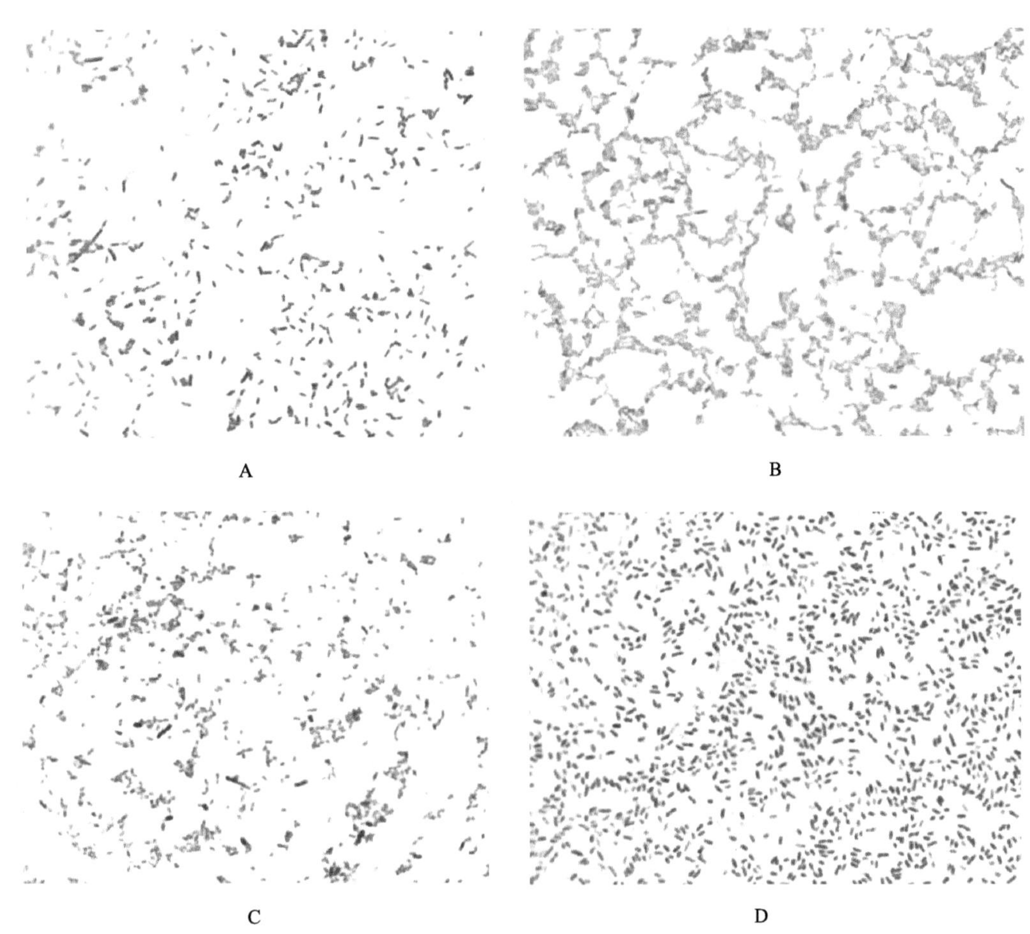


图 8.21.1 常见肠杆菌科革兰氏染色光学显微镜照片(1000×)

A. 弗劳地氏柠檬酸杆菌；B. 产气肠杆菌；C. 奇异变形杆菌；D. 阪崎肠杆菌

## 二、培养特征

### (一)缓冲葡萄糖煌绿胆盐肉汤试验

肠杆菌科细菌发酵葡萄糖使缓冲葡萄糖煌绿胆盐(EE)肉汤变色、浑浊(图 8.21.2)。

### (二)结晶紫中性红胆盐葡萄糖琼脂平板

肠杆菌科划线接种于结晶紫中性红胆盐葡萄糖琼脂(VRBGA)平板时，菌落呈紫红色、圆形、稍凸、边缘整齐，非肠杆菌科则会被抑制生长(图 8.21.3)。VRBGA 倾注时，肠杆菌科呈有或无沉淀环的粉红色至红色或紫色菌落(图 8.21.4)。

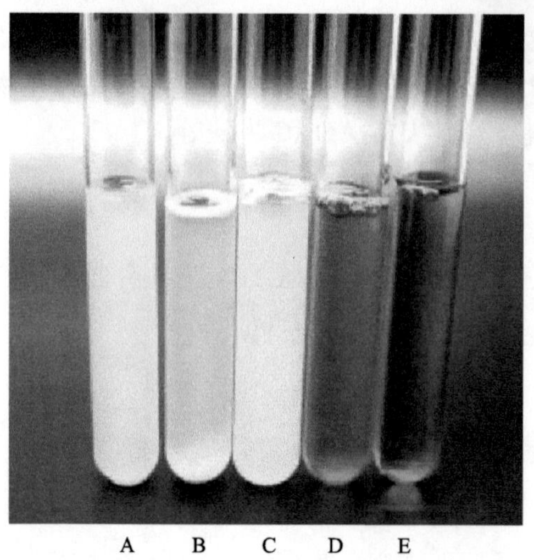


图 8.21.2 EE 肉汤试验

A. 大肠埃希氏菌 ATCC 25922；B. 弗劳地氏柠檬酸杆菌 ATCC 43864；C. 鼠伤寒沙门氏菌 ATCC 14028；D. 粪肠球菌 ATCC 48452；E. 空白对照

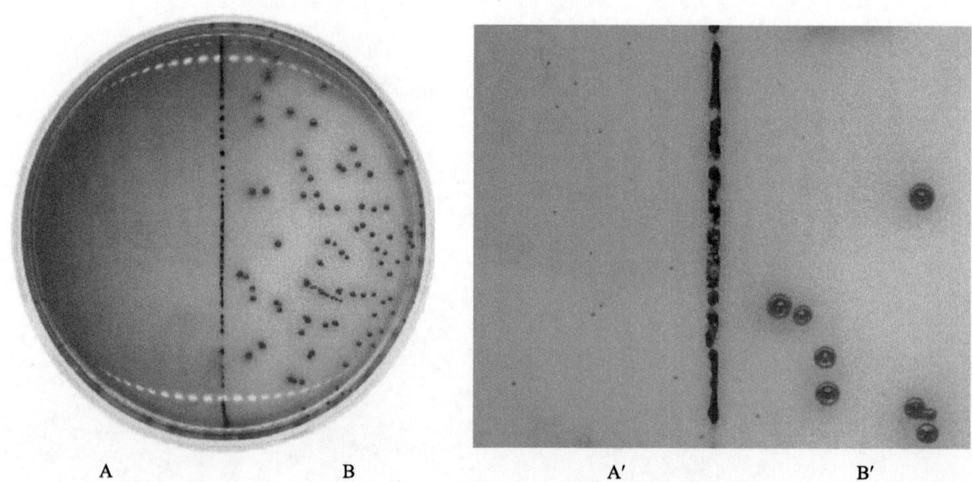


图 8.21.3 肠杆菌科在 VRBGA 平板上的菌落特征(划线法)

A，A′. 粪肠球菌 ATCC 48452；B，B′. 大肠埃希氏菌 ATCC 25922

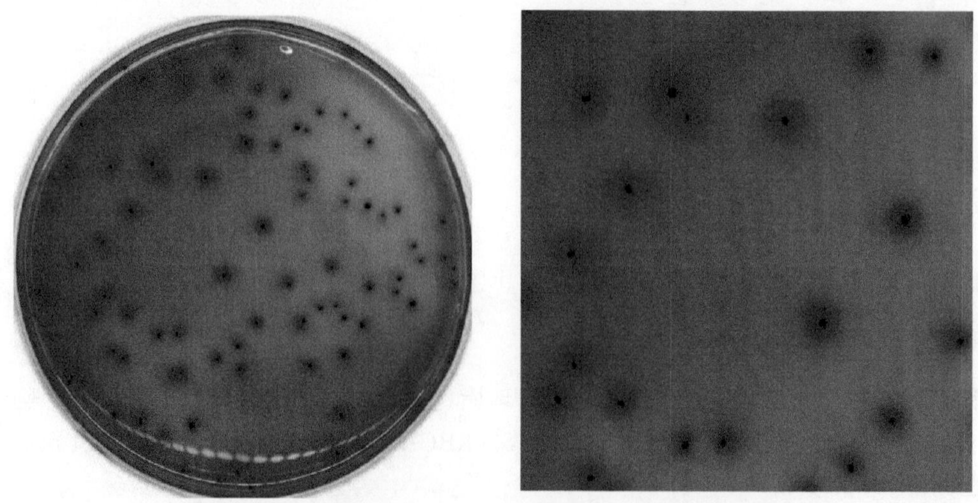

图 8.21.4 肠杆菌科在 VRBGA 平板上的菌落特征(倾注法)

(大肠埃希氏菌 ATCC 25922 和沙门氏菌 ATCC 14028 混合培养)

## 三、生化特性

### (一) 葡萄糖发酵

肠杆菌科细菌能发酵葡萄糖产酸，使琼脂变黄(图 8.21.5)。

### (二) 氧化酶试验

肠杆菌科在氧化酶纸片上的反应为阴性(图 8.21.6)。

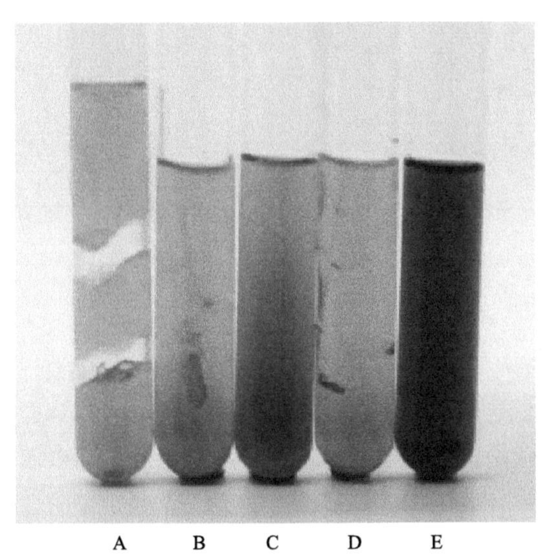


图 8.21.5 葡萄糖琼脂试验

A. 大肠埃希氏菌 ATCC 25922；B. 弗劳地氏柠檬酸杆菌 ATCC 43864；C. 福氏志贺氏菌 ATCC 51572；D. 肺炎克雷伯杆菌 ATCC 13883；E. 空白对照

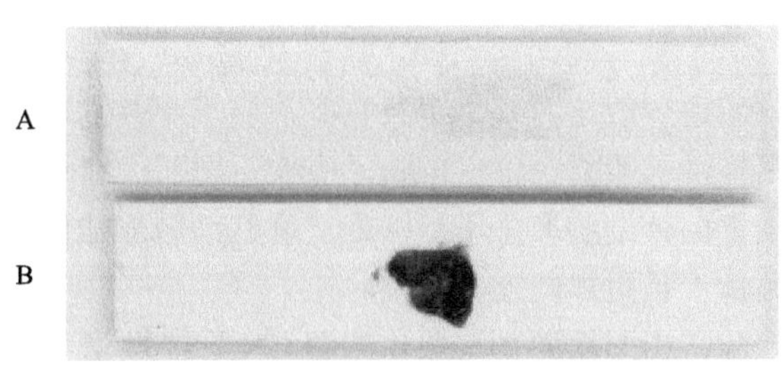


图 8.21.6 氧化酶试验

A. 大肠埃希氏菌 ATCC 25922(–)；B. 副溶血性弧菌(+)

适用标准：GB 4789.41—2016 食品安全国家标准 食品微生物学检验 肠杆菌科检验

# 第二十二节 铜绿假单胞菌

铜绿假单胞菌(*Pseudomonas aeruginosa*)属于假单胞菌属(*Pseudomonas*)。铜绿假单胞菌广泛分布于自然界，正常人的皮肤、肠道和呼吸道中也有分布，属于临床上常见的条件致病菌之一，尤其在伤口感染中较为常见，可以引起化脓性病变，感染该菌后形成的脓液呈绿色，甚至有些体内感染铜绿假单胞菌使尿液也呈现绿色。铜绿假单胞菌可以形成绿脓素和荧光素两种水溶性毒素。绿脓素为蓝色吩嗪类化合物，具有抗菌作用，无荧光性；荧光素呈现绿色。其中绿脓素只有铜绿假单胞菌可以产生，所以具有诊断意义。

检测铜绿假单胞菌的现行方法有化妆品安全技术规范(2015 年版)、GB/T 7918.4—1987(化妆品微生物标准检验方法 绿脓杆菌)和 SN/T 2099—2008(进出口食品中绿脓杆菌检测方法)。

## 一、形态学特征

菌体大小为(1.5～3.0)μm×(0.5～0.8)μm，革兰氏染色呈阴性(图 8.22.1)。菌体的一端常生有一根鞭毛，运动能力强，无芽胞，有多糖荚膜，有的生有糖萼，具有抗吞噬作用。

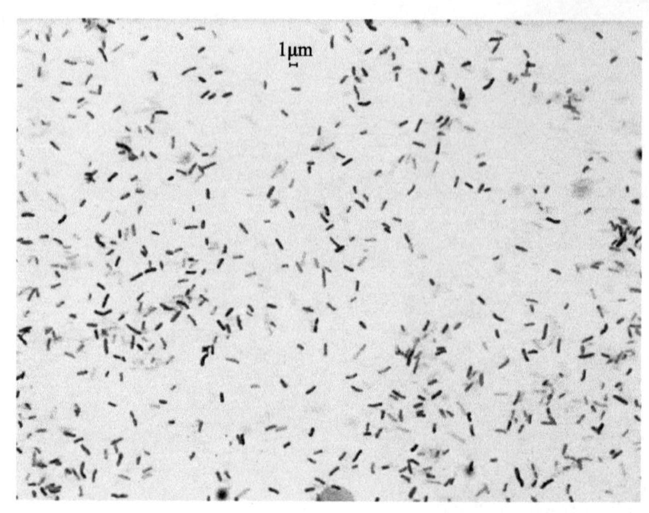


图 8.22.1　铜绿假单胞菌 ATCC 10145 革兰氏染色光学显微镜照片(1000×)

## 二、培养特征

该菌在一般培养基上生长良好，属于专性需氧菌，最适生长温度为(35±1)℃，最适 pH 为 7.2。菌落形态多样，一般直径 2～3mm，边缘不规则，扁平状，表面湿润。该菌在血琼脂平板上可见透明溶血圈，这是由于菌体细胞产生了绿脓酶溶解红细胞形成的。液体培养呈现浑浊并可以形成厚菌膜，越靠近液体上部，菌体生长更加旺盛。

该菌常用的培养基有假单胞菌 CN 选择性培养基、假单胞菌 CFC 选择性培养基、十六烷基三甲基溴化铵培养基和乙酰胺琼脂培养基等。

以下为铜绿假单胞菌培养物划线接种于各种琼脂培养基表面，于(36±1)℃培养 24～48h 后的菌落特征。

### (一)假单胞菌 CN 选择性培养基

铜绿假单胞菌在假单胞菌 CN 选择性培养基上呈现乳白色至翠绿色菌落，培养基基质在菌落生长密集处被染成翠绿色。菌落呈圆形，直径 2～3mm，表面湿润(图 8.22.2)。

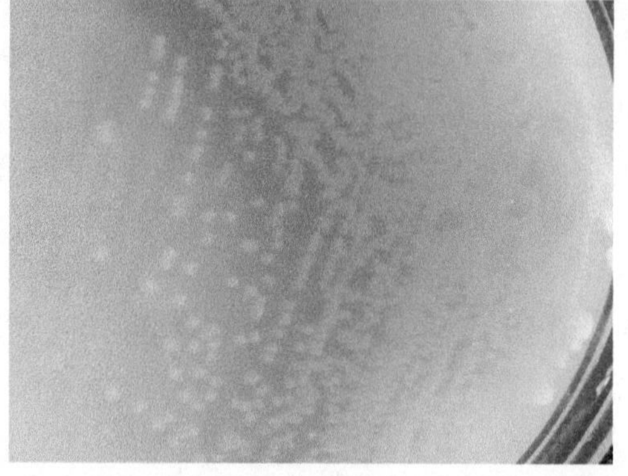

图 8.22.2　铜绿假单胞菌在假单胞菌 CN 选择性培养基上的菌落特征

### (二)假单胞菌 CFC 选择性培养基

铜绿假单胞菌在假单胞菌 CFC 选择性培养基上，呈现乳白色至浅黄绿色菌落，培养基基质在菌落生长密集处被染成浅黄绿色。菌落呈圆形，直径 1～2mm，菌落较小，表面湿润(图 8.22.3)。

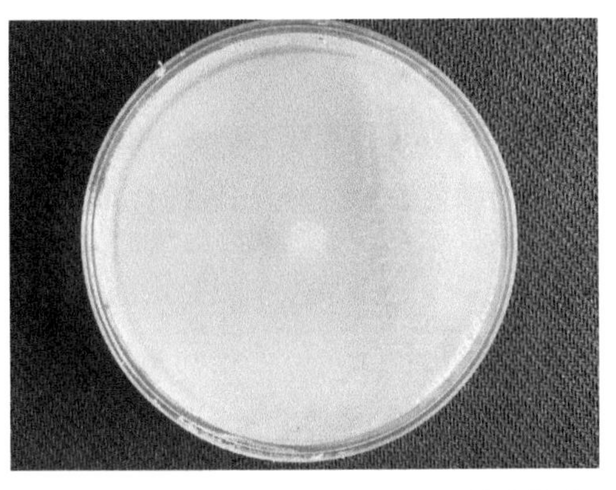

图 8.22.3　铜绿假单胞菌在假单胞菌 CFC 选择性培养基上的菌落特征

（三）十六烷基三甲基溴化铵培养基

铜绿假单胞菌在十六烷基三甲基溴化铵培养基上呈现灰白色至翠绿色菌落，培养基基质在菌落生长密集处被染成翠绿色。菌落扁平无定型，向周围扩散或稍有蔓延，表面湿润，菌落周围常伴有水溶性色素（图 8.22.4）。十六烷基三甲基溴化铵作为一种季铵阳离子去污剂，具有高选择性，抑制大肠埃希氏菌生长，同时革兰氏阳性菌在该培养基上生长情况也较差。

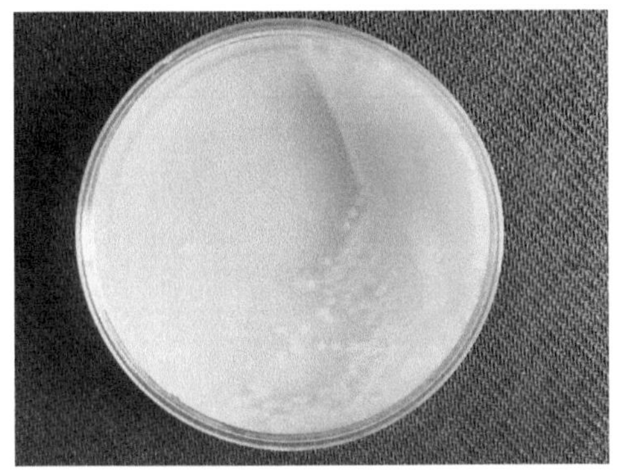
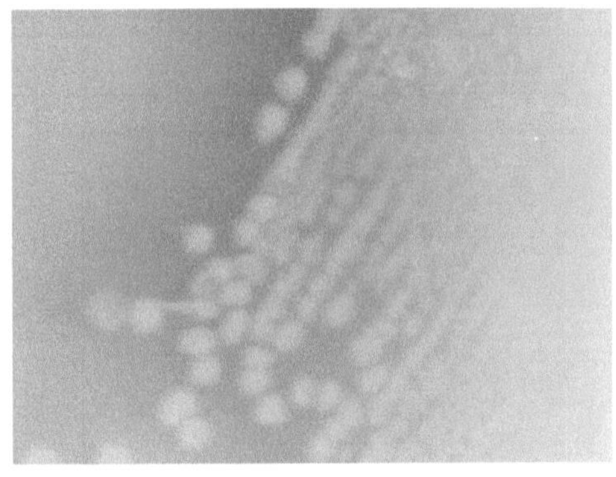

图 8.22.4　铜绿假单胞菌在十六烷基三甲基溴化铵培养基上的菌落特征

（四）乙酰胺琼脂培养基

铜绿假单胞菌在乙酰胺琼脂培养基上，菌落呈扁平状，直径 1～2mm，并且将培养基基质染成红色（图 8.22.5 左侧为未接种铜绿假单胞菌的乙酰胺琼脂培养基，右侧为接种铜绿假单胞菌的乙酰胺琼脂培养基）。

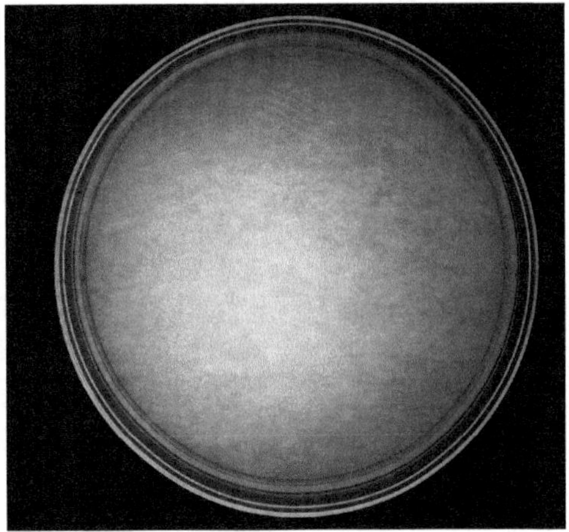

图 8.22.5　铜绿假单胞菌在乙酰胺琼脂培养基上的菌落特征

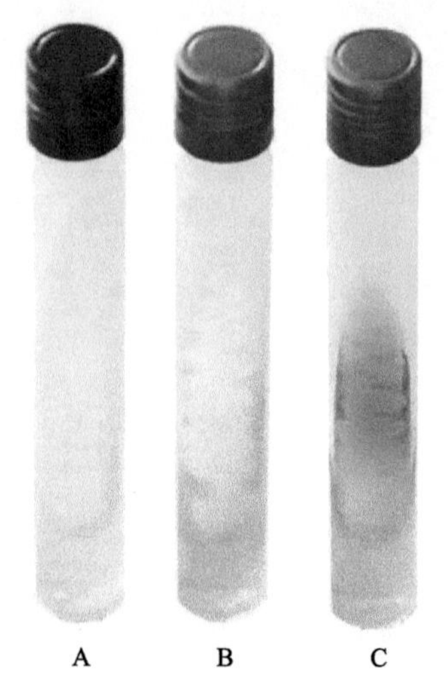


图 8.22.6　铜绿假单胞菌在绿脓素鉴定培养基上的菌落特征

A. 空白对照；B. 洋葱假单胞菌(阴性对照)；C. 铜绿假单胞菌

(五)绿脓素鉴定培养基

铜绿假单胞菌在绿脓素鉴定培养基上能生成绿脓素，使培养基变为绿色，从而鉴定出铜绿假单胞菌(图 8.22.6)。

## 三、生化特性

(一)关键生化特性

铜绿假单胞菌可以在(42±1)℃条件下的普通营养琼脂培养基上生长，纯培养物接种到葡萄糖酸盐培养基中，形成黄色或砖红色沉淀，使精氨酸双水解酶培养基变红。接种到硝酸盐还原胨水培养基中，小导管产气，并可以使明胶培养基液化。接种到赖氨酸脱羧酶培养基后变红。铜绿假单胞菌的关键生化特性见表 8.22.1。

表 8.22.1　铜绿假单胞菌的关键生化特性

| 生化指标 | 反应结果 |
| --- | --- |
| 氧化酶试验 | + |
| 乙酰胺 | + |
| 葡萄糖酸盐 | + |
| 精氨酸双水解酶 | + |
| 硝酸盐还原产气 | + |
| 明胶液化 | + |
| 赖氨酸脱羧酶 | − |
| (42±1)℃生长 | + |

(二)API 20E

API 20E 是一个结合各方包含 20 个生化试验的标准化方法。该法能鉴定医学细菌和食品中绝大多数链球菌的种或群。API 20E 试验条由含干燥底物的 20 个小管所组成，可测定酶活性和糖发酵。酶活性测定是以菌悬液接种于干燥的酶底物，培养后，通过所产生的最终代谢产物颜色变化显示。发酵试验是以接种于由糖底物组成的培养基，通过发酵后 pH 的变化显示(图 8.22.7A)。

铜绿假单胞菌 ATCC 10145

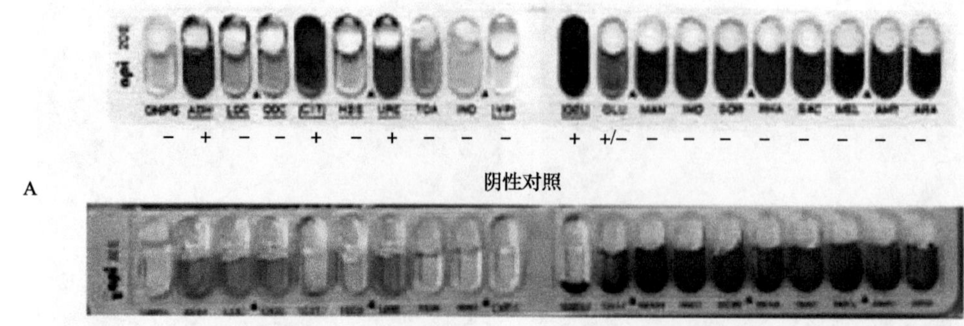

铜绿假单胞菌 ATCC 10145 API 20E 图谱结果

B

| ONPG | ADH | LDC | ODC | CIT | H2S | URE | TDA | IND | VP |
|---|---|---|---|---|---|---|---|---|---|
| – | + | – | – | + | – | + | – | – | – |
| GEL | GLU | MAN | INO | SOR | RHA | SAC | MEL | AMY | ARA |
| + | +/– | – | – | – | – | – | – | – | – |

API微生物系统比对结果

| 很好的鉴定 | |
|---|---|
| 试验条 | API 20E V4.0 |
| 生化谱 | 2216000 |
| 注 | |

| 有意义的分类单位 | 鉴定/% | T值（T指数） | 不一致的试验 | | | |
|---|---|---|---|---|---|---|
| *Pseudomonas aeruginosa* | 99.3 | 0.69 | URE 25% | OX 97% | | |

| 下一个分类单位 | 鉴定/% | T值（T指数） | 不一致的试验 | | | |
|---|---|---|---|---|---|---|
| *Chromobacterium violaceum* | 0.5 | 0.22 | URE 0% | OX 99% | | |

C

| 很好的鉴定 | |
|---|---|
| 试验条 | API 20E V4.0 |
| 生化谱 | 2212000 |
| 注 | |

| 有意义的分类单位 | 鉴定/% | T值（T指数） | 不一致的试验 | | | |
|---|---|---|---|---|---|---|
| *Pseudomonas aeruginosa* | 99.6 | 0.69 | URE 25% | OX 97% | | |

| 下一个分类单位 | 鉴定/% | T值（T指数） | 不一致的试验 | | | |
|---|---|---|---|---|---|---|
| *Myroides* spp/*Chryseomonas indologenes* | 0.2 | 0.22 | AOH 0% | OX 99% | | |

图 8.22.7 铜绿假单胞菌 API 20E 生理生化试验

A. API 生化项目颜色变化；B. 铜绿假单胞菌 ATCC 10145 API 20E 图谱结果；
C. API 微生物系统比对结果；其中“+”表示阳性结果，“–”表示阴性结果

适用标准：化妆品安全技术规范(2015 年版)

GB 7918.4—1987 化妆品微生物标准检验方法 绿脓杆菌

SN/T 2099—2008 进出口食品中绿脓杆菌检测方法

## 第二十三节 肠 球 菌

肠球菌(enterococci)属革兰氏阳性球菌，兼性厌氧，无芽胞和荚膜，可分解胆汁七叶苷。其是评估食品、水、食品生产环境、食品加工设备等卫生状况的指示菌之一。

肠球菌属(*Enterococcus*)包括 12 个种及一个变异株，它们是屎肠球菌(*E. faecium*)、粪肠球菌(*E. faecalis*)、鸟肠球菌(*E. avium*)、坚忍肠球菌(*E. durans*)、酪黄肠球菌(*E. casseliflavus*)、鸡肠球菌(*E. galinarum*)、芒地肠球菌(*E. mundii*)、恶臭肠球菌(*E. maladoratum*)、孤立肠球菌(*E. solitarius*)、希拉肠球菌(*E. hirae*)、棉子糖肠球菌(*E. raffinosus*)、假鸟肠球菌(*E. pseudoavium*)、粪肠球变异株(*E. faecalisvar*)。粪肠球菌是该属中最常见的一个种。肠球菌一般栖居在各种温血和冷血动物的腔肠，甚至昆虫体内，普遍存在于自然界，也是健康人体的口腔、上呼吸道、肠道的常居菌。本菌可以引起多种疾病，如心内膜炎、胆囊炎、脑膜炎、尿路感染及伤口感染等。由于此污染指示菌对外界环境的适应性、耐受性及抵抗力都比较强，甚至可以与多种抗生素相抵抗，营养要求不高。因此，在人类粪便中的数量仅次于大肠菌群，在自然界分布广，存活力持久。

肠球菌极易污染食品、生活和加工用水，传播疾病。与大肠埃希氏菌相比，肠球菌对高酸、冷冻和中等热处理的抵抗力更强。肠球菌在冷冻食品、果汁及热处理不够彻底的食品中常常能被检测出来，而在这些加工过的食品中大肠埃希氏菌往往已被杀死。因此，肠球菌作为监测环境卫生、水质卫生质量的污染指标菌更具有卫生学意义，可以用于对食品加工厂卫生质量的评价。

检测肠球菌的现行方法有 SN 1933.1—2007、SN 1933.2—2007、SN/T 2206.5—2009、ISO 7899-1—2000。

## 一、形态学特征

肠球菌为革兰氏阳性、成双或短链状排列的球菌，卵圆形，无芽胞，无荚膜，部分肠球菌有稀疏鞭毛。肠球菌革兰氏染色光学显微镜照片见图 8.23.1。

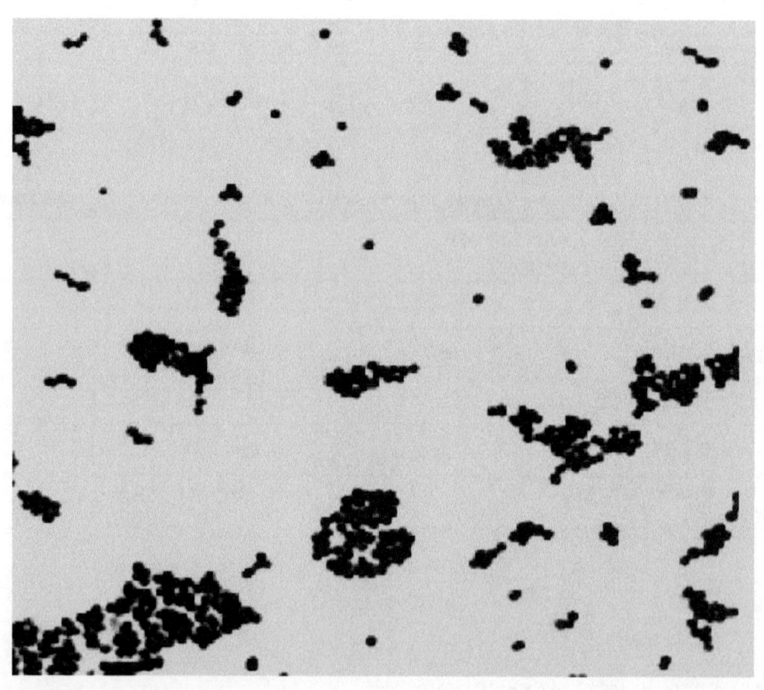

图 8.23.1　肠球菌 ATCC 29212 革兰氏染色光学显微镜照片（1000×）

## 二、培养特征

本菌为需氧或兼性厌氧菌，营养要求高，最适生长温度为（35±1）℃，能在高盐（6.5% NaCl）、高碱（pH 9.6）、40%胆汁培养基上和 10～45℃环境下生长。常用的培养基有 KF 链球菌琼脂、胆汁七叶苷琼脂（BEA）、SBM（Slanetz & Bartley medium）、肠球菌 KAA 培养基（Kanamycin Aesculin Azide agar base）、mEI 琼脂平板等。

下文为肠球菌培养物划线接种于各种琼脂培养基表面，于（36±1）℃培养 24～48h 后的菌落特征。

### （一）KF 链球菌琼脂

肠球菌属细菌在 KF 链球菌琼脂平板上形成暗红色至紫红色菌落，边缘整齐（图 8.23.2）。

### （二）肠球菌琼脂（胆汁七叶苷叠氮化钠琼脂）

肠球菌属细菌在肠球菌琼脂平板上的菌落呈灰白色，形成棕色或黑色沉淀（图 8.23.3）。

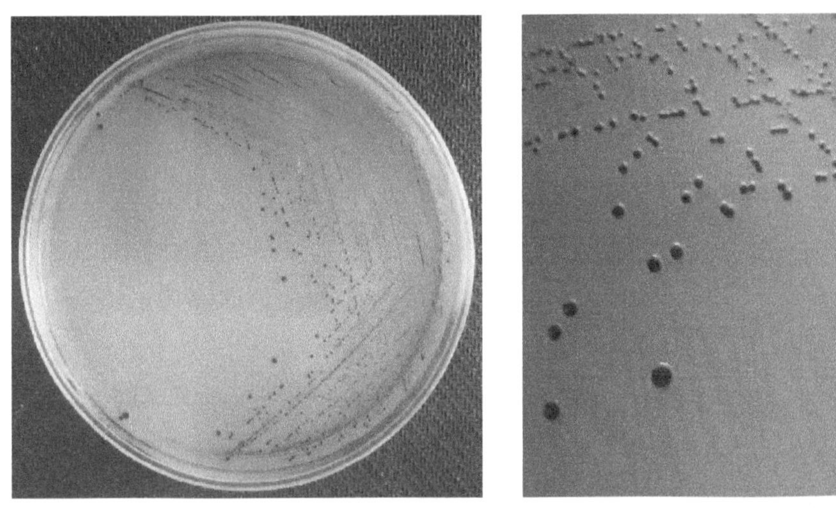

图 8.23.2　肠球菌在 KF 链球菌琼脂平板上的菌落特征

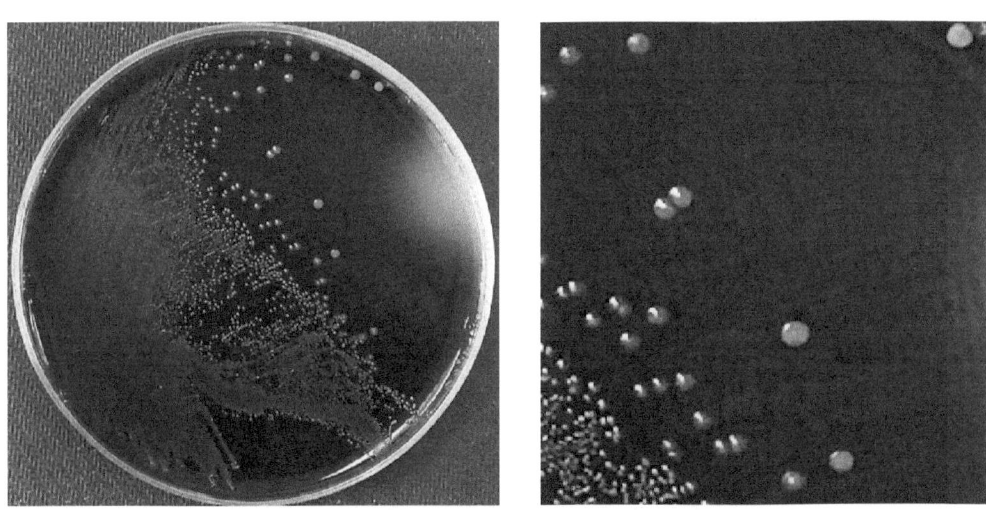

图 8.23.3　肠球菌在肠球菌琼脂平板上的菌落特征

(三)SBM

在 OXOID 肠球菌 SBM 平板上，肠球菌呈红色菌落(图 8.23.4)。

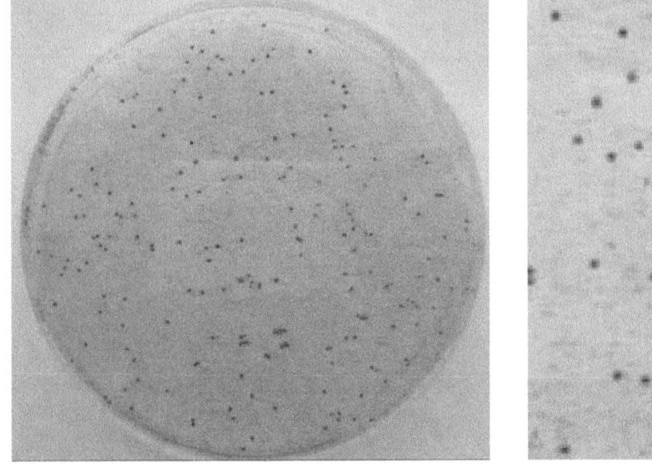

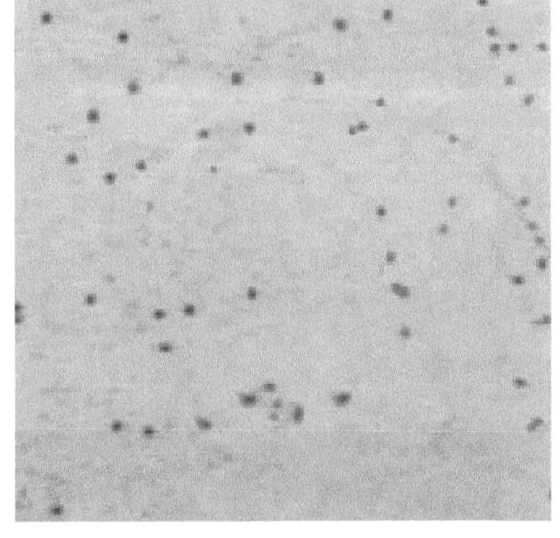

图 8.23.4　肠球菌在 SBM 平板上的菌落特征

(四)肠球菌 KAA 培养基

在 OXOID 肠球菌 KAA 培养基上，肠球菌呈灰白色菌落，周围有黑色晕圈(图 8.23.5)。

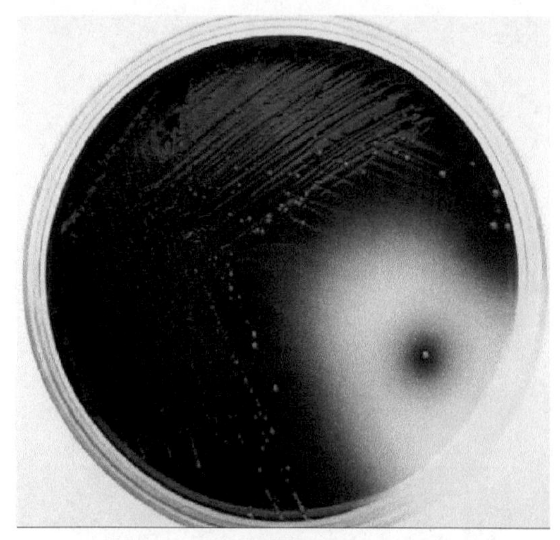
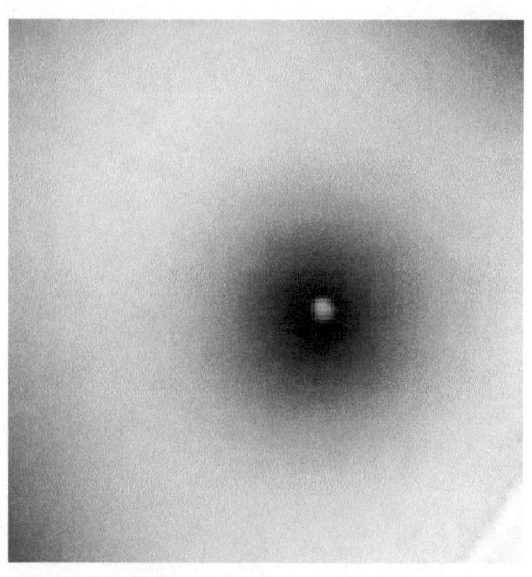

图 8.23.5 肠球菌在肠球菌 KAA 培养基上的菌落特征

(五)日水肠球菌测试板

在日水肠球菌测试板(CDECT)上，蓝色或者蓝绿色菌落是肠球菌(图 8.23.6)。

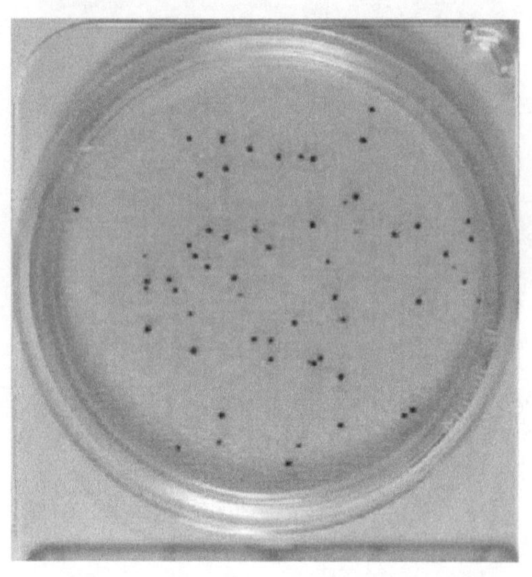
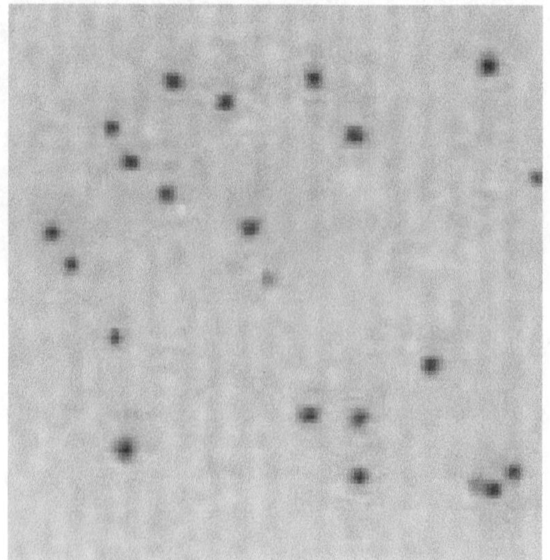

图 8.23.6 肠球菌在 CDECT 上的菌落特征

(六)mEI 琼脂平板

肠球菌在 mEI 琼脂平板的滤膜上形成蓝色晕轮的菌落(图 8.23.7)。

(七)胆汁七叶苷琼脂

肠球菌在胆汁七叶苷琼脂(BEA)平板上生长并水解七叶苷，形成黑色或棕色沉淀(图 8.23.8)。

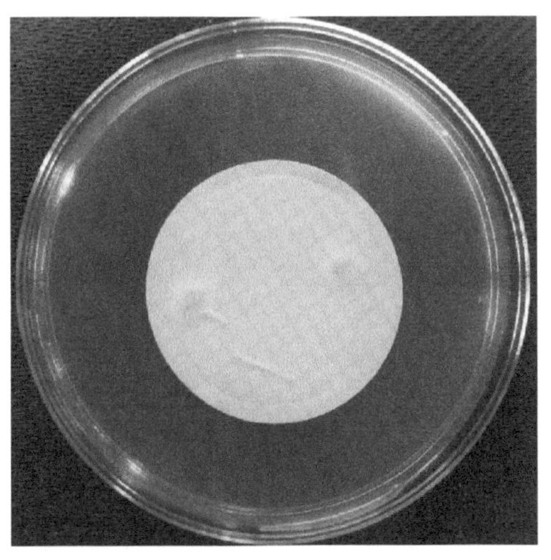
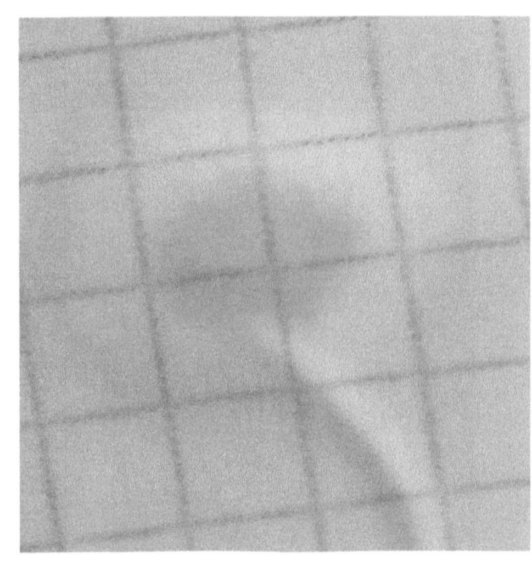

图 8.23.7 肠球菌在 mEI 琼脂平板上的菌落特征

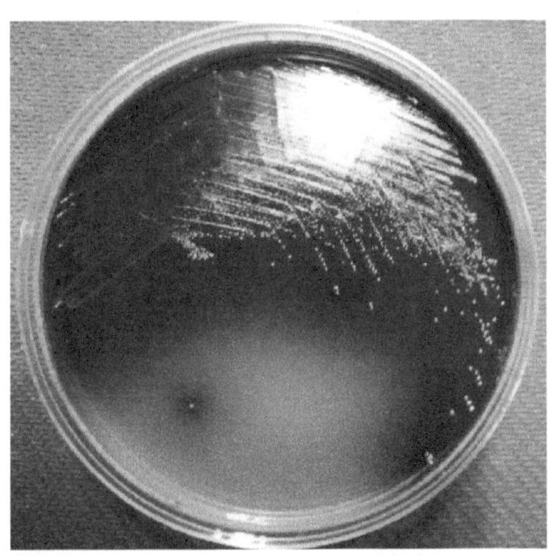
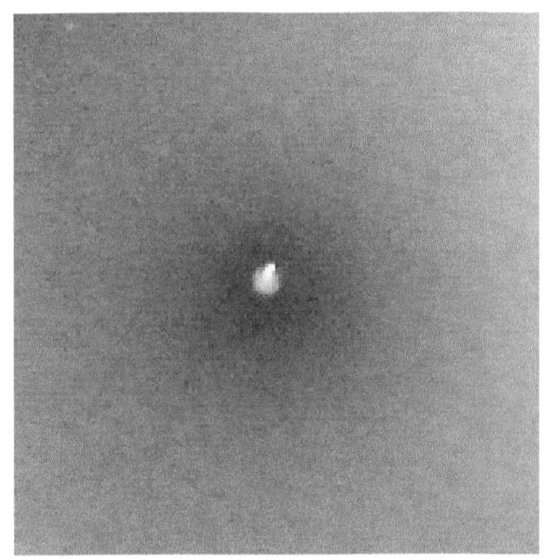

图 8.23.8 肠球菌在 BEA 平板上的菌落特征

## 三、生化特性

### （一）关键生化特性

过氧化氢酶试验呈阴性，能分解葡萄糖、麦芽糖生成酸，多数菌株分解甘露醇；胆汁七叶苷水解；耐一定程度的酸碱、耐盐和 40%的胆盐；结合 D 群抗血清进行血清学鉴定可用来区分肠球菌与链球菌、乳球菌属。依据甘露醇、山梨醇、山梨糖产酸及精氨酸脱氨基 4 个关键性的生理生化试验，可将肠球菌分为三个群。肠球菌的关键生化特性见表 8.23.1、图 8.23.9～图 8.23.12。

表 8.23.1 肠球菌的关键生化特性

| 生化指标 | 反应结果 |
|---|---|
| 过氧化氢酶 | − |
| 6.5%氯化钠葡萄糖琼脂 | + |
| 胆汁七叶苷 | + |
| L-吡咯酮-$\beta$-萘基酰胺反应（PYR）试验 | + |

图 8.23.9　过氧化氢酶试验

左侧为阳性对照(产气泡)，右侧为肠球菌阴性

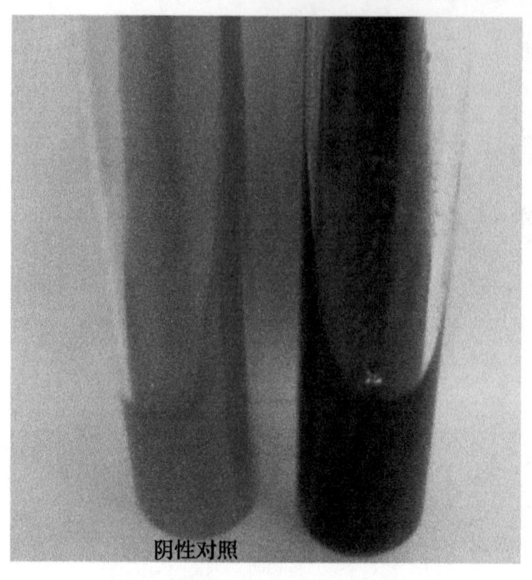


图 8.23.10　胆汁七叶苷试验

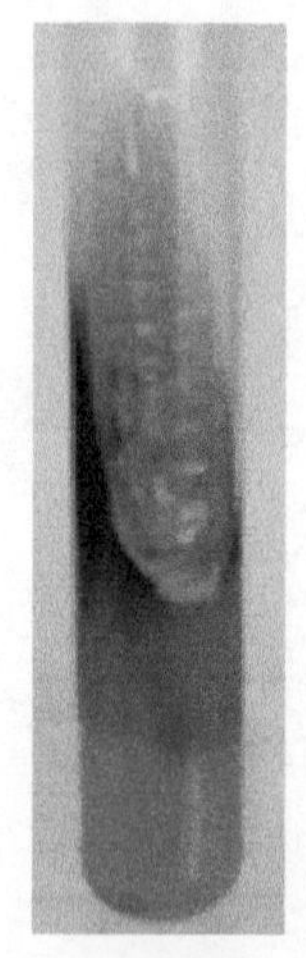

图 8.23.11　6.5%氯化钠葡萄糖琼脂试验

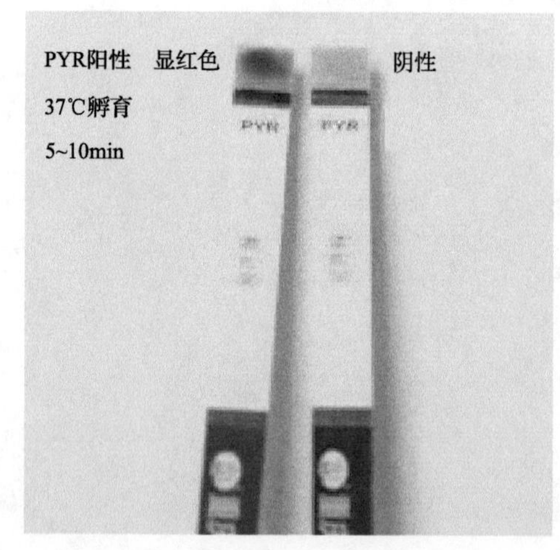


图 8.23.12　PYR 试验(重庆庞通医疗器械有限公司供图)

(二) API 20 STREP

API 20 STREP 是一个结合各方包含 20 个生化试验的标准化方法。该法能鉴定医学细菌和食品中绝大多数链球菌的种或群。API 20 STREP 试验条由含干燥底物的 20 个小管组成，可测定酶活性和糖发酵。酶活性测定是以菌悬液接种于干燥的酶底物，培养后，通过所产生的最终代谢产物颜色变化显示。发酵试验是以接种于由糖底物组成的培养基，通过发酵后 pH 的变化显示(图 8.23.13A)。

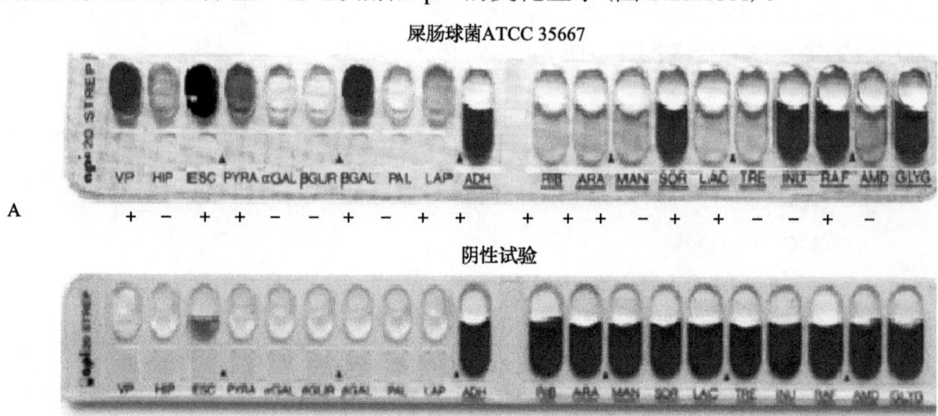

屎肠球菌ATCC 35667 API 20 STREP图谱结果

B

| VP | HIP | EST | PyrA | ccGAL | βGUR | βGAL | PAL | LAP | ADH |
|---|---|---|---|---|---|---|---|---|---|
| + | – | + | + | – | – | + | – | + | + |
| RIB | ARA | MAN | SOR | LAC | TRE | INU | RAF | AMD | GLYG |
| + | + | + | – | + | + | – | – | + | – |

API微生物系统比对结果

C

| 好的鉴定 | |
|---|---|
| 试验条 | API 20 STREP V6.0 |
| 生化谱 | 5157511 |
| 注 | 可能是铅黄肠球菌 |

| 有意义的分类 单位 | 鉴定/% | T值 (T指数) | 不一致的试验 | | | |
|---|---|---|---|---|---|---|
| 屎肠球菌 | 94.4 | 1.0 | | | | |

| 下一个分类单位 | 鉴定/% | T值 (T指数) | 不一致的试验 | | | |
|---|---|---|---|---|---|---|
| *Lactococcus iactis* ssp.*iactis* | 4.9 | 0.77 | ARA 15% | | | |

图 8.23.13 肠球菌 API 20 STREP 生理生化试验

A. API 生化项目颜色变化；B. 屎肠球菌 ATCC 35667 API 20 STREP 图谱结果；
C. API 微生物系统比对结果；其中“+”表示阳性结果，“–”表示阴性结果

适用标准：SN 1933.1—2007 食品和水中肠球菌检验方法 第 1 部分：平板计数法和最近似值测定法
SN 1933.2—2007 食品和水中肠球菌检验方法 第 2 部分：滤膜法
ISO 7899-1—2000 水质中肠球菌的检测和计数

## 第二十四节 气 单 胞 菌

气单胞菌属(*Aeromonas*)由运动性或嗜温性和非运动性或嗜冷性两大类细菌组成，广泛分布于淡水、污水及土壤中。某些种类的菌株具有致病性，是水生动物尤其是鱼类最常见的致病菌。此外，人类和其他多种哺乳动物常因进食细菌污染的水和食物等而发生感染，表现为急性胃肠炎、败血症或皮肤溃疡等(Janda et al., 2010)。

气单胞菌属过去归属弧菌科(Vibrionaceae)，《伯杰系统细菌学手册》第二版(2005)中将其列为气单胞菌科(Aeromonadaceae)(陆承平等，2012)。检测气单胞菌属的现行方法主要采用 GB/T18652—2002(致病性嗜水气单胞菌检验方法)、GB/T15805.6—2008(鱼类检疫方法 第 6 部分：杀鲑气单胞菌)、DB 22/T 352—2003(水产食品中气单胞菌检验方法)等。

### 一、形态学特征

菌株两端钝圆，呈短杆状，有时呈球杆状或丝状，革兰氏染色阴性(图 8.24.1)，无芽胞，大小为(1～4)μm×(0.1～1)μm。绝大多数有极端单鞭毛(图 8.24.2)，运动活泼，但杀鲑气单胞菌和中间气单胞菌无鞭毛，没有运动性。采用琼脂浓度为 0.3%的 LB 固体培养基可检测细菌是否有运动性(通过测定菌落边缘到菌落中心的迁移距离来评价)(Liu et al., 2018)。嗜水气单胞菌具有明显的游动能力(图 8.24.3)。

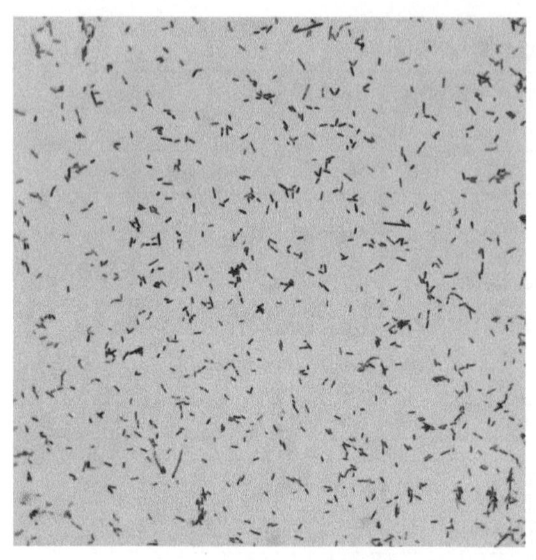
图 8.24.1　嗜水气单胞菌革兰氏染色光学显微镜下的形态(1000×)

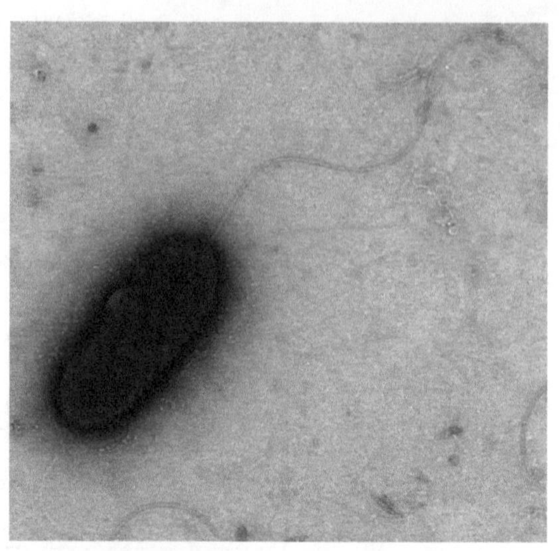
图 8.24.2　嗜水气单胞菌电子显微镜下的形态(4000×)

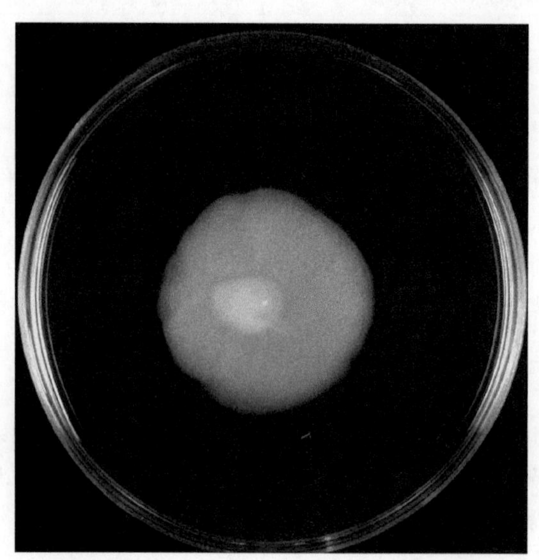
图 8.24.3　嗜水气单胞菌在 0.3%琼脂的 LB 固体培养基上的游动能力

## 二、培养特征

需氧或兼性厌氧菌，运动性气单胞菌最适宜温度为 25～30℃。对营养要求不高，在普通营养培养基上即可生长，致病菌株在绵羊血琼脂平板上常出现 β 溶血。在麦康凯培养基上生长良好，在弧菌选择性培养基 TCBS 或在 6% NaCl 中不生长，对弧菌抑制剂 O/129 不敏感。

### (一)LB 琼脂平板

嗜水气单胞菌在 LB 琼脂平板上(28±1)℃培养 24h，菌落呈淡黄或微白色，边缘整齐，表面光滑、湿润，微凸，边缘规则(图 8.24.4)。

### (二)TSA 琼脂平板

嗜水气单胞菌在 TSA 琼脂平板上(28±1)℃培养 24h，菌落呈淡黄色，边缘整齐，表面光滑、湿润，微凸，边缘规则(图 8.24.5)。

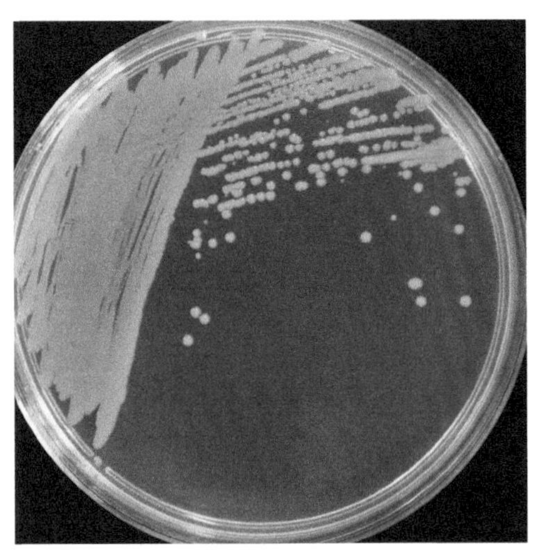
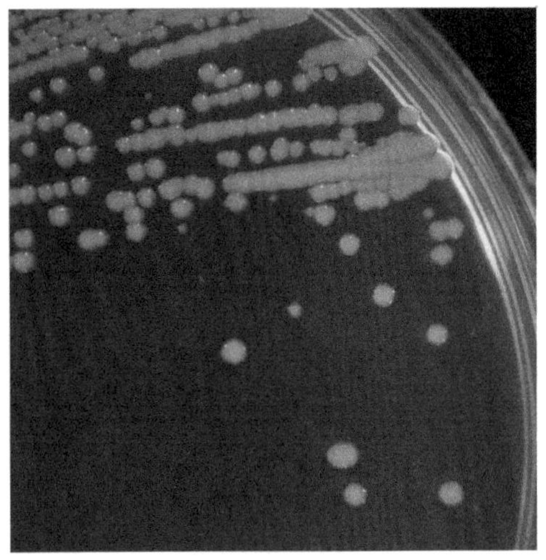

图 8.24.4 嗜水气单胞菌在 LB 琼脂平板上的菌落特征

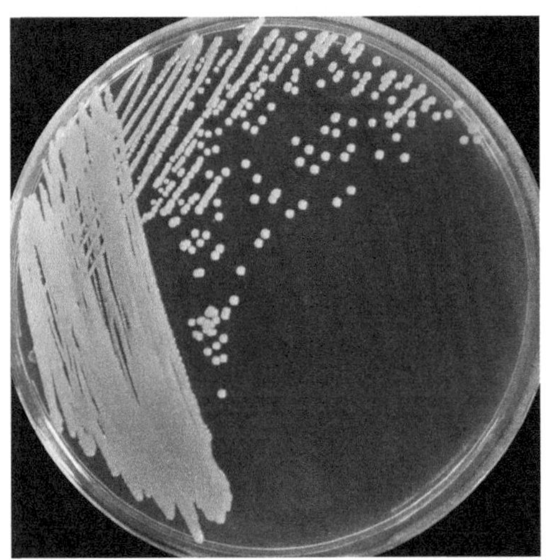
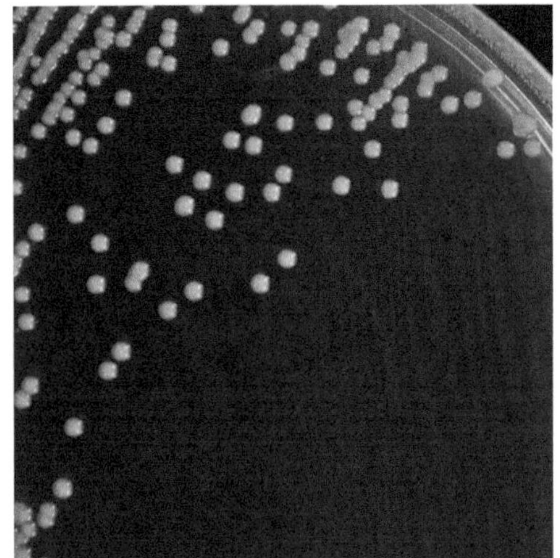

图 8.24.5 嗜水气单胞菌在 TSA 琼脂平板上的菌落特征

(三)绵羊血琼脂平板

嗜水气单胞菌在绵羊血琼脂平板上(28±1)℃培养 24h，菌落呈灰白色，边缘整齐，表面光滑、湿润，微凸，有β溶血环。不同菌株的溶血能力不同(图 8.24.6)。

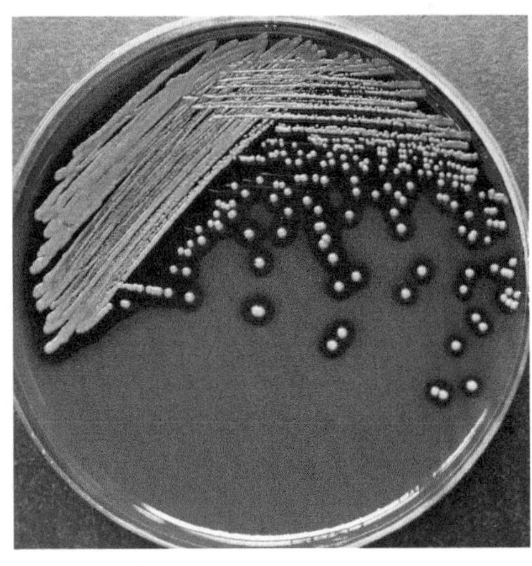
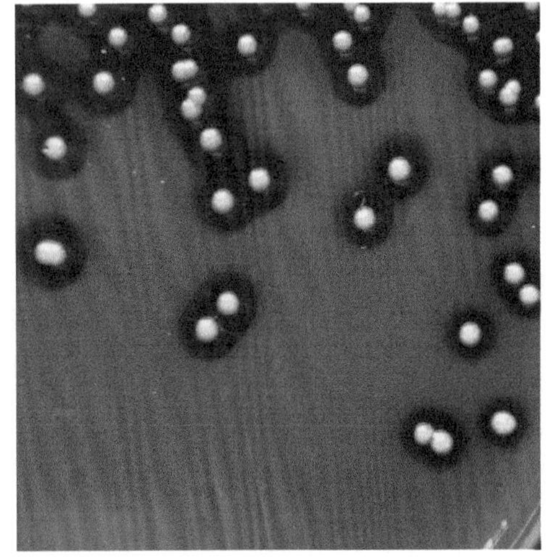

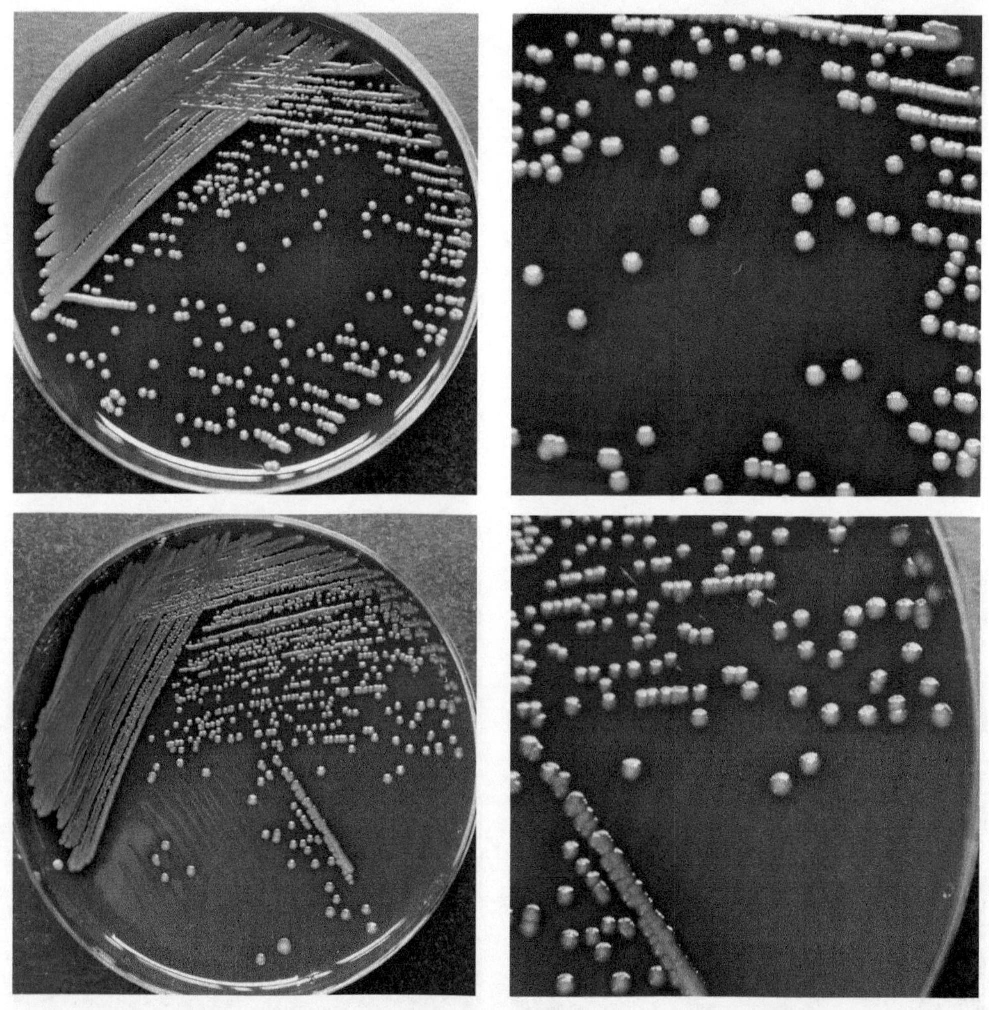

图 8.24.6　不同溶血活性的嗜水气单胞菌菌株在绵羊血琼脂平板上的菌落特征

(四)麦康凯琼脂平板

嗜水气单胞菌在麦康凯琼脂平板上(28±1)℃培养 24h，生长良好，菌落略带淡桃红色，表面光滑、湿润，微凸，有光泽，边缘整齐(图 8.24.7)。

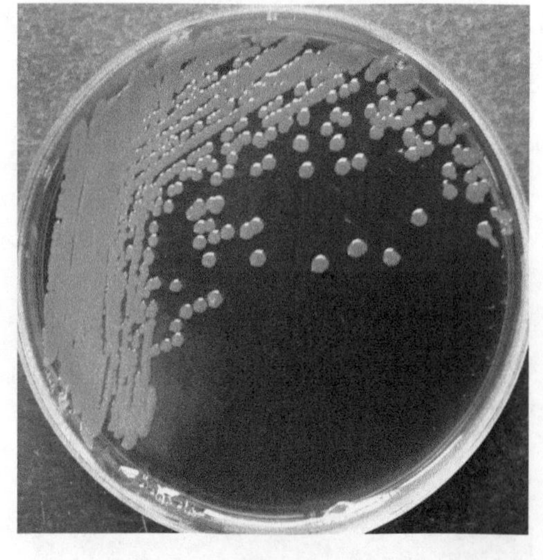

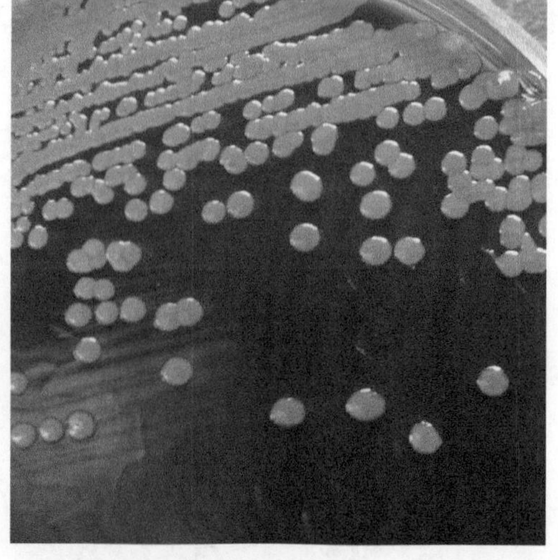

图 8.24.7　嗜水气单胞菌在麦康凯琼脂平板上的菌落特征

（五）蛋白酶活性的检测

具有蛋白酶活性的菌株，在脱脂乳平板上培养后，菌落（群体）周围即可形成清晰的蛋白水解圈（图 8.24.8），蛋白水解圈的直径大小直接反映了蛋白酶活性的强弱。

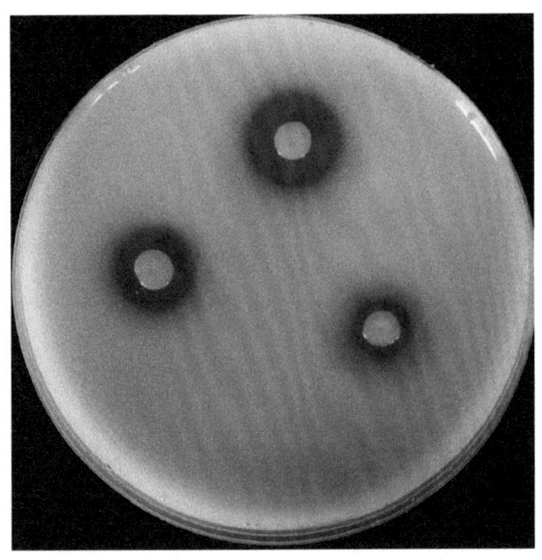

图 8.24.8　不同蛋白酶活性的嗜水气单胞菌在脱脂乳平板上形成的蛋白水解圈

## 三、生化特性

氧化酶试验阳性是鉴定气单胞菌的一个关键指标。多数气单胞菌吲哚试验阳性（舒伯特气单胞菌除外），尿素酶试验阴性（少量豚鼠气单胞菌除外）（陆承平等，2012）。

嗜水气单胞菌的主要生化特性见图 8.24.9 和表 8.24.1。

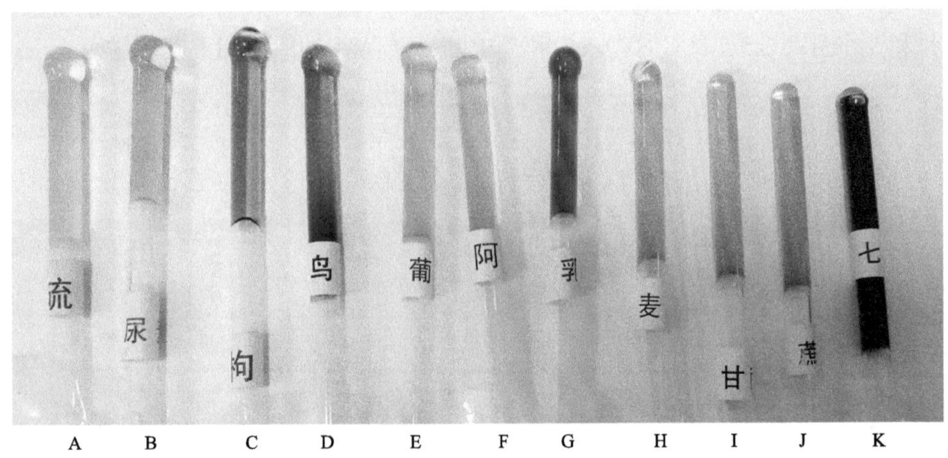


图 8.24.9　嗜水气单胞菌的主要生化特性

A. $H_2S$；B. 尿素酶；C. 柠檬酸盐；D. 鸟氨酸脱羧酶；E. 产气/葡萄糖；F. L-阿拉伯糖；G. 乳糖；H. 麦芽糖；I. 甘露醇；J. 蔗糖；K. 七叶苷

**表 8.24.1　嗜水气单胞菌的主要生化特性**

| 生化指标 | 反应结果 |
| --- | --- |
| $H_2S$ | − |
| 尿素酶 | + |
| 柠檬酸盐 | − |

续表

| 生化指标 | 反应结果 |
|---|---|
| 鸟氨酸脱羧酶 | − |
| 产气/葡萄糖 | + |
| L-阿拉伯糖 | + |
| 乳糖 | − |
| 麦芽糖 | + |
| 甘露醇 | + |
| 蔗糖 | + |
| 七叶苷 | + |

## 第二十五节　猪 链 球 菌

猪链球菌(*Streptococcus suis*)为革兰氏阳性球菌，呈卵圆形，成双或以短链形式存在，菌体直径为1～2μm，需氧、兼性厌氧。在5%绵羊血琼脂培养基上(36±1)℃培养24h，形成表面光滑、微凸、湿润、边缘整齐、灰白或半透明、稍黏的圆形小菌落。猪链球菌在5%绵羊血琼脂培养基呈α或β溶血，一般首先为α溶血，溶血环呈草绿色，延时培养后则变成β溶血，溶血环呈完全透明。或者菌落周围不见溶血，刮去菌落则可见α溶血或β溶血。猪链球菌2型在绵羊血琼脂平板上呈α溶血，在马血琼脂平板则为β溶血。可发酵乳糖、菊糖、海藻糖、水杨苷、棉子糖，不发酵甘露醇、山梨醇。

根据荚膜抗原的差异，猪链球菌分为35个血清型(1～34及1/2)及相当数量无法定型的菌株，其中1、2、7、9型是猪的致病菌，2型最为常见，它可感染人而使其致死。

猪链球菌2型常污染环境，在粪、灰尘及水中能存活较长时间。在水中，该菌在(60±1)℃条件下可存活10min，(50±1)℃为2h；在(4±1)℃的动物尸体中可存活6周；在(0±1)℃时的灰尘和粪中存活时间分别为1个月和3个月；(25±1)℃时在灰尘和粪中则只能存活24h及8d。

### 一、光镜下照片

猪链球菌为革兰氏阳性球菌，呈卵圆形，成双或以短链形式存在，菌体直径为1～2μm(图8.25.1)。

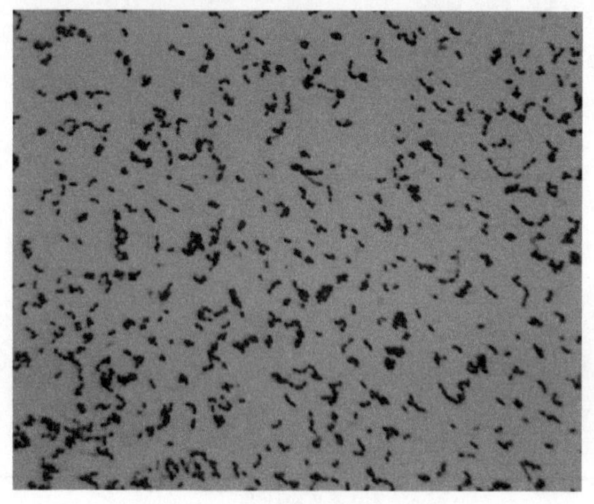

图8.25.1　猪链球菌革兰氏染色光学显微镜照片(1000×)

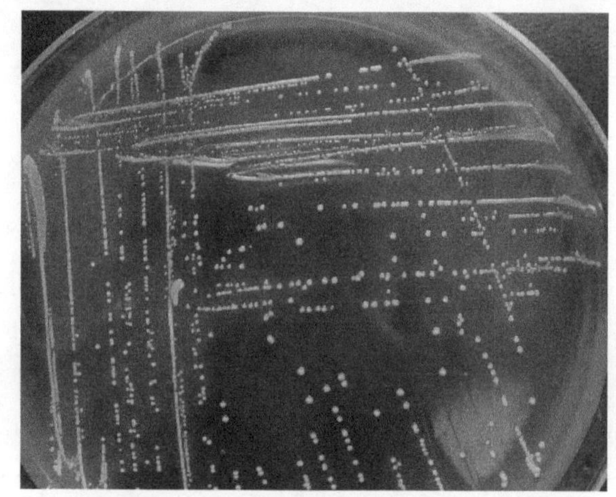

图8.25.2　猪链球菌在5%绵羊血琼脂平板上的菌落特征(呈α溶血)

二、**培养基下照片**（图 8.25.2～图 8.25.4）

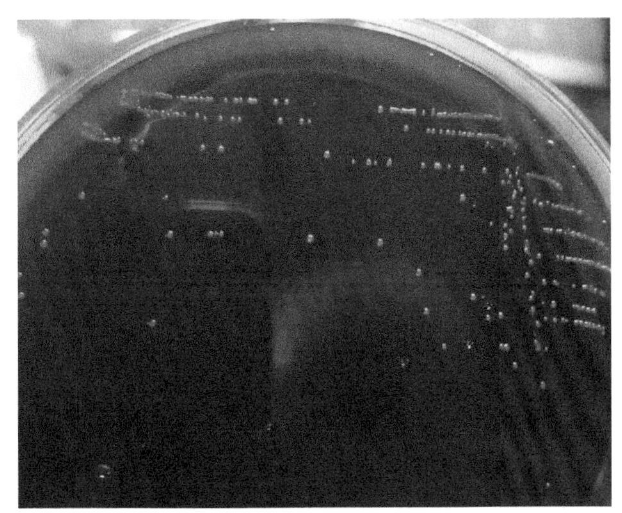

图 8.25.3 猪链球菌在 5%绵羊血琼脂平板上的菌落特征（不见溶血）

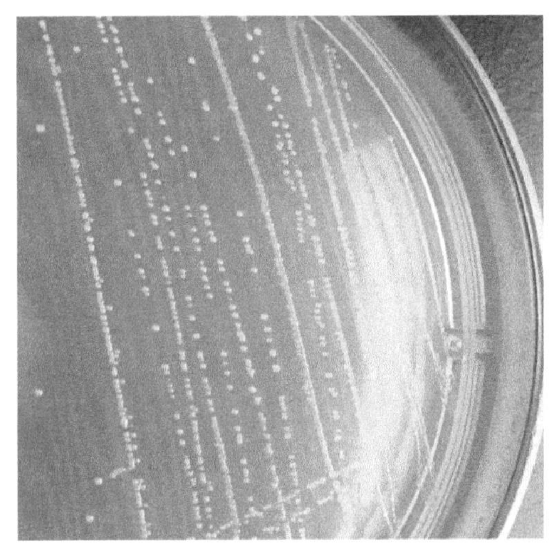

图 8.25.4 THB 琼脂培养基上的菌落

## 第二十六节 结核分枝杆菌

德国细菌学家罗伯特·科赫于 1882 年 3 月首先报道了结核分枝杆菌（*Mycobacterium tuberculosis*，*M. tb*）是结核病（TB）的病原菌，成为结核病划时代意义的事件。1921 年，减毒活疫苗卡介苗（Bacille Calmette-Guérin, BCG）研制成功并广为使用，至今其仍在结核病免疫预防中发挥着重要作用。

结核分枝杆菌属于分枝杆菌属（*Mycobacterium*）。该菌为一种细长（1～10μm）、两端钝圆的直或微弯的杆菌，因有分枝生长倾向而得名。其细胞壁中含有大量脂质成分，并有大量分枝菌酸（mycolic acid）包围在肽聚糖层的外面，能影响染料的进入，革兰氏染色不易着色，齐-内（Ziehl-Neelsen）染色法染色后呈红色。

结核分枝杆菌为专性需氧菌，最适培养温度为（36±1）℃，最适 pH 为 7.4～8.0，体外培养营养要求高且生长缓慢，在普通营养培养基中每分裂 1 代需要 12～24h，形成米白色的单菌落则需要 3～4 周。

结核分枝杆菌对某些理化因素有较强的抵抗力，在干燥痰中可存活 6～8 个月，在空气尘埃中可保持传染性 8～10d，（0±1）℃条件下可存活 4～5 个月，但对乙醇、湿热、紫外线等敏感。

一、**光镜下照片**（图 8.26.1～图 8.26.3）

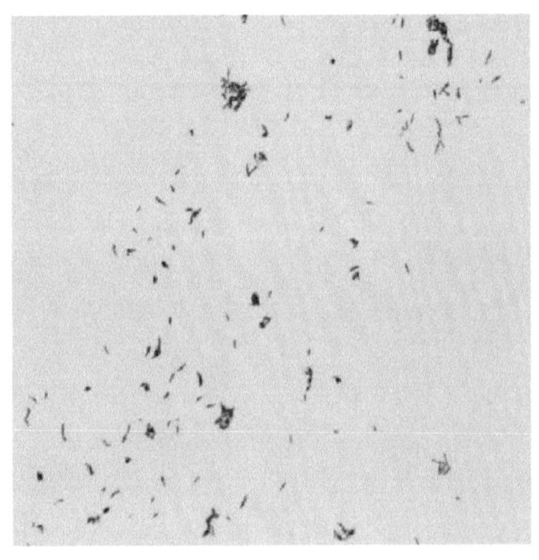

图 8.26.1 结核分枝杆菌抗酸染色（呈红色杆状）（100×）

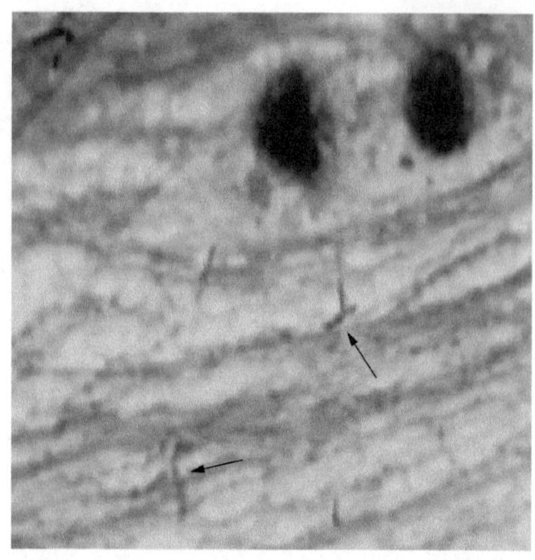
图 8.26.2　痰样本抗酸染色(齐-内染色法)镜检结果

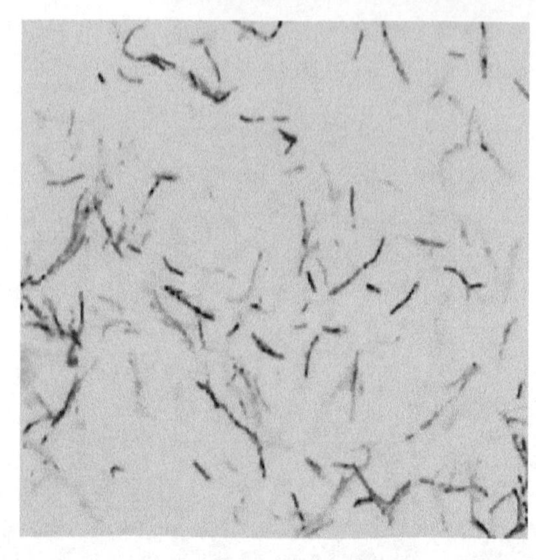
图 8.26.3　纯培养分离株抗酸染色(齐-内染色法)镜检结果

## 二、培养基下照片(图 8.26.4～图 8.26.6)

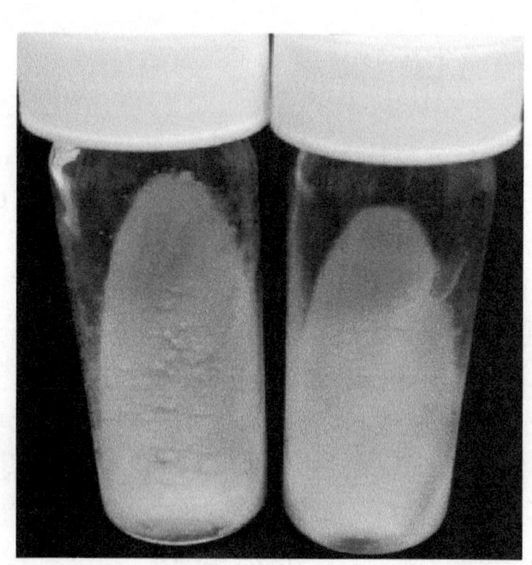
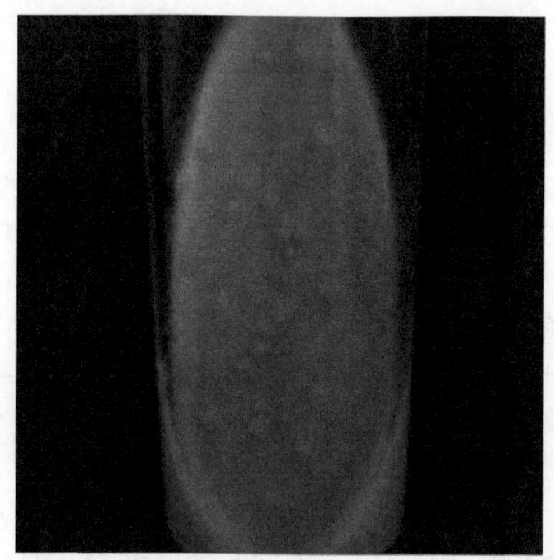
图 8.26.4　结核分枝杆菌罗氏培养基培养

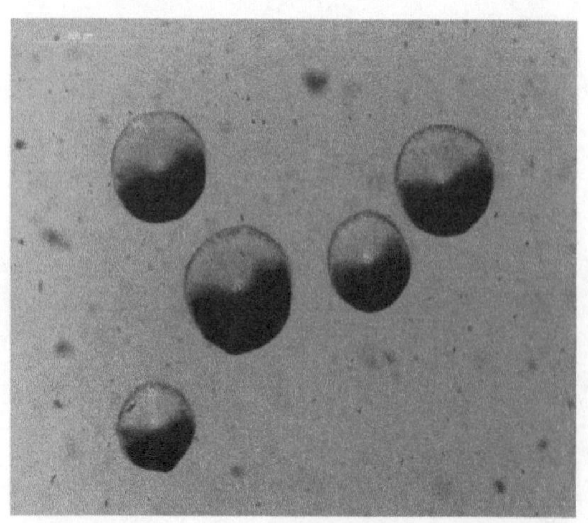
图 8.26.5　7H10 平板培养的 BCG 单菌落
(普通光学显微镜观察，5×物镜)

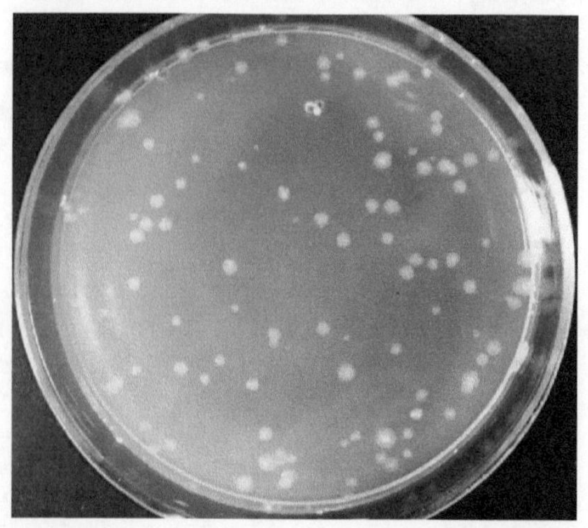
图 8.26.6　7H10 平板培养的 BCG 单菌落

### 三、感染组织中的照片（图 8.26.7，图 8.26.8）

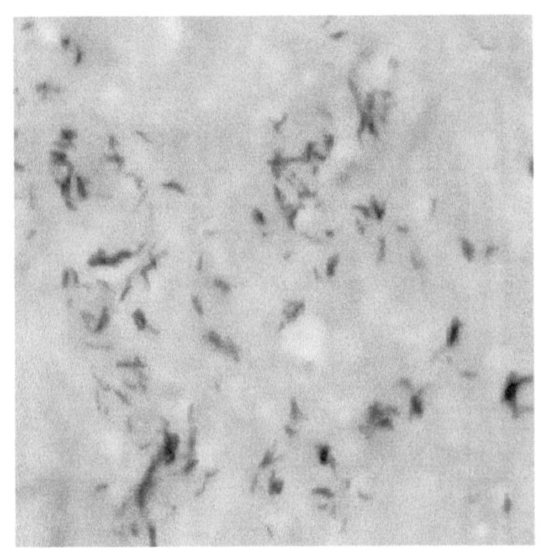

图 8.26.7　结核分枝杆菌气溶胶感染小鼠肺组织抗酸染色镜检结果

图 8.26.8　结核分枝杆菌气溶胶感染小鼠脾组织抗酸染色镜检结果

### 四、生化反应（表 8.26.1）

表 8.26.1　结核分枝杆菌、牛分枝杆菌和非结核分枝杆菌的鉴定

| 菌种 | PNB | TCH | L-J |
|---|---|---|---|
| 结核分枝杆菌 | – | + | + |
| 牛分枝杆菌 | – | – | + |
| 非结核分枝杆菌 | + | + | + |

注：“+”为生长，“–”为不生长

PNB. 硝基苯甲酸培养基；TCH. 噻吩-2-羧酸肼培养基；L-J. 改良罗氏培养基

## 第二十七节　布 鲁 氏 菌

布鲁氏菌（图 8.27.1～图 8.27.3）是一种细胞内寄生小球杆状菌，革兰氏染色阴性，主要感染动物，如

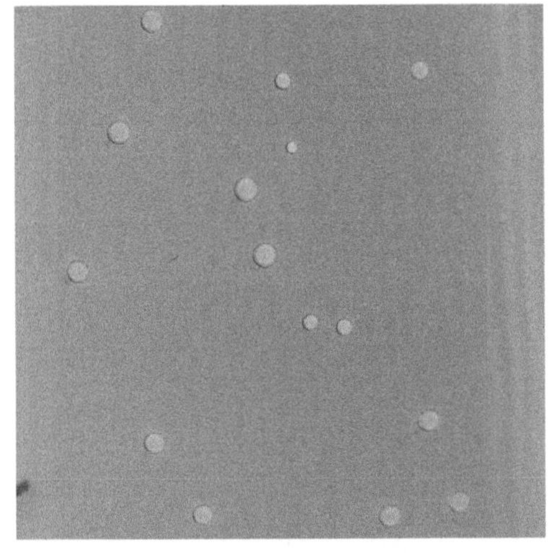

图 8.27.1　光滑型布鲁氏菌（M28 株）菌落结晶紫染色（不着色）（程君生和丁家波供图）

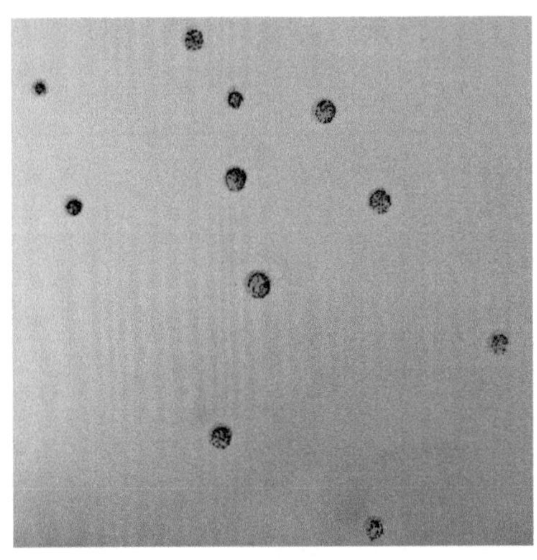

图 8.27.2　粗糙型布鲁氏菌（RA343 株）菌落结晶紫染色（菌落被着色）（程君生和丁家波供图）

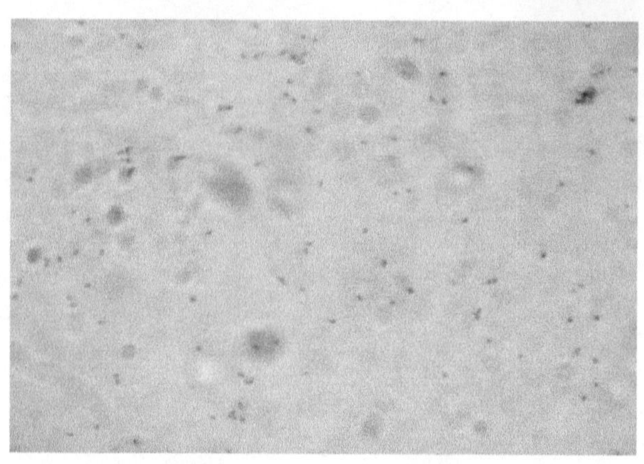

图 8.27.3　布鲁氏菌革兰氏染色(M28 株，阴性)(大小为 0.6～2.5μm)(丁家波和程君生供图)

牛、羊、猪、狗及骆驼、鹿等动物，主要是通过接触感染的动物或者吃被感染的食物及实验室接触等方式传播给人类。能引起人和多种动物的急性和慢急性疾病，被感染的人和动物表现为流产及不孕不育等症状。

## 参 考 文 献

陆承平, 刘永杰, 曾巧英, 等. 2012. 兽医微生物学. 5 版. 北京: 中国农业出版社: 123-127

Janda J M, Abbott S L. 2010. The genus *Aeromonas*: Taxonomy, pathogenicity, and infection. Clinical Microbiology Reviews, 23 (1) : 35-73

Liu J, Dong Y H, Wang N N, et al. 2018. *Tetrahymena thermophila* predation enhances environmental adaptation of the carp pathogenic strain *Aeromonas hydrophila* NJ-35. Front Cell and Infection Microbiology, 8: 76

附表 8.1 API 20E 结果判读表

| 试验 | 反应/酶 | 结果 | |
|---|---|---|---|
| | | 阴性 | 阳性 |
| ONPG | $\beta$-半乳糖苷酶 | 无色 | 黄色 |
| ADH | 精氨酸双水解酶 | 黄色 | 红/橙色 |
| LDC | 赖氨酸脱羧酶 | 黄色 | 橙色 |
| ODC | 鸟氨酸脱羧酶 | 黄色 | 红/橙色 |
| CIT | 柠檬酸利用 | 淡绿/黄 | 蓝绿/蓝 |
| $H_2S$ | $H_2S$ 产生 | 无色/微灰 | 黑色沉淀/细线 |
| URE | 脲酶 | 黄色 | 红/橙色 |
| TDA | 色氨酸脱氨酶 | TDA/立即<br>黄色 | <br>深褐 |
| IND | 吲哚产生 | JAMES/立即<br>无色/浅绿/黄色 | <br>粉红 |
| VP | 3-羟基丁酮产生乙酰甲基甲醇 | VP1+VP2/10min<br>无色 | <br>粉红/红色 |
| GEL | 明胶酶 | 黑色素不扩散 | 黑色素扩散 |
| GLU | 葡萄糖发酵/氧化 | 蓝/蓝绿 | 黄色 |
| MAN | 甘露醇发酵/氧化 | 蓝/蓝绿 | 黄色 |
| INO | 肌醇发酵/氧化 | 蓝/蓝绿 | 黄色 |
| SOR | 山梨醇发酵/氧化 | 蓝/蓝绿 | 黄色 |
| RHA | 鼠李糖发酵/氧化 | 蓝/蓝绿 | 黄色 |
| SAC | 蔗糖发酵/氧化 | 蓝/蓝绿 | 黄色 |
| MEL | 蜜二糖发酵/氧化 | 蓝/蓝绿 | 黄色 |
| AMY | 苦杏仁苷发酵/氧化 | 蓝/蓝绿 | 黄色 |
| ARA | 阿拉伯糖发酵/氧化 | 蓝/蓝绿 | 黄色 |
| OX | 细胞色素氧化酶 | 看氧化酶试验说明书 | |

附表 8.2 API CAMPY 结果判读表

| 试验 | 反应 | 结果 | |
|---|---|---|---|
| | | 阴性 | 阳性 |
| URE | 脲酶 | 黄色 | 橙色/红色 |
| NIT | 硝酸盐还原 | NIT1+NIT2/5min<br>无色 | <br>粉红色/红色 |
| EST | 酯酶 | 无色 淡蓝色 | 绿宝石色 |
| HIP | 马尿酸盐 | NIN/5min<br>无色 蓝灰色 | <br>紫色 |
| GGT | 谷氨酰转移酶 | FB/5min<br>无色 | <br>深橙红色 |
| TTC | 氯化三苯基四唑还原 | 无色<br>浅粉色 | 粉红色/红色或在杯底形成沉淀 |
| PyrA | 吡咯烷酮芳胺酶 | FB/5 分钟（Pyr→PAL） | |
| ArgA | L-精氨酸芳胺酶 | 无色 | 橙色 |
| AspA | L-天冬氨酸芳胺酶 | 无色 | 橙色 |

续表

| 试验 | 反应 | 结果 | |
|---|---|---|---|
| | | 阴性 | 阳性 |
| PAL | 碱性磷酸酶 | 无色 | 橙色 |
| | | 无色 | 紫色 |
| $H_2S$ | $H_2S$ 产生 | 无色 | 黑色 |
| GLU | 同化(葡萄糖) | 透明<br>(没有生长或敏感) | 浑浊(即使很微弱)<br>(生长或耐药) |
| SUT | 同化(琥珀酸钠) | | |
| NAL | 生长抑制(萘啶酸) | | |
| CFZ | 生长抑制(头孢唑林) | | |
| ACE | 同化(乙酸钠) | | |
| PROP | 同化(丙酸) | | |
| MLT | 同化(苹果酸) | | |
| CIT | 同化(柠檬酸三钠) | | |
| ERO | 易感性-治疗预测(红霉素) | | |

**附表 8.3　API STAPH 结果判读表**

| 试验 | 反应/酶 | 结果 | |
|---|---|---|---|
| | | 阴性 | 阳性 |
| 0 | 阴性对照 | 红色 | – |
| GLU | 阳性对照(D-右旋糖) | 红色 | 黄色 |
| FRU | 酸化(D-果糖) | | |
| MNE | 酸化(D-甘露醇) | | |
| MAL | 酸化(麦芽糖) | | |
| LAC | 酸化(乳糖) | | |
| TRE | 酸化(D-海藻糖) | | |
| MAN | 酸化(D-甘露醇) | | |
| XLT | 酸化(木糖醇) | | |
| MEL | 酸化(D-蜜二糖) | | |
| NIT | 硝酸盐还原成亚硝酸盐 | NIT1+NIT2/10min<br>无色-淡粉红色 | 红色 |
| PAL | 碱性磷酸酶 | ZYM A+ZYM B/10min<br>黄色 | 紫色 |
| V-P | 生成乙酰甲基甲醇 | VP1+VP2/10min<br>无色-淡粉红色 | 紫色-粉色 |
| RAF | 酸化(棉子糖) | 红色 | 黄色 |
| XYL | 酸化(木糖) | | |
| SAC | 酸化(蔗二糖) | | |
| MDG | 酸化(甲基-$\alpha$-D-吡喃葡萄糖苷) | | |
| NAG | 酸化(*N*-乙酰基葡萄糖胺) | | |
| ADH | 精氨酸双水解酶 | 黄色 | 橙色-红色 |
| URE | 尿素酶 | 黄色 | 红色-紫色 |

**附表 8.4 API 20 STREP 结果判读表**

| 试验 | 反应/酶 | 结果 | | | |
|---|---|---|---|---|---|
| | | 阴性 | | 阳性 | |
| | | VP1+VP2/10min | | | |
| V-P | 3-羟基丁酮产物 | 无色 | | 粉红/红色 | |
| | | NIN/10min | | | |
| HIP | 马尿酸水解作用 | 无色/浅蓝 | | 深蓝/紫色 | |
| | | 4h | 24h | 4h | 24h |
| ESC | β-葡萄糖苷 | 无色<br>浅黄 | 无色<br>浅黄<br>亮黄 | 黑色<br>灰色 | 黑色 |
| | | ZYM A+ZYM B/10min（PYRA 至 LAP）如需要，用强光脱色 | | | |
| PYRA | 吡咯烷酮芳胺酶 | 无色或极浅橙色 | | 橙色 | |
| α-GAL | α-半乳糖苷酶 | 无色 | | 紫色 | |
| β-GUR | β-葡糖醛酸酶 | 无色 | | 蓝色 | |
| β-GAL | β-半乳糖苷酶 | 无色/极浅紫 | | 紫色 | |
| PAL | 兼性磷酸酶 | 无色/极浅紫 | | 紫色 | |
| LAP | 亮氨酸芳胺酶 | 无色 | | 橙色 | |
| ADH | 精氨酸双水解酶 | 黄色 | | 红色 | |
| | | 4h | 24h | 4h | 24h |
| RIB | 产酸（D-核糖） | 红色 | 橙色/红色 | 橙色/黄色 | 黄色 |
| ARA | 产酸（L-阿拉伯糖） | 红色 | 橙色/红色 | 橙色/黄色 | 黄色 |
| MAN | 产酸（D-甘露醇） | 红色 | 橙色/红色 | 橙色/黄色 | 黄色 |
| SOR | 产酸（D-山梨醇） | 红色 | 橙色/红色 | 橙色/黄色 | 黄色 |
| LAC | 产酸（D-乳糖） | 红色 | 橙色/红色 | 橙色/黄色 | 黄色 |
| TRE | 产酸（D-海藻糖） | 红色 | 橙色/红色 | 橙色/黄色 | 黄色 |
| INU | 产酸（菊糖） | 红色 | 橙色/红色 | 橙色/黄色 | 黄色 |
| RAF | 产酸（D-棉子糖） | 红色 | 橙色/红色 | 橙色/黄色 | 黄色 |
| AMD | 产酸（淀粉） | 红色 | 橙色/红色 | 橙色/黄色 | 黄色 |
| GLYD | 产酸（糖原） | 红色或橙色 | | 浅黄色 | |

**附表 8.5 API LISTERIA 结果判读表**

| 试验 | 反应/酶 | 结果 | |
|---|---|---|---|
| | | 阴性 | 阳性 |
| | | ZYM B/<3min | |
| DIM | 区别无害李斯特菌/单核细胞增生李斯特菌 | 浅橙色<br>浅褐色<br>灰褐色 | 橙色 |
| ESC | 水解（七叶苷） | 浅黄色 | 黑色 |
| α-MAN | α-甘露糖苷酶 | 无色 | 黄色 |
| DARL | 产酸（D-阿拉伯糖醇） | | |
| XYL | 产酸（D-木糖） | | |
| RHA | 产酸（鼠李糖） | | |
| MDG | 产酸（α-甲基-D-葡萄糖苷产酸） | 红色/橙红色 | 黄色/橙黄色 |
| RIB | 产酸（核糖） | | |
| G1P | 产酸（葡萄糖-1-磷酸盐） | | |
| TAG | 产酸（塔格糖） | | |

# 第九章　病毒的检测

## 第一节　病毒的形态特征

病毒无细胞形态，以病毒颗粒(viral particle)的形式存在，具有一定的形态、结构。颗粒微小，用电子显微镜才能观察到。病毒颗粒的形态多种多样，常见的多为球状(图 9.1.1，图 9.1.2)；少数为杆状、丝状或子弹状(图 9.1.3)；有的则表现为多形性，如冠状病毒(coronavirus)；某些噬菌体为蝌蚪状(图 9.1.4)。

有些病毒在核衣壳外面有囊膜(envelope)，囊膜是病毒在成熟过程中从宿主细胞获得的，含有宿主细胞膜或核膜的化学成分。有的囊膜表面有突起，称为纤突(spike)或膜粒(peplomer)。有囊膜的病毒称为囊膜病毒(enveloped virus)(图 9.1.1)，无囊膜的病毒称为裸露病毒(naked virus)(图 9.1.2)。

某些病毒核衣壳呈螺旋状对称(helical symmetry)，见于弹状病毒(rhabdovirus)(图 9.1.3)。某些核衣壳二十面体对称(icosahedral symmetry)，形成球状结构，壳粒排列成二十面体对称型式(图 9.1.1，图 9.1.2)。

图 9.1.1　囊膜病毒

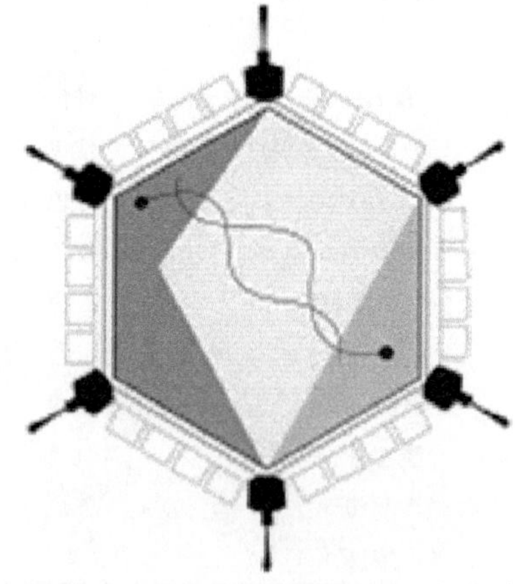

图 9.1.2　裸露病毒

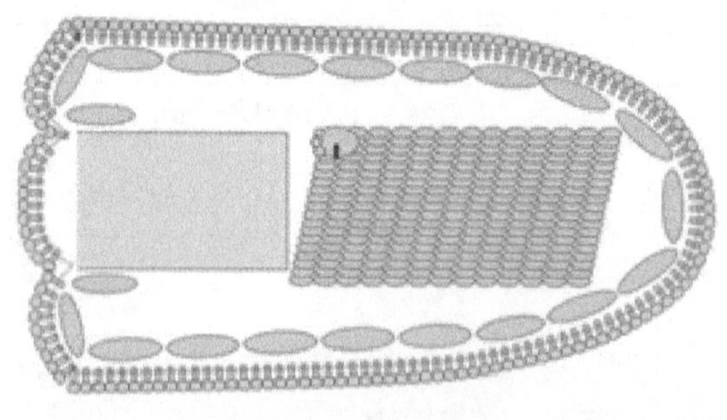

图 9.1.3　弹状病毒

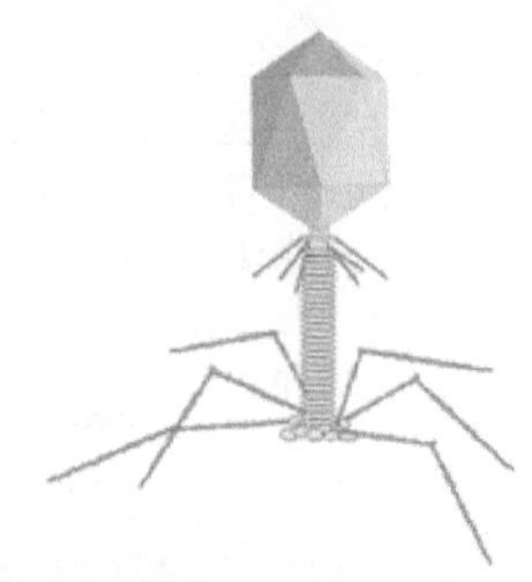

图 9.1.4　噬菌体

## 第二节　病毒的复制与生物合成

病毒增殖(multiplication)只在活细胞内进行，其方式有别于其他微生物。吸附(adsorption)敏感的宿主细胞是病毒复制的第一步，是以病毒基因为模板，在酶的作用下，分别合成其基因及蛋白质，再组装成完整的病毒颗粒，这种方式称为复制(replication)。

无囊膜结构的二十面体对称病毒产生的壳粒可自我组装(self-assembly)，形成衣壳，进而包装核酸形成核衣壳。大多数无囊膜的病毒蓄积在胞质或核内，当细胞完全裂解时，释放出病毒颗粒。有囊膜的病毒以出芽(budding)的方式成熟，病毒可从胞质膜、胞质内膜或核膜出芽(图 9.2.1)。

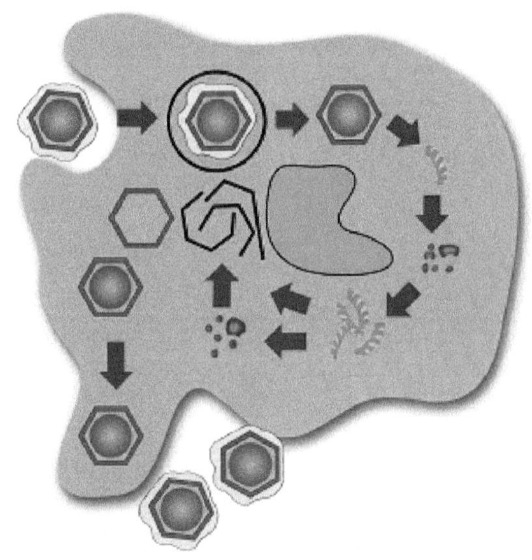

图 9.2.1 病毒的复制过程

## 第三节 病毒的检测

从事病毒检测的实验室需要必要的常规和大型仪器，包括生物安全柜、细胞培养箱、荧光显微镜、倒置显微镜、冷冻离心机、低温冰箱等。实验室应当具有生物安全级(BSL-2)的资质，对某些病毒，如禽流感病毒、严重急性呼吸综合征冠状病毒、埃博拉病毒等，则须在具备生物安全三级资质(BSL-3)的实验室中进行检测。

病毒感染的常用检测方法包括病毒的分离和培养，细胞、组织和形态学检查，病毒理化特性测定、血清学与分子学鉴定等基本过程。电子显微镜技术可直接检测样本中的病毒颗粒，血凝试验用于检测具有血凝特性的病毒，一些病毒的感染可以通过观察是否发生细胞病变、形成包涵体或使红细胞集聚等现象而直观地检测。常用的病毒血清学检测方法有中和试验、血凝抑制试验、免疫染色技术与免疫转印技术、酶联免疫吸附试验。病毒核酸的检测主要有聚合酶链反应、核酸杂交、DNA 芯片技术，更尖端的技术如高通量测序也正逐渐成为常用的检测方法。

### 一、冠状病毒

冠状病毒(coronavirus，CoV)为单股正链 RNA 病毒，成员众多，是许多动物感染的主要病原，可引起呼吸道、消化道和神经系统疾病。引起人类普通呼吸道感染的有甲型冠状病毒属、乙型冠状病毒属。引起人严重急性呼吸综合征(severe acute respiratory syndrome，SARS)和中东呼吸综合征(Middle East respiratory syndrome，MERS)的冠状病毒 SARS-CoV 和 MERS -CoV 是乙型冠状病毒。

#### (一)冠状病毒的形态和结构

冠状病毒颗粒呈多形态，以球形为主，直径为 80～120nm，有包膜。包膜表面的花瓣状纤突均匀地分布于病毒颗粒表面，看上去像日冕(corona)(图 9.3.1)。

（二）冠状病毒的检测

电子显微镜观察在冠状病毒的初步诊断中发挥着重要作用，病毒在细胞培养中可出现明显的细胞病变（图 9.3.2）。套式 RT-PCR（表 9.3.1）和实时荧光 RT-PCR 是较普遍的快速鉴别诊断方法。冠状病毒 N 基因最早合成且拷贝数量较大，容易从临床获得的各种标本的 RNA 中获得有效的扩增；M 基因可做分型检测（图 9.3.3）。

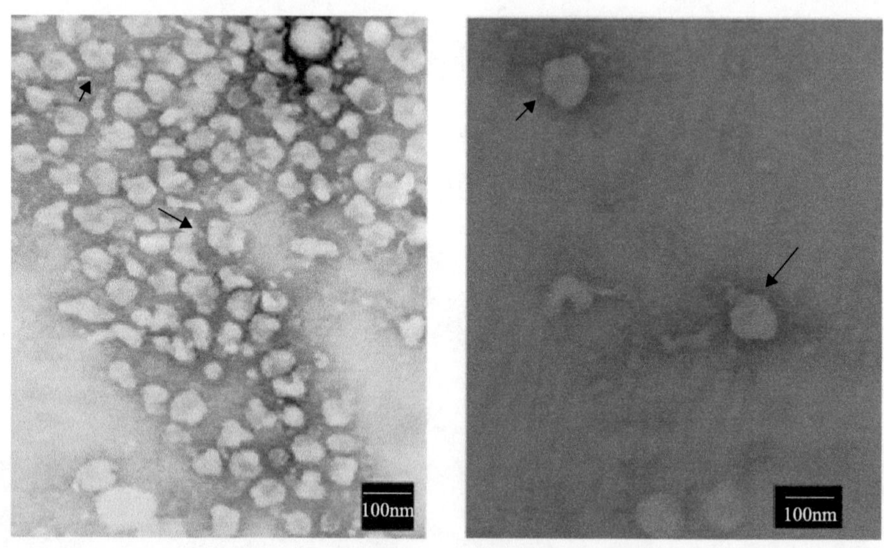


图 9.3.1　犬冠状病毒电镜图（王玉燕，2005）

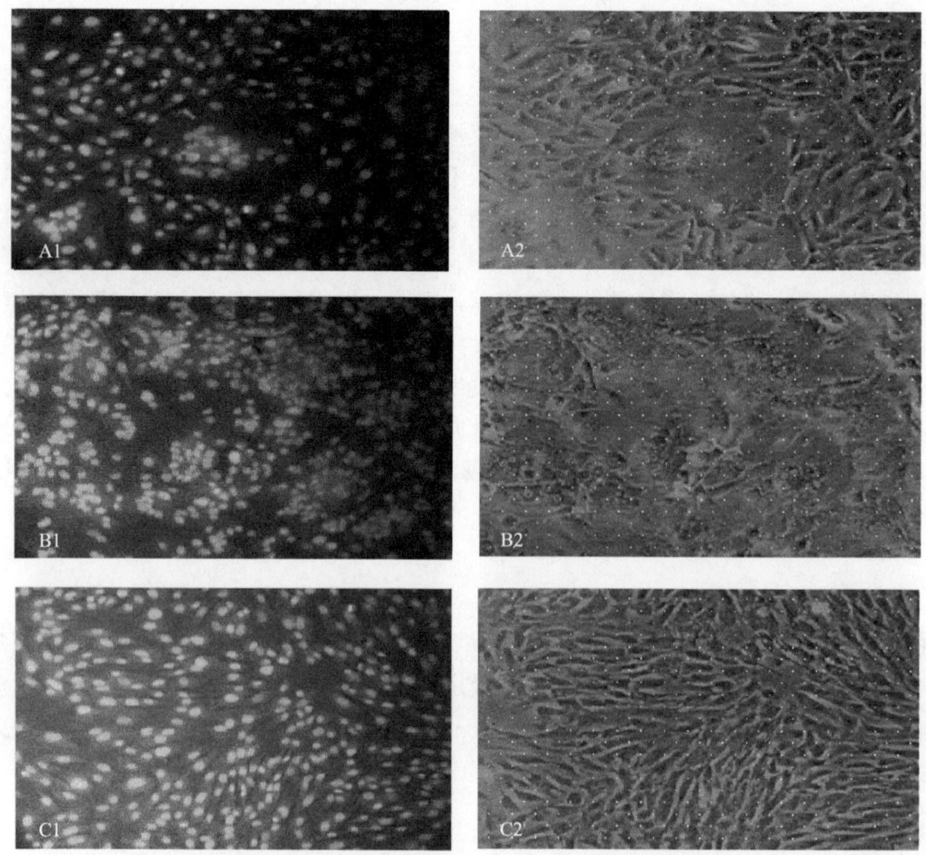


图 9.3.2　猪冠状病毒、犬冠状病毒在 A72 细胞上的细胞病变（CPE）图（王玉燕，2005）

A. 猪冠状病毒在 A72 细胞上呈现的细胞病变；B. 犬冠状病毒在 A72 细胞上呈现的细胞病变；C. 正常 A72 细胞对照。A1、B1、C1 为荧光染色细胞图片；A2、B2、C2 为光镜下的细胞图片。可以观察到 A、B 有明显的多细胞融合形成的合胞体

表 9.3.1 犬冠状病毒 M 基因套式 RT-PCR 扩增引物(引物序列参考 Pratelli et al., 1999)

| 病毒名称 | 序列 |
|---|---|
| 犬冠状病毒(第一轮扩增) | CCV1(上游引物):TCCAGATATGTAATGTTGGC<br>CCV2(下游引物):TCTGTTGAGTAATCACCAGCT |
| 犬冠状病毒(第二轮扩增) | CCV3(上游引物):GGTGTCACTCTAACATTGCTT<br>CCV2(下游引物):TCTGTTGAGTAATCACCAGCT |

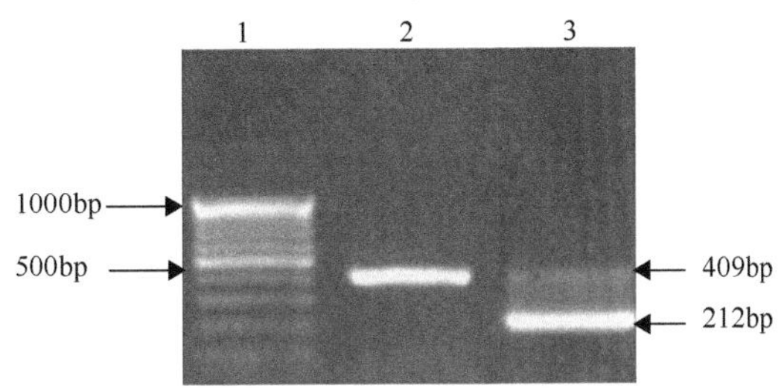


图 9.3.3 犬冠状病毒 M 基因套式 RT-PCR 扩增电泳图

1. DNA marker; 2. M 基因的第一轮扩增; 3. M 基因的第二轮扩增

## 二、柯萨奇病毒

柯萨奇病毒(Coxsackievirus)为单股正链 RNA 病毒,病毒颗粒二十面体立体对称,呈球状,直径为 23～30nm,无包膜,无突起(图 9.3.4)。包括 A、B 两组,其中 A 组柯萨奇病毒(CoxA)有 23 个血清型,B 组柯萨奇病毒(CoxB)有 6 个血清型。

柯萨奇病毒型别多,分布广泛,感染机会多。柯萨奇病毒可以引起脑膜炎和轻度麻痹、胸膜痛、肋间痛、呼吸性疾病、结膜炎及手足口综合征。手足口综合征患者中许多与 A 组柯萨奇病毒 16 感染有关,是手足口病暴发传染的重要病因。实时荧光 RT-PCR 为常用的实验室检测方法(表 9.3.2,图 9.3.5)。近年来,数字 PCR 也应用于柯萨奇病毒的检测(图 9.3.6)。

## 三、诺如病毒

诺如病毒(norovirus,NoV)为单股正链 RNA 病毒,无包膜,呈直径为 27～38nm 的球形。1972 年,Kapikian 等应用免疫电镜从 1968 年美国 Norwalk 一所学校发生的腹泻暴发患者粪便中发现了诺如病毒。

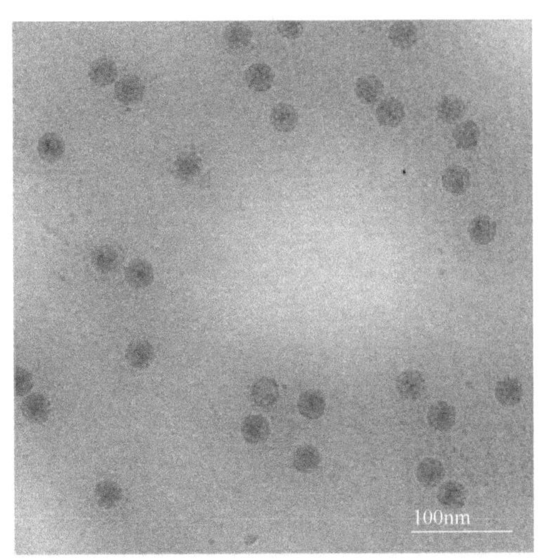


图 9.3.4 柯萨奇病毒 A16 电镜照片(王祥喜供图)

表 9.3.2　柯萨奇病毒实时荧光 RT-PCR 引物和探针

| 病毒名称 | 序列 |
|---|---|
| 柯萨奇病毒 A16 | CoxA16-F(上游引物)：AGACKAGATGTGTGTTGAACCATCAC<br>CoxA16-R(下游引物)：TGTACCCGTRGTGGGCATTGT<br>CoxA16-P(探针)：FAM-TCCACRCAGGAGACRGCCATTGG-BHQ1 |

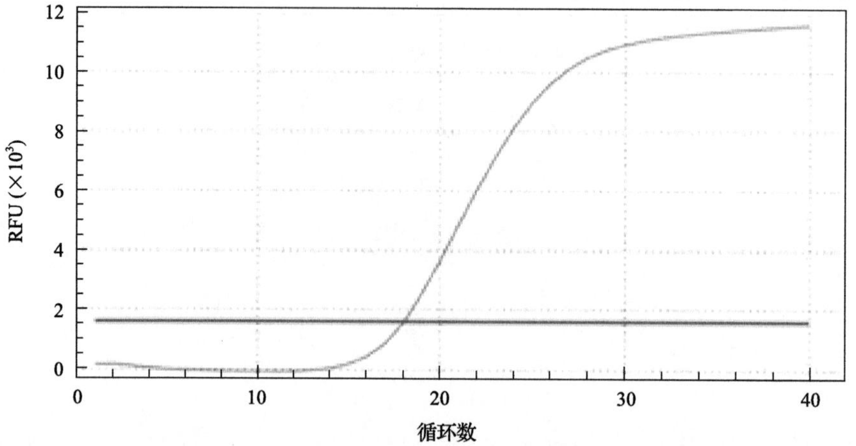


图 9.3.5　柯萨奇病毒 A16 实时荧光 RT-PCR 扩增图

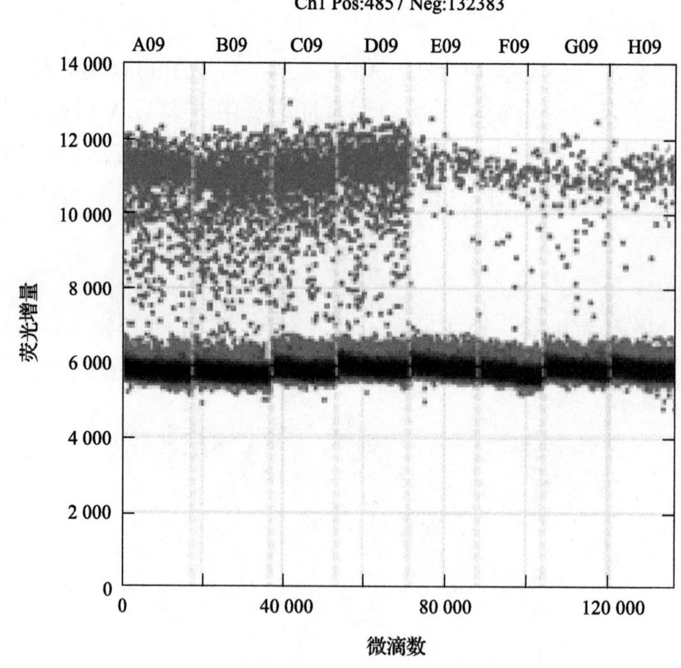


图 9.3.6　柯萨奇病毒 A16 数字 PCR 扩增图

实验室诊断：

RT-PCR 是检测 NoV 的主要手段，被广泛用于粪便、呕吐物等临床标本，以及水、食物等环境标本。实时荧光 RT-PCR 被用于快速检测(表 9.3.3，图 9.3.7，图 9.3.8)。

表 9.3.3 GⅠ、GⅡ型诺如病毒实时荧光 RT-PCR 引物和探针（引物探针序列引自 GB 4789.42—2016）

| 病毒名称 | 序列 |
|---|---|
| 诺如病毒 GⅠ | QNIF4（上游引物）：CGCTGGATGCGNTTCCAT<br>NV1LCR（下游引物）：CCTTAGACGCCATCATCATTTAC<br>NVGG1p（探针）：FAM-TGGACAGGAGAYCGCRATCT-BHQ1 |
| 诺如病毒 GⅡ | QNIF2（上游引物）：ATGTTCAGRTGGATGAGRTTCTCWGA<br>COG2R（下游引物）：TCGACGCCATCTTCATTCACA<br>QNIFs（探针）：FAM-AGCACGTGGGAGGGCGATGG-BHQ1 |

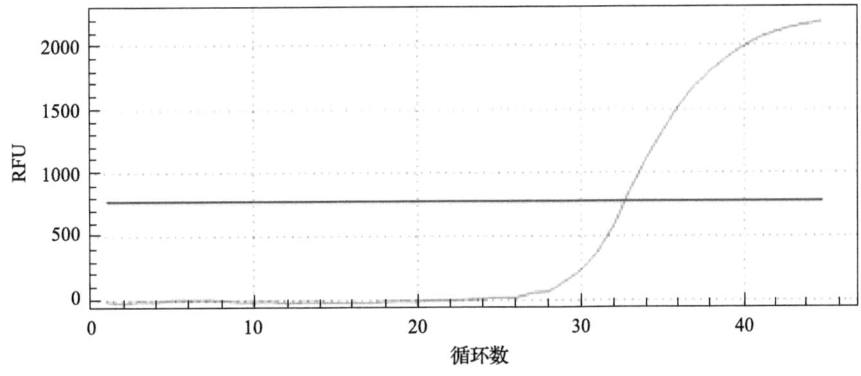


图 9.3.7 诺如病毒 GⅠ基因型实时荧光 RT-PCR 检测图

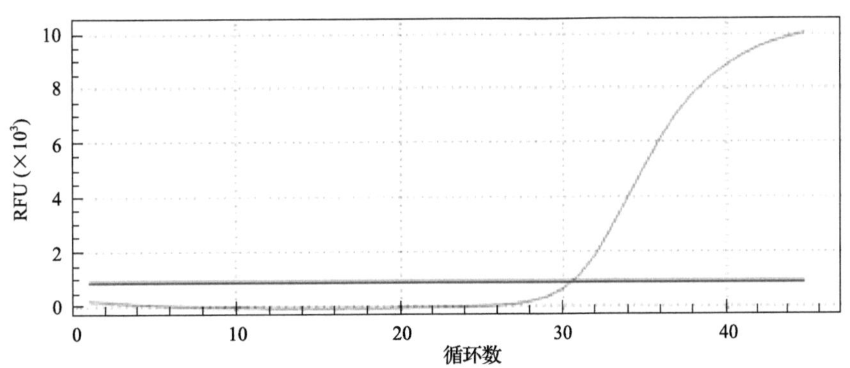


图 9.3.8 诺如病毒 GⅡ基因型实时荧光 RT-PCR 检测图

## 四、甲型肝炎病毒

甲型肝炎病毒（hepatitis A virus，HAV）为单股正链 RNA 病毒，最初被归入微小 RNA 病毒科（*Picornaviridae*）的肠道病毒属（*Enterovirus*）。近几年 HAV 分子生物学的研究表明，HAV 的基因结构比较独特，与肠道病毒属的病毒差别较大，所以将 HAV 单列为肝病毒属（*Hepatovirus*）。HAV 形态上与其他小 RNA 病毒相似，无包膜，为直径 27～32nm 的球形颗粒，呈二十面体对称。

实验室检测：

目前，实时荧光 RT-PCR 被常规用于环境、食物，以及临床标本中病毒的检测（表 9.3.4，图 9.3.9）。近年来，数字 PCR 技术也被应用于甲型肝炎病毒的检测（图 9.3.10）。

表 9.3.4 甲型肝炎病毒实时荧光 RT-PCR 引物和探针（引物、探针引自 GB/T 22287—2008）

| 病毒名称 | 序列 |
|---|---|
| 甲型肝炎病毒 | 正义引物（HAV1）：TTTCCGGAGCCCCTCTTG<br>反义引物（HAV2）：AAAGGGAAATTTAGCCTATAGCC<br>反义引物（HAV3）：AAAGGGAAAATTTAGCCTATAGCC<br>探针：FAM-ACTTGATACCTCACCGCCGTTTGCCT-BHQ1 |

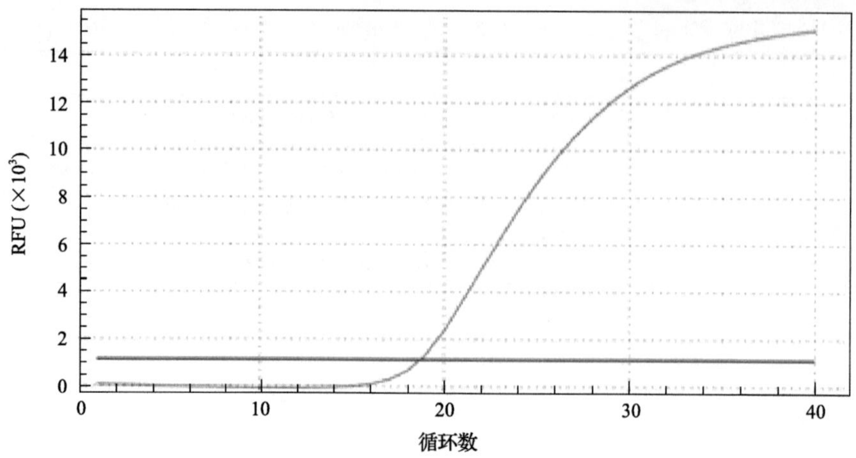


图 9.3.9　甲型肝炎病毒实时荧光 RT-PCR 扩增图

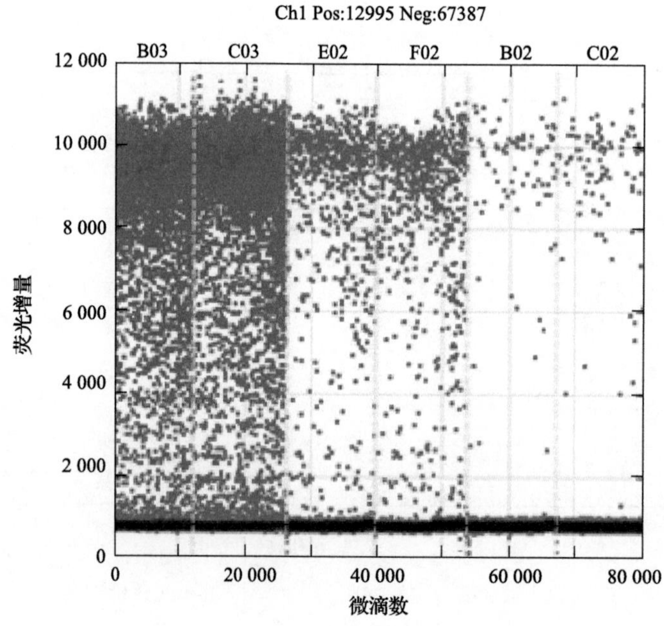


图 9.3.10　甲型肝炎病毒数字 PCR 扩增图

## 五、轮状病毒

1973 年，Bishop 等在肠胃炎患儿成熟十二指肠绒毛上皮细胞的细胞质及粪便中观察到大量病毒颗粒。1974 年，Lewett 建议将其命名为“轮状病毒”，因为轮状病毒在电子显微镜下呈车轮状。

实验室诊断：

由于轮状病毒感染与其他病原所致急性胃肠炎从临床上无法区别，因此实验室检测是确诊的唯一方式。电镜/免疫电镜、酶联免疫法、胶乳凝集反应均可用于检测粪便中的病毒颗粒或抗原。实时荧光 RT-PCR 检测病毒核酸，灵敏度高，还可进行血清型与基因型的鉴定(表 9.3.5，图 9.3.11)。

**表 9.3.5　轮状病毒实时荧光 RT-PCR 引物和探针**(引物、探针引自 SN/T 2520—2010)

| 病毒名称 | 序列 |
| --- | --- |
| 轮状病毒 | NVP3-F(上游引物)：ACCATCTACACATGACCCTC<br>NVP3-R(下游引物)：GGTCACATAACGCCCC<br>NVP3-P(探针)：FAM-ATGAGCACAATAGTTAAAAGCTAACACTGTCAA-BHQ1 |

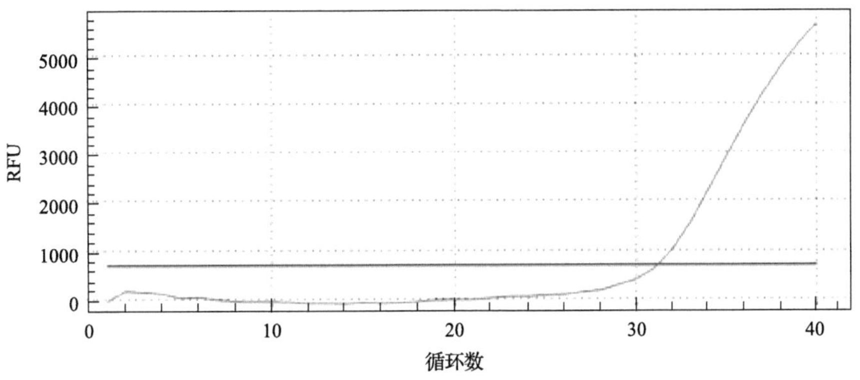


图 9.3.11 轮状病毒实时荧光 RT-PCR 扩增图

## 六、流行性乙型脑炎病毒

流行性乙型脑炎病毒，简称乙脑病毒，国际上称日本脑炎病毒(JEV)，1935 年由日本学者首先从脑炎死亡者脑组织中分离到。病毒颗粒为球形，直径 30～40nm，表面有包膜糖蛋白(E)形成的刺突，即病毒血凝素(图 9.3.12)。

实验室检测：

病毒的分离培养可用细胞培养法和乳鼠脑内接种法。病毒鉴定可采用观察细胞病变和单克隆抗体中和试验、免疫荧光试验等方法。病毒特异性核酸片段可由实时荧光 RT-PCR 的方法进行快速检测，近年来已广泛用于乙脑的早期快速诊断。

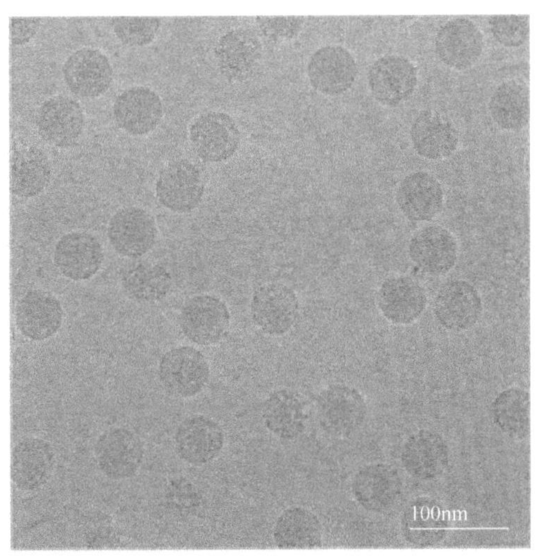


图 9.3.12 流行性乙型脑炎病毒电镜图(王祥喜供图)

## 七、寨卡病毒

作为一种蚊媒病毒，寨卡病毒虽然是在前两年才引起关注，但是事实上 1947 年就首次在乌干达的猴子中被发现了。目前非洲、美洲、亚洲和太平洋地区已记录过寨卡病毒病疫情。寨卡病毒为单链正义 RNA 病毒，直径 20nm(图 9.3.13)。自 2014 年起，巴西受到了寨卡病毒的侵袭，超过百万人感染，并造成了严重的影响。实验室快速检测方法为实时荧光 RT-PCR。

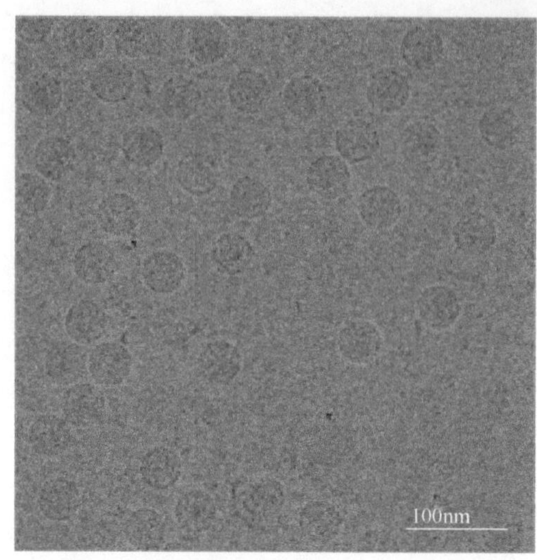


图 9.3.13　寨卡病毒电镜图(王祥喜供图)

## 参 考 文 献

陆承平. 2005. 最新动物病毒分类简介. 中国病毒学, 20(6): 682-688

吕鸿声. 1998. 昆虫病毒分子生物学.北京:科学出版社: 1-15, 297-480

王玉燕. 2005. 犬冠状病毒的感染特性及蛋白质组学研究. 上海: 上海交通大学博士后论文

徐为燕. 1993. 兽医病毒学. 北京: 农业出版社: 49-190

Briam W J Mahy. 2010. Desk Encyclopedia of Animal and Bacterial Virology. Amsterdam: Elsevier Press: 12

Fauquet C M, Mayo M A, Maniloff J, et al. 2005. Virus Taxonomy. 8th Report of ICTV. Amsterdam: Elsevier Academic Press: 9-32

Pratelli A, Tempesta M, Greco G, et al. 1999. Development of a nested-PCR for the detection of *Canine coronavirus*. J Virol Meth, 80: 11-15

# 第十章　真菌的检测

## 第一节　真 菌 总 论

真菌是一大类真核微生物，不含叶绿素，无根、茎、叶，营腐生或寄生生活，仅少数类群为单细胞，其余多为多细胞，大多数呈分枝或不分枝的丝状体，能进行有性和无性繁殖。从形态学上可以分为霉菌、酵母菌和担子菌。

真菌种类多、数量大并且分布广泛，大多数对人和动物有益，可以广泛应用于医药、食品等领域，某些种类的真菌可感染人或者动物，还有一些则可以导致谷物、农副产品和加工食品发霉变质，甚至产生危害人类健康的真菌毒素。本章重点介绍严重危害食品安全的产毒素霉菌。

### 一、霉菌的生物学特性

#### (一)霉菌的基本结构

霉菌营养生长阶段的结构称为营养体。大部分霉菌的营养体都是可分枝的丝状体，单根丝状体称为菌丝。许多菌丝在一起统称菌丝体。菌丝体在基质上生长的形态称为菌落。菌丝在显微镜下观察呈管状，具有细胞壁和细胞质，无色或有色。霉菌的菌丝可以无限生长，但是直径有限，一般为 2～30μm，最大可达 100μm。低等真菌的菌丝没有隔膜，称为无隔菌丝，可视为一个单细胞，具有细胞核，如根酶、毛霉、水霉等霉菌的菌丝(图 10.1.1)；而高等霉菌的菌丝有许多隔膜，称为有隔菌丝，横隔壁将其分隔为多个细胞，每个细胞中有 1 个、2 个或多个细胞核(图 10.1.2)。

图 10.1.1　无隔菌丝及其孢子图(匍枝根霉，100×)

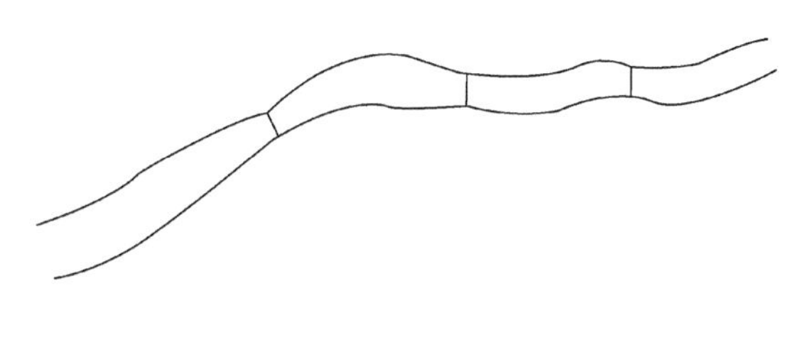

图 10.1.2　有隔菌丝示意图

#### (二)霉菌的生殖

当营养生长进行到一定时期时，霉菌就开始转入繁殖阶段，形成各种繁殖体，即子实体。霉菌的繁殖体包括无性繁殖形成的无性孢子和有性繁殖产生的有性孢子。

1. 霉菌的无性繁殖

无性繁殖是指营养体不经过核配和减数分裂产生个体的繁殖。它的基本特征是营养繁殖，通常直接由菌丝分化产生无性孢子。常见的无性孢子有以下三种类型。

1）游动孢子：形成于游动孢子囊内。游动孢子囊由菌丝或孢囊梗顶端膨大而成。游动孢子无细胞壁，具1～2根鞭毛，释放后能在水中游动（图10.1.3）。

2）孢囊孢子：形成于孢囊孢子囊内，孢子囊由孢囊梗的顶端膨大而成。孢囊孢子有细胞壁，水生型有鞭毛，释放后可随风吹散（图10.1.4）。

3）分生孢子：产生于由菌丝分化而成的分生孢子梗上，顶生、侧生或串生，形状、大小多种多样，单胞或多胞，无色或有色，成熟后从孢子梗上脱落。有些真菌的分生孢子或分生孢子梗还生在分生孢子果内。孢子果主要有两种类型，即近球形的具孔口的分生孢子器和杯状或盘状的分生孢子盘（图10.1.5）。

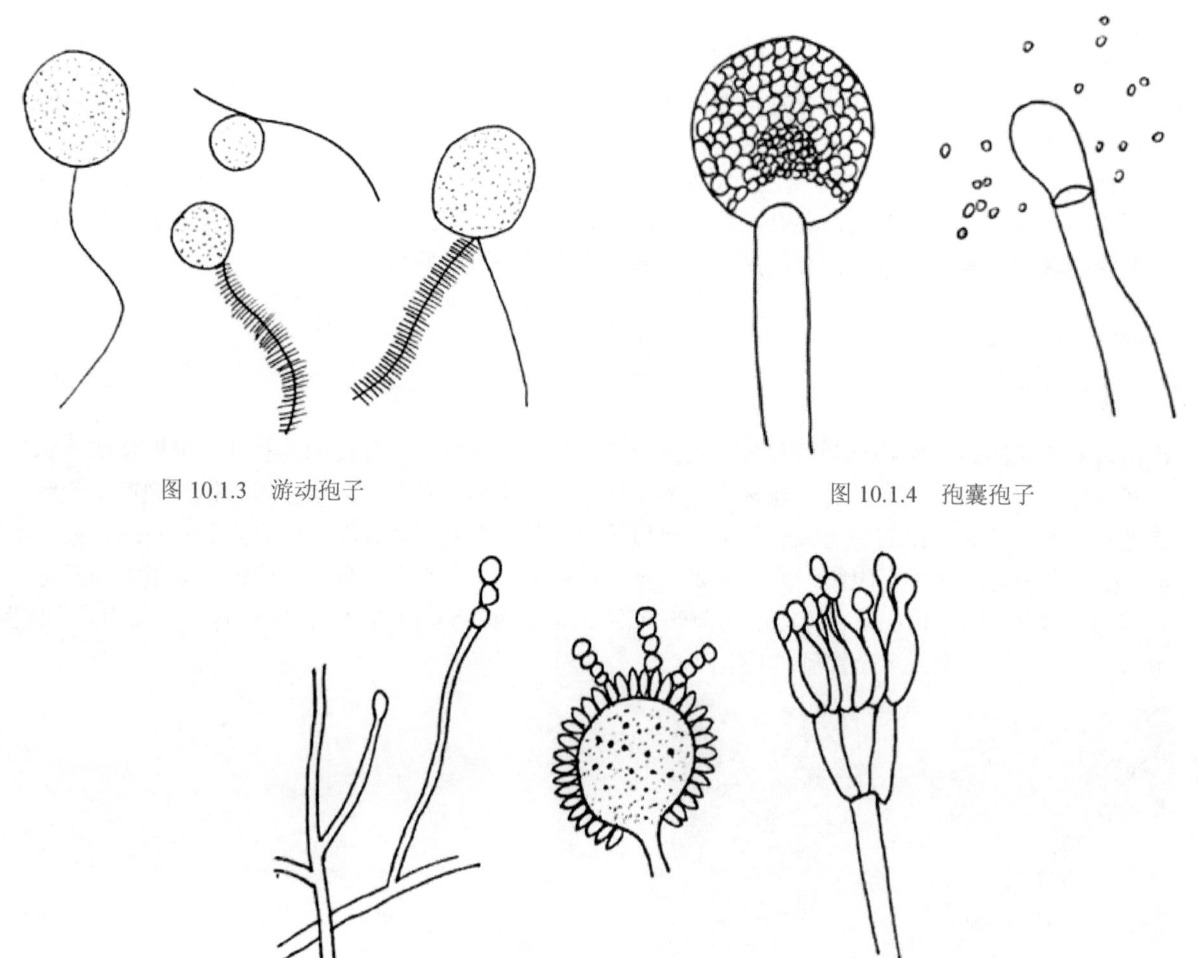

图10.1.3　游动孢子

图10.1.4　孢囊孢子

图10.1.5　分生孢子

2. 霉菌的有性生殖

霉菌并没有整条的性染色体，只由一些DNA片段起着相同的作用。这种DNA片段被称为“交配型位点”或“性别位点”。无论正负性别，它们都由同一个基因来解码HMG蛋白（High-mobility group protein）的位点蛋白。HMG蛋白也即高迁移率蛋白，它可以通过一种未知途径来调控性别差异。这种基因和Y染色体上发现的主要调控基因的“sry”蛋白极其类似。

霉菌生长发育到一定时期（一般到后期）就进行有性生殖。有性生殖是经过两个性细胞结合后细胞核产生减数分裂产生孢子的繁殖方式。多数霉菌由菌丝分化产生性器官，即配子囊，通过雌、雄配子囊结合形成有性孢子。其整个过程可分为质配、核配和减数分裂三个阶段。

第一阶段是质配，即经过两个性细胞的融合，两者的细胞质和细胞核（$N$）合并在同一细胞中，形成双核期（$N+N$）。

第二阶段是核配，就是在融合的细胞内两个单倍体的细胞核结合成一个双倍体的核(2*N*)。

第三阶段是减数分裂，双倍体细胞核经过两次连续的分裂，形成 4 个单倍体的核(*N*)，从而回到原来的单倍体阶段。经过有性生殖，霉菌可产生 4 种类型的有性孢子。

1)卵孢子：卵菌的有性孢子，是由两个异型配子囊——雄器和藏卵器接触后，雄器的细胞质和细胞核经授精管进入藏卵器，与卵球核配，最后受精的卵球发育成厚壁的、双倍体的卵孢子。

2)接合孢子：接合菌的有性孢子，由两个配子囊以配子囊结合的方式融合成 1 个细胞，并在这个细胞中进行质配和核配后形成的厚壁孢子(图 10.1.6)。

3)子囊孢子：子囊菌的有性孢子，通常是由两个异型配子囊——雄器和产囊体相结合，经质配、核配和减数分裂而形成的单倍体孢子。子囊孢子着生在无色透明、棒状或卵圆形的囊状结构即子囊内(图 10.1.7)。每个子囊中一般形成 8 个子囊孢子。子囊通常产生于具包被的子囊果内。子囊果一般有 4 种类型，即球状而无孔口的闭囊壳，瓶状或球状且有真正壳壁和固定孔口的子囊壳，无真正壳壁和固定孔口的子囊腔以及盘状或杯状的子囊盘。

4)担孢子：担子菌的有性孢子。通常是直接由“+”“–”菌丝结合形成双核菌丝，以后双核菌丝的顶端细胞膨大成棒状的担子。在担子内的双核经过核配和减数分裂，最后在担子上产生 4 个外生的单倍体的担孢子(图 10.1.7)。

此外，有些低等真菌如根肿菌和壶菌产生的有性孢子是一种由游动配子结合成合子，再由合子发育而成的厚壁的休眠孢子。

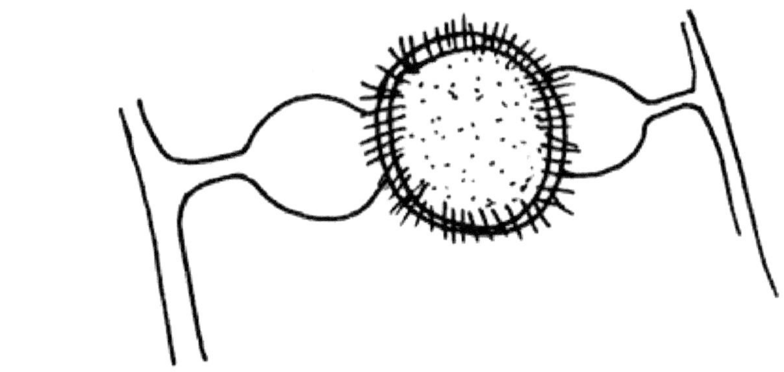

图 10.1.6 接合孢子

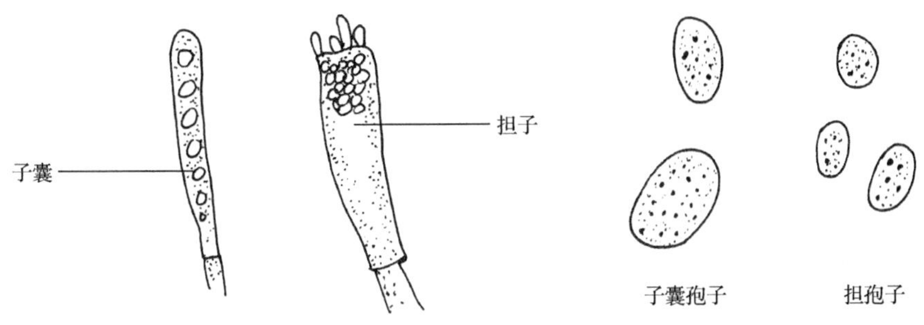


图 10.1.7 子囊孢子和担孢子

## 二、酵母菌的生物学特性

### (一)酵母菌的基本结构

酵母菌一般为圆形或椭圆形，比细菌大，大小为(1～5)μm×(5～30)μm，具有细胞壁、细胞膜、细胞质和细胞核等典型的细胞结构(图 10.1.8)。细胞壁主要由外层的甘露聚糖、内层的葡聚糖和中间层的蛋白质组成；细胞膜与所有的生物膜类似，具有典型的三层结构并呈液态镶嵌模型；细胞膜包裹着细胞质，细胞质内含有细胞核、内质网、线粒体、高尔基体、核蛋白体等；细胞核包括核膜、核仁和染色质。

(二)酵母菌的生殖

酵母菌可以进行无性繁殖和有性繁殖，以无性繁殖为主。无性繁殖主要为芽殖、裂殖和产生掷孢子(芽殖见图 10.1.8)。有性繁殖是由性别不同的单倍体营养细胞融合后进行 1～3 次分裂形成子囊孢子，原来的细胞壁形成子囊，子囊破裂后孢子散出，在适宜条件下可萌发形成新的酵母菌。

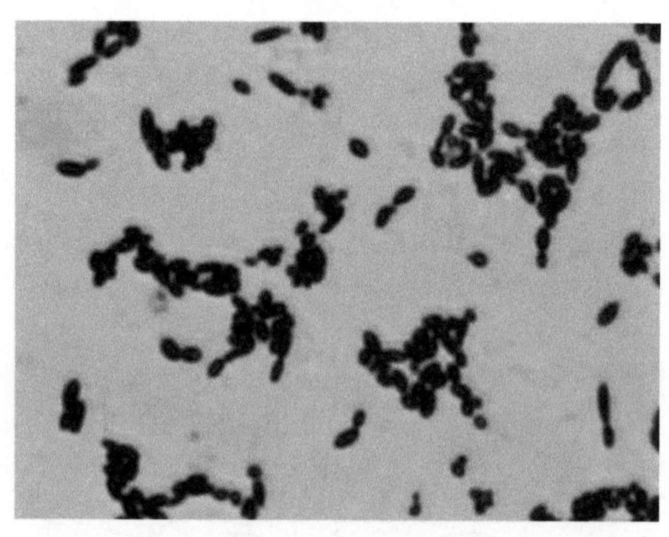

图 10.1.8　酵母菌在显微镜下的形态(600×，显示芽体)

## 第二节　霉菌和酵母计数

霉菌和酵母都属于真菌，常用的检测培养基是马铃薯葡萄糖琼脂、孟加拉红琼脂。适宜培养温度是(28±1)℃，培养时间是 5d。真菌的繁殖力极强，但生长速度比较慢，并且很容易发生变异。霉菌可使食品转变为有毒物质，也可在食品中产生毒素，即霉菌毒素。自从发现黄曲霉毒素以来，霉菌与霉菌毒素对食品的污染日益引起人们的重视。对人体健康造成的危害极大，主要表现为慢性中毒、致癌、致畸、致突变作用。

酵母是单细胞真菌，分布于整个自然界，是典型的兼性厌氧微生物，在有氧和无氧条件下都能够存活，可在 pH 3.0～7.5 生长，最适 pH 为 4.5～5.0。酵母能将糖发酵成乙醇和二氧化碳，是一种天然发酵剂，可用于饮食、医药、饲料等。酵母中有一种很强的抗氧化物，可以保护肝，有一定的解毒作用。现行食品中的霉菌和酵母计数测定，执行的是 GB 4789.15—2016。

霉菌菌落的特征呈以下主要类型：①形态较大，质地疏松，外观干燥，不透明，呈现或松或紧的形状；②菌落和培养基间的连接紧密，不易挑取，菌落正面与反面的颜色、构造，以及边缘与中心的颜色、构造常不一致；③有的霉菌的菌丝蔓延，没有局限性，其菌落可扩展到整个培养皿，有的种则有一定的局限性，直径为 1～2cm 或更小。

菌丝体常呈白色、褐色、灰色，或呈鲜艳的颜色(菌落为白色毛状的是毛霉，绿色的为青霉，黄色的为黄曲霉)，有的可产生色素使基质着色。

大多数酵母菌的菌落特征与细菌相似，但比细菌菌落大而厚，菌落表面光滑、湿润、黏稠，容易挑起，菌落质地均匀，正反面和边缘、中央部位的颜色都很均一，菌落多为乳白色，少数为红色，个别为黑色。

图 10.2.1～图 10.2.5 为各种霉菌和酵母在各种培养基上的特征。

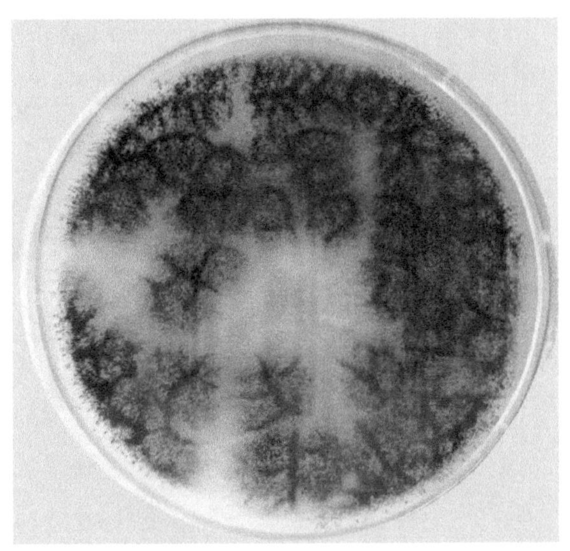

图 10.2.1 黑曲霉在马铃薯葡萄糖琼脂平板上的菌落特征

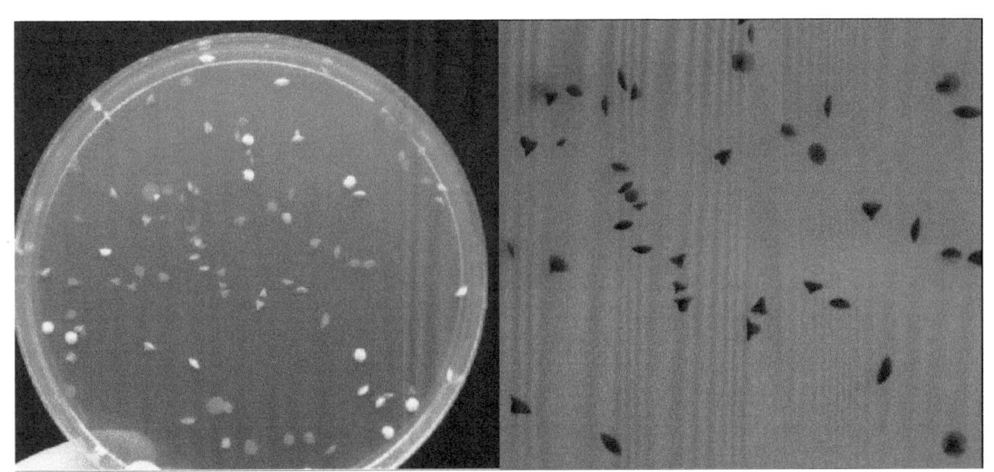

图 10.2.2 酿酒酵母 ATCC 9080 在孟加拉红琼脂平板上的菌落特征

酵母菌因处于培养基的不同位置，可呈多形态

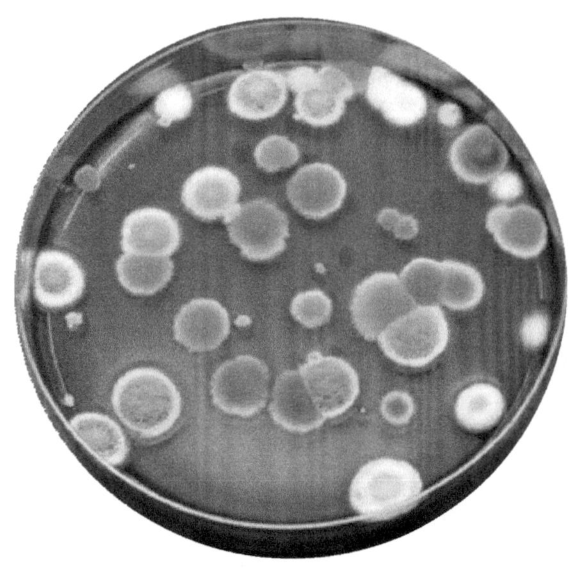

图 10.2.3 食品样品中霉菌在孟加拉红琼脂平板上的菌落特征

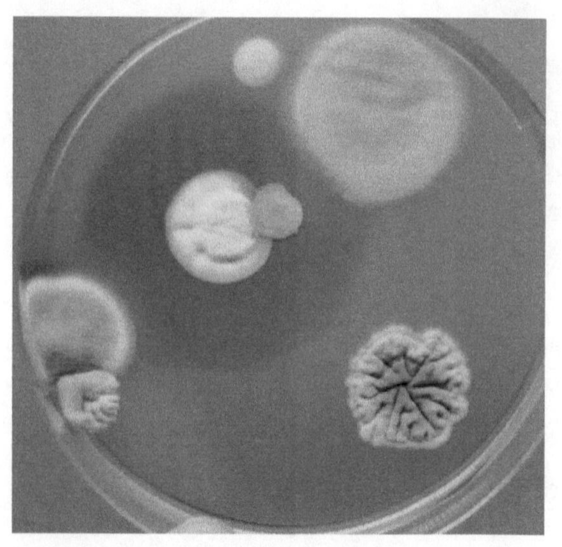

图 10.2.4 食品样品中霉菌在沙包氏葡萄糖琼脂平板上的菌落特征

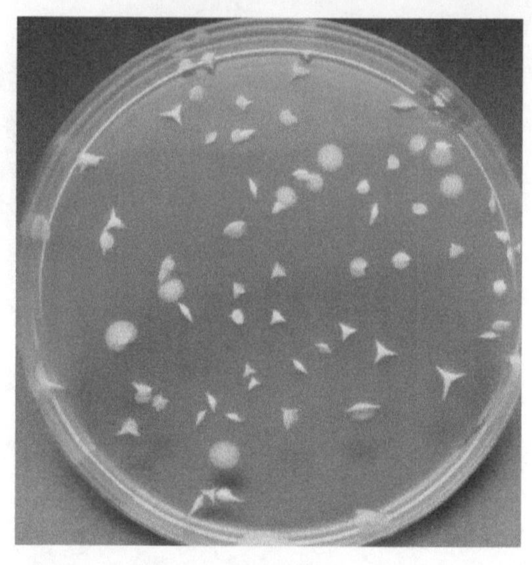

图 10.2.5 酿酒酵母 ATCC 9080 在沙包氏葡萄糖琼脂平板上的菌落特征

酵母菌因处于培养基的不同位置，可呈多形态

# 第三节 真菌各论

## 一、黄曲霉

### （一）概述

黄曲霉（*Asperfillus flavus*）属于子囊菌门（Ascoycota）散囊菌纲（Eurotiomycetes）散囊菌目（Eurotiales）发菌科（Trichocomaceae）曲霉菌属（*Aspergillus*）的真菌。由于该霉菌产孢子结构呈现黄绿色因而被命名为黄曲霉，该菌可产生强致癌性的黄曲霉毒素，而污染玉米、花生等作物。

### （二）形态学

1. 显微形态

黄曲霉的产孢子结构和分生孢子：分生孢子头初为球形，后呈辐射状，直径为 200～500μm；孢子梗直径为 8.0～15.0μm，顶囊球呈球形；产孢子结构双层或单层；分生孢子为球形或近球形，直径为 3.6～4.8μm（图 10.3.1）。

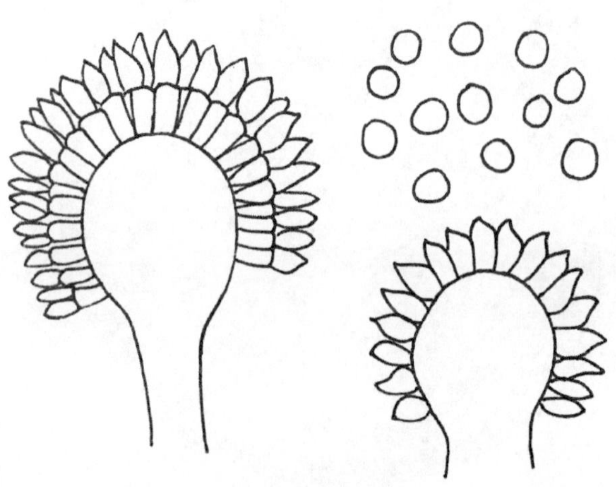

图 10.3.1 黄曲霉产孢子结构和分生孢子显微结构示意图

2. 菌落形态

在察氏酵母膏琼脂(CYA)上，25℃培养 7d，菌落直径为 53～57mm，菌落为致密丝绒状，分生孢子结构多，颜色为黄色至草绿色(图 10.3.2)。

在麦芽浸出物琼脂(MEA)上，25℃培养 7d，菌落直径为 58～61mm，质地丝绒状，上部呈白色，白色菌丝下为淡黄色产孢结构(图 10.3.3)。

适用标准：GB 4789.16—2016 食品安全国家标准 食品微生物学检验 常见产毒霉菌的形态学鉴定

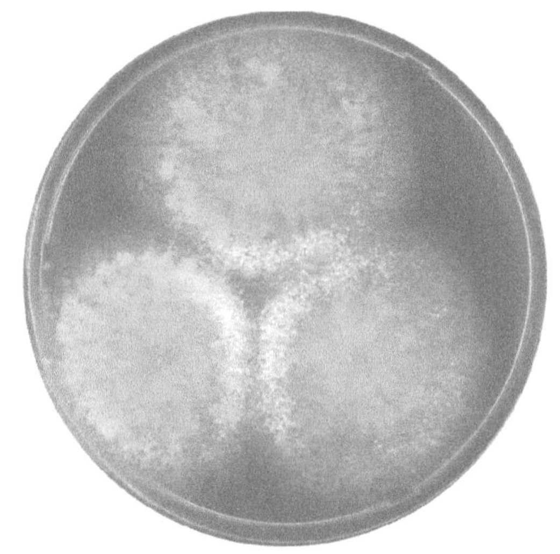

图 10.3.2 黄曲霉在察氏酵母膏琼脂上的菌落形态
(北京陆桥技术股份有限公司供图)

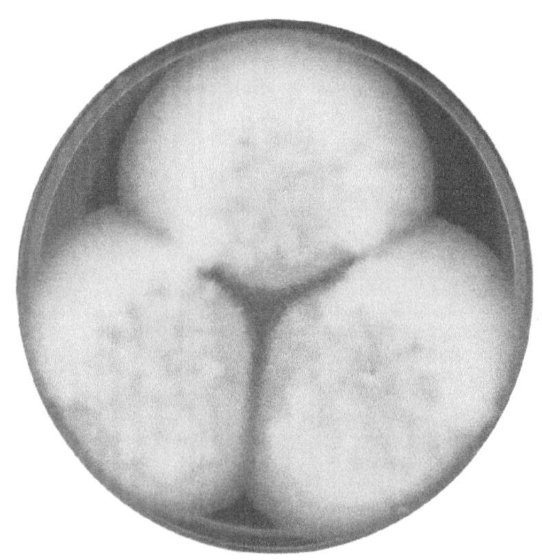

图 10.3.3 黄曲霉在麦芽浸出物琼脂上的菌落形态
(北京陆桥技术股份有限公司供图)

## 二、杂色曲霉

### (一)概述

杂色曲霉(*Aspergillus versicolor*)属于子囊菌门(Ascomycota)散囊菌纲(Eurotiomycetes)散囊菌目(Eurotiales)发菌科(Trichocomaceae)中的曲霉菌属(*Aspergillus*)，因为其生成孢子结构的颜色多变而称为杂色曲霉，可产生致癌性的杂色曲霉素，从而导致谷物和中药材等农产品受到污染。

### (二)形态学

1. 显微形态

杂色曲霉在显微镜下的分生孢子头呈辐射状或球形，直径为 75～125μm；孢子梗直径为 9～20μm，顶囊球呈球形；产孢子结构双层或单层；分生孢子为球形或近球形，直径为 2.5～3.5μm(图 10.3.4)。

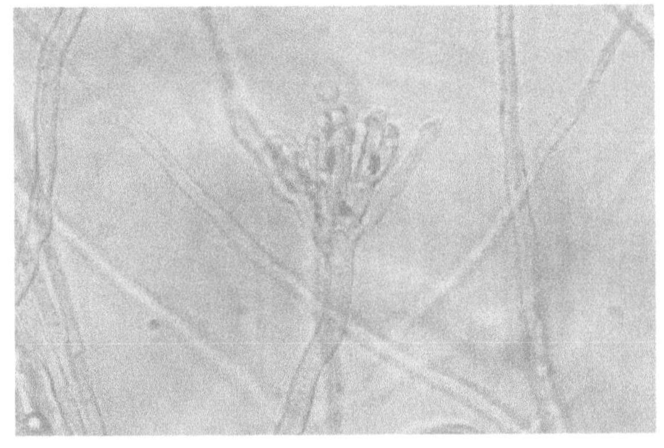

图 10.3.4 杂色曲霉产孢子结构(600×)

2. 菌落形态

在察氏酵母膏琼脂上，25℃培养 10d，菌落直径为 24～30mm，菌落为丝绒状或絮状，菌落不平，稍厚，呈白色，中间呈橄榄褐色(图 10.3.5)。

在麦芽浸出物琼脂上，25℃培养 10d，菌落直径为 20～26mm，质地丝绒状，整体呈白色，中间有凹陷且呈褐色(图 10.3.6)。

图 10.3.5 杂色曲霉在察氏酵母膏琼脂上的菌落形态

图 10.3.6 杂色曲霉在麦芽浸出物琼脂上的菌落形态

适用标准：GB 4789.16—2016 食品安全国家标准 食品微生物学检验 常见产毒霉菌的形态学鉴定

## 三、赭曲霉

### (一)概述

赭曲霉(*Aspergillus ochraceus*)属于子囊菌门(Ascomycota)散囊菌纲(Eurotiomycetes)散囊菌目(Eurotiales)发菌科(Trichocomaceae)中的曲霉菌属(*Aspergillus*)，因为其生成孢子结构的颜色呈黄褐色至赭色而称为赭曲霉，可产生赭曲霉毒素、青霉酸等，会污染多种粮食产品。

### (二)形态学

1. 显微形态

赭曲霉分生孢子头初为球形，直径为 75～200μm，后期变大达 500μm，呈几个分叉的柱状体；孢子梗直径为 10～15μm，顶囊球呈球形或近球形，大小为(10～25)μm×(3～6)μm；产孢子结构双层；分生孢子为球形或近球形，直径为 2.5～3.5μm(图 10.3.7)。

2. 菌落形态

在察氏酵母膏琼脂上，25℃培养 10d，菌落直径为 27～30mm，菌落为丝状或稍显絮状，有不明显的辐射状沟，分生孢子呈黄褐色(图 10.3.8)。

在麦芽浸出物琼脂上，25℃培养 10d，菌落直径为 28～32mm，质地丝绒状，边缘呈白色，孢子结构稠密且呈褐色(图 10.3.9)。

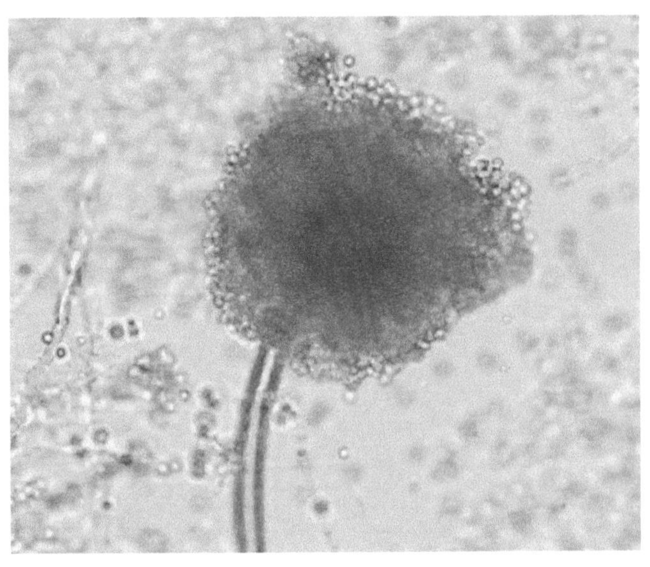

图 10.3.7 赭曲霉产孢子结构(600×)

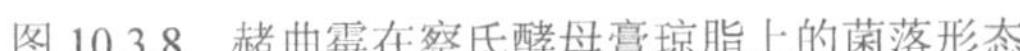

图 10.3.8 赭曲霉在察氏酵母膏琼脂上的菌落形态

图 10.3.9 赭曲霉在麦芽浸出物琼脂上的菌落形态

适用标准：GB 4789.16—2016 食品安全国家标准 食品微生物学检验 常见产毒霉菌的形态学鉴定

## 四、炭黑曲霉

### (一)概述

炭黑曲霉(*Aspergillus ochraceus*)属于子囊菌门(Ascomycota)散囊菌纲(Eurotiomycetes)散囊菌目(Eurotiales)发菌科(Trichocomaceae)中的曲霉菌属(*Aspergillus*)，因为其生成孢子结构的颜色呈炭黑色而称为炭黑曲霉，可产生赭曲霉毒素 A 和伏马菌素，分布于热带沼泽泥土和污水中。

### (二)形态学

#### 1. 显微形态

炭黑曲霉分生孢子头初为球形，直径为 100～300μm，后期呈几个圆柱状结构，直径达 1000μm；孢子梗直径为 20～30μm，顶囊球呈球形或近球形，直径为 70～80μm；产孢子结构双层；分生孢子为球形或近球形，直径为 6～9μm(图 10.3.10)。

图 10.3.10　炭黑曲霉产孢子结构（600×）

2. 菌落形态

在察氏酵母膏琼脂上，25℃培养 7d，菌落直径为 27～30mm，菌落为丝绒状，分生孢子量大，孢子头呈纯黑色（图 10.3.11）。

在马铃薯葡萄糖琼脂上，25℃培养 10d，菌落直径为 40～50mm，质地为丝绒状，边缘呈白色，中间的分生孢子量少，孢子头呈黑色（图 10.3.12）。

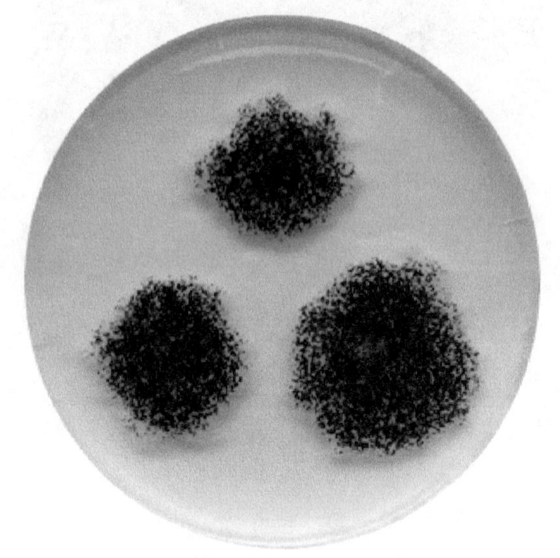

图 10.3.11　炭黑曲霉在察氏酵母膏琼脂上的菌落形态

图 10.3.12　炭黑曲霉在马铃薯葡萄糖琼脂上的菌落形态

适用标准：GB 4789.16—2016 食品安全国家标准 食品微生物学检验 常见产毒霉菌的形态学鉴定

## 五、构巢曲霉

### （一）概述

构巢曲霉（*Aspergillus nidulans*）属于子囊菌门（Ascoycota）散囊菌纲（Eurotiomycetes）散囊菌目（Eurotiales）发菌科（Trichocomaceae）曲霉菌属（*Aspergillus*）的真菌。其会产生致癌性的杂色曲霉素，广泛分布于土壤、空气和粮食中。

(二)形态学

1. 显微形态

构巢曲霉分生孢子头呈辐射状；孢子梗直径为3.5～6.5μm；分生孢子生自基质或者气生菌丝；产孢子结构双层；分生孢子为球形或近球形，直径为2.5～4.5μm，大都粗糙，偶有近于光滑(图10.3.13)。

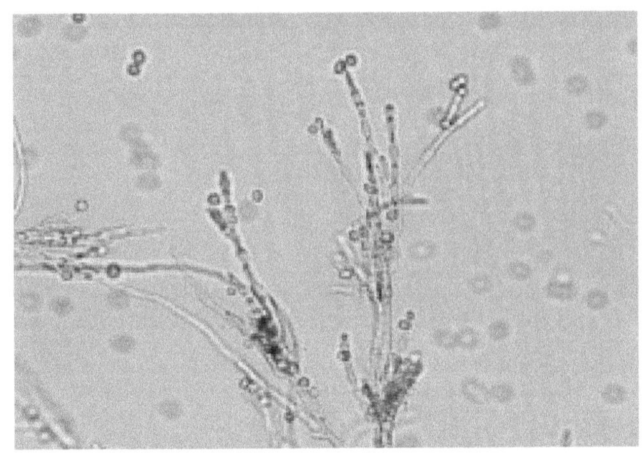

图10.3.13 构巢曲霉产孢子结构(600×)

2. 菌落形态

在察氏酵母膏琼脂上，25℃培养12d，菌落直径为23～29mm，菌落质地为絮状，大部分区域呈白色，中间呈黄色(图10.3.14)。

在马铃薯葡萄糖琼脂上，25℃培养12d，菌落直径为29～31mm，质地为棉絮状至丝状，边缘白色，中间黄绿色(图10.3.15)。

图10.3.14 构巢曲霉在察氏酵母膏琼脂上的菌落形态

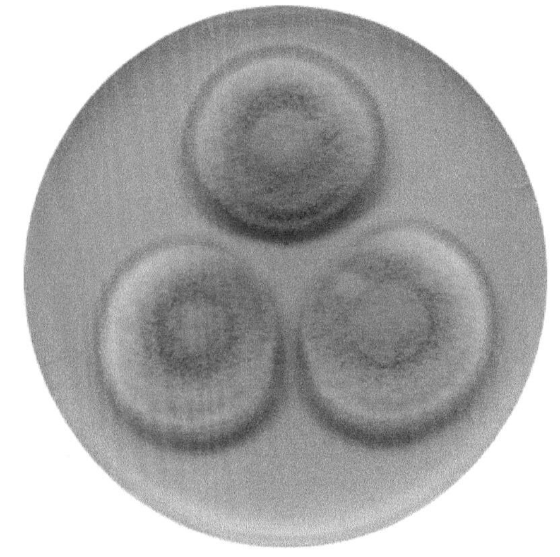

图10.3.15 构巢曲霉在马铃薯葡萄糖琼脂上的菌落形态

适用标准：GB 4789.16—2016 食品安全国家标准 食品微生物学检验 常见产毒霉菌的形态学鉴定

## 六、橘青霉

(一)概述

橘青霉(*Penicillium citrinum*)属于子囊菌门(Ascomycota)散囊菌纲(Eurotiomycetes)散囊菌目

(Eurotiales)发菌科(Trichocomaceae)中的青霉属(*Penicillium*)，主要产橘青霉素，能够污染玉米，可以导致呼吸系统和泌尿系统的疾病。

(二)形态学

1. 显微形态

橘青霉分生孢子发生于基质，孢子梗茎为(80～250)μm×(2.5～3.2)μm，帚状枝双轮生，偶有三轮生或单轮生；梗基每轮3～5个，大小为(8～16)μm×(2.2～3.0)μm；瓶梗每轮6个以上，大小为(8～9)μm×(2.0～2.5)μm，瓶状，梗茎短；分生孢子为球形或近球形，直径为2.5～3.2μm，壁平滑或近平滑(图10.3.16)。

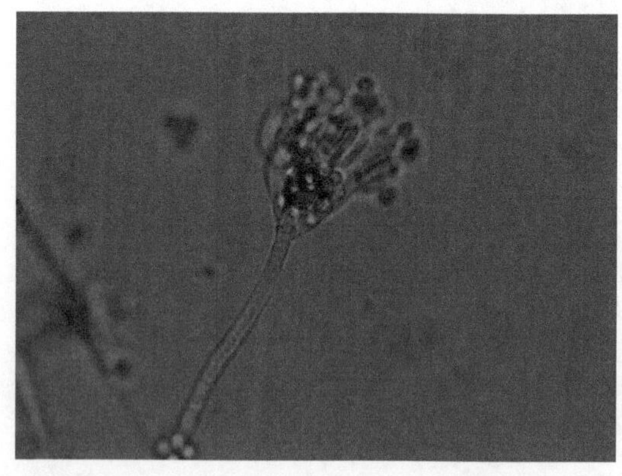
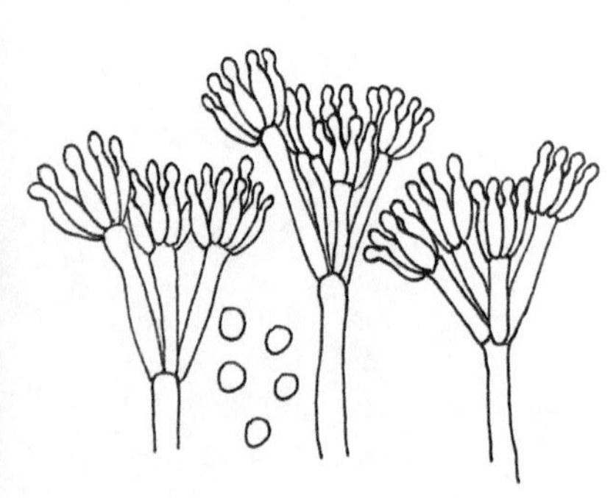

图10.3.16 橘青霉产孢子结构及其示意图(600×)

2. 菌落形态

在察氏酵母膏琼脂上，25℃培养12d，菌落直径为23～29mm，菌落质地为丝绒状，分生孢子量大，孢子头呈灰绿色或豆绿色(图10.3.17)。

在麦芽浸出物琼脂上，25℃培养10d，菌落直径为23～35mm，质地为丝绒状，有较多的放射状皱纹，菌丝呈白色至橘黄色(图10.3.18)。

适用标准：GB 4789.16—2016 食品安全国家标准 食品微生物学检验 常见产毒霉菌的形态学鉴定

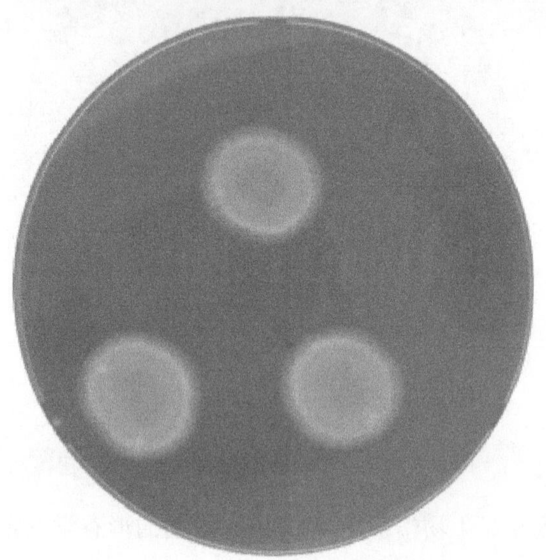

图10.3.17 橘青霉在察氏酵母膏琼脂上的菌落形态
(北京陆桥技术股份有限公司供图)

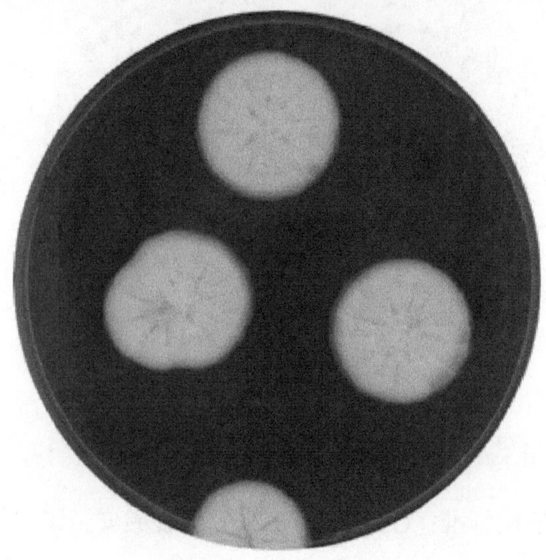

图10.3.18 橘青霉在麦芽浸出物琼脂上的菌落形态
(北京陆桥技术股份有限公司供图)

## 七、串珠镰刀菌

### (一)概述

串珠镰刀菌(*Fusarium moniliforme*)属于子囊菌门(Ascomycota)粪壳菌纲(Sordariomycetes)肉座菌目(Hypocreales)丛赤壳科(Nectriaceae)中的镰刀菌属(*Fusarium*),由于其产生的孢子呈串珠样而称为串珠镰刀菌,主要分布于水稻、甘蔗、洋葱等植物的种子或根、茎中,该菌可以产生镰孢菌素、玉米赤霉烯酮和伏马菌素等。

### (二)形态学

1. 显微形态

串珠镰刀菌的瓶状小梗较细长,大小为(20～30)μm×(2～3)μm,小型分生孢子链状或假头状着生,大小为(3～7)μm×(2～3)μm,大型分生孢子锥形、镰刀形、纺锤形。顶端逐渐窄细或粗细均一,或一端较钝而另一端较锐(图 10.3.19)。

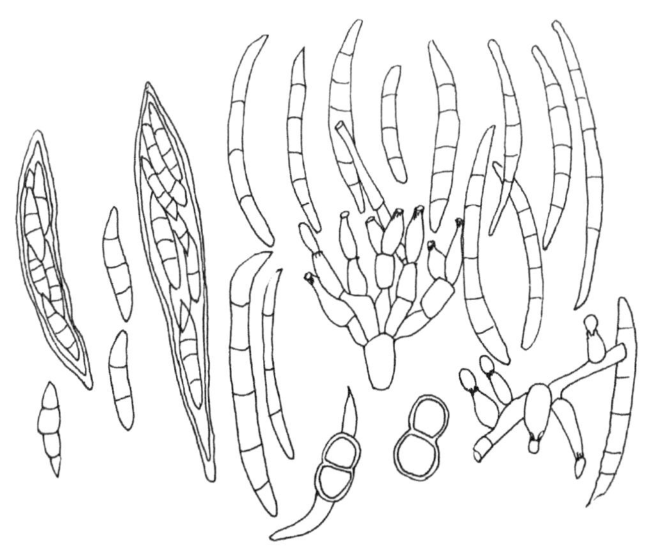

图 10.3.19 串珠镰刀菌产孢子结构显微示意图

2. 菌落形态

在马铃薯葡萄糖琼脂上,25℃培养 10d,菌落直径为 23～29mm,气生菌丝为棉絮状,苍白色至粉红色(图 10.3.20)。

在麦芽浸出物琼脂上,25℃培养 10d,菌落直径为 29～31mm,质地呈稍卷曲的棉絮状,菌丝呈白色至粉红色(图 10.3.21)。

## 八、酿酒酵母

### (一)概述

酿酒酵母(*Saccharomyces sereviciae*)属于子囊菌门(Ascomycota),一般不被认为是条件性致病菌,但是也有少量的报告显示出酿酒酵母具有致病能力。

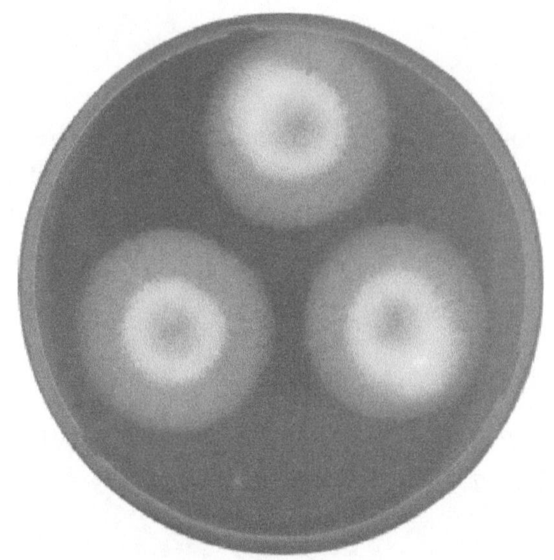

图 10.3.20　串珠镰刀菌在马铃薯葡萄糖琼脂上的菌落形态
（北京陆桥技术股份有限公司供图）

图 10.3.21　串珠镰刀菌在麦芽浸出物琼脂上的菌落形态
（北京陆桥技术股份有限公司供图）

适用标准：GB 4789.16—2016 食品安全国家标准 食品微生物学检验 常见产毒霉菌的形态学鉴定

（二）形态学

1. 显微形态

酵母菌细胞宽 2～6μm，长 5～30μm。在显微镜下观察酵母菌，放大倍数为 600 倍，亚甲蓝染色后见图 10.3.22。

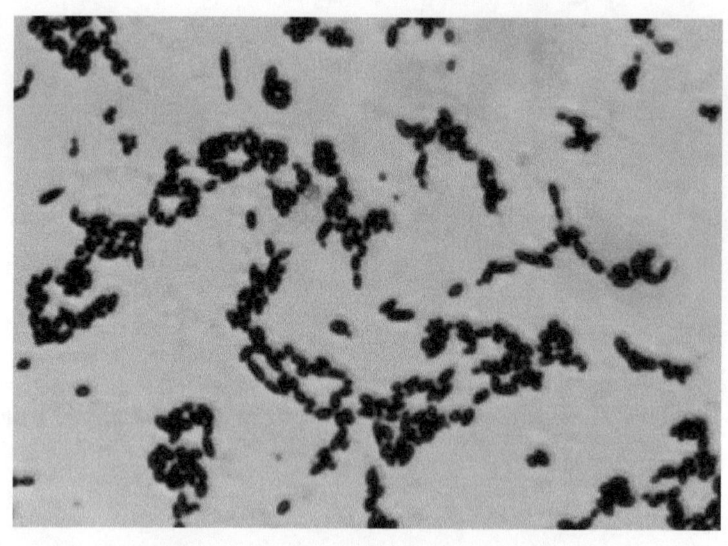

图 10.3.22　酵母菌在显微镜下的菌体形态（600×）

2. 菌落形态

在孟加拉红琼脂上，28℃培养 5d 的形态见图 10.3.23。
在马铃薯葡萄糖琼脂上，28℃培养 5d 的形态见图 10.3.24。
适用标准：GB 4789.15—2016 食品安全国家标准 食品微生物学检验　霉菌和酵母计数

图 10.3.23 酵母菌在孟加拉红琼脂上的菌落形态
(北京陆桥技术股份有限公司供图)

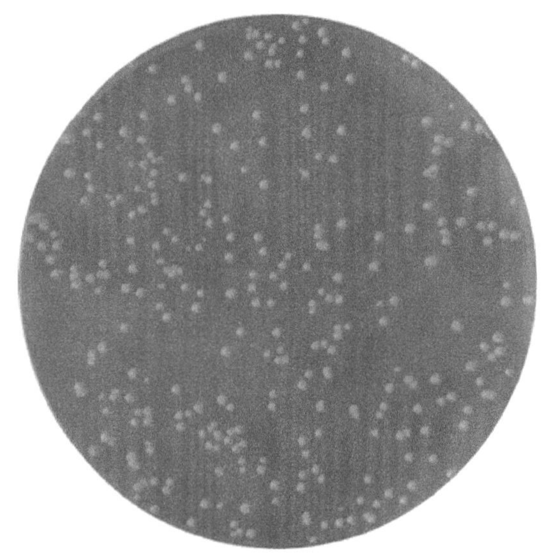

图 10.3.24 酵母菌在马铃薯葡萄糖琼脂上的菌落形态
(北京陆桥技术股份有限公司供图)

## 参考文献

程池. 2014. 食品安全国家标准 食品微生物检验标准菌株图鉴. 北京: 中国轻工业出版社

陆承平, 刘永杰, 曾巧英, 等. 2012. 兽医微生物学. 5 版. 北京: 中国农业出版社: 260-282

中华人民共和国国家卫生和计划生育委员会, 国家食品药品监督管理总局. 2016. GB 4789.16—2016 食品安全国家标准 食品微生物学检验 常见产毒霉菌的形态学鉴定. 北京: 中国标准出版社

# 第十一章　食源性病原菌的耐药机制及药敏试验方法

食源性病原菌是危害食品安全与人体健康的关键因素，而细菌耐药性的不断出现与传播，更加剧了食源性致病原的潜在风险，成为全球普遍关注的公共卫生焦点问题。随着临床畜牧业和养殖业对抗生素的滥用，世界范围内细菌对抗生素耐药问题日益严峻，这些食源性耐药细菌有可能通过食物链将耐药性基因传递给人类，从而引起人耐药菌的感染，因此对食源性病原菌的耐药性研究和控制显得尤为重要。本章主要介绍常见食源性病原菌的耐药机制和耐药性检测方法，为食源性病原菌耐药性风险的控制提供科学依据。

## 第一节　食源性病原菌的主要耐药机制和传播机制

### 一、耐药性的分类

耐药性是指细菌对药物敏感性下降的现象，可以分为固有耐药(intrinsic resistance)和获得性耐药(acquired resistance)(Walsh and Wencewicz, 2016)。固有耐药又称天然耐药，是由于某些细菌具有独特的结构或代谢途径，天然对某些抗生素不敏感。例如，铜绿假单胞菌的膜孔蛋白对抗生素等小分子物质的渗透速率仅为典型膜孔蛋白的 1/100，故该菌对四环素、氯霉素、喹诺酮类及 $\beta$-内酰胺类抗生素的膜通透性较低，存在天然耐药的现象；肠杆菌科细菌对抑制细菌细胞壁合成的青霉素耐药；链球菌属细菌对氨基苷类抗生素耐药均属天然耐药现象(郑璇和郑育洪, 2012)。获得性耐药是指细菌在抗生素选择压力下，经基因突变或者通过一些可移动基因元件获得环境中耐药基因而产生耐药的过程，是细菌耐药形成的主要途径。

### 二、细菌耐药性的产生机制

细菌对常见抗菌药物的耐药机制主要表现为抗菌药物的靶位突变和修饰、抗菌药物的灭活、主动外排机制和细胞膜通透性改变几个方面(图 11.1.1)。细菌产生耐药性后，还可以进行克隆或水平传播，导致耐药性扩散。在耐药性传播的过程中，耐药基因能通过一些可移动基因元件如整合子、转座子、质粒与整合性和结合性元件(ICE)完成其在不同菌株或者不同种属细菌中的转移(Walsh and Wencewicz, 2016)。

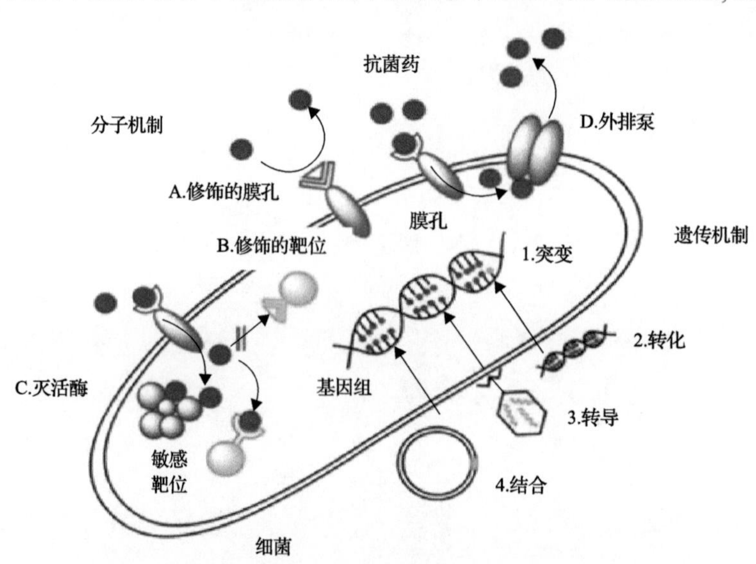


图 11.1.1　细菌耐药性的产生机制(Walsh and Wencewicz, 2016)

常见食源性病原菌耐药机制分述如下。

(一)抗菌药物的靶位突变和修饰

抗菌药物作用的靶位发生突变或被细菌产生的某种酶修饰，从而使抗菌药物无法结合或亲和力下降，导致耐药性的出现。$\beta$-内酰胺类抗生素的主要作用靶位是青霉素结合蛋白(PBP)，若其发生改变则会导致细菌耐药性的产生(图 11.1.2A)，大环内酯类抗生素、链阳菌素类、酰胺醇类抗生素的作用靶位为核糖体，核糖体的 23S rRNA 或者核蛋白的主要位点发生突变导致细菌耐药(图 11.1.2B)；喹诺酮类抗菌药的作用靶位为 DNA 回旋酶，其 A 和 B 亚基发生突变会导致细菌耐药(图 11.1.2C)；万古霉素的作用靶位为细胞壁五肽糖前体末端结构 D-丙氨酰-D-丙氨酸，若其突变为 D-丙氨酰-D-乳酸则会导致耐药(图 11.1.2D)。另外，还有些细菌可以产生一些甲基化修饰酶或者钝化酶，可以对抗生素靶位进行修饰，从而导致细菌耐药(Walsh and Wencewicz, 2016)。

副溶血性弧菌和沙门氏菌的 DNA 回旋酶 GyrA 亚基及拓扑异构酶Ⅳ的 ParC 亚基突变均可导致这些菌对喹诺酮类药物耐药；大肠埃希氏菌的 DNA 回旋酶 GyrA 亚基发生 Ser-84-Ala、Ser-85-Pro、Glu-88-Lys 等突变可导致其对环丙沙星耐药；霍乱弧菌 GyrA 亚基并伴随 ParC 亚基同时突变是导致该菌对喹诺酮类耐药的主要原因(赵勇等，2018)。肠球菌的细胞壁五肽糖前体末端结构 D-丙氨酰-D-丙氨酸突变为 D-丙氨酰-D-乳酸时，与万古霉素的亲和力显著降低而导致耐药(Walsh and Wencewicz，2016)。肠球菌中存在的 *ermB*、空肠弯曲菌中存在的 *ermS* 均为核糖体 RNA 甲基化酶基因，可对核糖体靶位进行甲基化修饰，导致这些菌对大环内酯类-林可胺类-链阳菌素类抗生素($MLS_B$)耐药(Portillo et al., 2000; Qin et al., 2014)。弯曲菌核糖体 23S rRNA 基因的 2074 和 2075 位点突变可导致该菌对大环内酯类抗生素耐药(Lin et al., 2007)。$\beta$-内酰胺类耐药金黄色葡萄球菌产生了 PBP2a、耐药屎肠球菌会产生低亲和力的 PBP5、耐药肺炎球菌会产生 PBP2b 和 PBP2x，导致 $\beta$-内酰胺类抗生素无法与靶位结合，从而使其产生细菌耐药性(Walsh and Wencewicz, 2016)。沙门氏菌中存在乙酰转移酶(acetyltransferase, AAC)、腺苷酸转移酶(adenylytransferase, AAD)和磷酸转移酶等钝化酶，可以修饰氨基糖苷类抗生素结构，使其失去与细菌核糖体结合的能力(Blair et al., 2015)。

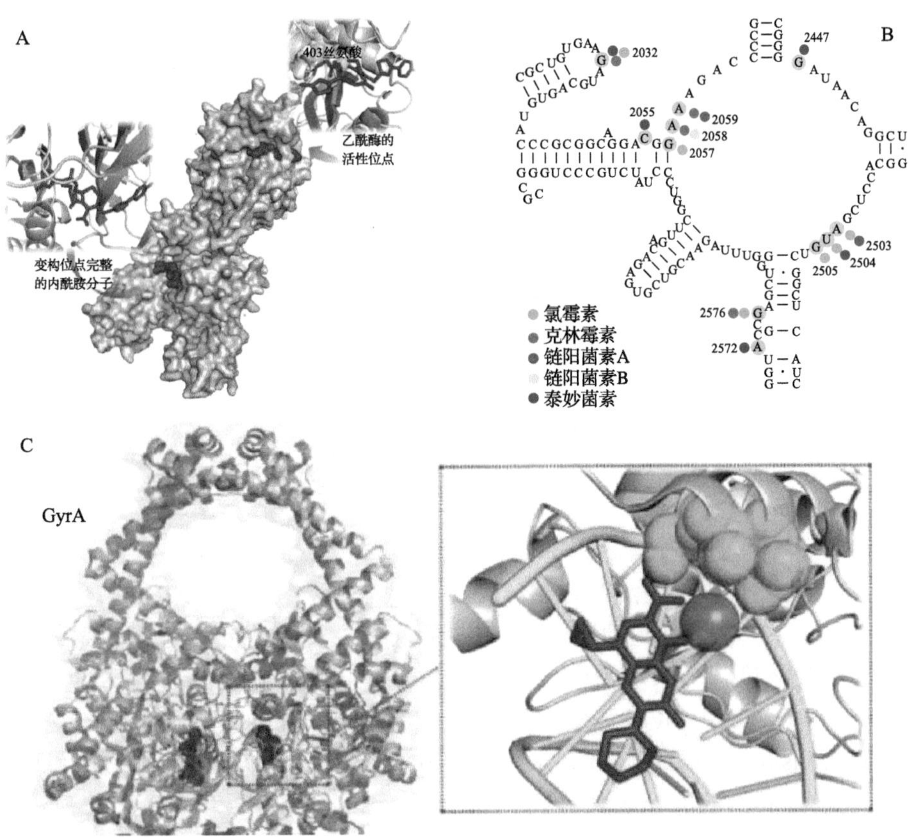

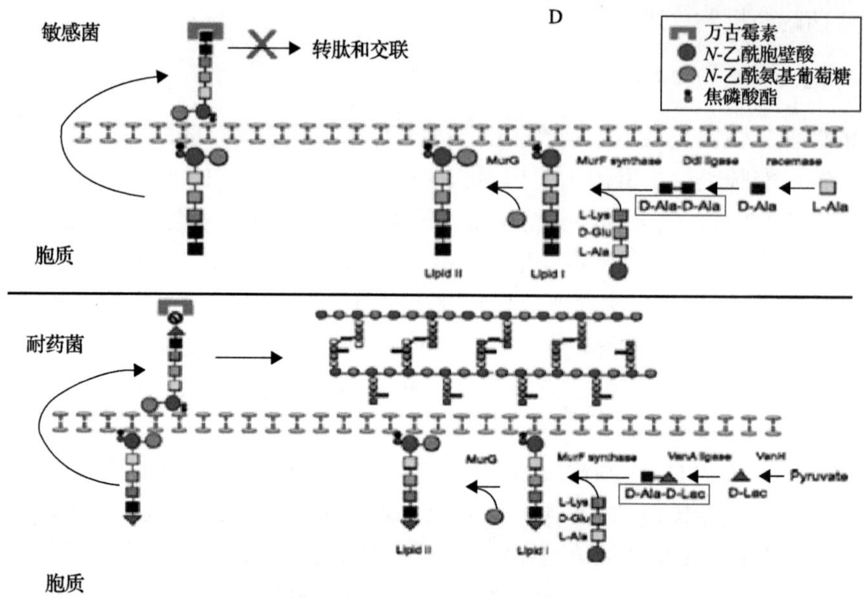


图 11.1.2 不同类抗菌药物的靶位突变(Walsh and Wencewicz, 2016)

A. MRSA 的 PBP2a；B. 不同类抗生素的 23S rRNA 突变位点(不同颜色)；C. DNA 回旋酶的 GyrA 亚基的突变位点(绿色)；D. 万古霉素靶位突变(红色框显示)

## (二)抗菌药物的灭活

细菌可产生降解抗菌药物的酶，使抗菌药物失效，导致产生细菌耐药性。例如，细菌产生的β-内酰胺酶可以水解β-内酰胺类抗生素(图 11.1.3)。一般情况下，革兰氏阳性菌中的β-内酰胺酶以胞外酶的形式水解抗生素，而革兰氏阴性菌中该酶在细菌的周质破坏β-内酰胺类抗生素。

沙门氏菌中 *blaTEM-1* 和 *blaSHV-1* 基因编码产生的β-内酰胺酶，可有效水解青霉素和非广谱头孢菌素类抗生素；而产生的超广谱β-内酰胺酶(extended spectrum-lactamase，ESBL)对头孢菌素等类抗生素水解，这使得临床上对沙门氏菌的治疗越来越困难(Walsh and Wencewicz, 2016; Allen et al., 2010)。大肠埃希氏菌中广泛存在的超广谱β-内酰胺酶(ESBL)和 NDM-碳青霉烯酶等对β-内酰胺类抗生素的酶解是该类菌对β-内酰类抗生素耐药的主要原因(Allen et al., 2010)。沙门氏菌中存在的酯化酶可以水解红霉素，导致红霉素灭活无法产生抗菌活性。

AmpC

图 11.1.3 β-内酰胺酶水解β-内酰胺类抗生素(Walsh and Wencewicz, 2016)

## (三)主动外排机制

主动外排泵由染色体或质粒上的相关基因编码，是一种在能量参与下(ATP 分解或质子驱动力)将底物泵出菌体的转运蛋白，本质是具有转运功能的膜蛋白。细菌可通过外排泵系统将进入菌体内的抗菌药物泵出，从而使菌体内的药物浓度降低，导致耐药性的产生。目前发现了 5 个主要超家族，包括主要易化子超家族(major facilitator superfamily, MFS)、ATP 结合盒(ATP binding cassette，ABC)超家族、耐药节结分化(resistance nodulation division, RND)超家族、小多重耐药转运分子(small multidrug resistance, SMR)家族和多种抗菌药排出转运分子(multidrug and toxic compound extrusion, MATE)(Allen et al., 2010)。常见的 5 类外排蛋白家族见图 11.1.4。

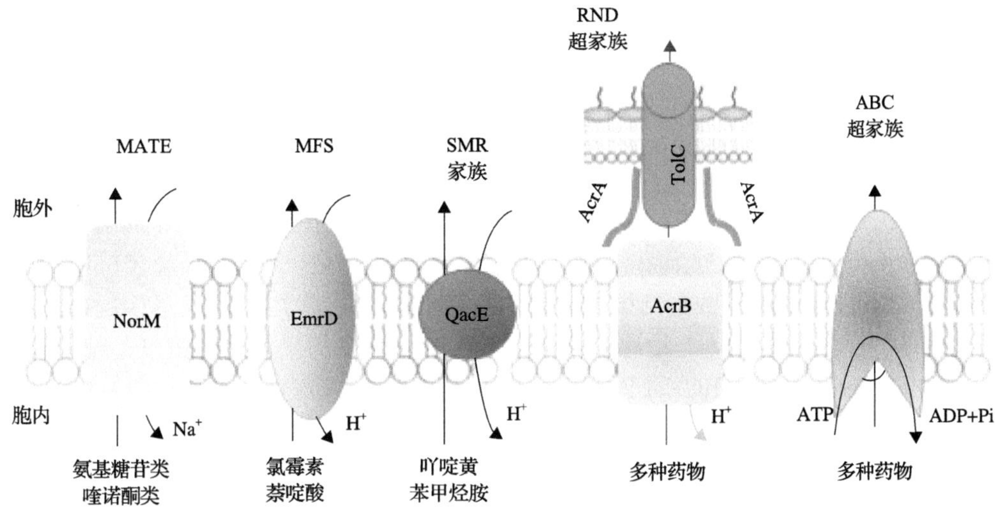


图 11.1.4 细菌中的常见主动外排蛋白示意图

目前发现外排泵系统在食源性病原菌中广泛存在。肠球菌、金黄色葡萄球菌中存在的特异性主动外排泵 FexA、FexB 及 Tet 家族的外排泵，可介导该类菌对四环素类和氯霉素类抗生素的耐药(Walsh and Wencewicz, 2016)。副溶血性弧菌中存在的 NorM，可介导金黄色葡萄球菌对喹诺酮类等抗菌药物的耐药(Li et al., 2016)。大肠埃希氏菌和沙门氏菌中存在的非特异性外排泵 AcrABC，可同时转运多种抗菌药物，导致细菌产生多药耐药(Hobbs et al., 2012)。霍乱弧菌中存在外排蛋白 VcaM，可以介导其对四环素和诺氟沙星等的耐药性(Huda et al., 2003)，而外排蛋白 EmrD-3 能够介导其对利奈唑胺、利福平、红霉素和氯霉素的耐药性(Smith et al., 2009)，由 vexRAB、vexCD、vex EF、vexGH、vexIJK 和 vexLM 6 种操纵子编码的 RND 外排泵可介导其对多黏菌素 B、红霉素和青霉素的耐药(Taylor et al., 2012)。弯曲菌的 CmeABC 外排系统对大环内酯类耐药性的产生至关重要，该系统可从细菌体内排出多种复合物，如染料、洗涤剂、多种抗生素等(Cagliero et al., 2005; Lin et al., 2007)。

(四)细胞膜通透性降低

细菌细胞膜是一种具有高度选择性的渗透性屏障，它控制着细胞内外物质的交换。临床应用的大多数抗菌药物为亲脂性的(也有一些亲水性的，如氨基糖苷类抗生素)，可以通过细菌细胞膜的磷脂双层。但是革兰氏阴性菌的细胞壁外层还有一层外膜，起着有效的屏障作用，因此一些药物的渗透需借助细胞外膜中存在的一些亲水性孔蛋白。一些具有高渗透性外膜的细菌(如革兰氏阴性菌)对某些药物的耐药就是通过降低外膜的渗透性而产生的，如孔蛋白基因发生突变而使其表达量下降或者不表达，使细菌膜通透性发生改变，则会导致药物无法进入细菌体内产生作用，则细菌产生耐药性(图 11.1.5)。例如，耐药鼠伤寒沙门氏

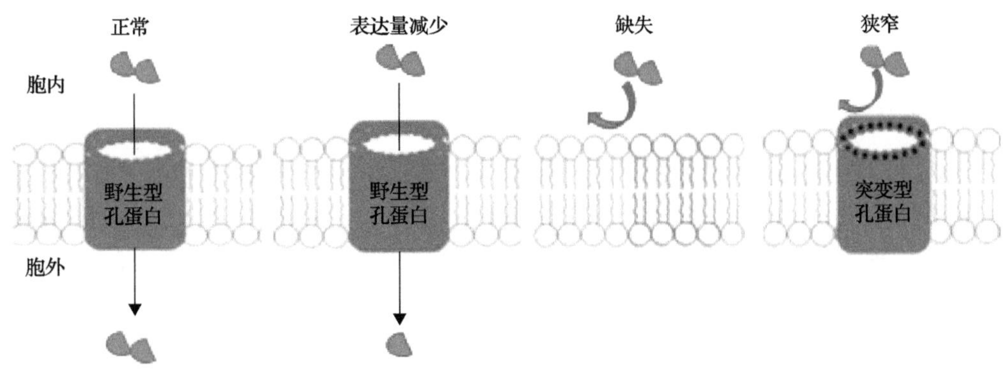


图 11.1.5 细菌膜孔蛋白改变模式

菌的细胞外膜孔道蛋白 OmpC 和 OmpD 表达水平的降低，减少了对头孢曲松钠抗生素的亲和力(Hu et al., 2011)。大肠埃希氏菌的外膜孔蛋白 OmpF 和 OmpC 改变而引起细胞膜通透性下降，介导其对 $\beta$-内酰胺类、四环素类、氯霉素类、氨基糖苷类和喹诺酮类等抗菌药的低度耐药(Walsh and Wencewicz, 2016)。

## 第二节 抗菌药物敏感性试验方法

测定抗菌药物在体外对病原微生物是否具有杀菌或抑菌作用的方法称为抗菌药物敏感性试验(antimicrobial susceptibility test，AST)，简称药敏试验。美国临床实验室标准化委员会(Clinical and Laboratory Standards Institute, CLSI)根据药敏试验结果把细菌对抗菌药物的敏感性分为敏感(susceptible, S)、中介(intermediate, I)和耐药(resistant, R)，敏感定义为常规用药时达到的平均血药浓度是细菌最小抑菌浓度(minimal inhibitory concentration，MIC)的 5 倍以上，用常规用量治疗有效；耐药是指 MIC 高于药物在血、体液中可能达到的浓度，用常规用量治疗不能抑制细菌的生长；中介是指 MIC 接近血、体液中药物达到的浓度，治疗反应率低于敏感株，加大用药剂量可能有效，或者在药物生理浓集部位有效(CLSI, 2013)。欧盟药敏试验标准(The European Committee On Antimicrobial Susceptibility Testing，EUCAST)把细菌对抗菌药物的敏感性分为敏感(susceptible, S)和耐药(resistant, R)(EUCAST, 2013)。通过药敏试验的结果可以预测抗菌治疗的效果，指导抗菌药物的临床应用，发现或提示细菌耐药机制的存在，帮助医生选择合适的药物，避免产生或加重细菌的耐药；通过检测细菌耐药性，分析耐药菌的变迁，掌握耐药菌感染的流行病学，以控制和预防耐药细菌感染的发生和流行。抗菌药物的抗菌活性可用抑菌圈或最小抑菌浓度评价。常用的药敏试验方法有纸片扩散法(Kirby-Bauer 法，K-B 法)、最小抑菌浓度测定法。

### 一、纸片扩散法

将含有定量抗菌药物的纸片贴在已接种测试菌的琼脂平板上，纸片中所含的药物吸收琼脂中水分水解后不断向纸片周围扩散形成递减的梯度浓度，在纸片周围抑菌浓度范围内测试菌的生长被抑制，从而形成无菌生长的透明圈，即为抑菌圈。抑菌圈的大小反映测试菌对测定抗菌药物的敏感程度，并与该药对测试菌的 MIC 呈负相关关系。该法可用于测试绝大多数的细菌，包括许多苛养菌，并且方法操作简便，成本低廉，但实验结果容易受到诸多因素如 pH、平板厚度等的影响，故实验时必须严格按照 CLSI 或者 EUCAST 的操作指南进行，同时使用质控菌株进行平行试验(CLSI, 2013; EUCAST, 2013)。

#### (一)培养基的制备与储存

按照生产厂家的指示制备水解酪蛋白(MH)琼脂平板，苛养菌需添加特定的添加物。MH平板厚度为(4±0.5)mm(采用 90mm 圆形平皿大约 25mL，100mm 圆形平皿大约 31mL，150mm 圆形平皿大约 71mL，100mm 方形平皿大约 40mL)，制备好的培养基在室内储存时保持温度为 8～10℃，当培养基储存时间超过 7d 时，可将平板置于密封袋中，保持温度 4～8℃。对于 MH-F 培养基(无论是商品化的还是实验室制备的)，储存在塑料袋中或者密封容器中，在使用前均需保证培养基表面干燥，避免过度湿润，否则实验时会引起抑菌圈边缘的模糊或者抑菌圈内的薄雾状生长。

#### (二)抑菌圈测定和敏感性解释

挑取孵育 16～24h 已分离纯化的菌落，置于生理盐水管中，振荡混匀后使用麦氏比浊仪校正浓度至 0.5 麦氏标准(15min 内使用，图 11.2.1A)；用无菌棉拭子蘸取菌液，在管壁的内侧挤去棉棒上多余的液体，在平板表面均匀涂布接种，平板室温干燥后，15min 内用无菌镊子将含药纸片紧贴于琼脂表面，各纸片中心距离应大于 24mm，纸片距平板内缘大于 15mm(一般情况下，在 90mm 和 150mm 的平皿中，最多可放置 6 张和 12 张药敏纸片，图 11.2.1 B、C)。35℃孵育 16～24h 量取抑菌圈直径，根据抑菌环直径(图 11.2.1C)，按照 CLSI 标准判读，报告敏感、中介和耐药。在实验过程中，需要用特异性的参考菌株监控实验步骤，通常情况下推荐使用的质控菌株为典型的敏感菌株，但是也可以使用耐药菌株来监测某些已知的耐药机制所介导的耐药表型。

A

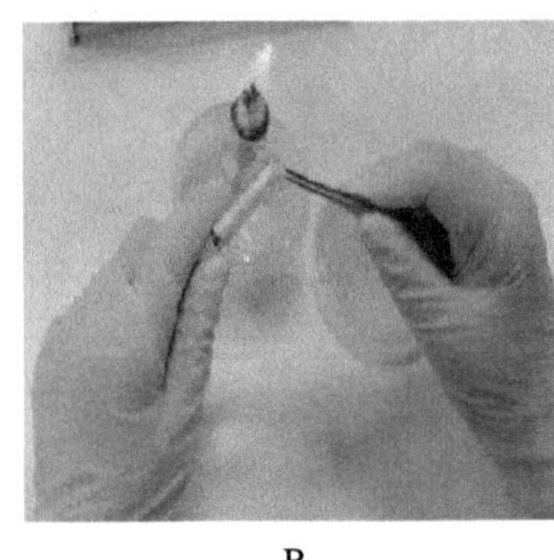

B

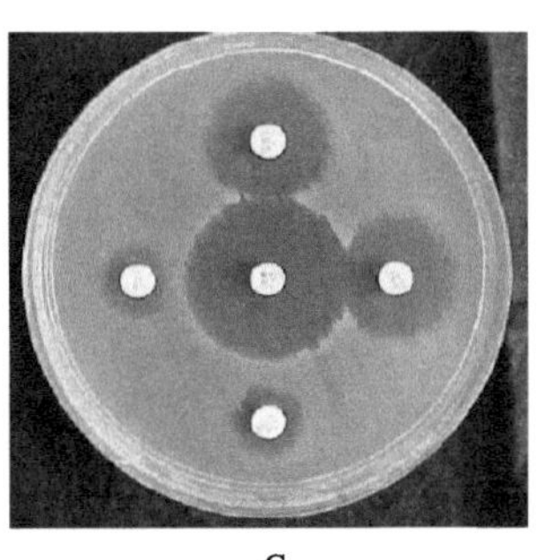

C

图 11.2.1　抑菌圈的测定方法

A. 麦氏比浊仪测定菌悬液；B. 贴药敏纸片；C. 抑菌圈

## 二、最小抑菌浓度测定法

MIC 是指在与微生物生长速率有关的特定时间内（通常为 18～24h），能够抑制被测菌生长的最低药物浓度。测定的 MIC 值越小，说明细菌对该种抗生素越敏感。根据培养物的不同，可分为肉汤稀释法和琼脂稀释法，根据培养物量的不同又分为宏量法和微量法，稀释法可以得到对临床用药有指导意义的 MIC 值，可以在定性的同时又定量。

以一定浓度的抗菌药物与含有被试菌株的培养基进行一系列不同倍数的稀释，经培养后观察其最低抑菌浓度。稀释法中用肉汤培养基者为肉汤稀释法，用琼脂培养基者为琼脂稀释法。通常稀释时采用两倍稀释，其优点在于操作容易，敏感菌株的 MIC 呈正态分布，可区分异常（R）与敏感（S）菌群。

### （一）肉汤稀释法

培养基为 MH 肉汤（MHB）培养基，可分为宏量肉汤稀释（图 11.2.2A）和微量肉汤稀释（图 11.2.2B）。抗菌药倍比稀释，种菌 $5\times10^5$cfu/mL（$2\times10^5$～$8\times10^5$cfu/mL），35℃孵育 16～20h 后，判定结果。只有在阳性对照孔（管）的细菌有足够生长，未接种细菌的阴性对照孔（管）没有细菌生长时，才可以读取结果，没有细菌生长的最小浓度即为最小抑菌浓度。该法的优点在于准确、可靠，可用于研究；但缺点是工作量大，细菌生长情况不可查。

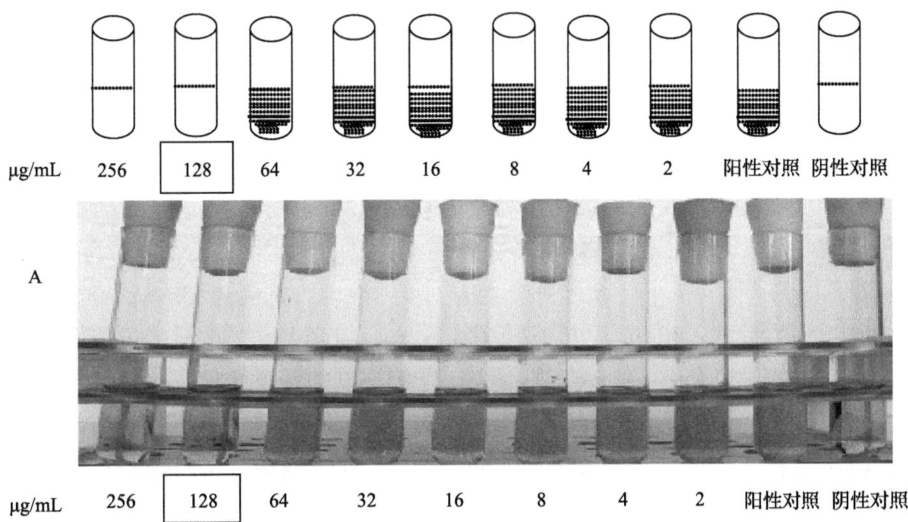

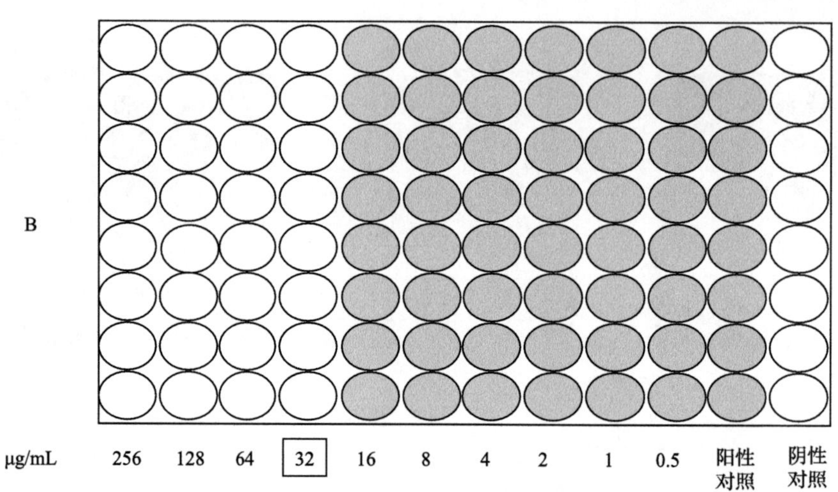


图 11.2.2　稀释法测定 MIC

A. 宏量稀释法；B. 微量稀释法

（二）琼脂稀释法

制备含不同抗菌药浓度梯度的 MHA 平皿，菌悬液调至 0.5 麦氏标准，点种于平板中，35℃孵育 16～20h，判读结果。该法为 MIC 测定的金标准，精确可靠，可同时测定多株菌（图 11.2.3），细菌生长情况可查。缺点是测定多个药物时，工作量较大。

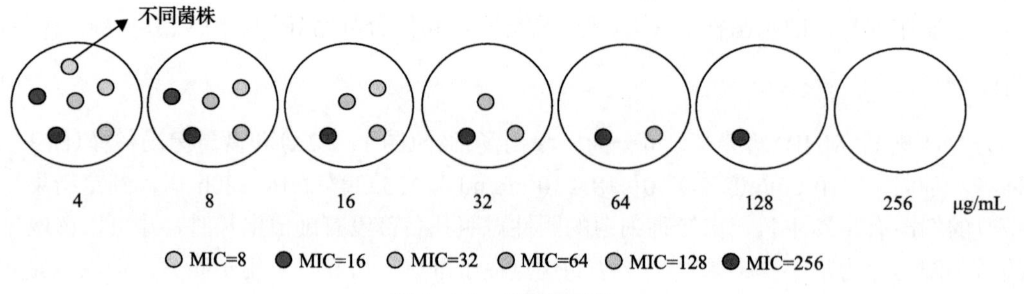


图 11.2.3　琼脂稀释法

## 三、抗生素连续梯度法

抗生素连续梯度法（E-test 法）是浓度梯度琼脂扩散试验，既结合了扩散法和稀释法的特点和原理，又弥补了二者的不足（Grandesso et al., 2014）。E-test 试纸条是一条 5～50mm 的无孔试剂载体，一面固有预先制备的、浓度呈连续指数增长稀释的抗菌药物，另一面有读数和判别刻度，抗菌药物的浓度可覆盖 20 个 MIC 对倍浓度稀释的宽度范围。将 E-test 试纸条放在细菌接种过的琼脂平板上，经孵育过夜，围绕试纸条明显可见椭圆形抑菌圈，圈的边缘与 E-test 试纸条交点的刻度浓度即为抗菌药物的最小抑菌浓度（图 11.2.4）。菌液制备及接种均同纸片扩散法，90mm 平板可放置 1～2 条，140mm 平板最多可放置 6 条。孵育温度及时间同纸片扩散法。该法的优点是 E-test 试纸条中含有连续梯度的药物浓度，与琼脂稀释法有较好的相关性，影响因素少，稳定性高，结果易于判断，操作简单省时，主要用于 CLSI 推荐方法不能生长的细菌、苛养菌、厌氧菌、酵母菌和分枝杆菌的药敏试验。缺点是 E-test 试纸条价格较高，比较昂贵。

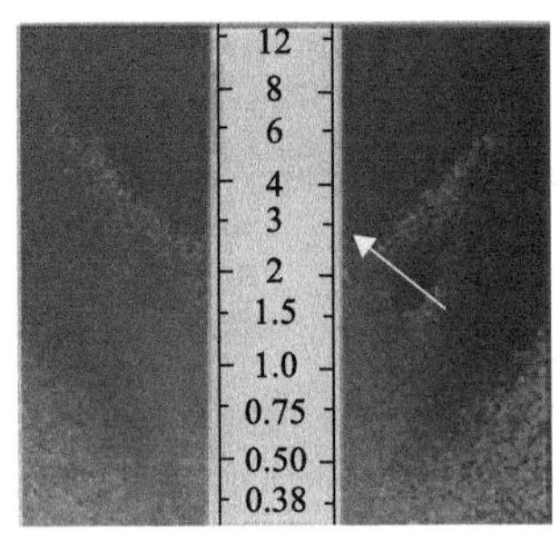

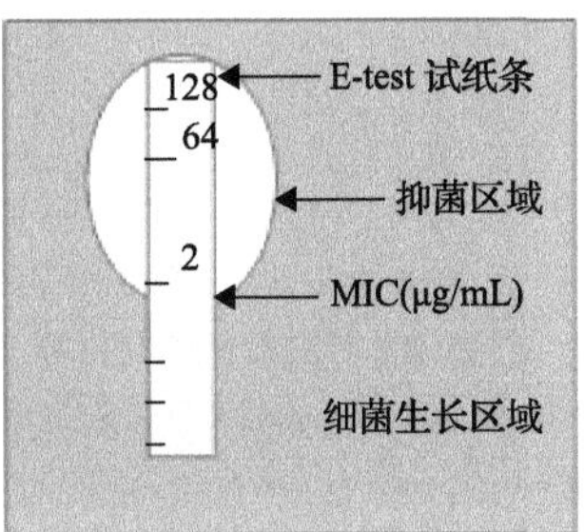


图 11.2.4 E-test 试纸条及结果判读

## 四、快速药敏检测系统

快速药敏检测系统都是基于微量肉汤稀释法原理，集成了标准浓度细菌悬液的配制、接种、培养、菌株生长情况测定及报告 MIC 值 5 个步骤于一体，具有快速、便携的优点。目前有 3 种常用的药敏自动检测系统，分别是德国西门子公司的 MicroScan WalkAway 系统、法国梅里埃公司的 Vitek 系统和美国 BD 公司的 Phoenix 系列自动化仪器，国产仪器如山东农业科学院自主开发的自动化检测系统。药敏自动检测系统的优点在于药敏结果的数据报告、分析及传递方面的便捷性及准确性减少了人力，缺点是仪器体积庞大不便携，且购买仪器所需的费用昂贵、维修成本高，故使用成本高(Barenfanger et al., 1999)。图 11.2.5 为法国梅里埃公司的 Vitek2 COMPACT Compact 系统。

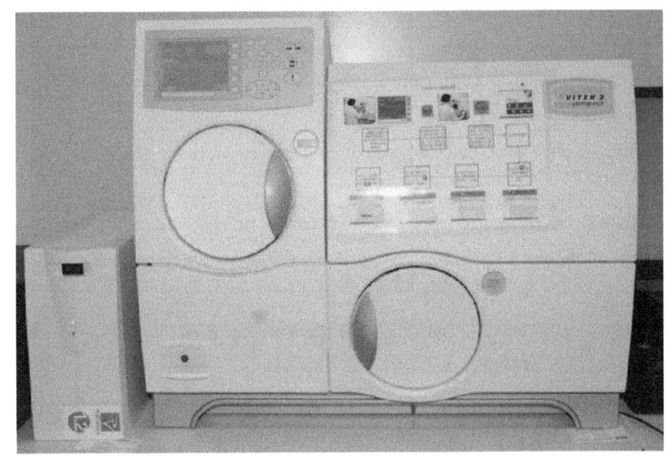

图 11.2.5 法国梅里埃公司的全自动微生物分析仪 Vitek2 COMPACT Compact 系统

## 五、分子生物学技术

细菌产生耐药性的遗传基础是基因突变或获得耐药基因，通过针对性检测基因突变或相关耐药基因是细菌耐药性检测和监测的重要手段和途径，分子生物学技术包括 PCR 技术、基因芯片法、全基因组测序等，运用分子生物学技术进行药敏试验主要是从基因层面对耐药基因进行检测(张可欣等，2018)。 PCR 技术可以用于鉴定临床标本中的病原菌及检测病原菌中的耐药基因。基因检测方法的稳定重复性好，是现今国内外细菌耐药科研领域、监测领域使用最多的非培养耐药检测方法。基因芯片技术是一种基于杂交原理，能够同时将大量的探针固定于固相表面，核酸样本经荧光标记或扩增后，利用核酸杂交的特异性对大批量未知样品进行检测分析的方法，具有高通量、高效、快速准确的特点。全基因组测序可以发现几乎所有细菌耐药相关基因和元件，在发现新的耐药基因或机制方面具有明显优势，但是该法对耐药基因数据库要求严格，且检测过程烦琐、价格贵、通量低、分析耗时长，故该法更适用于重要细菌毒株的耐药机制的深入挖掘和研究工作。

## 参考文献

张可欣, 李忠海, 任佳丽. 2018. 食源性细菌耐药性检测方法的研究进展. 食品与机械, 34(2): 181-184

赵勇, 李欢, 张昭寰, 等. 2018. 食源性致病菌耐药机制研究进展. 生物加工过程，16(2): 1-10

郑璇, 郑育洪. 2012. 国内外超级细菌的研究进展及防控措施. 中国畜牧兽医文摘, 28(1): 69-75

Allen H K，Donato J，Wang H H，et al. 2010. Call of the wild: Antimicrobial resistance genes in natural environments. Nat Rev Microbiol, 8(4) : 251-259

Barenfanger J, Drake C, Kacich G. 1999. Clinical and financial benefits of rapid bacterial identification and antimicrobial susceptibility testing. J Clini Microbiol, 375: 1415-1418

Blair J M A, Webber M A, Baylay A J, et al. 2015. Molecular mechanisms of antimicrobial resistance. Nat Rev Microbiol,13(1): 42-51

Cagliero C, Mouline C, Payot S, et al. 2005. Involvement of the CmeABC efflux pump in the macrolide resistance of *Campylobacter coli*. J Antimicrob Chemother, 56(5): 948-950

Clinical and Laboratory Standards Institute(CLSI). 2013. Performance standards for antimicrobial susceptibility testing; twenty-third information supplement. CLSI document M100-S23. Wayne PA: Clinical and Laboratory Standards Institute

Grandesso S, Sapino B, Amici G, et al. 2014. Are E-test and Vitek2 good choices for tigecycline susceptibility testing when comparing broth microdilution for MDR and XDR *Acinetobacter baumannii*? New Microbiologica, 37: 503-508

Hobbs E C, Yin X, Paul B J, et al. 2012. Conserved small protein associates with the multidrug efflux pump AcrB and differentially affects antimicrobial resistance. Proc Natl Acad Sci USA, 9 (41): 16696-16701

Hu W S，Chen H W，Zhang R Y，et al. 2011. The expression levels of outer membrane proteins STM1530 and OmpD，which are influenced by the CpxAR and BaeSR two-component systems, play important roles in the ceftriaxone resistance of *Salmonella enterica* serovar typhimurium. Antimicrob Agents Chemoth, 55(8): 3829-3837

Huda N, Lee E W, Chen J, et al. 2003. Molecular cloning and characterization of an ABC multidrug efflux pump, VcaM, in non- O1 *Vibrio cholera*. Antimicrob Agents Chemoth, 47 (8) :2413-2417

Li X Z, Elkins C A, Zgurskaya H I. 2016. Efflux-mediated antimicrobial resistance in bacteria: mechanisms, regulation and clinical implications. Springer International Publishing, 56(1) : 20-51

Lin J, Yan M, Sahin O, et al. 2007. Effect of macrolide usage on emergence of erythromycin-resistant campylobacter isolates in chickens. Antimicrob Agents Chemother, 51(5): 1678-1686

Portillo A, Ruiz-Larrea F, Zarazaga M, et al. 2000. Macrolide resistance genes in *Enterococcus* spp. Antimicrob Agents Chemother, 44(4): 967

Qin S, Wang Y, Zhang Q, et al. 2014. Report of ribosomal RNA methylase gene erm(B) in multidrug resistant *Campylobacter coli*. J Antimicrob Chemother, 69(4): 964-968

Smith K P, Kumar S, Varelam F. 2009. Identification, cloning, and functional characterization of EmrD-3, a putative multidrug efflux pump of the major facilitator superfamily from *Vibrio cholera* O395. Arch Microbiol, 191(12) : 903-911

Taylor D L, Binax R, Bina J E. 2012. *Vibrio cholerae* VexH encodes a multiple drug efflux pump that contributes to the production of cholera toxin and the toxin co-regulated pilus. PLoS ONE, 7(5): e38208

The European Committee on Antimicrobial Susceptibility Testing(EUCAST). 2013. Media preparation for EUCAST disk diffusion testing and for determination of MIC values by the broth microdilution method. v 3.0.www.eucast.ory[2018-12-13]

Walsh C, Wencewicz T. 2016. Antibiotics: Challenges, Mechanisms, Opportunities. Washington, DC: ASM Press

# 第十二章　样品及其制备

应用微生物技术确定食品表面或内部是否存在微生物，微生物的数量及微生物的类别，是评估食品及相关产品卫生学质量的一种科学手段。微生物样品的一般流程可分为：采样(含样品运输和保存)、实验室样品受理(含标识和内部传递)、样品制备和检测、留样和样品处置等几个环节，如果样品在这几个环节尤其是采样、样品制备过程任何一个环节出现操作不当，都会使微生物的检验结果毫无意义，样品采样及其制备不仅对于质量控制具有重要意义，而且具有统计学意义。

## 第一节　采　　样

食品抽样是为及时掌握各类食品及其原料的卫生质量及食品采购、生产加工、储存运输、销售等过程中的卫生状况，评价卫生质量并找出问题所在的一种必需手段。样品采集、送检全过程的质量保证，包括采样前的准备、样品采集、运输、储存、预处理、分析测定，采样工具、人员的无菌操作，在运输、保存过程中防止污染、变质等，所以，抽样必须有代表性、客观性和真实性。

### 一、采样原则

1)根据检验目的、食品特点、批量、检验方法、微生物的危害程度等确定采样方案。

2)样品必须对采样的整个产品或批量负责，应采用随机原则进行采样，确保所采集的样品具有代表性；特定样品如食源性病原微生物调查，若怀疑最有可能受病原体污染或者带有病原体的样品，可以进行选择采样。

3)采样过程遵循无菌操作程序，防止一切可能的外来污染和样品中微生物的扩散。

4)样品在保存和运输的过程中，应采取必要的措施防止样品中原有微生物的数量变化，保持样品的原有状态。

### 二、采样方案的制订

采样前，为保证样品的代表性，首先要有一套科学的采样方案，现行的几种主要采样计划包括：国际食品微生物标准委员会(ICMSF)方案、国际食品法典委员会(CAC)方案、美国食品药品监督管理局(FDA)方案、联合国粮食及农业组织(FAO)方案。我国目前的采样方案多为 ICMSF《食品微生物 2 微生物检验抽样原理及特殊应用》中推荐的采样方案和随机采样方案。采样方案主要考虑以下问题(但不仅限于此)。

1)明确采样的目的要求：是否有相关产品抽样的标准文件？如通用抽样标准(如 GB 4789.1)、产品标准、行业或行政部门发布的抽样指令文件等。

2)选择抽样方案类型，是选择基于统计质量控制的接受性抽样方案还是实用简便的抽样方案？

3)熟悉采样方法：方法的适用性？是针对整批还是其中部分单位产品？方法的性质，是定性还是定量检测？

4)明确指标要求：质量水平的选择，即可接受的质量水平(acceptable quality limit，AQL)或极限质量水平(limiting quality，LQ)，通俗来讲就是检验指标要求。

5）了解样品情况：产品批的划分，是以散装或预包装食品划分，还是按其特性相关或分布进行划分？样品的组成，是以单次抽样还是多个单位抽样组成样品(包括混合样品)？样品所需品种、数量、包装、采样位置，了解抽样方案的成本。

## 三、采样的术语

批量货物：数量确定的货物，品质必须均匀一致。

抽检货物：从批量货中的一个位置取出的少量货物。

混合货样：条件允许，从某一特定批量采样、混合，即为混合货样，亦即大样。

样品单位：从监督总体中抽取用于检验的样品中的单位产品。

样品量：样品中所包含的样品单位数。

合格判定数：在计数采样检查中，对接收批的样品允许出现的缺陷数或不合格品数的上限值，合格判定数又称可接受数。

批：一批产品中或特定阶段或时间内代表相同质量样品的单元数。

随机采样：在一批产品中，每个样品或单元都有同样被选择的机会。这种采样方法称为随机采样。采样时常需要查阅随机数字表。

代表性样品：广义上讲是指能够代表一个批的样品，而不是仅代表其中的一部分。要获得代表性样品需要以下 4 个条件：确定整批产品的采样点；建立能够代表整个产品特征的采样方法；选择样品大小；规定采样的频率。

## 四、抽采样前的准备

### (一)采样工具

采样工具要达到无菌的要求，数量符合标准或抽样方案的规定。对采样工具、包装材料、容器和一些试剂，应根据不同的样品特征和采样环境，对采样物品和试剂进行事先准备和灭菌等工作。

1)开启容器的工具：剪刀、刀子、开罐器、钳子、螺丝刀、扳手(组合工具)等(图 12.1.1，图 12.1.2)。双层纸包裹灭菌(121℃，15min)，干燥洁净的环境中 2 个月内使用或现场 75%乙醇消毒后使用。

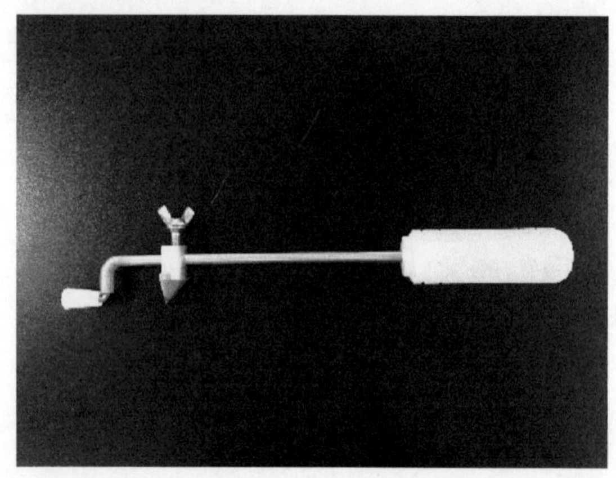

图 12.1.1　开罐器

图 12.1.2　扳手(iBrand)

2)样品采集工具：专用(如粮油饲料等)底部抽样器、抽样铲、抽样探子、抽样管、灭菌的铲子、勺子、镊子、锯子、刀子、剪子、压舌板、木(电)钻、打孔器、金属试管和拭子、吸管、玻璃管、注射器(一次性塑料或金属、玻璃的)、塑料(软)管、环境空气采样器、水采样器、棉拭子及运送盒等(图 12.1.3～图 12.1.9)。

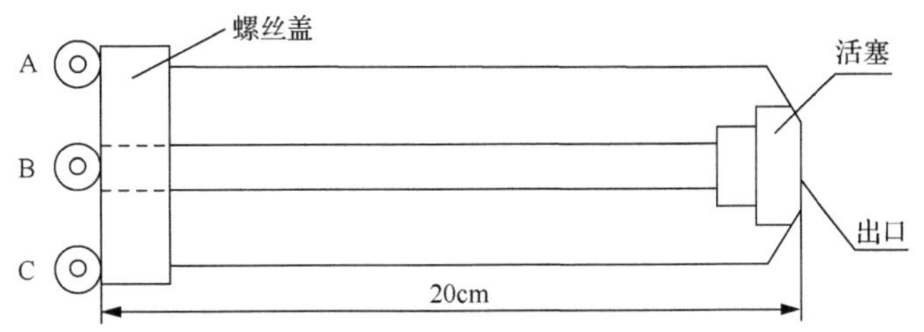


图 12.1.3 底部采样器

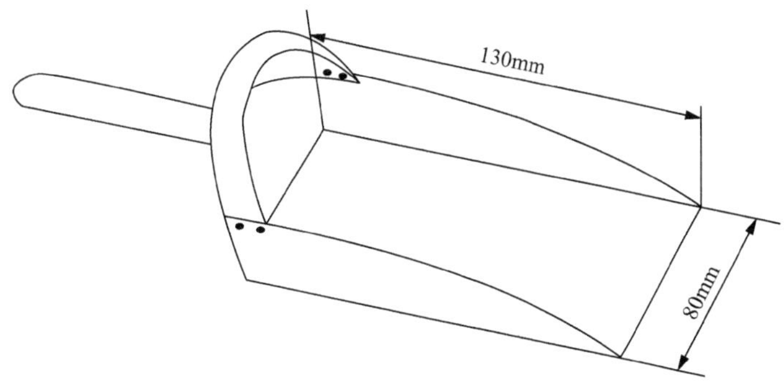


图 12.1.4 抽样铲

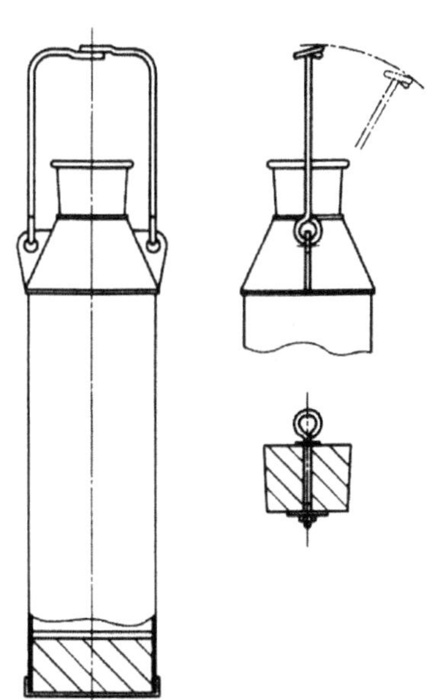

图 12.1.5 简易配重抽样罐

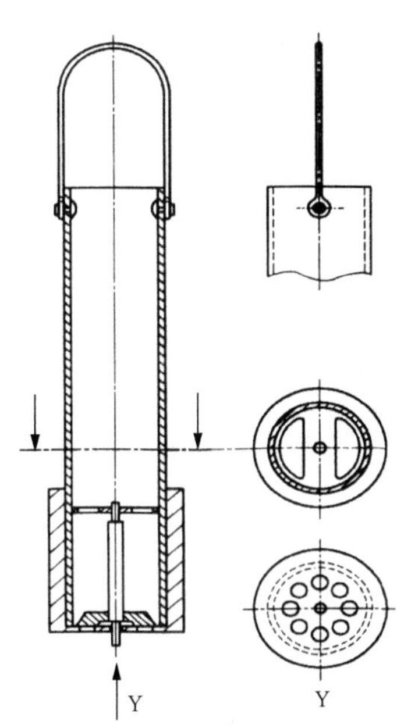


图 12.1..6 带底阀的抽样桶

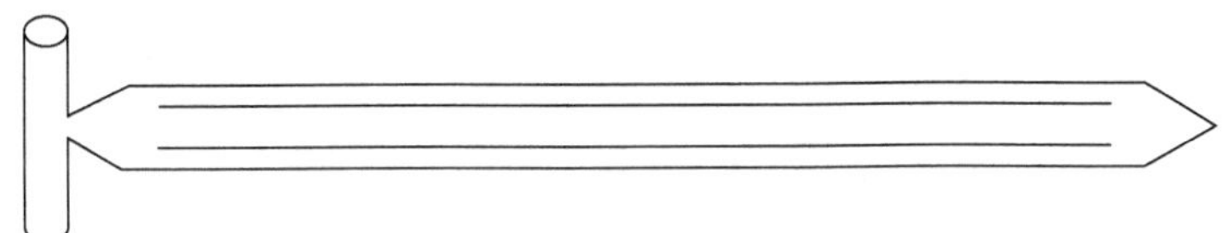

图 12.1.7 抽样探子

全长 100cm，柄长 7cm，槽深 1.5cm，横柄长 12cm，横柄直径 1.5cm

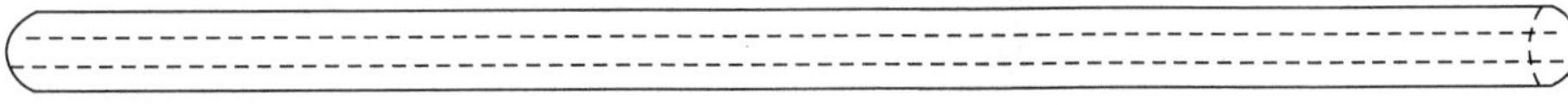

图 12.1.8 抽样管

长 100cm，外径 2cm，下口 0.5cm，上口 0.8cm

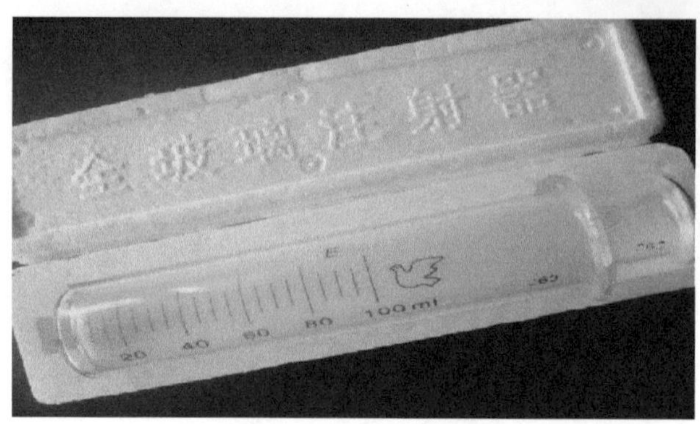


图 12.1.9　玻璃注射器

3) 采样容器：灭菌的广口瓶或细口瓶、聚乙烯袋(瓶)、金属试管或类似的密封金属容器、锡箔纸袋、保温密封袋等。最好不使用玻璃容器，运输中易碎容器。

4) 温度计：–20℃～100℃，温度间隔 1℃。可使用酒精温度计(有金属护套)，最好使用金属或电子温度计。使用前在 70%～75%乙醇溶液或次氯酸钠(浓度不小于 100mg/L)中浸泡消毒(不少于 30s)。

5) 标记工具和封识：标签纸(不干胶标签纸)、油性或不可擦拭记号笔。必要时应准备采样封识。

6) 样品运输工具：塑料样品箱、纸箱、泡沫箱、便携式冰箱或保温箱、采样专用箱等(图 12.1.10～图 12.1.14)。

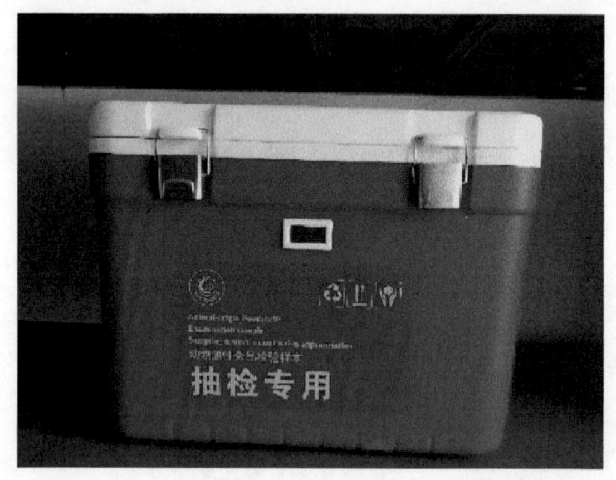


图 12.1.10　专用抽样箱

图 12.1.11　常温食品放置箱

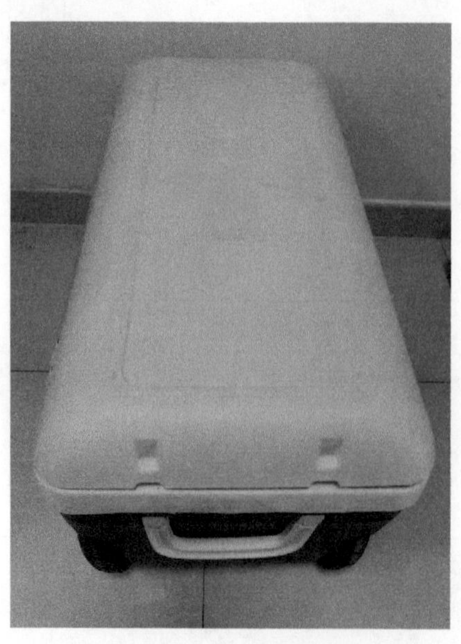

图 12.1.12　冷藏冷冻箱

图 12.1.13 冷藏箱

图 12.1.14 保温包

7)天平：最大量程为 2000g，感量为 0.01g(图 12.1.15)。

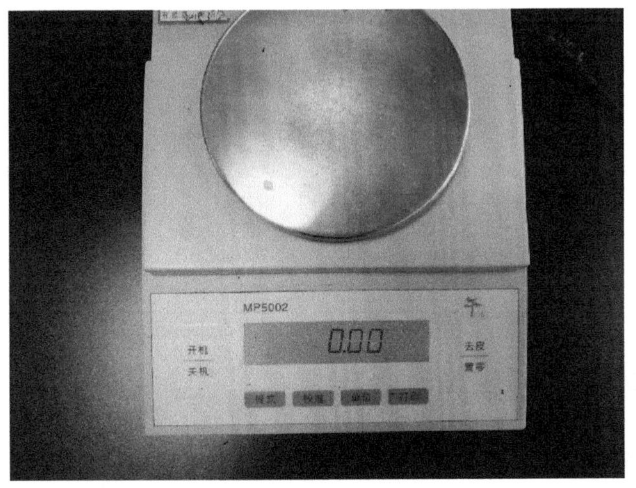


图 12.1.15 天平

8)搅拌器和混合器：必要时配备带有灭菌灌的搅拌器或混合器。

(二)采样所需试剂

1)消毒剂：对样品或包装表面或封口等进行消毒，70%～75%乙醇溶液(图 12.1.16)、中等浓度(100mg/L)次氯酸钠或等效的消毒溶液(如 84 消毒液、新洁尔灭等)(图 12.1.17)。

2)稀释液/保存液：灭菌的磷酸盐缓冲液、0.1%蛋白胨水、生理盐水及其他稀释液如脑心浸液肉汤、M 肉汤、LB 肉汤、营养肉汤(NB)等。

(三)防护用品

防护用品用于对样品的防护和对采样人员在采样过程中的防护。即保护生产环境、原料和成品等不会在采样过程中被污染，同样也保护样品不被污染。

防护用品包括工作服、工作帽、口罩、雨鞋、手套、护目镜、专用防护服等(图 12.1.18～图 12.1.21)。事先消毒灭菌(或使用一次性无菌物品)，如有必要，可在无菌采样间或无菌工作台内部操作。

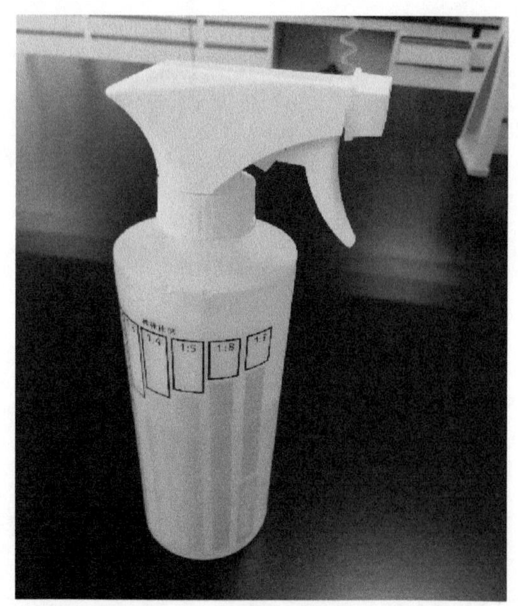

图 12.1.16　乙醇消毒液

图 12.1.17　消毒液

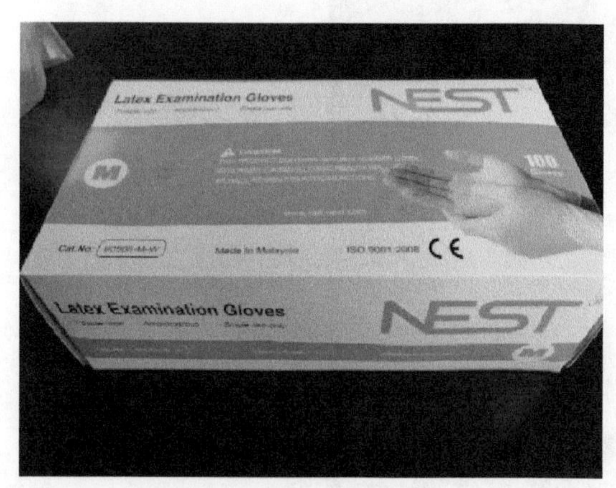


图 12.1.18　一次性手套

图 12.1.19　一次性口罩

图 12.1.20　护目镜

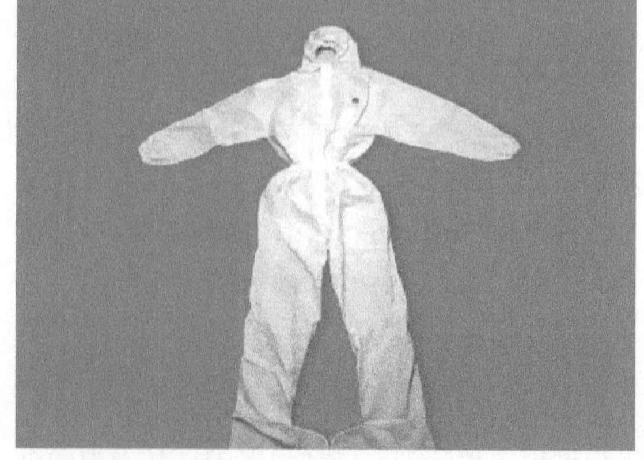

图 12.1.21　专用防护服

（四）采样记录（采样凭证）

采样记录（采样凭证）是采样过程重要的一环，是样品溯源的重要组成部分。采样记录一般由格式文件规定，并有统一的编号规则。记录内容包括(不仅限于)：样品的编号(顺序号)、被采样单位信息、样品信息(名称、品牌、数量、类别、批号/生产日期、保质期、采样依据、包装、样品运输过程注意事项等)、天气情况、采样人员信息(签名或签章或证件号码)、采样单位(盖章)、采样时间。采样凭证通常一式三份，由被采样单位、采样单位和检验单位分别保存。

## 五、采样过程

### (一)预包装产品

1)小包装的食品：按照采样文件要求，采取独立包装或最小销售包装。样品的数量(尤其是净含量)应满足检验的要求，样品应在保质期内，包装必须完好。

2)桶装或大容器包装的液体食品：采样前应摇动或用灭菌棒搅拌液体，尽量使其达到均质；采样时应将采样用具浸入液体内略加漂洗，然后再取所需量的样品，装入灭菌容器的量不应超过其容量的3/4，以便于检验前将样品摇匀；取完样品后，应用消毒的温度计插入液体内测量食品的温度，并作记录。尽可能不用水银温度计测量，以防温度计破碎后水银污染食品；如为非冷藏易腐食品，应迅速将所采样品冷却至0～4℃。

3)桶装或大容器包装的固体食品：每份样品应用灭菌采样器从几个不同部位采取，一起放入一个灭菌容器内；注意不要使样品过度潮湿，以防食品中固有的细菌增殖。

4)桶装或大容器包装的冷冻食品：对于大块冷冻食品，应从几个不同部位用灭菌工具采样，使样品具有充分的代表性；在将样品送达实验室前，要始终保持样品处于冷冻状态。样品一旦融化，不可使其再冻，保持冷却即可，尽快检验。

### (二)散装食品

散装食品必须从多个点取大样，且每个样品都要在无菌条件下单独处理，在检测前要彻底混匀。

1. 生产线样品

划分检验批次，应注意同批产品质量的均一性；如用固定在贮液桶或流水作业线上的采样龙头采样时，应事先将龙头消毒；当用自动采样器取不需要冷却的粉状或固定食品时，必须执行规定的程序，保证产品的代表性不被人为地破坏。按照生产时间段随机抽取样品，经实时混合后，在无菌状态下，取所需数量(净含量)样品。

实验室的工作人员进入车间采样时，必须更换工作服，避免将实验室的菌体带入加工环境，造成加工过程的污染。

2. 大型储物仓或灌、桶

1)固体/半固体样品：采取三层五点法扦取，经实时混合后，在无菌条件下，取所需数量(净含量)样品。

2)液体样品：液态食品较容易获得代表性样品。如样品黏稠或含有固体悬浮物或不均匀液体应充分搅匀后，方可采样。按产品标准或抽样方法规定，有导流口(阀门)的(如酒罐、油罐)，经导流口(阀门)消毒后，先放掉一段液体，再按时间段随机取样，经实时混合后，取所需数量(净含量)样品。无导流口(阀门)的，常采用虹吸法(用长形吸管或导流软塑料管)分上、中、下三层随机吸取样品，经实时混合后，采样时，可连续或间歇搅拌(可使用灭菌的长柄勺搅拌)，对于较小的容器，可在采样前将液体上下颠倒，使其完全混匀。较大的样品(100～500mL)要放在已灭菌的容器中送往实验室。实验室在采样检测之前应将液体再彻底混匀一次，取所需数量(净含量)样品。

### (三)食品相关表面样品

通过惰性载体可以将表面样品上的微生物转移到合适的培养基中进行微生物的检验，这种惰性载体既不能引起微生物死亡，也不应使其增殖。这样的载体包括无菌水、灭菌拭子、胶带等。采样后，要使微生物长期保存在载体上且既不死亡又不增殖十分困难，所以应尽早地将微生物转接到适当的培养基中。转移前耽误的时间越长，品质评价的可靠性就越差。

表面采样技术只能直接转移菌体，不能做系列稀释，只有在菌体数量较少时才适用。其最大的优点是检测时不破坏食品样品。

几种较常见的表面采样技术如下。

1. 拭子法

进行定量检测时，必须先用灭菌采样框(塑料或不锈钢等)确定被测试的区域。

棉花-羊毛拭子：用干燥的棉花-羊毛缠在长 4cm、直径 1～1.5cm 的木棒或不锈钢丝上做成棉花-羊毛拭子。然后将拭子放在试管中，盖上盖子后灭菌。采样时先将拭子在稀释液中浸湿，然后在待测样品的表面缓慢旋转拭子平行用力涂抹两次。涂抹的过程中应保证拭子在采样框内。采样后拭子重新放回装有 10mL 采样溶液的试管中。

海藻酸盐棉拭子：由海藻酸盐纤维制成。将海藻酸盐羊毛缠在直径为 1.5mm 的木棒上做成长 1～1.5cm、直径 7mm 的拭子头，灭菌后放入试管中。采样步骤同 1。采样后放入装有 10mL 的 1∶4 林格溶液(含 1%六偏磷酸钠)的试管中。

2. 淋洗法

用 10 倍于样品的灭菌稀释液(质量比)对样品进行淋洗，得到 $10^{-1}$ 的样品原液，这种采样方法可适用于全禽、干果、蔬菜等食品。报告结果时，应注明该结果仅代表样品表面的细菌总数。

3. 胶带法

这种采样方法要用到不干胶胶带或不干胶标签。不干胶标签的优点是能把采样的详细情况写在标签的背面，采样后贴在粘贴架上。不干胶胶带采样后同样需转接到一个无菌粘贴架上。这种方法可用于检测食品表面和仪器、设备表面的微生物。胶带和标签制成后，可用易挥发溶液进行短时间的灭菌。必须确保灭菌后的胶带无菌或残留的微生物失去活性。

胶带或标签的一端要向内弯回大约 1cm 以方便使用。采样时，把胶带从粘贴架上取下压在待测物质表面，迅速采样后，重新粘回到模板上。送到实验室后，将胶带(或标签)从粘贴架上取下，压在所需培养基表面。

4. 琼脂肠法

琼脂肠由无菌圆塑料袋(或塑料筒)和加入其中的无菌琼脂培养基制成。可在实验室制作，一些国家也有成品出售。使用时，在琼脂的末端无菌切开，将暴露的琼脂面压在样品表面，用无菌解剖刀切下一薄片，放在培养皿上培养。

5. 影印盘

影印盘是一种无菌的塑料盘，也可称为“触盘”，可以从许多生产厂商处买到。制作时按要求在容器中央填满足够的琼脂培养基，并形成凸状面，需要时，将琼脂表面压在待测物表面。采样后再放入适当的温度培养。

6. 触片法

用一个无菌玻片触压食品表面，带回实验室。固定染色(如革兰氏染色法)后在显微镜下检测，也可以将采样的玻片压在倒有培养基的平板上，将细菌转接到琼脂表面，(用无菌镊子)移去玻片后，培养平板。这种方法不能用于菌体计数，但能快速判断优势菌落的类型，这对生肉、禽肉和软奶酪等食品更为适用。

(四)环境样品的采取

1. 水样的采取

采集水样时应注意无菌操作，以防止杂菌混入。取水样时，最好选用带有防尘磨口瓶塞的广口瓶。对于用氯气处理过的水，采样前在每 500mL 的水样中加入 2mL 1.5%的硫代硫酸钠溶液。

在取自来水时，水龙头嘴的里外都应擦干净。再用酒精灯灼烧水龙头灭菌，然后把水龙头完全打开，放水 5～10min 后再将水龙头关小，采集水样。这样的采样方法能确保供水系统的细菌学分析的质量，但是如果检测的目的是用于追踪微生物的污染源，建议还应在水龙头灭菌之前取水样或在水龙头的里边和外边用棉拭子涂抹采样，以检测水龙头自身污染的可能性。

采环境水样时，采用专门取样器，按说明书操作，分装入无菌容器，置入水质采样箱内，2h 内送实验室检验(图 12.1.22，图 12.1.23)。

图 12.1.22 水质采样箱

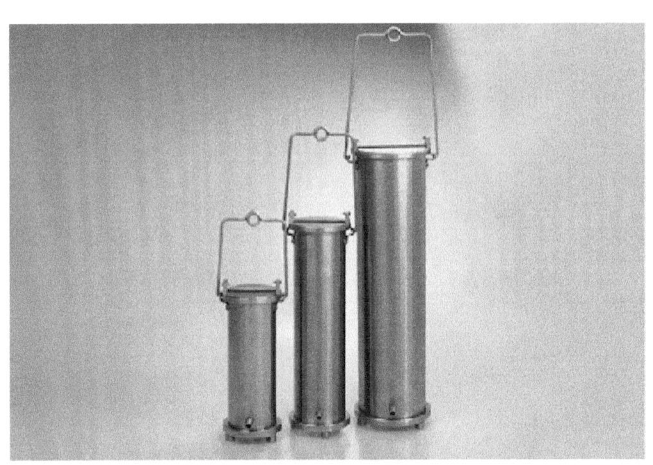

图 12.1.23 水质采样器

2. 空气样品的采取

空气的采样方法有直接沉降法和过滤法。

在检验空气中细菌含量的各种沉降法中，平皿法是最早的方法之一，到目前为止，这种方法在判断空气中浮游微生物分次自沉现象方面仍具有一定的意义。平皿法就是将琼脂平板或血液琼脂平板放在环境空气中暴露一定时间(30min～1h)，然后于(36±1)℃培养 48h，计算所生长的菌落数。过滤法则通常使用空气采样器，按说明书操作(图 12.1.24)。

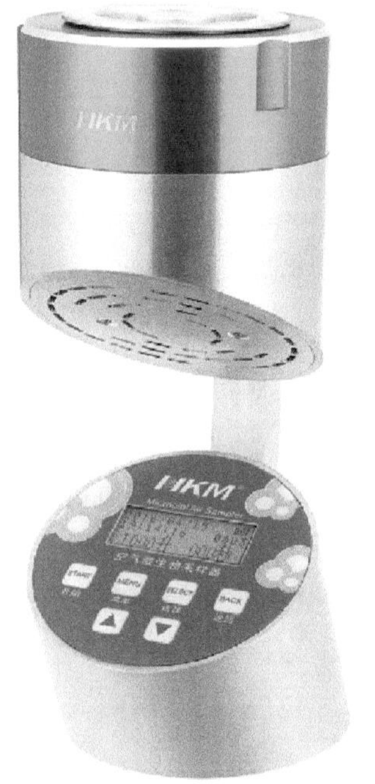

(五)厌氧微生物检验用样品的采取

采样检测厌氧微生物时，很重要的一点是食品样品中不能含有游离氧。例如，在肉的深层取少量样品后，要避免使之暴露在空气当中。如果只能抽取小样品，或需使用棉拭子采样时，就要用一种合适的转接培养基(如 Stuart 运送培养基)来降低氧的浓度。例如，使用海藻酸盐棉拭子采样后，就不能再放入原来的试管，而应放在盛有 Stuart 运送培养基的瓶中。棉拭子使用前要先用强化梭菌培养基浸湿。

图 12.1.24 空气浮游菌采样器

(六)有温度要求的(如冷藏、冷冻)食品

冷冻食品如肉类、鱼类或类似的食品既要在表皮采样又要在深层采样，可在无菌条件下随机取样分割后，深层采样时注意不要被表面污染。有些食品，如鲜肉或熟肉可用灭菌的解剖刀等刀具和钳子采样；冷冻食品可在未解冻的状态下用锯子(如肉类锯骨机，图 12.1.25)、木钻或电钻(一般斜角钻入)等获取深层样品；全蛋粉等粉末状样品采样时，可用灭菌的采样器斜角插入箱底，样品填满采样器后提出箱外，再用灭菌小勺从上、中、下部位采样。取所需数量(净含量)样品。冷冻食品应保持冷冻状态(可放在冰内、冰箱的冷盒内或低温冰箱内保存)，非冷冻食品需在 2～

8℃条件下保存。

## 六、样品的标记

应对采集的样品进行及时、准确的记录和标记，采样人应清晰填写采样单，交相关单位留存，必要时拍照留存。

(1) 所有盛样容器必须有和样品一致的标记。在标记上应记明产品标志与号码和样品顺序号及其他需要说明的情况。标记应牢固，具防水性，字迹不会被擦掉或脱色(图 12.1.26)。

(2) 当样品需要托运或由非专职采样人员运送时，必须封识样品容器(图 12.1.26)。

图 12.1.25　锯骨机

图 12.1.26　样品标记

## 七、样品的保存和运送

(1) 采样后，应将样品在接近原有贮存温度条件下尽快送往实验室检验。运输时应保持样品完整。如不能及时运送，应在接近原有贮存温度条件下贮存。例如，冷冻样品应存放在–15℃以下冰箱或冷藏库内；冷却和易腐食品存放在 0～4℃冰箱或冷藏库内；其他食品可放在常温冷暗处。

(2) 运送冷冻和易腐食品应在包装容器内加适量的冷却剂或冷冻剂。保证途中样品不升温或不融化。必要时可于途中补加冷却剂或冷冻剂。

(3) 如不能由专人携带送样时，也可托运。托运前必须将样品包装好，应能防破损、防冻结或防易腐和冷冻样品升温或融化。在包装上应注明“防碎”“易腐”“冷藏”等字样。

(4) 做好样品运送记录，写明运送条件、日期、到达地点及其他需要说明的情况，并由运送人签字。

## 八、实验室样品接收

(1) 实验室接到送检样品后，应认真核对登记，填写实验序号，确保样品的相关信息完整并符合检验要求。并按检验要求，立即将样品放在冰箱或冰盒中，备有专用冰箱或冰柜存放样品(图 12.1.27，图 12.1.28)。积极准备条件进行检验。

(2) 实验室应按要求尽快检验。若不能及时检验，应采取必要的措施保持样品的原有状态，防止样品中目标微生物因客观条件的干扰而发生变化。

(3) 冷冻食品应在 45℃以下不超过 15min，或 2～5℃不超过 18h 解冻后进行检验。

图 12.1.27 样品专用冰箱

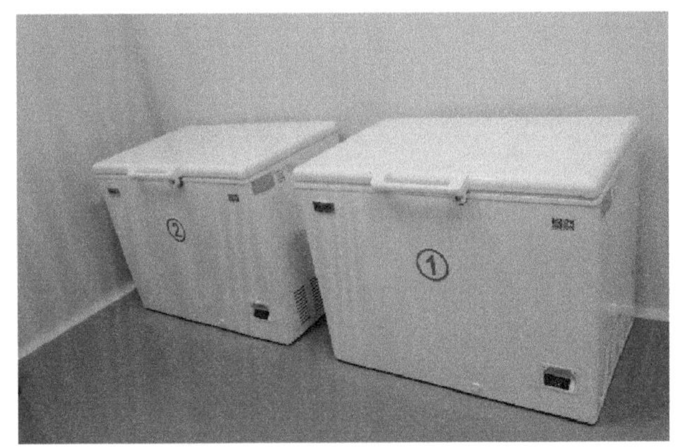

图 12.1.28 样品专用冰柜

## 第二节 样品制备

### 一、检验方法的选择

按照 GB 4789.1—2016 要求：

(1) 应选择现行有效的国家标准方法。

(2) 食品微生物检验方法标准中对同一检验项目有两个及两个以上定性检验方法时，应以常规培养方法为基准方法。

(3) 食品微生物检验方法标准中对同一检验项目有两个及两个以上定量检验方法时，应以平板计数法为基准方法。

(4) GB/T 4789.17—2003～GB/T 4789.25—2003 中分别规定了肉与肉制品、乳与乳制品、蛋与蛋制品、水产食品、清凉饮料、调味品、冷食菜和豆制品、糖果和糕点及果脯、酒类样品的制备方法。

### 二、样品制备用试剂耗材

#### (一) 稀释剂

GB/T4789.17～GB/T4789.25 中的稀释剂多以无菌蒸馏水、生理盐水为主，较为单一，针对性差，可操作性不强，不适用于特定目的微生物的检验。稀释液的选择如下。

1. 常用和特殊稀释液

常用稀释液包括：生理盐水、缓冲蛋白胨水(BPW)、0.1%蛋白胨水、磷酸盐缓冲溶液、无菌蒸馏水等。特殊稀释液包括：D/E 中和肉汤、LB 肉汤、M 肉汤等。最合适的稀释液应该通过一系列的试验得到，所选择的稀释液应该具有最高的复苏率。

2. 厌氧微生物的稀释液

应使用具有抗氧化作用的培养基作为稀释液。制备样品悬液时应尽量避免氧气进入，使用袋式拍击式均质器。配备一些特殊的样品防护措施，如厌氧工作站等。

3. 嗜渗菌和嗜盐菌的稀释液

20%的无菌蔗糖溶液适用于嗜渗菌计数；研究嗜盐菌时，一般可使用含 10%左右氯化钠的溶液，海产品为 3.5%氯化钠的溶液作为稀释液。

#### (二) 仪器设备及耗材

均质袋、均质器、搅拌器、拍击器、拍击袋、试管、吸管、移液器头、移液器、玻璃珠、酒精灯、水浴锅、混匀器、漩涡混合器、离心机、玻璃棒、煤气灯、镊子、刀子、电锯、开瓶器、托盘、称量天平、帽子口罩等防护用品(图 12.2.1～图 12.2.11)。

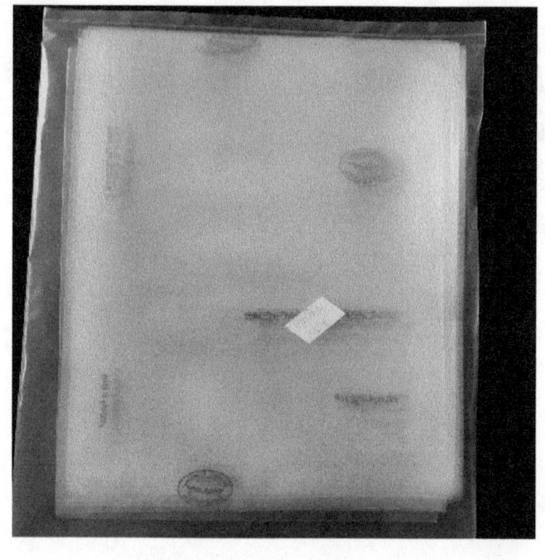

图 12.2.1　均质袋

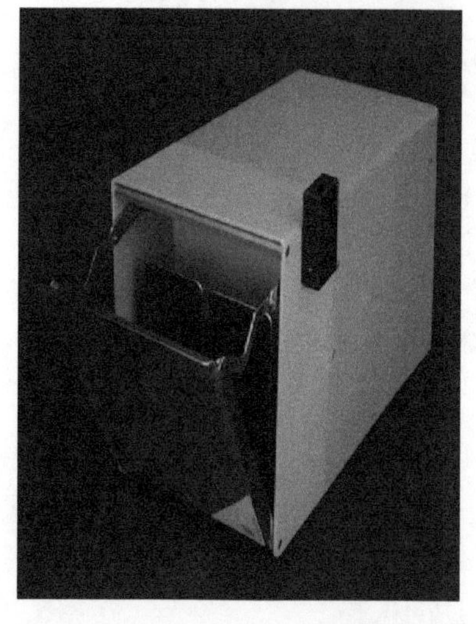

图 12.2.2　均质器

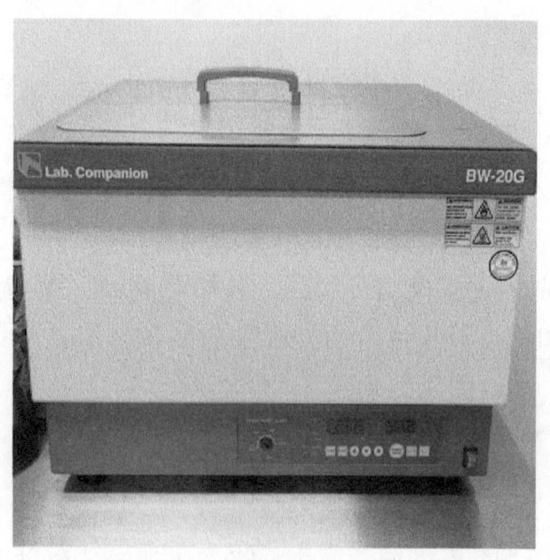


图 12.2.3　水浴锅

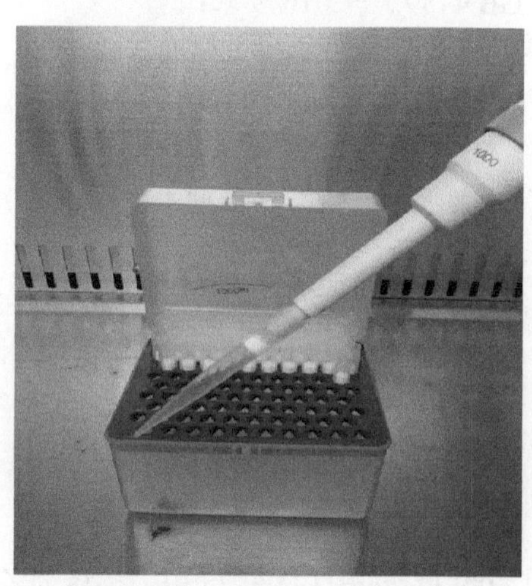

图 12.2.4　移液器头(过滤)

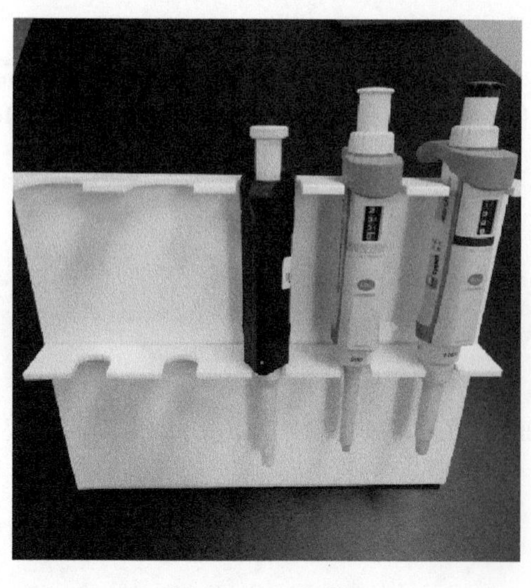

图 12.2.5　移液器

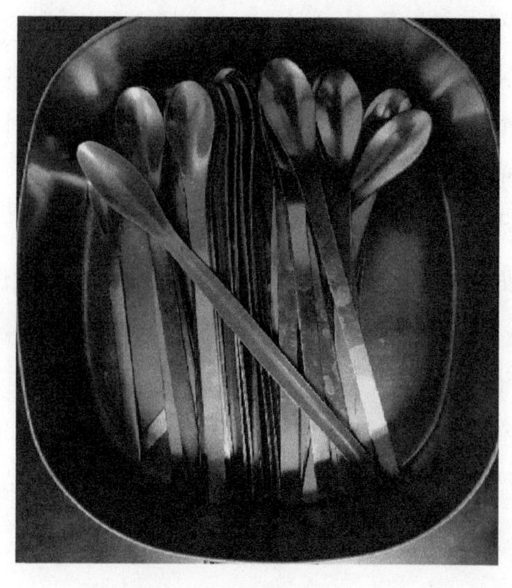

图 12.2.6　取样小勺

图 12.2.7 取样勺

图 12.2.8 混匀器

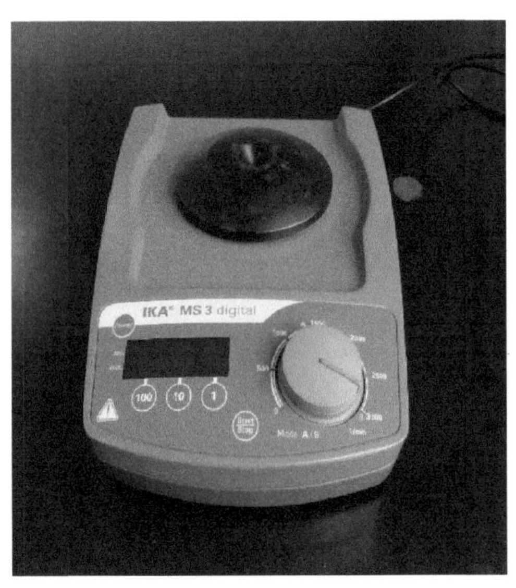

图 12.2.9 旋涡混合器

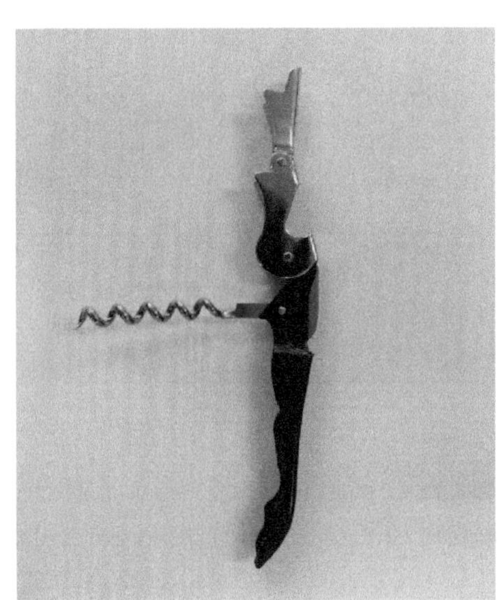
图 12.2.10 开瓶器

图 12.2.11 称量天平

## 三、样品制备注意事项

由于食品种类繁多，在实际微生物检验中尽可能采用统一的样品制备方法。对于许多特殊产品，由于产品本身的物理状态(如干品、黏稠度高的产品等)、样品中抑制剂存在(如大蒜制品、洋葱制品、咸鱼等)或酸性等原因，需要采用特殊的样品制备方法，包括以下几种。

(1) 调整食品稀释液的 pH 至中性；建议使用 1mol/L 的盐酸或氢氧化钠溶液。常用的 pH 计见图 12.2.12 和图 12.2.13。

(2) 对于含高抑制物质(成分)的产品(如大蒜制品、洋葱制品等)或所含微生物受损的产品(如酸性食品、盐渍食品、干制食品等)，使用缓冲蛋白胨水或其他稀释剂(如 D/E 中和肉汤、脑心浸液肉汤等)。

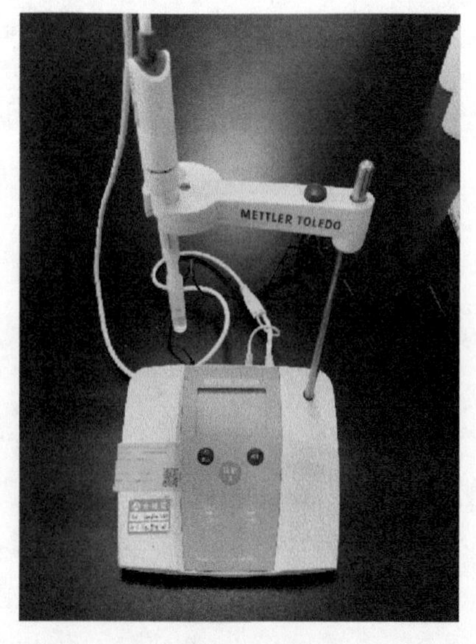


图 12.2.12　pH 计

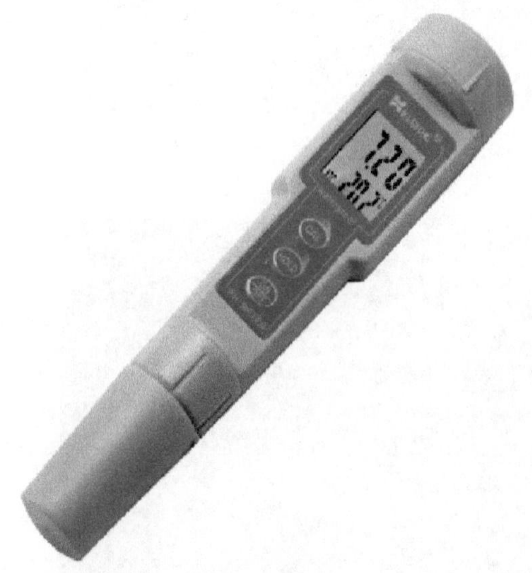

图 12.2.13　便携式数字 pH 计

(3) 对于低水分活度的食物，需要采取特殊复水程序。

(4) 调整适当温度和静置时间，以利于可可粉、明胶、奶粉等样品的悬浮或加入玻璃珠后振荡混匀再静置。

(5) 对于来自食物加工或贮存过程中的受损微生物，需要采取特殊复苏程序。

(6) 某些产品(如谷物)和(或)目标菌(如酵母菌和霉菌)需采取特殊均质程序及均质时间。

(7) 对于高脂肪食品，使用表面活性剂(如 1～10g/L 吐温 80)，促进悬浮过程中的乳化作用。

(8) 对于吸水性较大的食品(如部分干制)或水化后容易形成凝胶(如瓜儿豆胶)的食品，应事先做预实验确定稀释倍数，适当加大稀释倍数。

## 四、不同类型样品的制备

### (一) 液体样品

制备液体样品稀释液时，用无菌移液管取 10mL 完全混匀的样品到带盖的无菌玻璃瓶中。加稀释液至 100mL 配成体积比为 1∶10 的稀释液。也可选择质量体积比，取 10g 完全混匀的样品加入玻璃瓶，用无菌稀释液配制成 100mL，制成质量体积比为 1∶10 的稀释液。实际操作中，等效于 1∶10 的质量比。按常规方法做进一步的稀释。

### (二) 小颗粒易溶解固体样品

小颗粒易溶解固体样品(图 12.2.14)的初始稀释液较容易配制。无菌称取 10g 样品加入到容积为 100mL 的无菌带盖玻璃瓶中，加入无菌稀释液至 100mL 刻度，配成质量体积比为 1∶10 的稀释液。以 30cm 的幅度摇动 25 次。必要时按常规方法进一步稀释。对高溶解度样品计数时必须小心，计数结果取决于样品在稀释液中的均匀性，而均匀性又与样品的初始状态有关(常表述为个/g)。要得到准确的检测结果，第一个稀释液的体积是否准确达到 100mL 非常重要。除体积因素外，pH 和水活度的变化也必须加以考虑。另外，稀释液中样品的转接应在 30min 内完成。

(三)粉末状样品(图 12.2.15)

检测表层下面样品中的细菌时，应至少取 10g 样品加入适量的无菌稀释液，并在适当的设备中均质。常用的均质方法是使用拍击式均质器。

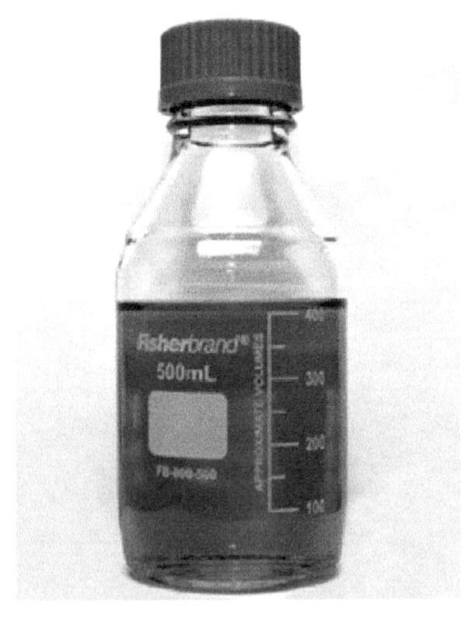


图 12.2.14 小颗粒易溶解固体样品

图 12.2.15 粉末状样品

将样品和稀释液一起放入无菌、耐用、薄而软的聚乙烯袋中，不接触均质器。均质时不会引起样品温度升高，较好地保护了待测样品。即使是冷冻样品，均质效果也很好。这种方法可用于制备浓度很低的稀释液。

(四)难溶性固体样品

难溶性固体样品如冷冻肉类、水产品、块状食品、干制品等，需要进行均质或粉碎的，可以在融化后，于无菌条件下，使用刀具分割后再进行均质。均质可使用拍击式均质器、食品粉碎机、研钵等(图 12.2.16～图 12.2.19)。通常静置 5～10min 后取上清液检测，如需要离心的，可采用 1000r/min 离心 3min 左右(图 12.2.20)，进行病毒检测的，还需要组织反复冻融并高速离心(图 12.2.21)。

图 12.2.16 食品粉碎机

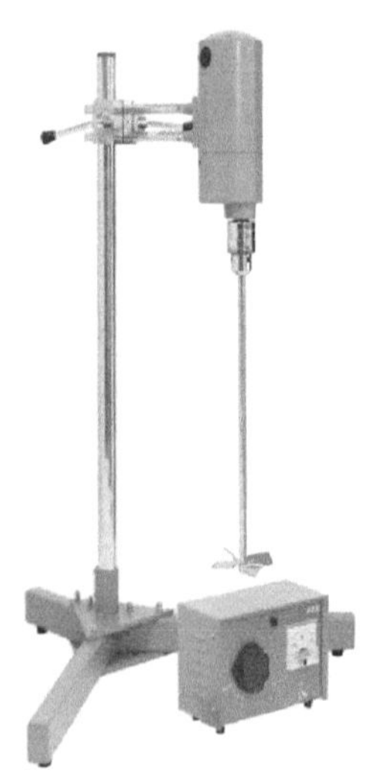

图 12.2.17 搅拌粉碎机

图 12.2.18　磁力搅拌器

图 12.2.19　研钵

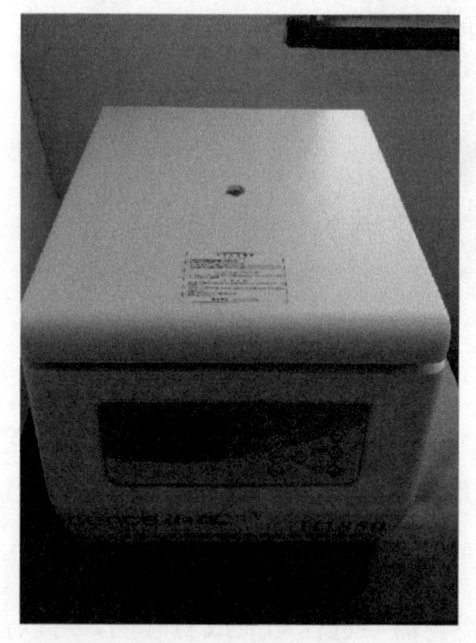

图 12.2.20　低速离心机

图 12.2.21　高速离心机

（五）表面样品

表面样品采样后，先放到一定体积（如 10mL）的稀释液中，妥善保存，使样品保持原始状态。检测时，振荡混匀后用适当的稀释剂进行定量稀释（根据预测的污染程度稀释到所需稀释度）。检测后根据稀释的倍数进行换算。

# 第十三章　消毒与灭菌

## 第一节　概　　述

### 一、概念

（一）消毒

消毒（disinfection）是指清除或杀灭病原微生物或其他有害微生物的过程。

（二）灭菌

灭菌（sterilization）是指用物理或化学方法清除或杀灭所有活的微生物的过程。

### 二、消毒灭菌方法

常用的消毒灭菌方法大致可分为两类：物理法和化学法。

（一）物理法

1. 机械除菌

用机械的方法从物体表面、水、空气除掉污染的有害微生物。例如，过滤除菌技术可以除去溶液中的颗粒和细菌。

2. 热力灭菌

用热的原理杀灭微生物，如烧灼、干烤等干热灭菌，压力蒸汽灭菌等湿热灭菌。

3. 辐射灭菌

采用射线通过破坏DNA结构杀灭微生物，如紫外线灭菌和电离辐射灭菌。

（二）化学法

采用化学消毒剂杀灭病原微生物或其他有害微生物。依据化学消毒剂作用水平可分为如下几类（表13.1.1），微生物对化学消毒剂耐受见图13.1.1。

**表13.1.1　化学消毒剂分类**

| 作用水平 | 作用效果 | 常见种类 |
|---|---|---|
| 灭菌剂 | 可杀灭一切微生物 | 甲醛、戊二醛、环氧乙烷、过氧乙酸、过氧化氢、二氧化氯、氯气、硫酸铜、生石灰、乙醇等 |
| 高效消毒剂 | 可杀灭一切细菌繁殖体（包括分枝杆菌）、病毒、真菌及其孢子等，对细菌芽胞也有一定的杀灭作用 | 含氯消毒剂，臭氧、甲基乙内酰脲类化合物、双链季铵盐等 |
| 中效消毒剂 | 仅可杀灭分枝杆菌、真菌、病毒及细菌繁殖体等微生物 | 含碘消毒剂、醇类消毒剂、酚类消毒剂等 |
| 低效消毒剂 | 仅可杀灭细菌繁殖体和亲脂病毒 | 苯扎溴铵等季铵盐类消毒剂、氯己定（洗必泰）等双胍类消毒剂，汞、银、铜等金属离子类消毒剂及中草药消毒剂 |

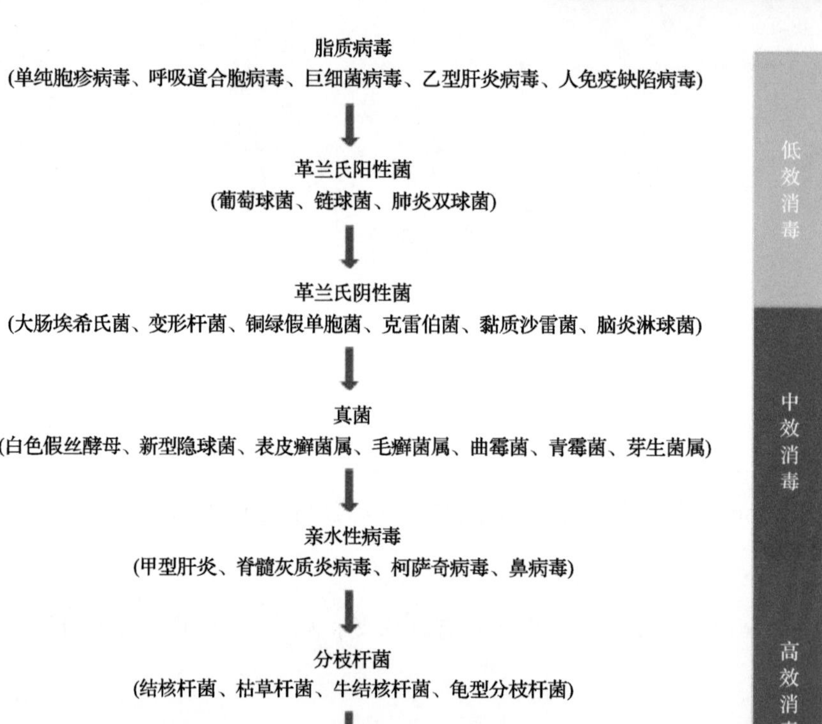


图 13.1.1　微生物对化学消毒剂耐受

## 第二节　消毒与灭菌技术的应用

### 一、培养基的消毒灭菌

(一)压力蒸汽灭菌

最有效的灭菌方法，常用于耐高温、高湿的物品如培养基的灭菌。高压蒸汽灭菌器见图 13.2.1。

图 13.2.1　高压蒸汽灭菌器

(二)煮沸消毒

100℃煮沸 5min 可杀灭细菌繁殖体、真菌、病毒，适用于含有不耐高温成分培养基的消毒(图 13.2.2)。

图 13.2.2 煮沸消毒 EE 肉汤

(三)过滤除菌

用孔径 0.22～0.45μm 的滤器(图 13.2.3)阻留细菌等颗粒，用于血清、毒素、抗生素及空气等的除菌(图 13.2.4)。

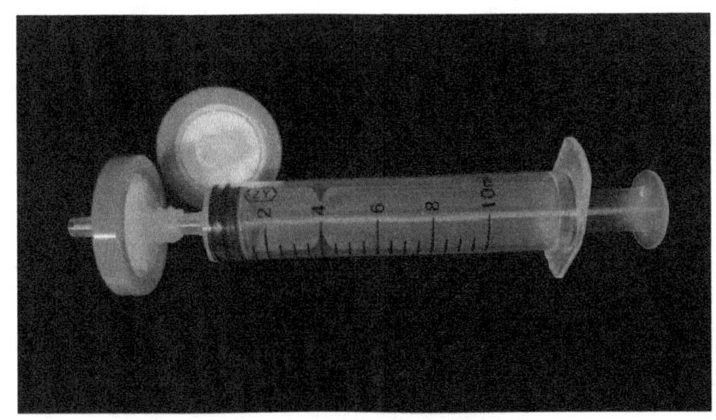

图 13.2.3 过滤除菌装置

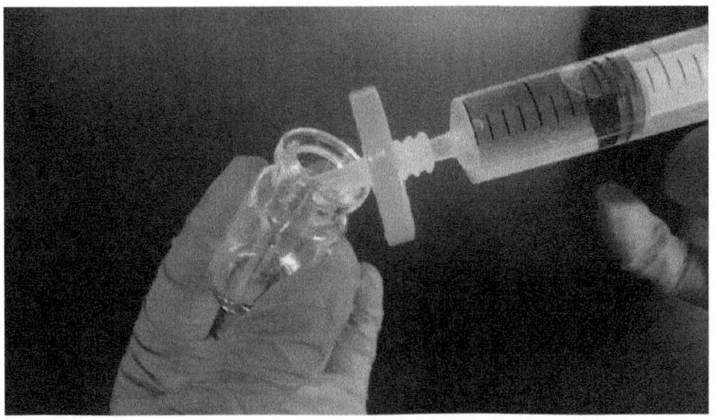

图 13.2.4 血清过滤除菌

## 二、微生物检验用器具的消毒灭菌

(一)压力蒸汽灭菌

最有效的灭菌方法，用于耐高温、高湿器具的灭菌，也可用于污染废弃物的灭菌。

(二)干烤灭菌

170℃持续干烤至少 1h，适用于高温下不损坏、不变质、不蒸发物品的灭菌(图 13.2.5)。

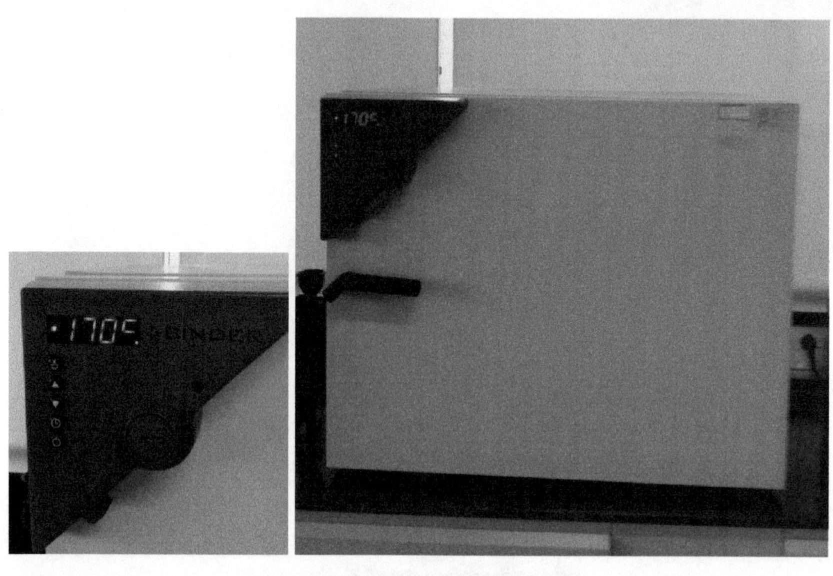

图 13.2.5　干烤箱

（三）烧灼灭菌

用酒精灯火焰（图 13.2.6）或红外电热灭菌器（图 13.2.7）灭菌，适用于微生物实验室的接种针、接种环（图 13.2.8）、涂布棒的灭菌，也可用于外科手术器械的灭菌，以及瓶口、管口的消毒。

图 13.2.6　酒精灯烧灼灭菌接种环

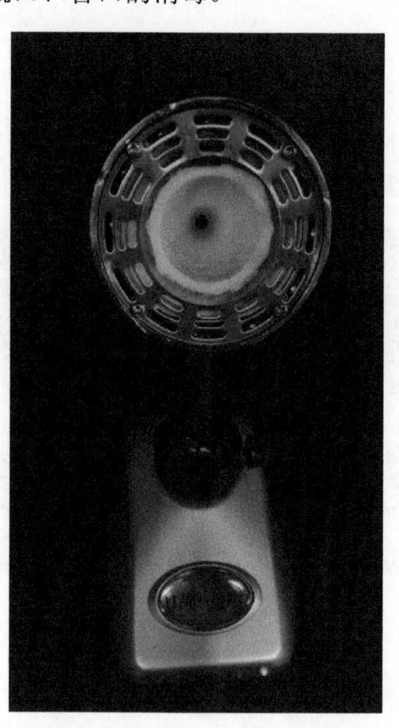

图 13.2.7　红外电热灭菌器

（四）电离辐射灭菌

用放射性同位素 $^{60}Co$-γ 辐射装置或粒子加速器进行灭菌，适用于微生物实验室均质袋、塑料滴管、塑料注射器、脱脂棉、手套等物品的灭菌（图 13.2.9）。

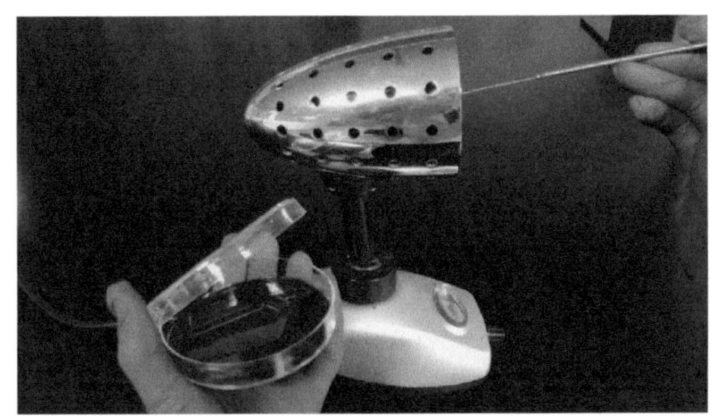

图 13.2.8 红外电热灭菌器灭菌接种环

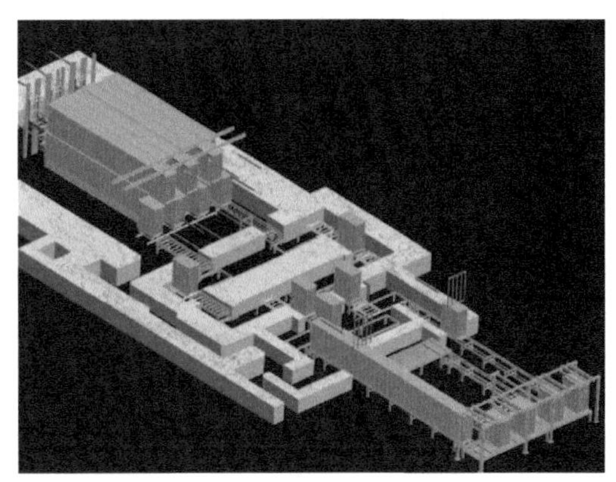

图 13.2.9 电离辐射灭菌设备示意图

## 三、微生物检验环境的消毒

### (一)化学消毒

采用化学消毒剂喷洒、熏蒸、涂抹、擦拭对微生物检验环境的空气、工作台表面、试样外包装等进行消毒。

### (二)紫外线辐射消毒

采用波长为 250～265nm 电磁波辐射，破坏微生物的 DNA 结构，以对微生物检验环境的空气、工作台表面进行消毒(图 13.2.10)。

图 13.2.10 紫外线辐射消毒工作台

### (三)过氧化氢消毒

过氧化氢可形成氧化能力很强的自由基，破坏蛋白质的分子结构，从而起到杀菌作用。由于采用过氧化氢消毒无有害残留，近来比较流行用过氧化氢消毒器(图 13.2.11，图 13.2.12)对微生物检验环境的空气、墙面、地板、天花板及工作台表面进行消毒。但高浓度长时间接触过氧化氢，对金属、织物有腐蚀、退色的作用。

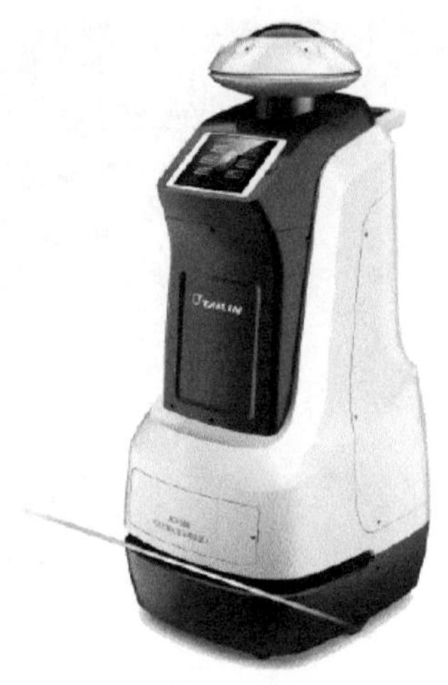
图 13.2.11　过氧化氢消毒器 1

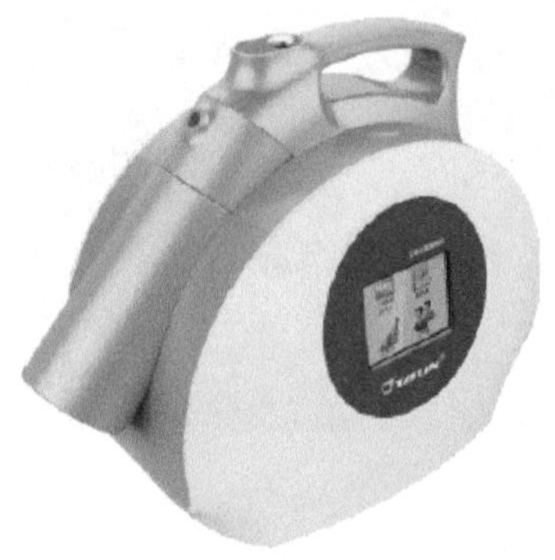
图 13.2.12　过氧化氢消毒器 2

## 四、微生物检验员手部的清洁消毒

用流动的水和洗涤剂或消毒剂对微生物检验员手部进行清洁消毒，可去除皮肤表面的细菌繁殖体，但不能杀灭毛孔或毛囊中的微生物。

在流动水下，使双手充分淋湿，取适量肥皂（洗手液）均匀涂抹至整个手掌、手背、手指和指缝。具体步骤为：第一步，掌心相对，手指并拢，相互揉搓(图 13.2.13)；第二步，手心对手背沿指缝相互揉搓，交换进行(图 13.2.14)；第三步，掌心相对，双手交叉沿指缝相互揉搓(图 13.2.15)；第四步，弯曲手指使关节在另一掌心旋转揉搓，交换进行(图 13.2.16)；第五步，左手握住右手大拇指旋转揉搓，交换进行(图 13.2.17)；第六步，将 5 个指尖并拢放在另一掌心旋转揉搓，交换进行(图 13.2.18)。

每个步骤不少于 15s，整个洗手过程不少于 2min。

图 13.2.13　六步洗手法之一搓手掌

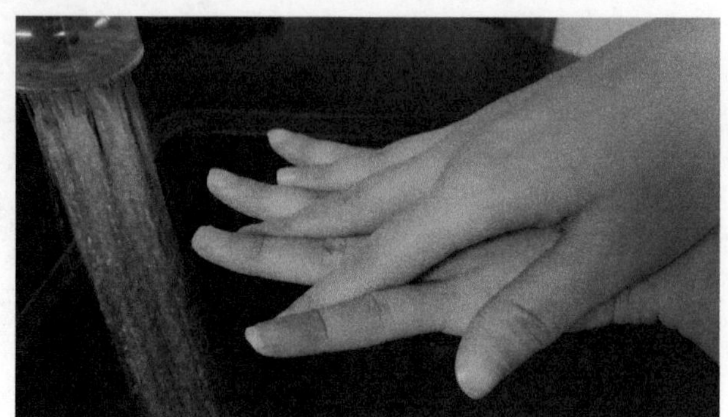
图 13.2.14　六步洗手法之二洗手背

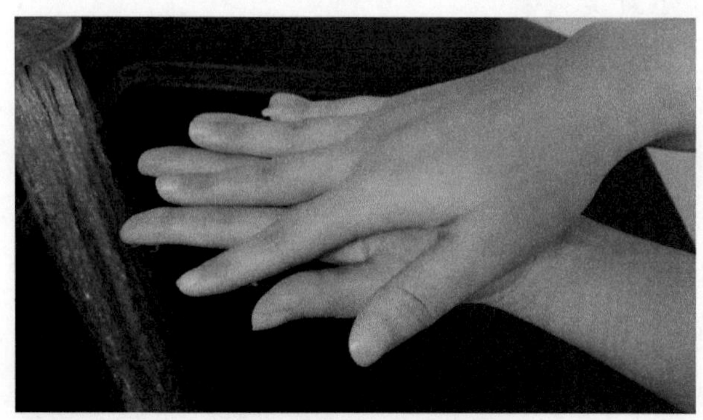
图 13.2.15　六步洗手法之三擦指缝

图 13.2.16　六步洗手法之四扭指背

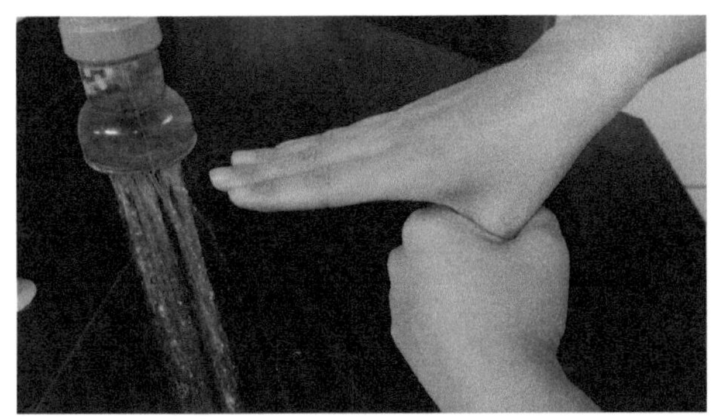

图 13.2.17 六步洗手法之五转大弯

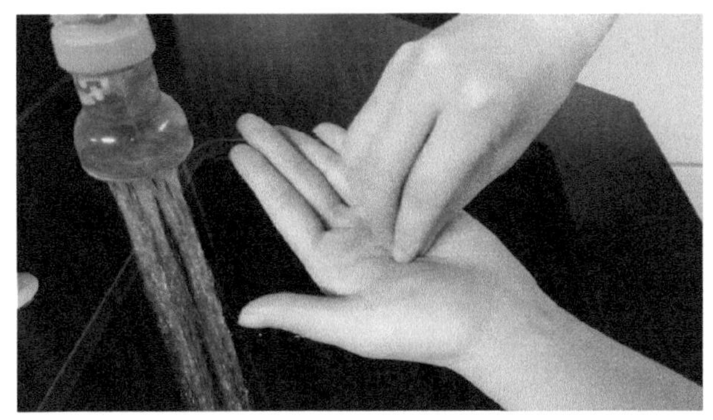

图 13.2.18 六步洗手法之六揉指尖

## 第三节 灭菌效果的监测

常规的监测方法包括物理监测、化学监测和生物监测。

### 一、物理监测

通过监测消毒灭菌的温度、持续时间(图 13.3.1，图 13.3.2)、压力量表等来监测灭菌效果。

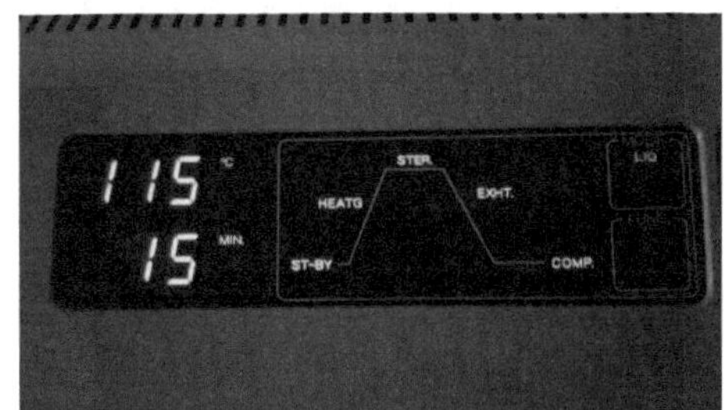



图 13.3.1 压力蒸汽灭菌的温度和时间

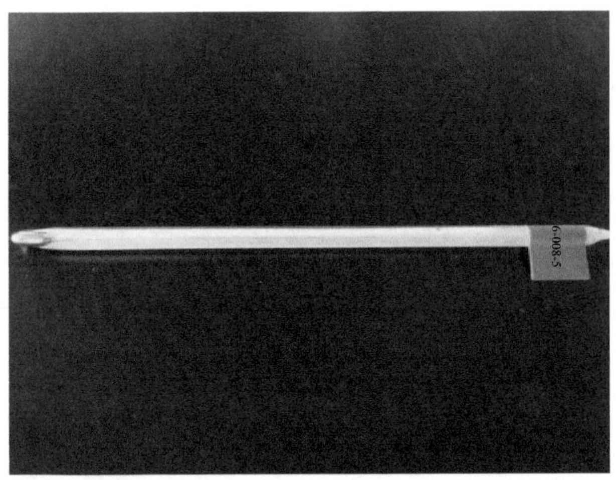

图 13.3.2 留点温度计记录灭菌的温度

### 二、化学监测

通过化学指示卡(图 13.3.3)在到达灭菌要求的温度和时间后变色(图 13.3.4)，来监测灭菌效果。

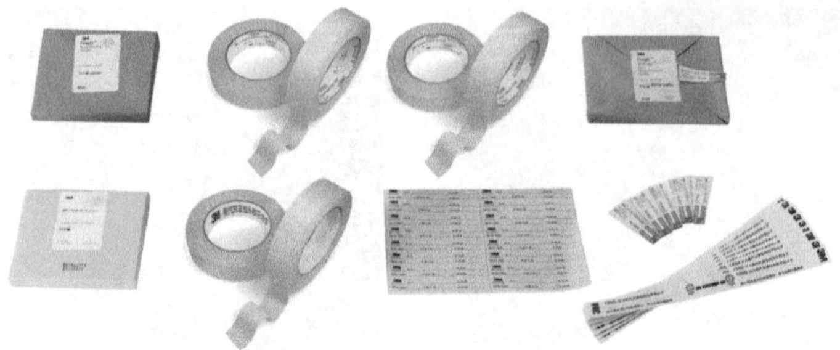

图 13.3.3　高温灭菌化学指示卡

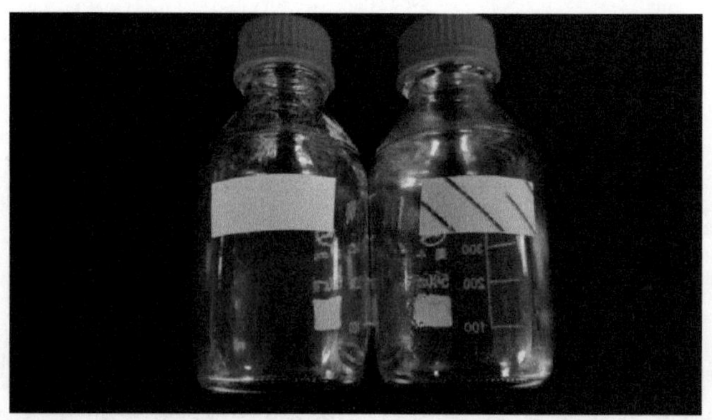

图 13.3.4　化学指示卡灭菌前后颜色变化

## 三、生物监测

通过对嗜热芽胞等生物指示剂的杀灭作用，来监测灭菌效果。生物监测方法综合了所有的灭菌参数，是反映灭菌效果最有效的方法。干热灭菌一般用枯草杆菌黑色变种(*Bacillus atrophaeus* ATCC 9372)芽胞为生物指示剂，湿热灭菌一般用嗜热脂肪杆菌(*Bacillus stearothermophilus* ATCC 7953）芽胞为生物指示剂(图 13.3.5，图 13.3.6)。

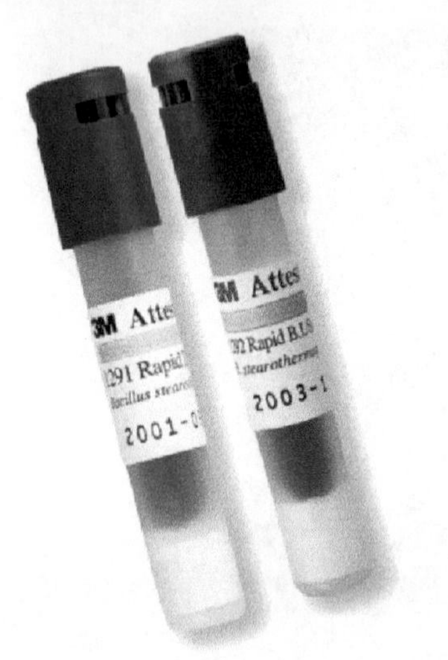

图 13.3.5　高温灭菌生物指示剂

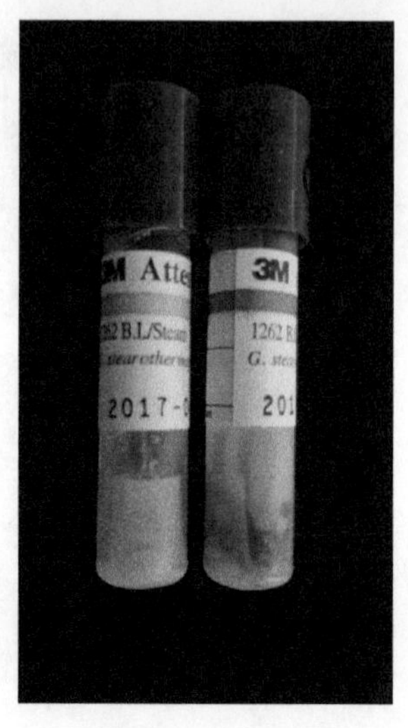

图 13.3.6　生物指示剂灭菌前后颜色变化

## 参 考 文 献

陈建文, 蔡晨波. 2004. 灭菌、消毒与抗菌技术. 北京: 化学工业出版社: 130-141

薛广波. 1985. 实用消毒学. 北京: 人民军医出版社: 11-412

# 第十四章

# 微生物与生活

## 内容概要

微生物与我们日常生活息息相关，但它们个体微小，常常让我们感觉不到它们存在。从安东尼·列文虎克发明显微镜开始，他利用能放大 50 ～ 300 倍的显微镜，清楚地看见了细菌和原生动物，他的发现和描述首次揭示了一个崭新的生物世界——微生物世界。自此，微生物学被牢固地建立起来。

在这一章中，我们尝试通过视觉、味觉、触觉，更直观地展示食源性病原微生物的形态、色彩与分离培养：

【视觉篇】以培养基某些成分为底物，让食源性病原微生物转化形成 PANTONE 精美的年度代表色。

【味觉篇】走进食物的世界，探索霉菌定植的腐食百态，奇异的颜色和纹理，还有发酵的美味。

【温度篇】用多彩的色温，标识着微生物或冷或暖的独特感觉。

【舞蹈篇】将微生物接种，在平板上呈像，带来如波尔卡舞蹈般足尖轻点的悦动感。

【绘画篇】应用菌种分离培养的技术，以微生物作画，形成美妙的图像。

# - 视觉篇 -

PANTONE (R) 潘通，又译为“彩通”，这一名字自 1953 年起代表着一种革新性的色彩系统，可以进行色彩的识别、配比和交流，从而解决有关在制图行业制造精确色彩配比的问题，已成为设计师、制造商、零售商和客户之间色彩交流的国际标准语言，享誉全球。

PANTONE 色彩研究所的专家们每一年精心选出年度代表色，为时尚与设计领域提供策略方向。这些年度代表色影响着娱乐、时尚、设计、科技、体育、社会生活的方方面面。

细菌、真菌等微生物可通过发酵培养的方法稳定地产生天然色素，这些天然色素发色基团还能进一步经过化学修饰，得到更为广泛的光谱。我们尝试着以培养基的某些成分作为底物，让微生物转化形成 PANTONE 精美的年度代表色。

Emerald 翡翠绿

活泼、璀璨、郁郁葱葱、优雅而美丽，平衡而和谐。常常让人联想到璀璨珍贵的宝石，给人精致与奢华的感觉，象征着成长、再生与繁荣。

HE 琼脂，常用于肠道致病菌的选择培养，以蔗糖、水杨苷和乳糖作为鉴别系统，溴麝香草酚蓝和酸性复红为酸碱指示剂，显示出如翡翠绿般生动色彩。微生物界中的志贺氏菌，不发酵糖类不利用水杨苷，在培养基生长过程中保持着琼脂的 pH 值不下降，让平板持续散发着欣欣向荣的波长。

2013 年度代表色

Color of
the year
2014
PANTONE
大肠埃希氏菌+沙门氏菌
VRBGA 培养基

Radiant Orchid 璀璨紫兰花

以紫红、紫及粉红为底色融合出的迷人颜色，绽放着自信与温暖，散发出极大的喜悦、爱与健康，以诱人的魅力吸引人靠近。

微生物界中的肠杆菌科倾注于 VRBGA（结晶紫中性红胆盐葡萄糖琼脂）培养基，表现为有或无沉淀环的粉红色至红色或紫色菌落，让灰褐等中性色彩瞬间活泼起来。

2014 年度代表色

Marsala 玛萨拉酒红

一种自然有劲与质朴的酒红色。它的名称来自于玛萨拉这种意大利著名的强化葡萄酒，其极具风味的色调正如其名，体现一种圆满餐饮的丰足感。

微生物界中的空肠弯曲菌也是如此，在哥伦比亚血琼脂上呈现出半透明、水滴状、有光泽、边缘整齐的菌落，热诚而时尚的气息扑面而来。

2015 年度代表色

Greenery 草木绿

一个代表初春时节万物复苏、欣欣向荣的颜色，清新而充满活力，如同身处于繁茂的绿植之中，让人情不自禁地开始深呼吸，感受新鲜空气，振作精神。

微生物界中的大肠埃希氏菌，在 EMB 平板上也呈现出这种自然中性色，从原来边缘位置，逐步走向潮流前线，成为全世界追捧的色彩。

2017 年度代表色

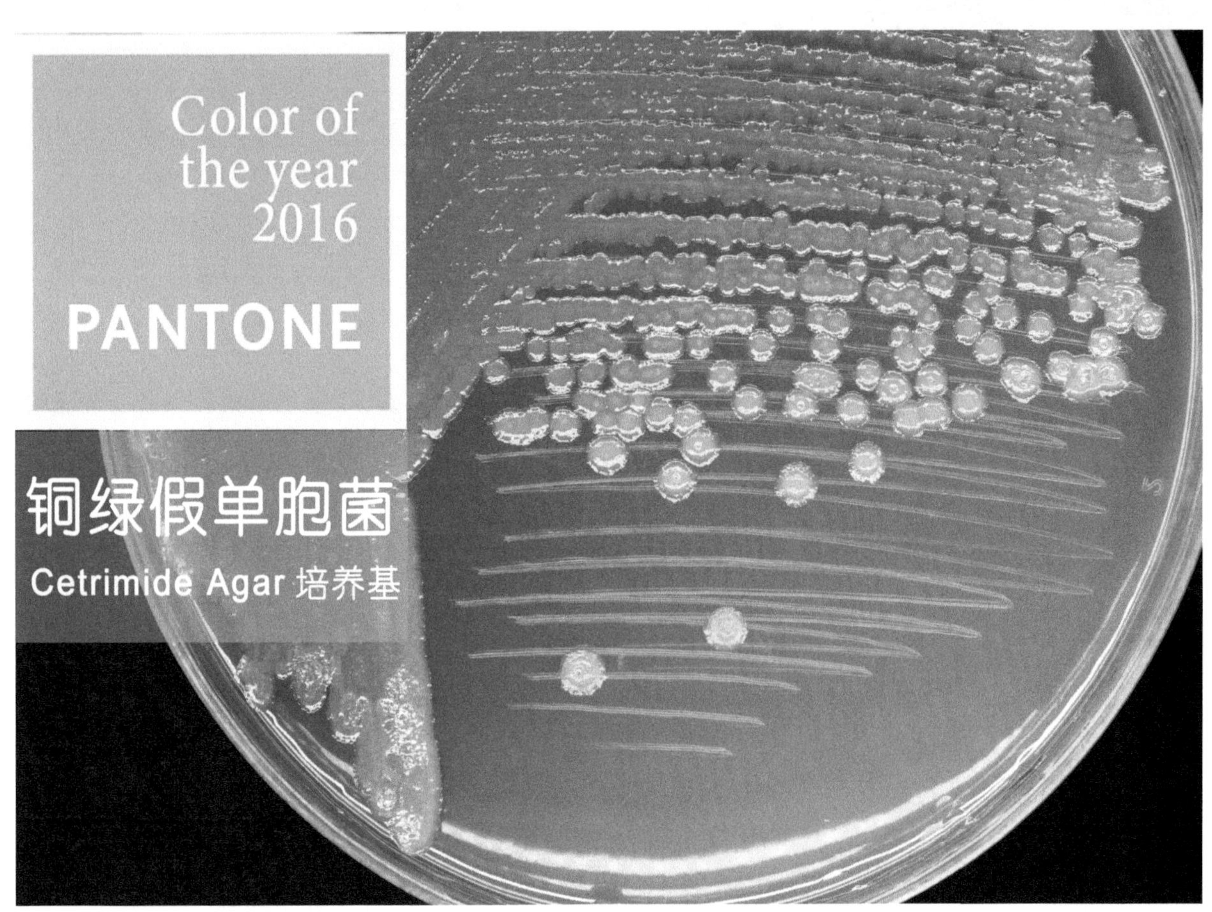


Serenity 水晶蓝

在冷静安详的蓝色之中，给人一种和平的抚慰感觉。

铜绿假单胞菌，在十六烷基三甲基溴化铵培养基上，呈现灰白色至翠绿色菌落，培养基基质在菌落生长密集处被染成翠绿色。随着时间的推移，慢慢沉淀为宁静而透明的蓝色，如水晶蓝般让人沉醉。

2016 年度代表色

## - 味觉篇 -

大多数人都有过这样的经历：从冰箱最里面的角落里掏出一些被自己遗忘多时的食物，腐烂的味道让人反胃。

但如果把镜头对准这些早已过期许久的腐食百态：奇异的颜色和纹理非常有趣，里面有数以万计的霉菌，近距离观察就会发现它们有着美丽而非常有序的组织结构。

有的霉菌爱吃你的三明治，有的霉菌喜欢吃你的水果。不同的霉菌种类有着不同的用来分解食物的酶。

青霉菌常常是蓝灰色，如果你吹它，就会吹出成千上万的孢子；根霉菌的孢囊梗常常 2~4 株成束，菌丝匍匐爬行，犹如满天星点点。

霉菌也有善恶好坏之分。蓝纹豆酪、豆豉都是霉菌发酵后的美味。

面包上生长的霉菌主要有：毛霉、根霉、曲霉等。

菌丝体先在基质（面包）中蔓延，然后向上长出黑色球状的孢子囊，待孢子囊成熟破裂即散发出大量透明的小孢子，随空气漂浮四处散布，继续繁衍下去。

“面包片”

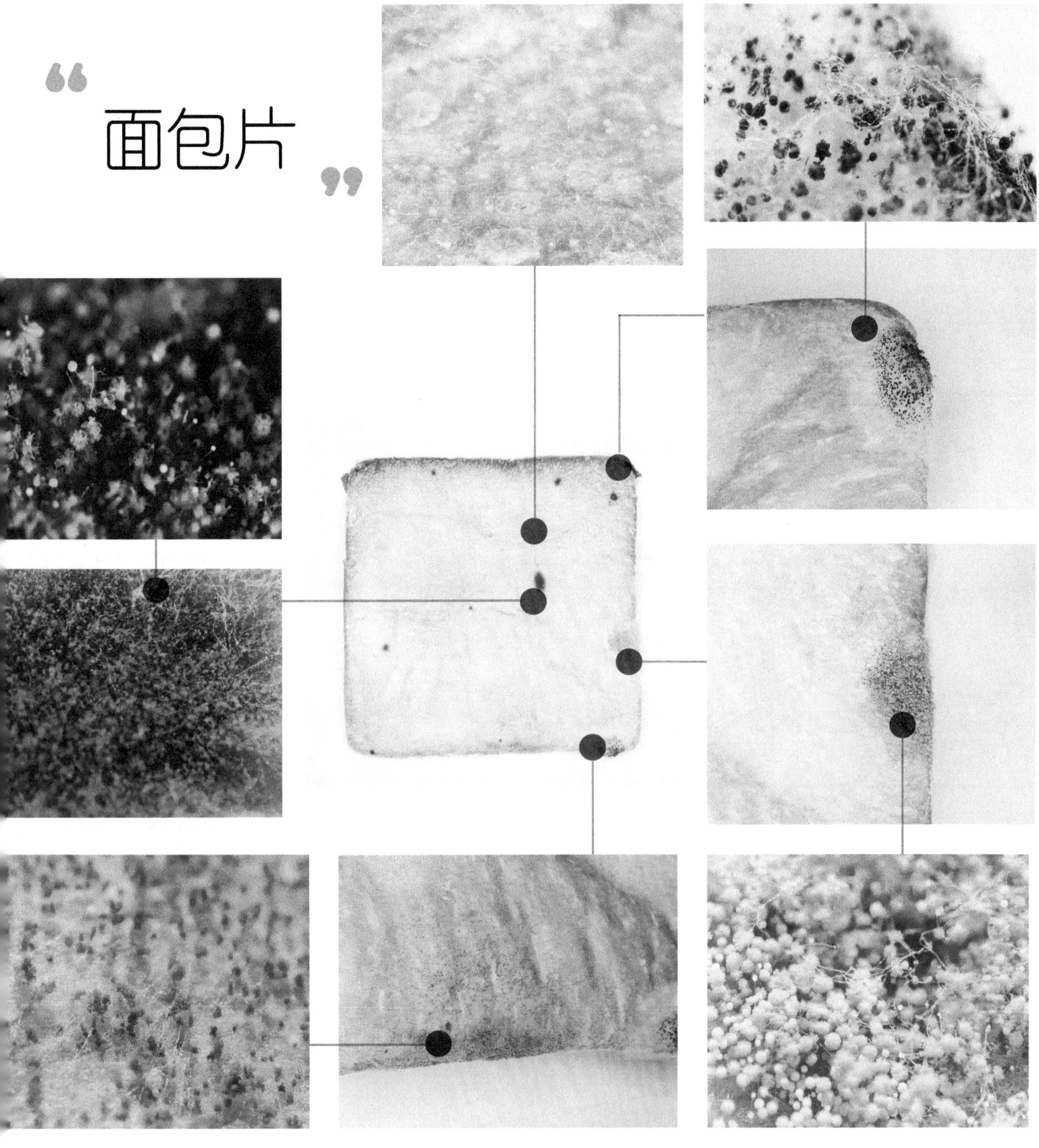

牛油果开始腐烂后，会导致大量的有害菌繁殖，并产生毒素。此外，水果腐烂后其所含的硝酸盐，还会变成有毒的亚硝酸盐，长期食用有可能致癌。

# “牛油果”

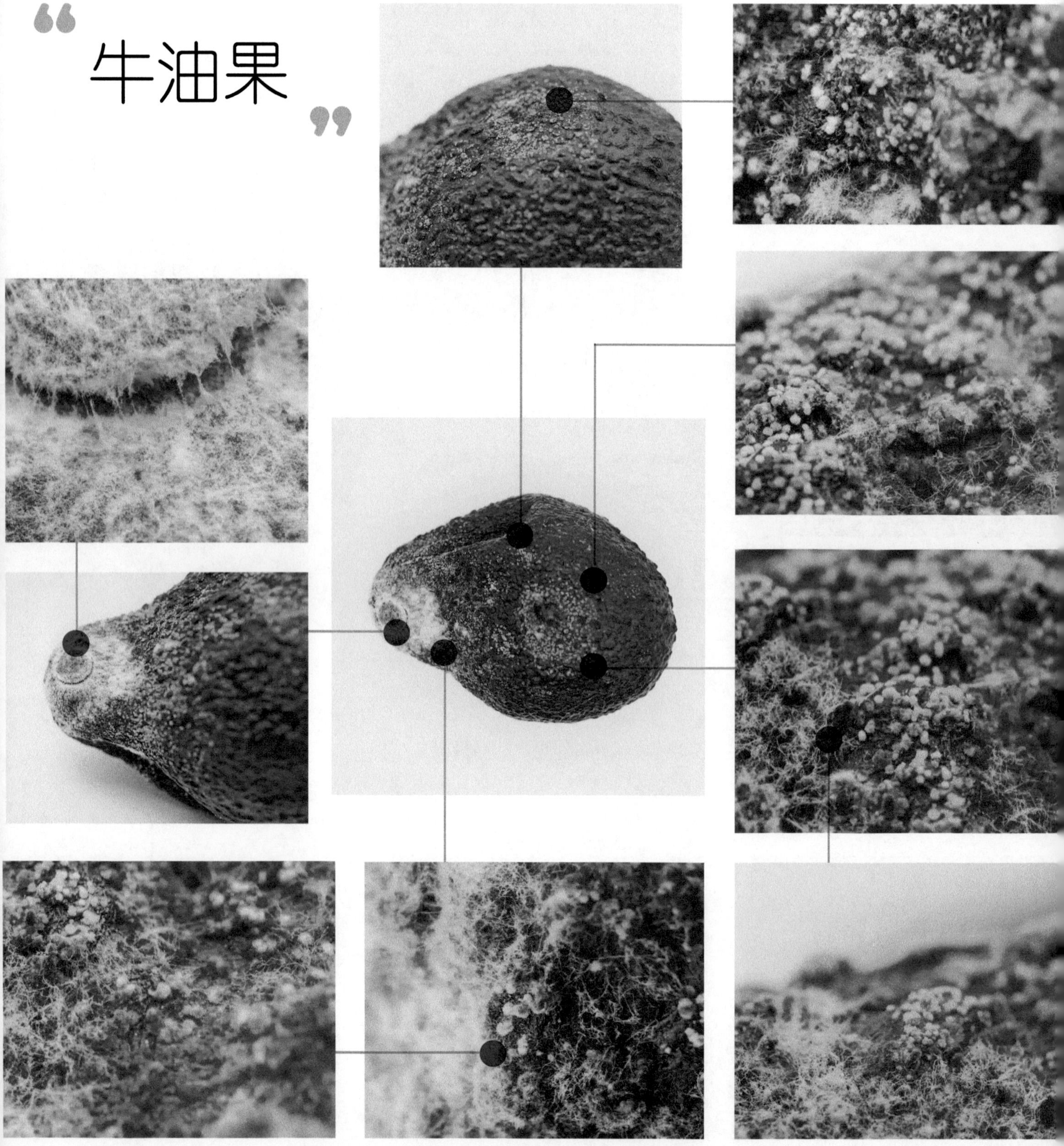

霉菌在培养皿上，有时会形成如“荷包蛋样”奇特造型。“蛋黄”的部分也有不同的变化，空心蛋、溏心蛋、双黄蛋。他们在培养皿上都会呈现出小小的菌落，内圈着色颗粒聚集，外圈呈现“蛋白样”，霉菌不断向上生长、向四周延伸，仿佛正在“油煎”的样子。

# “荷包蛋样菌落”

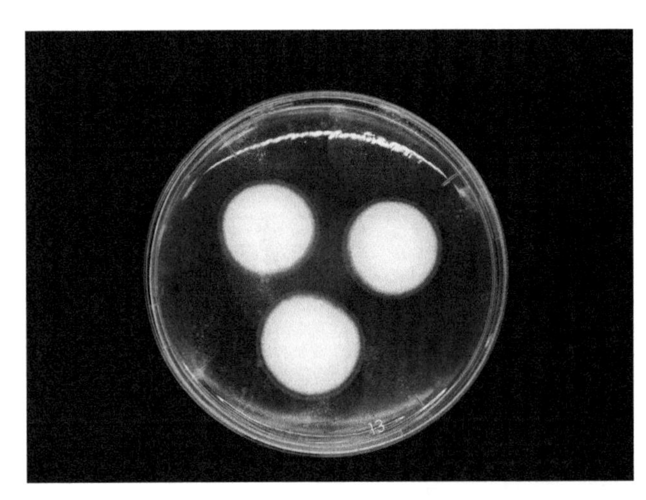

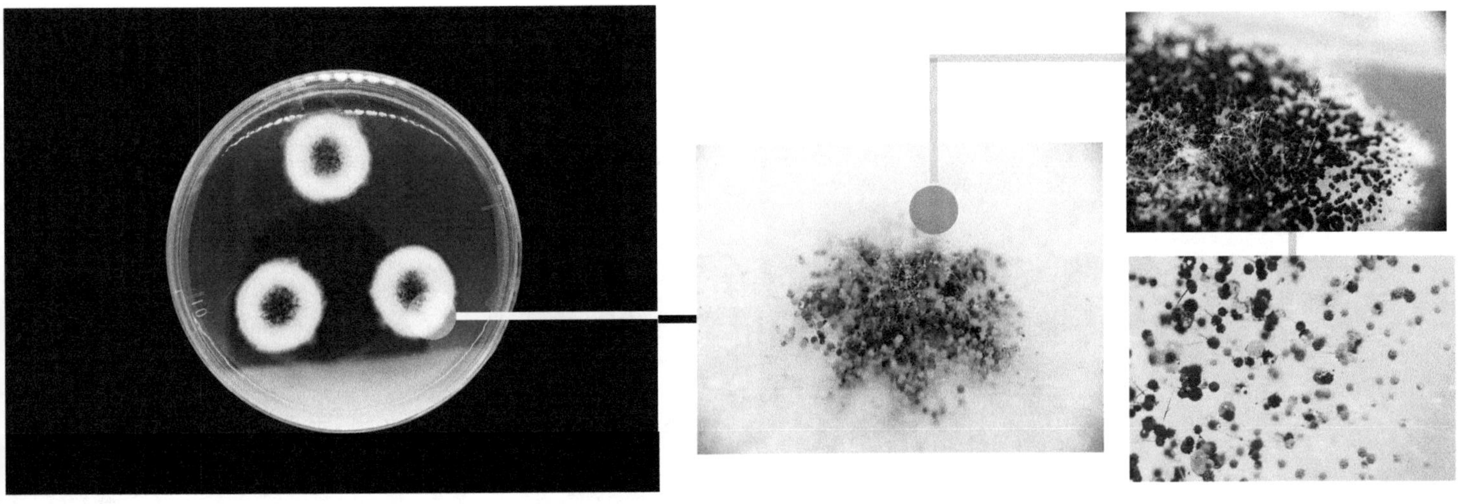

星空棒棒糖，是一种来自于美国的创意糖果，在糖球的中间有美丽的星球图案。神奇的霉菌自身就能绘就星球的美丽样子。

# “星空棒棒糖”

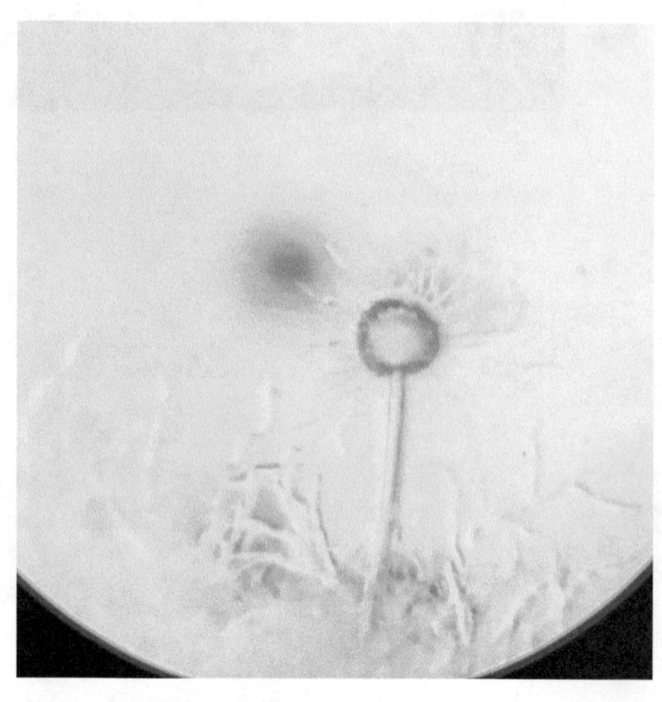

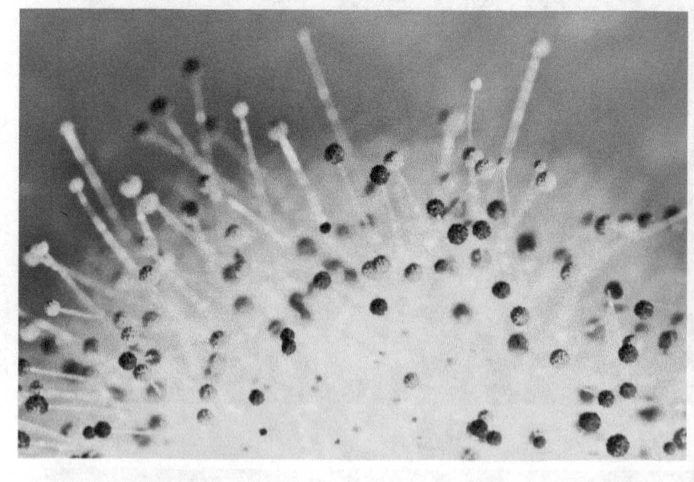

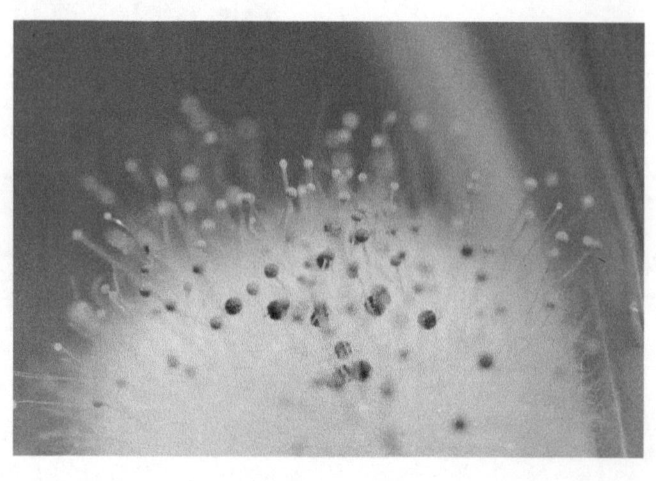

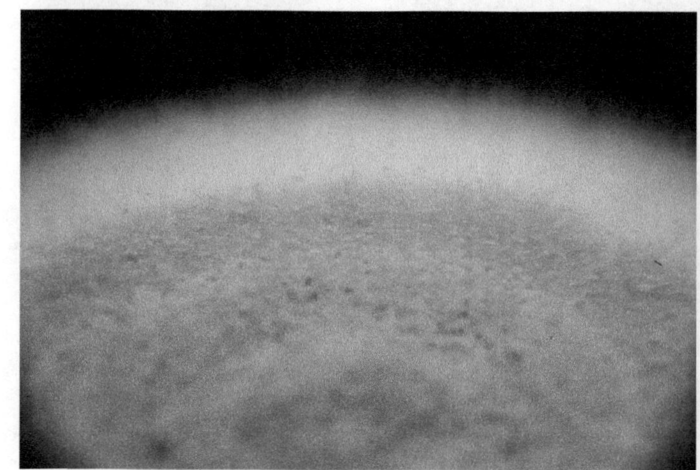

# - 温度篇 -

色温是一种温度衡量方法，通常用于物理学和天文学。

这一概念基于一个虚构黑色物体，在被加热到不同温度时会发出不同颜色的光，使物体呈现不同颜色。就像加热铁块时，铁块会先变成红色，然后是黄色，最后是白色。

色温不同，带来的感觉也不同。微生物，也能真实地记录某一特定的色温，高色温在低亮度下呈现阴冷的感觉，低色温在高亮度下给人闷热的感觉。

# 色温图

平板划线分离把混杂在一起的微生物或同一微生物群体中的不同细胞用接种环在平板培养基表面通过分区划线稀释而得到较多独立分布的单个细胞，经培养后生长繁殖成单菌落。各种微生物在一定条件下形成的菌落特征，如大小、形状、边缘、表面、质地、颜色等，具有一定的稳定性，是衡量菌种纯度、辨认和鉴定菌种的重要依据。而这些区别，又成为色温图的基础。

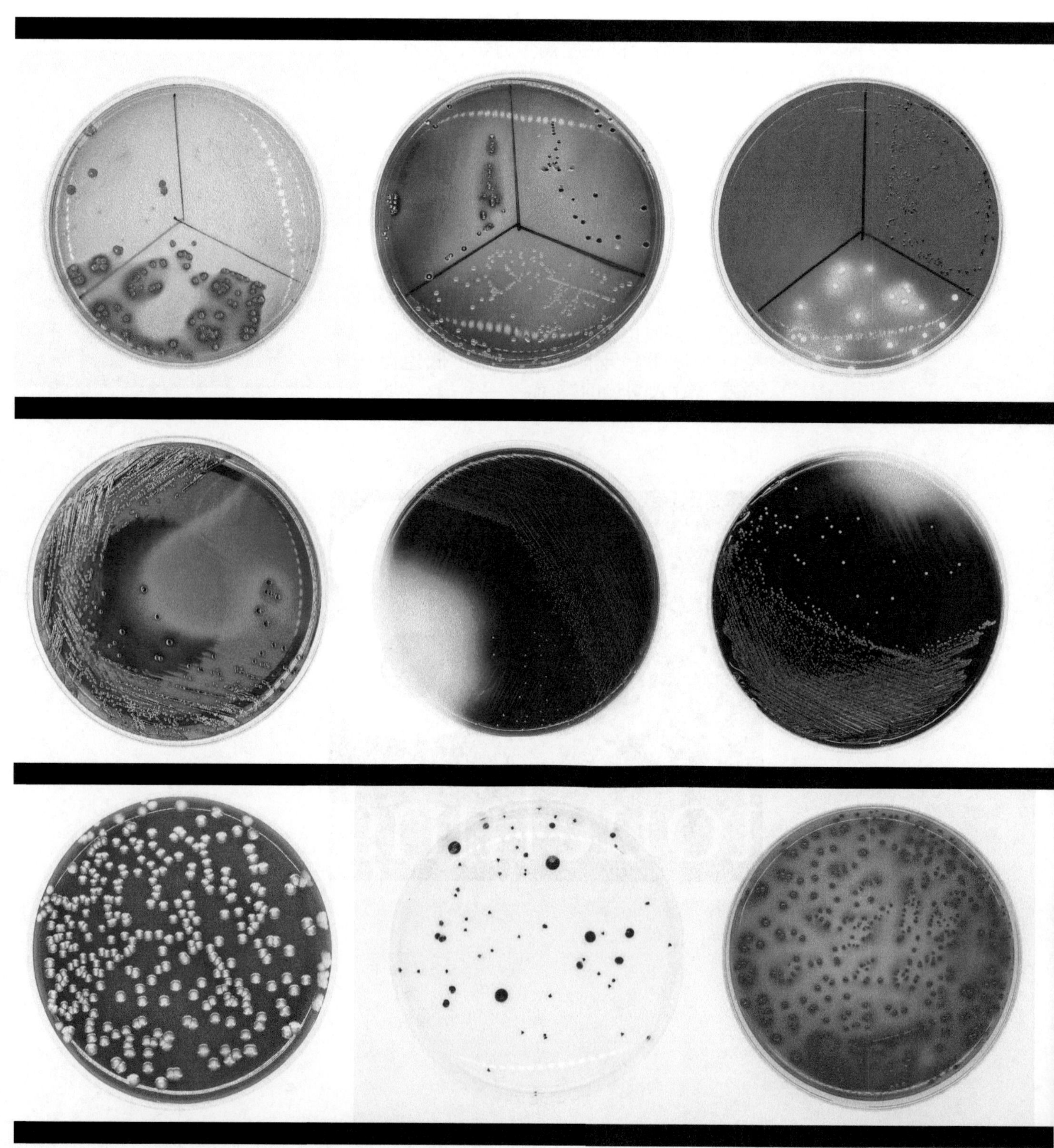

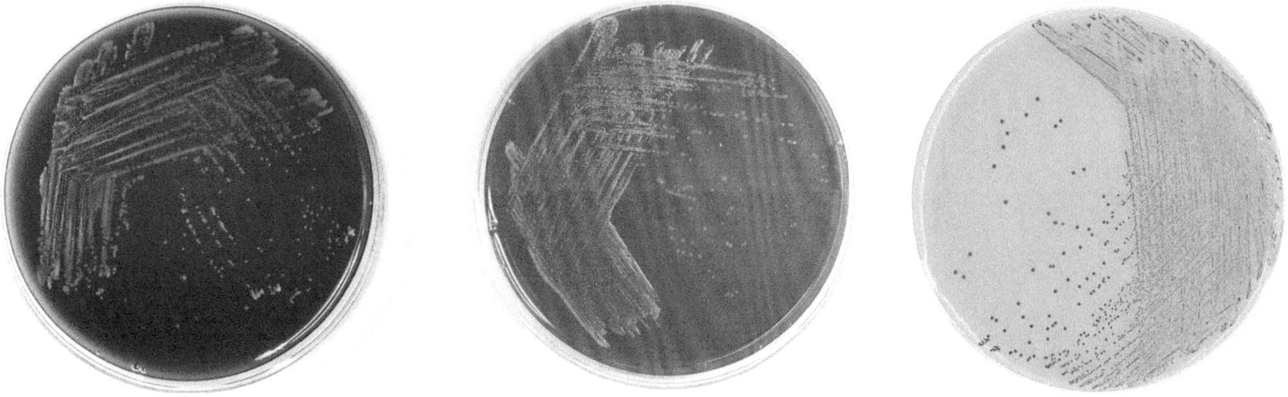

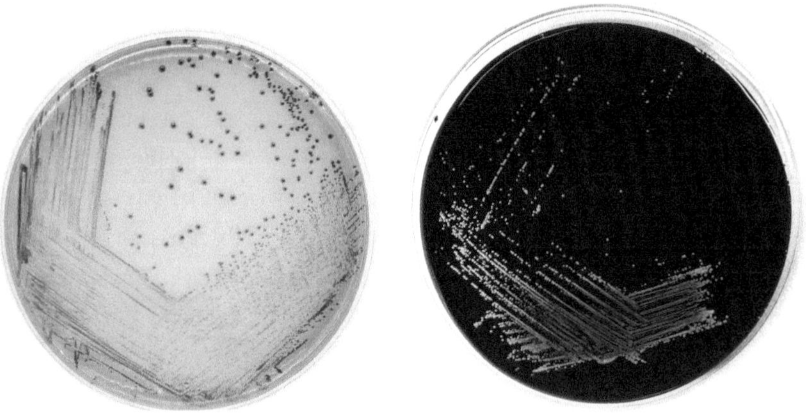

颜色，实际上是一种心理物理上的作用，所有颜色印象的产生，是时断时续的光谱在眼睛上的反应。色温正是用来表示颜色的视觉印象。低色温光源的特征是能量分布中，红辐射相对要多些，通常称为“暖光”；色温提高后，能量分布集中，蓝辐射的比例增加，通常称为“冷光”。

可见光谱包含了红橙黄绿青蓝紫多种颜色，显示出不同色温变化，如下图所示：

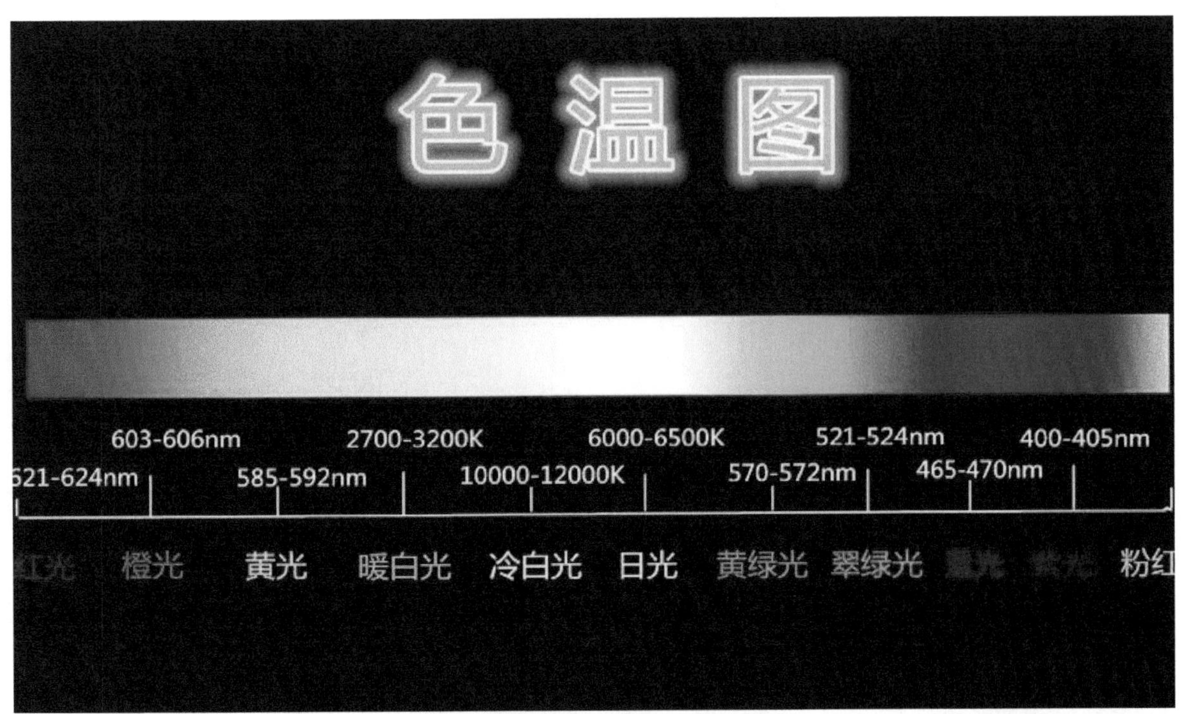

# - 舞蹈篇 -

将微生物接到适于它生长繁殖的人工培养基上或活的生物体内的过程称为接种。平板接种后，经常会留下深深浅浅的痕迹。微生物形成的菌群，就像水墨画，在平板上密集，生动有致，层次分明而又浑然一体。

东欧曾流行一种波尔卡舞蹈，舞者们常常围成一个个圆圈，半步半步的跳动，舞步很小，因而得名。波尔卡这个名字，也因此象征着跳动的音符。

微生物在平板上恰恰就呈现出了这种摩登形象。不像工业产品，微生物形成的圆点相互间不会保持规律的间距，或大或小，交叉排列，呈现出跃动感。

接种一词，看似遥远，但与我们的生活息息相关。

与我们最密切相关的注射接种，就是用注射的方法将待接的微生物转接至活的生物体内，如人或其他动物中。疫苗预防接种，就是用注射接种，接入人体，来预防某些疾病。

**接种和分离工具：**

1. 接种针； 2. 接种环；
3. 接种钩； 4. 玻璃涂棒；
5. 接种圈； 6. 接种锄； 7. 小解剖刀

培养基经灭菌后，在无菌条件下接种含菌材料。

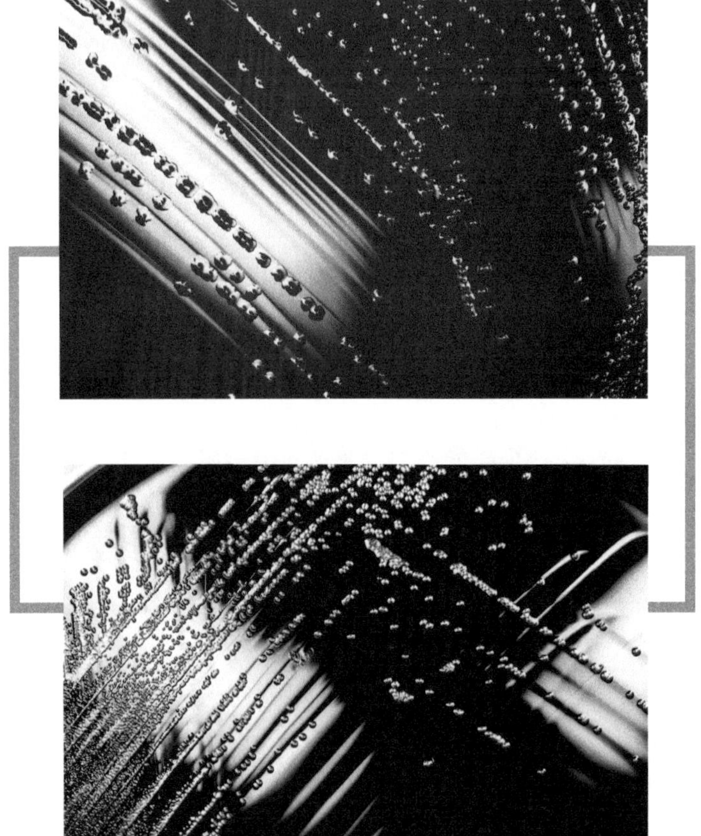

**划线接种：**最常用的接种方法，在固体培养基表面作来回直线形的移动，就可达到接种的作用。

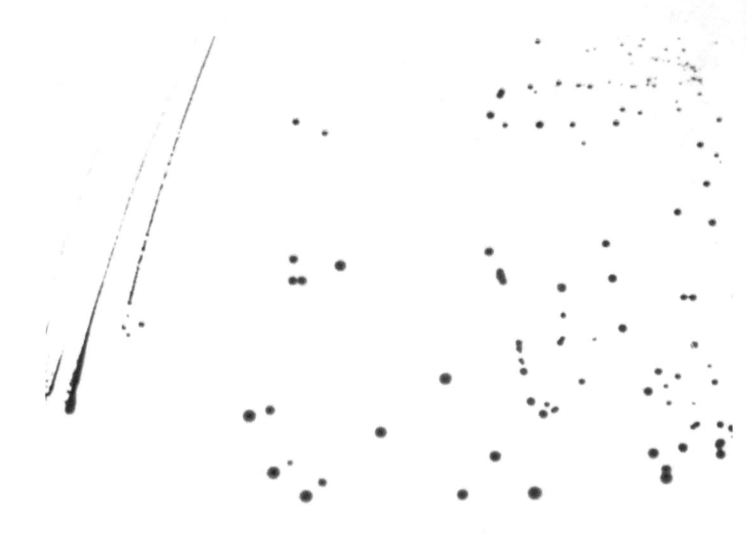

**三点接种：**研究霉菌形态时常用此法，把少量的微生物接种在平板表面上，成等边三角形的三点，让它各自独立形成菌落后，来观察、研究它们的形态。

**涂布接种：**先倒好平板，让其凝固，然后再将菌液倒入平板上面，迅速用涂布棒在表面作来回左右的涂布，让菌液均匀分布，就可长出单个的微生物菌落。

**穿刺接种：**在保藏厌氧菌种或研究微生物的动力时常采用此法。通常用接种针蘸取少量的菌种，沿半固体培养基中心向管底作直线穿刺，如某细菌具有鞭毛而能运动，则在穿刺线周围能够生长。

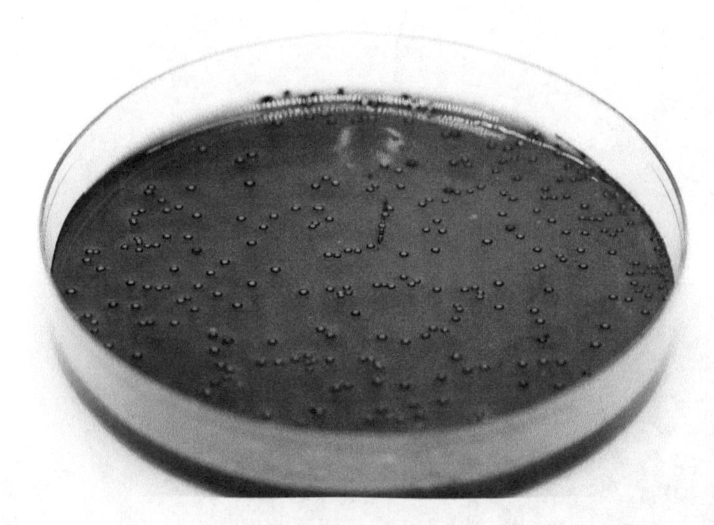

**液体接种：**从固体培养基中将菌洗下，倒入液体培养基中，或者从液体培养物中，用移液管将菌液接至液体培养基中，或从液体培养物中将菌液移至固体培养基中，都可称为液体接种。

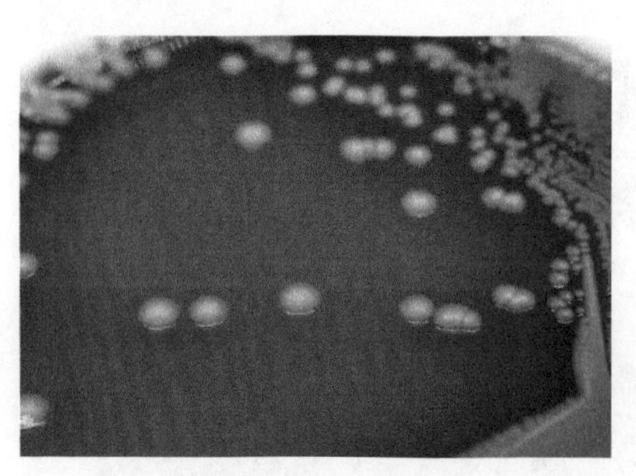

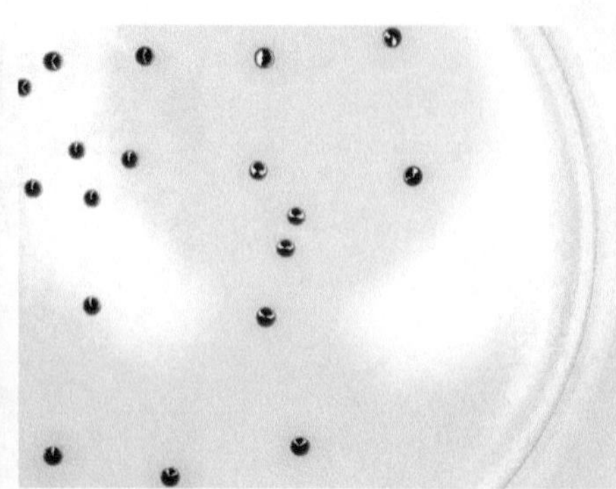

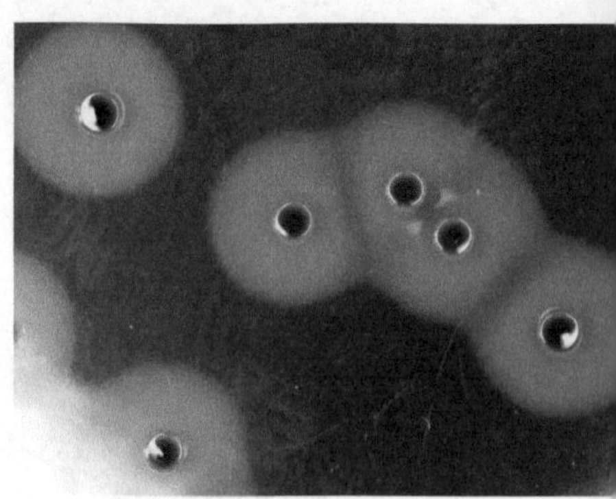

# – 绘画篇 –

培养皿艺术，微生物实验室里的保留娱乐节目。

把接种环当画笔，培养基作画板，菌种为颜料。从冷藏慢慢恢复到室温状态的培养基散发着淡淡的香气，用接种环蘸上微生物在果冻状的培养基上勾勒，初时毫不显眼的图案悉心的培养，在时间的雕琢下，慢慢长成一幅幅美丽的画作。

微生物作画的原理其实就是菌种的培养，通过无菌操作，避免了杂菌的混入，待到菌落长成后，一幅幅画作就显现出来了。

01 蜡样芽孢杆菌（*Bacillus cereus*）

杆状，末端方，成短或长链

02 副溶血弧菌（*Vibrio parahemolyticus*）

多形态杆菌或稍弯曲弧菌

03 大肠埃希氏菌（*Escherichia coli*）

短杆菌，周生鞭毛

04 沙门氏菌（*Salmonella*）

两端钝圆的短杆菌（比大肠埃希氏菌细）

05 链球菌（*Streptococcus*）

多呈链状排列

06 黄曲霉（*Aspergillus flavus*）

分生孢子在小梗上呈链状着生，周围有小突起、球形、粗糙

07 甲肝病毒（Hepatitis A virus）

呈球形，无囊膜，衣壳由 60 个壳微粒组成，呈二十面体立体对称

08 空肠弯曲菌（*Campylobacter jejuni*）

逗点状或 S 形

09 诺如病毒 (Norovirus)

二十面体对称的病毒粒子

10 葡萄球菌（*Staphylococcus*）

小球形，堆聚成葡萄串状

11 橘青霉（*Penicillium citrinum*）

帚壮枝，球形分生孢子

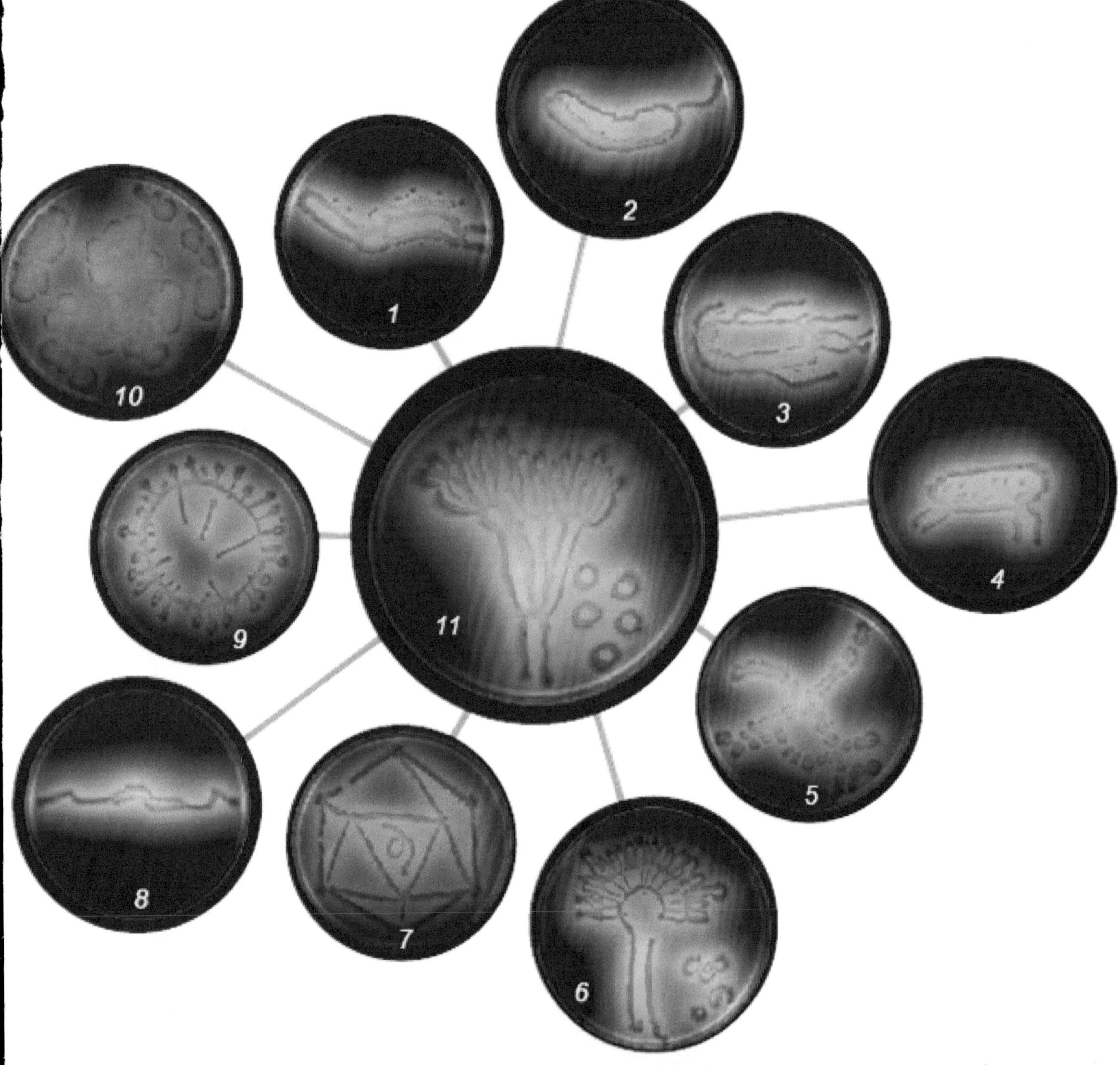

**微生物作画原理**：菌种的培养。
将大肠埃希氏菌 ATCC25922 画在 VRBA-MUG 培养基上过夜培养后紫外灯照射下拍摄。

# 跋

20 世纪 80 年代，我在上大学期间，就迷上微生物这门学科。在显微镜下，观察着微观世界里各种不同形态的细菌，仿佛透过万花筒看到那种不可言说的奇妙美感。而好像自己是个猎人，孜孜不倦地等着下一个可能出现的猎物。

当然，发现和锁定猎物并非易事，首先要在各类培养基上让细菌生长出来，然后通过菌落形态加以辨别，再辅助于染色和镜检加以进一步确认。其中，辨别的过程最为考验眼力和脑力。在那个数字化概念还处于萌芽状态的拓荒时代，快速利用各种工具在网络世界里找到目标微生物的图片做参考，是一种多么奢侈的期盼。

所以，编一本微生物图册一直是我的一个梦想！

但实现这个梦想，的的确确不是一件容易的工作。其既有技术层面的，涉及实验室保藏的菌株、分离培养的技术、染色的技术和摄影的水平，更考验着一个团队的信心和决心。一次次计划，一次次因种种原因而搁浅。但梦一直在心中，就像一首老歌中唱到的一样："虽然我从没有想起，但我从没有忘记。"

不忘初心，方得始终。2016 年来到上海工作后，神奇的城市让我遇见一批神奇的队友，组成了一个团队。在我们团队里除我外，绝大部分同志们都是 80 后，他们年轻有活力，充满着朝气。他们不失敬业和执着，有一种不出精品誓不休的精神和勇气，他们攻克难关和敢为人先的激情和热情常常令我振奋。他们又非常的专业，有着各类"大咖"，细菌划线培养、分离、拍照、插图、设计，各有专长。这让整个编制过程，在艰辛中充满着享受、快乐。

一个好汉三个帮。除了上海团队，还有来自大学、海关和企业界的朋友们鼎力相助，无私地奉献着才华，他们的学识和经验也为此书添光增彩。

时光荏苒，日异月殊。时下，在各类搜索网站上查询一种细菌的图片不再是一件难事，用测序技术等手段猎取微生物的本领与过去相比已不可同日而语。但在实验台旁，微生物检验的工作者和爱好者们拥有一本精致的纸质图册，或许更能感觉到历史的沉淀感，体会到微生物这门古老学科独有的庄重与韵味。

"传统的才是永恒的！"这是我的父亲蒋明魁同志，一位参加过淮海战役和解放上海战斗的老兵给我的人生感悟。即将写完这短短的跋文时，夜幕悄然降临，透过窗户看着上海街头的霓虹灯，仿佛看到 70 年前父亲进城的身影和此刻他在病榻上与疾病顽强斗争的身影交替出现。把此书作为感恩和祝福，献给我的父亲吧！

这本书还得到我家人的大力支持，每当我遇到困难，他们总是给予我最大的鼓励和帮助。特别是我的姐姐蒋文女士，她默默无闻，细心照料父母，使我能集中精力地工作，继续沉迷在古老的微生物世界里。

蒋　原

2019 年春分于上海